国家新闻出版改革发展项目库入库项目
大学预科教程系列教材

高等数学预科教程

主　编　王学严

副主编　樊　玲　刘丽娜　梅　婷　刘　学

U0304052

 北京邮电大学出版社
www.buptpress.com

内 容 简 介

本书以教育部民族教育司制定的《少数民族预科教学课程教学大纲》为依据,结合预科教学的特点、目标,以及高等数学课程教学的基本要求编写而成.

本书内容包括高等数学预备知识——"初等函数与解析几何初步",以及一元函数微积分的重点内容——"极限与连续""导数与微分""微分中值定理与导数应用""不定积分"和"定积分及其应用"等内容. 为了提高学生对知识的理解、把握和思考,本书设立了"本章案例""小贴士""总结""课外阅读"等栏目.

本书特色鲜明,可作为普通高等学校少数民族预科及高职高专院校数学课程教材,也可作为普通高等学校本科参考教材之用.

图书在版编目(CIP)数据

高等数学预科教程 / 王学严主编. -- 北京:北京邮电大学出版社,2020.6(2023.8 重印)
ISBN 978-7-5635-6061-5

Ⅰ.①高… Ⅱ.①王… Ⅲ.①高等数学—高等学校—教材 Ⅳ.①O13

中国版本图书馆 CIP 数据核字(2020)第 081988 号

策划编辑:刘纳新 姚 顺 **责任编辑:**王晓丹 左佳灵 **封面设计:**七星博纳

出版发行:北京邮电大学出版社
社　　址:北京市海淀区西土城路 10 号
邮政编码:100876
发 行 部:电话:010-62282185　传真:010-62283578
E-mail:publish@bupt.edu.cn
经　　销:各地新华书店
印　　刷:保定市中画美凯印刷有限公司
开　　本:787 mm×1 092 mm　1/16
印　　张:15.25
字　　数:396 千字
版　　次:2020 年 6 月第 1 版
印　　次:2023 年 8 月第 2 次印刷

ISBN 978-7-5635-6061-5　　　　　　　　　　　　　　　定价:38.00 元

· 如有印装质量问题,请与北京邮电大学出版社发行部联系 ·

编 写 说 明

　　少数民族预科教育是我国高等教育的特殊层次,起着"承上启下"的作用,"承上"是相对于预科之前的高中阶段而言,"启下"则是相对于预科之后的大学阶段而言. 经过多年的预科教学实践和研究,广大预科教育工作者对预科教育模式和教育目标普遍认同的观点是"预补结合",即在预科教育过程中,一方面要对原有的中学知识进行巩固提高,称为"补";另一方面也要对部分大学基础课程进行初步的学习,培养大学阶段应掌握的学习方法、思维能力、学习习惯并打下一定的知识基础,称为"预". 正因为预科阶段起着连接高中和大学课程的重要纽带作用,预科阶段的教育教学质量直接关乎预科生升入大学后的学习效果,因此,预科教育应当得到足够的重视,在这其中,预科教材的不断优化和提升是做好预科教育的关键环节之一.

　　北京邮电大学民族教育学院自 2004 年首次开始招生培养预科生至今,已走过了十余年的历程,在这十余年的预科办学过程中,为了把预科教育做好,高质量完成党和国家交给的历史任务,学校和学院教职员工倾注了大量的心血和精力,通过孜孜不倦的努力,取得了一系列可喜的教育教学成果,得到社会和业界的普遍好评和认可. 在预科教学过程中,学院一线教师以学生为本位,不断优化教学方法和教学内容,积累了丰富的教学经验,对预科生的学习需求以及预科阶段应该达到的教学目标具有深刻的认识. 编写组老师还作为骨干教师代表参与了教育部民族教育司组织的高等数学教学大纲的制定等工作,为教材的编写起到了高屋建瓴的铺垫作用. 以上前期工作为教材编写提供了重要的前提条件和基础.

　　《高等数学》是教育部民族教育司对预科教育指定的必修基础课,本教材紧密围绕预科学生的特点和高等数学课程对学生知识、能力的要求,在当前为数不多的预科教材中,具有鲜明的自身特点.(1)本书按照"预补结合"的预科教育思想,第 1 章是学习高等数学前所需巩固的初等数学重点知识,后续章节为高等数学内容.(2)每章的起始部分是本章内容简介和应用案例,通过本部分学习,一方面让读者对本章内容有一个框架性的认识,做到有的放矢;另一方面,本章应用案例的编写带给读者"学以致用"的感受,带着目标去学习,增强学习的兴趣和动力.(3)本书最鲜明的特点是打破常规,在整个教材内容中穿插"小贴士""总结""思考"3 个类型的栏目,通过这 3 类栏目的引入,将教师多年来在一线教学中的总结和体会融入教材,同时适应新时代大学生的学习特点."小贴士"栏目包括对知识点的理解、易错点点评以及知识的扩展阅读;"总结"是对知识点或解题过程的总结归纳;"思考"通过提出有意义的问题,有助于锻炼学生"举一反三"和"深入研究"的思维能力.(4)部分题目采用一题多解的形式,培养学生的发散型思维能力,拓宽学生的解题思路,在对比中增强探寻最优解题方法的能力.

　　参与本教材编写的骨干力量均为在北京邮电大学民族教育学院从事多年高等数学课程教学的一线教师,他们是王学严、樊玲、刘丽娜、梅婷和刘学,他们将自己在高等数学课程教学中的经验和体会很好地融入教材的编写内容之中,期待预科生能对教材知识有更为全面而准确的理解,在学习过程中锻炼和提高自身的数学思维能力,为未来的学习打下良好基础.

本教材是在北京市教委的大力支持下出版的预科系列教材之一,本书作者对北京市教委的支持深表感激.

本教材既可以作为普通高校预科教材之用,也可作为普通高校学生教材或者参考教材之用. 由于时间有限,编写仓促,书中难免存在问题及不足之处,敬请广大师生批评指正并给予谅解.

目　　录

第1章　初等函数与解析几何初步

学习内容

本章内容是学习高等数学之前的预备知识,由于高等数学的主要研究对象是函数,因此函数的概念、性质,以及基本初等函数的图像和性质是学习高等数学的基础.本章首先从函数的概念和性质出发,对几大类基本初等函数进行全面复习;然后给出特殊的函数——复合函数的定义及性质,由函数四则运算的定义引申到初等函数的定义,并介绍了一个应用较广泛的初等函数——双曲函数;最后本章复习总结了直线和二次曲线(圆、椭圆、抛物线)的方程和性质,以及不同曲线的参数方程.

应用实例

大千世界处在不停的运动变化之中,我们如何从数学的角度来刻画这些运动变化并寻找规律呢?例如,汽车以 50 km/h 的速度匀速行驶,若汽车行驶 1 h,则经过路程为 50 km;若汽车行驶 10 h,则经过的路程为 500 km.可以看出,路程随时间的变化而变化,若任意给定行驶时间 x h,那么对应的路程 y 的取值是否唯一呢?如果是的话,那么用 x 怎么表示 y 呢?再例如,一个圆柱体的玻璃杯,底面积为 15 cm²,高为 10 cm,设杯中的水高为 h cm,水的体积为 V cm³,显然,当 h 改变时,V 就会随之改变.当任意给定水高 h cm($h \leqslant 10$)时,对应的水的体积 V 是否唯一呢?如果是的话,那么如何用 h 来表示 V 呢?

我们可以看出,在一个变化的过程中,如果有两个变量 x 与 y,并且对于 x 的每一个确定的值,y 都有唯一确定的值与其对应,那么我们就说 x 是自变量,y 是 x 的函数.那么函数的概念究竟是什么?函数有哪些重要性质?需要我们掌握的基本初等函数又有哪些?本章节从函数的概念入手,对函数进行全面复习,并总结了直线和二次曲线的方程和性质.

1.1　函数及其性质
函数的概念·函数的性质·基本初等函数

1.1.1　函数的概念

定义 1.1.1　设 A,B 是两个非空的数集,如果按某个确定的对应关系 f,对于集合 A 中的任意一个 x,在集合 B 中都有唯一确定的数 $f(x)$ 和它对应,那么就称 $f:A \rightarrow B$ 为从集合 A 到集合 B 的函数,记作 $y=f(x)$,$x \in A$,其中 x 称为自变量,x 的取值范围 A 称作函数 $y=f(x)$ 的定义域;与 x 的值相对应的 y 的值称作函数值,函数值的集合 $C:\{f(x) \mid x \in A\}(C \subseteq B)$ 称作函数 $y=f(x)$ 的值域.函数符号 $y=f(x)$ 表示"y 是 x 的函数",有时简记作函数 $f(x)$.

由函数的定义可知,两个函数相同的充要条件是其定义域与对应法则完全相同.如 $f(x)=\sqrt[3]{x^4-x^3}$,$g(x)=x\sqrt[3]{x-1}$ 这两个函数的定义域都是 $(-\infty,+\infty)$,且对应法则也相同,所以它们是相同的函数;而函数 $f(x)=\sqrt{x+1}\cdot\sqrt{x-1}$ 与函数 $g(x)=\sqrt{x^2-1}$ 的定义域不同,因此,它们是不同的函数.

【小贴士】

1. 求函数的定义域需要注意以下几点常见要求:

(1) 分式的分母不能为 0;

(2) 偶次根式下被开方式必须大于或等于 0;

(3) 指数为 0 的幂的运算,底数不能为 0;

(4) 对数的真数必须大于零,底数必须大于 0 且不等于 1.

2. 函数的本质取决于定义域及对应法则,函数与选用什么字母来表示是无关的. 例如,$f(x)=x^2$ 和 $g(t)=t^2$ 表示的是同一个函数.

3. 有些资料认为两个函数相同的充要条件是定义域、值域和对应法则均相同. 本书之所以将充要条件简化为定义域和对应法则两项,是因为定义域和对应法则确定了,函数的值域也就随之确定了.

例 1 求函数 $f(x)=\lg(x-4)+\sqrt{5+4x-x^2}$ 的定义域,并求 $f(5)$,$f(t-1)$.

解 该函数的定义域应为满足不等式组 $\begin{cases}x-4>0,\\5+4x-x^2\geqslant0\end{cases}$ 的实数 x 的全体.

$$\begin{cases}x-4>0,\\5+4x-x^2\geqslant0\end{cases}\Rightarrow\begin{cases}x>4,\\-1\leqslant x\leqslant5\end{cases}\Rightarrow4<x\leqslant5,因此该函数的定义域为(4,5].$$

$$f(5)=\lg(5-4)+\sqrt{5+4\times5-5^2}=\ln 1=0,$$
$$Df(t-1)=\lg(t-1-4)+\sqrt{5+4(t-1)-(t-1)^2}$$
$$=\lg(t-5)+\sqrt{-t^2+6t}\,(5<t\leqslant6).$$

1.1.2 函数的性质

1. 奇偶性

定义 1.1.2 设函数 $y=f(x)$ 的定义域关于原点对称,如果对于定义域中的任何 x,都有 $f(-x)=f(x)$,则称 $y=f(x)$ 为偶函数;如果对于定义域中的任何 x,都有 $f(-x)=-f(x)$,则称 $y=f(x)$ 为奇函数;如果对于定义域中的任何 x,$f(-x)=f(x)$ 和 $f(-x)=-f(x)$ 都不成立,则称 $y=f(x)$ 为非奇非偶函数;如果对于定义域中的任何 x,$f(-x)=f(x)$ 和 $f(-x)=-f(x)$ 都成立,则称 $y=f(x)$ 为既奇又偶函数.

几何特征:奇函数的图形关于原点对称,偶函数的图形关于 y 轴对称. 既奇又偶函数的图形既关于原点对称,又关于 y 轴对称,例如,常函数 $y=0$.

例 2 判断函数 $f(x)=\ln(\sqrt{x^2+1}-x)$ 的奇偶性.

解 先求函数的定义域 $\sqrt{x^2+1}-x>0\Rightarrow x\in\mathbf{R}$,且

$$f(-x)=\ln(\sqrt{(-x)^2+1}-(-x))=\ln(\sqrt{x^2+1}+x)=\ln\frac{1}{\sqrt{x^2+1}-x}=-f(x),$$

所以,该函数为奇函数.

【总结】

判断一个函数的奇偶性,首先要看函数的定义域是否关于原点对称,如果函数的定义域并不关于原点对称,则该函数一定为非奇非偶函数,如果该函数的定义域关于原点对称,则看 $f(-x)$

与 $f(x)$ 之间的关系,当 $f(-x)=f(x)$ 且 $f(-x)\neq-f(x)$ 时,该函数为偶函数;当 $f(-x)=$ $-f(x)$ 且 $f(-x)\neq f(x)$ 时,该函数为奇函数,当 $f(-x)=f(x)$ 且 $f(-x)=-f(x)$ 时,该函数为既奇又偶函数,当 $f(-x)\neq f(x)$ 且 $f(-x)\neq-f(x)$ 时,该函数为非奇非偶函数.

【思考】

函数的定义域关于原点对称,是函数具有奇偶性的充分条件、必要条件还是充要条件呢?

格式:必要条件.

2. 单调性

定义 1.1.3　一般地,设函数 $y=f(x)$ 的定义域为 I,x_1 和 x_2 为定义域 I 内某个区间的任意两个数,若当 $x_1<x_2$ 时,都有 $f(x_1)<f(x_2)$,则称 $f(x)$ 在这个区间上是增函数;若当 $x_1<x_2$ 时,都有 $f(x_1)>f(x_2)$,那么我们就说 $f(x)$ 在这个区间上是减函数.

如果函数 $y=f(x)$ 在某个区间是增函数或减函数,那么就说函数 $y=f(x)$ 在这一区间具有单调性,这一区间称作 $y=f(x)$ 的单调区间.

几何特征:在单调区间上增函数的图形沿横轴正向上升,减函数的图形沿横轴正向下降. 例如,函数 $y=x^2$ 在区间 $(-\infty,0)$ 是单调减少的;函数 $y=\lg x$ 在区间 $(0,+\infty)$ 是单调增加的;函数 $y=e^x$ 在区间 $(-\infty,+\infty)$ 内是单调增加的.

例 3　判断函数 $f(x)=\dfrac{ax}{x+1}$ 在 $(-1,+\infty)$ 上的单调性,并证明.

证　在 $(-1,+\infty)$ 上任取两个自变量的值 x_1,x_2,设 $-1<x_1<x_2$,

则 $f(x_1)-f(x_2)=\dfrac{ax_1}{x_1+1}-\dfrac{ax_2}{x_2+1}=\dfrac{ax_1(x_2+1)-ax_2(x_1+1)}{(x_1+1)(x_2+1)}$

$$=\frac{ax_1x_2+ax_1-ax_2x_1-ax_2}{(x_1+1)(x_2+1)}=\frac{a(x_1-x_2)}{(x_1+1)(x_2+1)}.$$

因为 $-1<x_1<x_2$,所以 $x_1+1>0,x_2+1>0,x_1-x_2<0$.

当 $a>0$ 时,$f(x_1)-f(x_2)<0\Rightarrow f(x_1)<f(x_2)$,函数在 $(-1,+\infty)$ 上为增函数;

当 $a<0$ 时,$f(x_1)-f(x_2)>0\Rightarrow f(x_1)>f(x_2)$,函数在 $(-1,+\infty)$ 上为减函数;

当 $a=0$ 时,$f(x_1)-f(x_2)=0\Rightarrow f(x_1)=f(x_2)$,函数在 $(-1,+\infty)$ 上无单调性.

3. 有界性

定义 1.1.4　设 $y=f(x)$ 在区间 X 上有定义,若 $\exists M>0$,使 $\forall x\in X$,均有 $|f(x)|\leqslant M$,则称 $f(x)$ 为 X 上的有界函数,如果这样的 M 不存在,则称 $f(x)$ 为 X 上的无界函数.

几何特征:如果 $y=f(x)$ 是区间 X 上的有界函数,那么它的图形在区间 X 上必然介于两条平行线 $y=\pm M$ 之间.

【小贴士】

我们在说一个函数是有界的或是无界的时,应同时指出其自变量的取值范围. 因为有的函数可能在其定义域的某一部分有界,而在另一部分无界. 例如,$y=\tan x$ 在区间 $\left[-\dfrac{\pi}{3},\dfrac{\pi}{3}\right]$ 上是有界的,但在 $\left(-\dfrac{\pi}{2},\dfrac{\pi}{2}\right)$ 上是无界的.

4. 周期性

定义 1.1.5　对于函数 $y=f(x)$,如果存在一个不为零的正数 L,使得对于定义域内的任意 x,都有 $x+L$ 属于定义域,都能使得等式 $f(x+L)=f(x)$ 成立,则 $y=f(x)$ 称作周期函数,L 称作这个函数的周期. 其中,最小的正周期称为基本周期.

【总结】

不是所有的周期函数都存在基本周期(最小正周期). 例如,常数函数 $y=c$(c 是一个常数)是以任何正数为周期的周期函数,但它不存在基本周期.

1.1.3 反函数

定义 1.1.6 一般地,设函数 $y=f(x)$($x\in D$)的值域为 M. 根据这个函数中 x、y 的关系,用 y 表示 x,得到 $x=\varphi(y)$. 如果对于 y 在 M 中的任何一个值,通过 $x=\varphi(y)$,x 在 D 中都有且只有一个值和它对应,那么,$x=\varphi(y)$ 就表示 x 是自变量 y 的函数. 这样的函数 $x=\varphi(y)$($y\in M$)叫作函数 $y=f(x)$($x\in D$)的反函数,记作

$$x=f^{-1}(y).$$

在函数 $x=f^{-1}(y)$ 中,y 是自变量,x 表示函数,但习惯上,我们仍用 x 表示自变量,y 表示函数,为此我们常常对调函数 $x=f^{-1}(y)$ 中的 x 和 y,把它改写成 $y=f^{-1}(x)$.

【小贴士】

反函数是一个典型的逆向思维的案例. 只有当自变量 x 与函数值 y 之间的关系是一对一的时候,函数 $y=f(x)$ 才有反函数. 函数 $y=f(x)$ 与 $x=f^{-1}(y)$ 两者互为反函数.

例 4 求函数 $y=1-\sqrt{1-x^2}$($-1\leqslant x\leqslant 0$)的反函数.

解 由 $y=1-\sqrt{1-x^2}$,得 $\sqrt{1-x^2}=1-y$,

所以,$1-x^2=(1-y)^2$,$x^2=1-(1-y)^2=2y-y^2$.

因为 $-1\leqslant x\leqslant 0$,所以,$x=-\sqrt{2y-y^2}$.

又当 $-1\leqslant x\leqslant 0$ 时,$0\leqslant 1-x^2\leqslant 1$,所以,$0\leqslant\sqrt{1-x^2}\leqslant 1$,$0\leqslant 1-\sqrt{1-x^2}\leqslant 1$,

所以,原函数中,$0\leqslant y\leqslant 1$,

所以,反函数是 $y=-\sqrt{2x-x^2}$($0\leqslant x\leqslant 1$).

1.1.4 基本初等函数

在初等数学中,我们已经学过以下几类函数,包括幂函数、指数函数、对数函数、三角函数和反三角函数,以上这 5 类函数统称为基本初等函数.

1. 幂函数

表 1-1 幂函数的定义、图像及性质

函数名称	幂函数
定义	形如 $y=x^\mu$(μ 是常数)的函数称为幂函数
定义域	幂函数的定义域随函数形式的不同而改变,具体而言就是随 $y=x^\mu$ 中 μ 的取值不同而改变
值域	幂函数的值域随函数形式的不同而改变,具体而言就是随 $y=x^\mu$ 中 μ 的取值不同而改变
图像	

函数名称	幂函数
图像特征	幂函数的图像分布在第一、二、三象限,所有的幂函数在$(0,+\infty)$上都有定义,且图像都过点$(1,1)$
奇偶性	当μ为奇数时,幂函数为奇函数;当μ为偶数时,幂函数为偶函数. 若$\mu=\dfrac{q}{p}$(其中p,q互质,$p,q\in\mathbf{Z}$),当p为奇数q为奇数时,则$y=x^{\frac{q}{p}}$是奇函数;当p为奇数q为偶数时,则$y=x^{\frac{q}{p}}$是偶函数;当p为偶数q为奇数时,则$y=x^{\frac{q}{p}}$是非奇非偶函数
单调性	如果$\mu>0$,则幂函数的图像经过原点,且在$[0,+\infty)$上为增函数;如果$\mu<0$,则幂函数在$(0,+\infty)$上为减函数

2. 指数函数

表 1-2　指数函数的定义、图像及性质

函数名称	指数函数
定义	形如$y=a^x$的函数称为指数函数.其中$a>0,a\neq1$
定义域	$(-\infty,+\infty)$
值域	$(0,+\infty)$
图像	
图像特征	指数函数的图像分布在第一、二象限,所有的幂函数的图像都过点$(0,1)$
奇偶性	非奇非偶函数
单调性	$a>1$时,指数函数在$(-\infty,+\infty)$上为增函数;$0<a<1$时,指数函数在$(-\infty,+\infty)$上为减函数

3. 对数函数

表 1-3　对数函数的定义、图像及性质

函数名称	对数函数
定义	形如$y=\log_a x$的函数称为对数函数.其中$a>0,a\neq1$
定义域	$(0,+\infty)$
值域	$(-\infty,+\infty)$
图像	
图像特征	对数函数的图像分布在第一、四象限,所有的对数函数的图像都过点$(1,0)$
奇偶性	非奇非偶函数
单调性	$a>1$时,对数函数在$(0,+\infty)$上为增函数;$0<a<1$时,对数函数在$(0,+\infty)$上为减函数

4. 三角函数

表 1-4 三角函数的定义、图像及性质

函数名称	正弦函数	余弦函数
定义	形如 $y=\sin x$ 的函数称为正弦函数	形如 $y=\cos x$ 的函数称为余弦函数
定义域	$(-\infty,+\infty)$	$(-\infty,+\infty)$
值域	$[-1,1]$	$[-1,1]$
图像		
周期性	$T=2\pi$	$T=2\pi$
奇偶性	奇函数	偶函数
单调性	正弦函数在 $\left[2k\pi-\dfrac{\pi}{2},2k\pi+\dfrac{\pi}{2}\right](k\in\mathbf{Z})$ 上是增函数；在 $\left[2k\pi+\dfrac{\pi}{2},2k\pi+\dfrac{3\pi}{2}\right](k\in\mathbf{Z})$ 上是减函数	余弦函数在 $[2k\pi,2k\pi+\pi](k\in\mathbf{Z})$ 上是减函数；在 $[2k\pi+\pi,2k\pi+2\pi](k\in\mathbf{Z})$ 上是增函数
对称性	对称中心:$(k\pi,0)(k\in\mathbf{Z})$ 对称轴:$x=\dfrac{\pi}{2}+k\pi(k\in\mathbf{Z})$	对称中心:$\left(\dfrac{\pi}{2}+k\pi,0\right)(k\in\mathbf{Z})$ 对称轴:$x=k\pi(k\in\mathbf{Z})$
函数名称	正切函数	余切函数
定义	形如 $y=\tan x$ 的函数称为正切函数	形如 $y=\cot x$ 的函数称为余切函数
定义域	$\left\{x\left|x\neq\dfrac{\pi}{2}+k\pi,k\in\mathbf{Z}\right.\right\}$	$\{x\,|\,x\neq k\pi,k\in\mathbf{Z}\}$
值域	$(-\infty,+\infty)$	$(-\infty,+\infty)$
图像		
周期性	$T=\pi$	$T=\pi$
奇偶性	奇函数	奇函数
单调性	正切函数在 $\left(k\pi-\dfrac{\pi}{2},k\pi+\dfrac{\pi}{2}\right)(k\in\mathbf{Z})$ 上是增函数	余切函数在 $(k\pi,k\pi+\pi)(k\in\mathbf{Z})$ 上是减函数
对称性	对称中心:$\left(\dfrac{k\pi}{2},0\right)(k\in\mathbf{Z})$ 无对称轴	对称中心:$\left(\dfrac{k\pi}{2},0\right)(k\in\mathbf{Z})$ 无对称轴
函数名称	正割函数	余割函数
定义	形如 $y=\sec x$ 的函数称为正割函数	形如 $y=\csc x$ 的函数称为余割函数
定义域	$\left\{x\left|x\neq\dfrac{\pi}{2}+k\pi,k\in\mathbf{Z}\right.\right\}$	$\{x\,|\,x\neq k\pi,k\in\mathbf{Z}\}$
值域	$(-\infty,-1]\cup[1,+\infty)$	$(-\infty,-1]\cup[1,+\infty)$

函数名称	正割函数	余割函数
图像		
周期性	$T=2\pi$	$T=2\pi$
奇偶性	偶函数	奇函数
单调性	正割函数在 $\left(2k\pi-\dfrac{\pi}{2},2k\pi\right](k\in\mathbf{Z})$ 上是减函数; 在 $\left[2k\pi,2k\pi+\dfrac{\pi}{2}\right)(k\in\mathbf{Z})$ 上是增函数; 在 $\left(2k\pi+\dfrac{\pi}{2},2k\pi+\pi\right](k\in\mathbf{Z})$ 上是增函数; 在 $\left[2k\pi+k\pi,2k\pi+\dfrac{3\pi}{2}\right)(k\in\mathbf{Z})$ 上是减函数	余割函数在 $\left(2k\pi,2k\pi+\dfrac{\pi}{2}\right](k\in\mathbf{Z})$ 上是减函数; 在 $\left[2k\pi+\dfrac{\pi}{2},2k\pi+\pi\right)(k\in\mathbf{Z})$ 上是增函数; 在 $\left(2k\pi+\pi,2k\pi+\dfrac{3\pi}{2}\right](k\in\mathbf{Z})$ 上是增函数; 在 $\left[2k\pi+\dfrac{3\pi}{2},2k\pi+2k\pi\right)(k\in\mathbf{Z})$ 上是减函数
对称性	对称中心: $\left(\dfrac{\pi}{2}+k\pi,0\right)(k\in\mathbf{Z})$ 对称轴: $x=k\pi(k\in\mathbf{Z})$	对称中心: $(k\pi,0)(k\in\mathbf{Z})$ 对称轴: $x=\dfrac{\pi}{2}+k\pi(k\in\mathbf{Z})$

除了 6 个三角函数的定义、图像和性质外,学好三角函数公式对于掌握三角函数的内部规律及本质也是关键所在. 同学们需要掌握的三角函数公式如下所示.

(1) 同角三角函数的基本关系式:根据三角函数的定义,我们可以探讨同角三角函数间的一些基本关系. 通过三角函数的定义及勾股定理,我们有以下同角三角函数的基本关系式.

$$\sin^2\alpha+\cos^2\alpha=1,$$

$$\frac{\sin\alpha}{\cos\alpha}=\tan\alpha,$$

$$1+\tan^2\alpha=\sec^2\alpha,$$

$$1+\cot^2\alpha=\csc^2\alpha,$$

$$\tan\alpha\cot\alpha=1,$$

$$\sin\alpha\csc\alpha=1,$$

$$\cos\alpha\sec\alpha=1.$$

(2) 诱导公式:我们在研究三角函数时,通常是将研究对象看成锐角来处理,但在我们实际解决问题的过程中,总有需要处理非锐角的时候,我们可以将这类角化为锐角来处理,也可以将其转化为其他形式的三角函数,这时就需要利用三角函数的诱导公式来完成转化. 常用的诱导公式有以下几种.

负角:$\sin(-\alpha)=-\sin\alpha,\quad\cos(-\alpha)=\cos\alpha,$

$\qquad\tan(-\alpha)=-\tan\alpha,\quad\cot(-\alpha)=-\cot\alpha.$

锐角转型:$\sin\left(\dfrac{\pi}{2}-\alpha\right)=\cos\alpha,\quad\cos\left(\dfrac{\pi}{2}-\alpha\right)=\sin\alpha,$

$$\tan\left(\frac{\pi}{2}-\alpha\right)=\cot\alpha, \quad \cot\left(\frac{\pi}{2}-\alpha\right)=\tan\alpha.$$

钝角化锐角：$\sin\left(\dfrac{\pi}{2}+\alpha\right)=\cos\alpha, \quad \cos\left(\dfrac{\pi}{2}+\alpha\right)=-\sin\alpha,$

$$\tan\left(\frac{\pi}{2}+\alpha\right)=-\cot\alpha, \quad \cot\left(\frac{\pi}{2}+\alpha\right)=-\tan\alpha,$$

$$\sin(\pi-\alpha)=\sin\alpha, \quad \cos(\pi-\alpha)=-\cos\alpha,$$

$$\tan(\pi-\alpha)=-\tan\alpha, \quad \cot(\pi-\alpha)=-\cot\alpha,$$

$$\sin(\pi+\alpha)=-\sin\alpha, \quad \cos(\pi+\alpha)=-\cos\alpha,$$

$$\tan(\pi+\alpha)=\tan\alpha, \quad \cot(\pi+\alpha)=\cot\alpha,$$

$$\sin(2\pi-\alpha)=-\sin\alpha, \quad \cos(2\pi-\alpha)=\cos\alpha,$$

$$\tan(2\pi-\alpha)=-\tan\alpha, \quad \cot(2\pi-\alpha)=-\cot\alpha.$$

钝角转型：$\sin\left(\dfrac{3\pi}{2}-\alpha\right)=-\cos\alpha, \quad \cos\left(\dfrac{3\pi}{2}-\alpha\right)=-\sin\alpha,$

$$\tan\left(\frac{3\pi}{2}-\alpha\right)=\cot\alpha, \quad \cot\left(\frac{3\pi}{2}-\alpha\right)=\tan\alpha,$$

$$\sin\left(\frac{3\pi}{2}+\alpha\right)=-\cos\alpha, \quad \cos\left(\frac{3\pi}{2}+\alpha\right)=\sin\alpha,$$

$$\tan\left(\frac{3\pi}{2}+\alpha\right)=-\cot\alpha, \quad \cot\left(\frac{3\pi}{2}+\alpha\right)=-\tan\alpha.$$

任意角转化：$\sin(2k\pi+\alpha)=\sin\alpha, \quad \cos(2k\pi+\alpha)=\cos\alpha,$

$$\tan(2k\pi+\alpha)=\tan\alpha, \quad \cot(2k\pi+\alpha)=\cot\alpha, (\text{其中 } k\in\mathbf{Z}).$$

(3) 两角和与差的三角函数：在研究三角函数时，我们还常常遇到这样的问题：已知任意角 α,β 的三角函数，如何求出 $\alpha+\beta$、$\alpha-\beta$ 的三角函数值？我们可以通过使用下面的各种公式来解决这些问题.

$$\sin(\alpha\pm\beta)=\sin\alpha\cos\beta\pm\cos\alpha\sin\beta;$$
$$\cos(\alpha\pm\beta)=\cos\alpha\cos\beta\mp\sin\alpha\sin\beta;$$
$$\tan(\alpha\pm\beta)=\frac{\tan\alpha\pm\tan\beta}{1\mp\tan\alpha\tan\beta}.$$

其中，前两个公式具有一般性，α,β 可为任意角，后一个正切公式在 $\alpha\neq k\pi+\dfrac{\pi}{2}, \beta\neq k\pi+\dfrac{\pi}{2}, \alpha+\beta\neq k\pi+\dfrac{\pi}{2}, k\in\mathbf{Z}$ 时成立，即 $\tan\alpha, \tan\beta, \tan(\alpha\pm\beta)$ 不存在时不能使用此公式，只能用诱导公式或其他方法.

(4) 二倍角公式：二倍角公式是在和角的三角公式的基础上推导出来的，是和角公式的特例，它反映了倍角与单角的函数关系，体现了将一般化为特殊的基本数学思想方法.

$$\sin2\alpha=2\sin\alpha\cos\alpha;$$

$$\cos2\alpha=\cos^2\alpha-\sin^2\alpha=2\cos^2\alpha-1=1-2\sin^2\alpha;$$

$$\tan2\alpha=\frac{2\tan\alpha}{1-\tan^2\alpha}.$$

上面 3 个公式都是在两角和公式中 $\alpha=\beta$ 的情况下得到的. 同样，前两个公式具有一般性，即 α 取任意角，最后的正切倍角公式必须在 $\alpha\neq\dfrac{k\pi}{2}+\dfrac{\pi}{4}, \alpha\neq k\pi+\dfrac{\pi}{2}, k\in\mathbf{Z}$ 时成立.

（5）半角公式：半角的正弦、余弦和正切公式都可以用单角的余弦来表示，因此只要掌握了二倍角的余弦公式，半角公式就不难掌握. 公式中正负号的选取是由所在象限的符号决定的.

$$\sin \frac{\alpha}{2} = \pm \sqrt{\frac{1-\cos \alpha}{2}};$$

$$\cos \frac{\alpha}{2} = \pm \sqrt{\frac{1+\cos \alpha}{2}};$$

$$\tan \frac{\alpha}{2} = \pm \sqrt{\frac{1-\cos \alpha}{1+\cos \alpha}} = \frac{\sin \alpha}{1+\cos \alpha} = \frac{1-\cos \alpha}{\sin \alpha}.$$

（6）万能公式：可以把所有的三角函数都化成只有 $\tan \frac{\alpha}{2}$ 的多项式，这种代换称为万能置换.

$$\sin \alpha = \frac{2\tan \frac{\alpha}{2}}{1+\tan^2 \frac{\alpha}{2}}; \cos \alpha = \frac{1-\tan^2 \frac{\alpha}{2}}{1+\tan^2 \frac{\alpha}{2}}; \tan \alpha = \frac{2\tan \frac{\alpha}{2}}{1-\tan^2 \frac{\alpha}{2}}.$$

（7）和差与积的互化公式：和差与积的互化公式是三角函数中的恒等式，其可以由两角和、两角差公式推得。其中，积化和差公式如下所示：

$$\sin \alpha \cos \beta = \frac{1}{2}\left[\sin(\alpha+\beta) + \sin(\alpha-\beta)\right];$$

$$\cos \alpha \sin \beta = \frac{1}{2}\left[\sin(\alpha+\beta) - \sin(\alpha-\beta)\right];$$

$$\cos \alpha \cos \beta = \frac{1}{2}\left[\cos(\alpha+\beta) + \cos(\alpha-\beta)\right];$$

$$\sin \alpha \sin \beta = -\frac{1}{2}\left[\cos(\alpha+\beta) - \cos(\alpha-\beta)\right].$$

和差化积公式如下所示：

$$\sin \alpha + \sin \beta = 2\sin \frac{\alpha+\beta}{2}\cos \frac{\alpha-\beta}{2};$$

$$\sin \alpha - \sin \beta = 2\cos \frac{\alpha+\beta}{2}\sin \frac{\alpha-\beta}{2};$$

$$\cos \alpha + \cos \beta = 2\cos \frac{\alpha+\beta}{2}\cos \frac{\alpha-\beta}{2};$$

$$\cos \alpha - \cos \beta = -2\sin \frac{\alpha+\beta}{2}\sin \frac{\alpha-\beta}{2}.$$

5．三角函数

表 1-5　反三角函数的定义、图像及性质

函数名称	反正弦函数	反余弦函数
定义	形如 $y = \arcsin x$ 的函数称为反正弦函数	形如 $y = \arccos x$ 的函数称为反余弦函数
定义域	$[-1,1]$	$[-1,1]$
值域	$\left[-\frac{\pi}{2}, \frac{\pi}{2}\right]$	$[0,\pi]$

函数名称	反正弦函数	反余弦函数
图像		
周期性	非周期函数	非周期函数
奇偶性	奇函数	非奇非偶函数
单调性	在 $[-1,1]$ 上是增函数	在 $[-1,1]$ 上是减函数
对称性	对称中心:$(0,0)$ 无对称轴	对称中心:$\left(0,\dfrac{\pi}{2}\right)$ 无对称轴
互余恒等式	$\arcsin x + \arccos x = \dfrac{\pi}{2}(x \in [-1,1])$	

函数名称	反正切函数	反余切函数
定义	形如 $y=\arctan x$ 的函数称为反正切函数	形如 $y=\text{arccot}\, x$ 的函数称为反余切函数
定义域	$(-\infty,+\infty)$	$(-\infty,+\infty)$
值域	$\left(-\dfrac{\pi}{2},\dfrac{\pi}{2}\right)$	$(0,\pi)$
图像		
周期性	非周期函数	非周期函数
奇偶性	奇函数	非奇非偶函数
单调性	在 $(-\infty,+\infty)$ 上是增函数	在 $(-\infty,+\infty)$ 上是减函数
对称性	对称中心:$(0,0)$ 无对称轴	对称中心:$\left(0,\dfrac{\pi}{2}\right)$ 无对称轴
互余恒等式	$\arctan x + \text{arccot}\, x = \dfrac{\pi}{2}(x \in \mathbf{R})$	

【总结】

指数函数和对数函数互为反函数;反正弦函数是正弦函数在区间 $\left[-\dfrac{\pi}{2},\dfrac{\pi}{2}\right]$ 的反函数;反余弦函数是余弦函数在区间 $[0,\pi]$ 的反函数;反正切函数是正切函数在区间 $\left(-\dfrac{\pi}{2},\dfrac{\pi}{2}\right)$ 的反函数;反余切函数是余切函数在区间 $(0,\pi)$ 的反函数.

习题 1.1

1. 求下列函数的定义域.

(1) $f(x) = \sqrt{5 - |x|}$；　(2) $f(x) = \dfrac{\lg(|x| - x)}{\sqrt{1 - x^2}}$；　(3) $f(x) = \sqrt{25 - x^2} + \lg \cos x$.

2. 求下列函数的值域.

(1) $f(x) = \dfrac{2x + 1}{x - 3}$；　　　(2) $f(x) = x + \sqrt{2x - 1}$；　　(3) $f(x) = \dfrac{2^x + 1}{2^x - 1}$.

3. 确定下列函数的奇偶性.

(1) $f(x) = \sqrt{x - 2} + \sqrt{2 - x}$；　　　(2) $f(x) = \begin{cases} x(1 - x), & x < 0, \\ x(1 + x), & x > 0; \end{cases}$

(3) $f(x) = \dfrac{\sqrt{1 + x^2} + x - 1}{\sqrt{1 + x^2} + x + 1}$.

4. 已知函数 $f(x) = \dfrac{2x - 4}{x - 3}$ 的值域是 $[4, +\infty)$，求 $f(x)$ 的定义域.

5. 利用函数单调性的定义证明函数 $y = \dfrac{x + 2}{x + 1}$ 在 $(-1, +\infty)$ 上是减函数.

6. 解方程 $4^x - 2^{x+1} - 3 = 0$.

7. 求函数 $y = \log_2(x^2 + 1)\,(x < 0)$ 的反函数.

8. 已知 $\sin\alpha = 3\cos\alpha$，则 $\dfrac{\sin\alpha - 4\cos\alpha}{5\sin\alpha + 2\cos\alpha} = $ _____，$\sin^2\alpha + 2\sin\alpha\cos\alpha = $ _____.

9. 已知 $\sin\alpha + \sin\beta = 1$，$\cos\alpha + \cos\beta = 0$，则 $\cos 2\alpha + \cos 2\beta = $ _____.

10. 求下列各式的值.

(1) $\sin\left[\arccos\dfrac{4}{5} + \arccos\left(-\dfrac{5}{13}\right)\right]$；　　(2) $\sin\left[\dfrac{\pi}{3} + \dfrac{1}{2}\arctan(-2\sqrt{2})\right]$.

11. 已知函数 $f(x) = 2\cos^2\omega x + 2\sin\omega x\cos\omega x + 1\,(x \in \mathbf{R}, \omega > 0)$ 的最小值正周期是 $\dfrac{\pi}{2}$.

(1) 求 ω 的值；

(2) 求函数 $f(x)$ 的最大值，以及使 $f(x)$ 取得最大值的 x 的集合.

1.2　复合函数和初等函数

复合函数 · 初等函数 · 双曲函数

1.2.1　复合函数

定义 1.2.1　设函数 $y = f(u)$ 的定义域为 U，而函数 $u = g(x)$ 的定义域为 X，若 $D = \{x \in X \mid g(x) \in U\} \neq \varnothing$，即对于 X 内的每一个值 x，经过 $u = g(x)$，$y = f(x)$，相应地得到唯一的一个 y 值. 也就是说，y 经过中间变量 u 成了关于 x 的函数，记为：$y = f[g(x)]$，这个函数称为 x 的复合函数. 其中，$y = f(u)$ 称为外层函数，$u = g(x)$ 称为内层函数.

例如，$y = \arcsin x^2$ 可以看作是由 $y = \arcsin u$ 和 $u = x^2$ 复合而成的，其中，$y = \arcsin u$ 是

外层函数，$u=x^2$ 是内层函数.

此外，复合函数的性质如表 1-6 所示。

表 1-6　复合函数的性质

函数	单调性				奇偶性			
内层函数 $u=g(x)$	增	增	减	减	奇	奇	偶	偶
外层函数 $y=f(u)$	增	减	增	减	奇	偶	奇	偶
复合函数 $y=f[g(x)]$	增	减	减	增	奇	偶	偶	偶

【小贴士】

（1）不是任何两个函数都可以复合成一个复合函数的，只有内层函数的值域非空，且是外层函数的一个子集时才能复合.

（2）复合函数也可以由两个以上的函数构成，只要它们顺次满足构成复合函数的条件即可.

（3）对于复合函数来说，同学们一定要弄清楚它是由哪些简单函数复合而成的，谁是外层函数，谁是内层函数. 这些问题跟后面的复合函数求导，以及积分学中的凑微分都密切相关.

例 1　试将下列函数复合成一个函数.

（1）$y=\sqrt{u},u=\ln v,v=2^x-1$；　　　　　（2）$y=\sqrt{u},u=\arctan v,v=2-x$.

解　（1）将中间变量依次代入 $y=\sqrt{u}=\sqrt{\ln v}=\sqrt{\ln(2^x-1)}$，即得复合函数 $y=\sqrt{\ln(2^x-1)}$，它的定义域为 $[1,+\infty)$.

（2）将中间变量依次代入 $y=\sqrt{u}=\sqrt{\arctan v}=\sqrt{\arctan(2-x)}$，即得复合函数 $y=\sqrt{\arctan(2-x)}$，它的定义域为 $(-\infty,2]$.

例 2　指出下列函数是由哪些简单函数复合而成的.

（1）$y=\cos^2(2x+8)$；　　　（2）$y=\lg(1+\sqrt{1+x^2})$；　　　（3）$y=e^{\frac{1}{\sin^2 x}}$.

解　（1）函数 $y=\cos^2(2x+8)$ 是由 $y=u^2,u=\cos v,v=2x+8$ 复合而成的.

（2）函数 $y=\lg(1+\sqrt{1+x^2})$ 是由 $y=\lg u,u=1+v,v=\sqrt{m},m=1+x^2$ 复合而成的.

（3）函数 $y=e^{\frac{1}{\sin^2 x}}$ 是由 $y=e^u,u=v^{-1},v=m^2,m=\sin x$ 复合而成的.

1.2.2 初等函数

定义 1.2.2　设函数 $f(x),g(x)$ 的定义域依次为 D_1,D_2，并且 $D=D_1\bigcap D_2\neq\varnothing$，则可以定义这两个函数的下列运算：

和（差）$f\pm g$　　　$(f\pm g)(x)=f(x)\pm g(x),x\in D$；

积 $f\cdot g$　　　　　$(f\cdot g)(x)=f(x)\cdot g(x),x\in D$；

商 $\dfrac{f}{g}$　　　　　$\left(\dfrac{f}{g}\right)(x)=\dfrac{f(x)}{g(x)},x\in D-\{x|g(x)=0\}$.

定义 1.2.3　由常数和基本初等函数经过有限次的四则运算和有限次的函数复合步骤所构成并可用一个式子来表示的函数，称为初等函数.

本课程讨论的函数绝大多数都是初等函数.

【小贴士】

已知函数 $f(x)$，$g(x)$ 的奇偶性、单调性，则一部分由 $f(x)$，$g(x)$ 通过四则运算或复合得到的初等函数的奇偶性、单调性可由下式确定.

奇偶性：

(1) 奇函数 $\pm$ 奇函数 $=$ 奇函数；(2) 偶函数 $\pm$ 偶函数 $=$ 偶函数；

(3) 奇函数 $\times$ 奇函数 $=$ 偶函数；(4) 偶函数 $\times$ 奇函数 $=$ 奇函数；

(5) 偶函数 $\times$ 偶函数 $=$ 偶函数.

增减性(在公共的单调区间上)：

(1) 增函数 $+$ 增函数 $=$ 增函数；(2) 减函数 $+$ 减函数 $=$ 减函数；

(3) 增函数 $-$ 减函数 $=$ 增函数；(4) 减函数 $-$ 增函数 $=$ 减函数.

其余的则由函数自身的奇偶性、增减性的定义来判断.

1.2.3　双曲函数

初等函数是最先被人们研究的一类函数，也是与人类的生产和生活密切相关的函数，双曲函数就是其中之一，它与常见的三角函数类似，其推导过程也类似于三角函数的推导过程。下面介绍双曲函数的定义、图形及性质.

表 1-7　双曲函数的定义、图像及性质

函数名称	双曲正弦函数	双曲余弦函数
定义	形如 $y=\operatorname{sh} x=\dfrac{e^x-e^{-x}}{2}$ 的函数称为双曲正弦函数	形如 $y=\operatorname{ch} x=\dfrac{e^x+e^{-x}}{2}$ 的函数称为双曲余弦函数
定义域	$(-\infty,+\infty)$	$(-\infty,+\infty)$
值域	$(-\infty,+\infty)$	$(-\infty,+\infty)$
图像		
周期性	非周期函数	非周期函数
奇偶性	奇函数	偶函数
单调性	在 $(-\infty,+\infty)$ 上是增函数	在 $(-\infty,0]$ 上是减函数；在 $[0,+\infty)$ 上有增函数

习题 1.2

1. 指出下列函数的复合过程.

(1) $y = \cos x^2$;　　　　　(2) $y = 2^{\ln(e^2+1)}$;　　　　　(3) $y = \ln(\arctan \sqrt{1+x^2})$.

2. 已知 $f(x) = x^2 - 1$，$g(x) = \begin{cases} x-1, & x > 0, \\ 2-x, & x < 0, \end{cases}$ 求 $f(g(x))$.

3. 求下列复合函数的单调区间.

(1) 求函数 $y = \log_{\frac{1}{2}}[(1-x)(x+3)]$ 的递减区间；

(2) 求函数 $y = \left(\dfrac{1}{2}\right)^{x^2-6x+8}$ 的单调递增区间.

4. 求下列复合函数的值域.

(1) $y = \arccos \dfrac{x^2-x}{2}$;　　　　　(2) $y = \log_2 \dfrac{x}{2} \cdot \log_2 \dfrac{x}{4}$，$x \in [1,8]$.

5. 设 $f(\sin x) = 2 - \cos 2x$，求 $f(x)$，$f(\cos x)$.

6. 证明下列等式.

(1) $\operatorname{th}(x+y) = \dfrac{\operatorname{th} x + \operatorname{th} y}{1 - \operatorname{th} x \operatorname{th} y}$;　　　　　(2) $\operatorname{sh}^2 \dfrac{x}{2} = \dfrac{\operatorname{ch} x - 1}{2}$.

1.3　解析几何初步
直线·二次曲线·参数方程

1.3.1　直线与二次曲线

1. 直线的倾斜角和斜率

在平面直角坐标系中，对于一条与 x 轴相交的直线，我们规定直线向上的方向与 x 轴的正方向所成的最小正角 α 为直线的倾斜角（图 1-1）. 特殊情况，当直线和 x 轴平行或重合时，规定直线的倾斜角为 0，因此，倾斜角 α 的取值范围是：$0 \leqslant \alpha < \pi$.

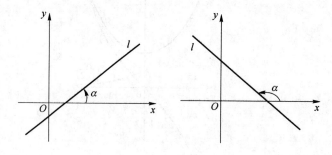

图 1-1　直线的倾斜角

当直线的倾斜角不是 $\dfrac{\pi}{2}$ 时，它的倾斜角 α 的正切值叫作这条直线的斜率. 斜率通常用 k 表示，即

$$k = \tan \alpha. \tag{1.3.1}$$

设 $P_1(x_1, y_1)$，$P_2(x_2, y_2)$ 是直线 l 上的两个定点（图 1-2），不难看出，直线 l 的斜率为

$$k = \frac{y_2 - y_1}{x_2 - x_1}, \quad (x_2 \neq x_1). \tag{1.3.2}$$

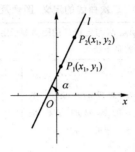

图 1-2　直线的斜率

2. 直线方程

表 1-8　直线方程

方程类型	定义
点斜式方程	若直线 l 经过定点 $P_1(x_1,y_1)$,且斜率为 k,则直线 l 的方程为 $k=\dfrac{y-y_1}{x-x_1}$,即 $(y-y_1)=k(x-x_1)$,该方程为点斜式方程
斜截式方程	已知直线 l 的斜率是 k,与 y 轴的交点是 $P(0,b)$,代入点斜式直线方程得 $y-b=k(x-0)$,即 $y=kx+b$,该方程为斜截式方程. 其中,b 为直线 l 在 y 轴上的截距(又名:纵截距)
两点式方程	若要求过两个定点 $P_1(x_1,y_1)$,$P_2(x_2,y_2)$,其中 $x_1\neq x_2$,$y_1\neq y_2$ 的直线 l 的方程,我们可先算出 l 的斜率 $k=\dfrac{y_2-y_1}{x_2-x_1}$,再将其中一个定点 $P_1(x_1,y_1)$ 代入点斜式方程,得 $y-y_1=\dfrac{y_2-y_1}{x_2-x_1}(x-x_1)$,$x_1\neq x_2$. 当 $y_1\neq y_2$ 时,可整理为 $\dfrac{y-y_1}{y_2-y_1}=\dfrac{x-x_1}{x_2-x_1}$,该方程为两点式方程
一般式方程	在平面直角坐标系中,任何关于 x,y 的二元一次方程都表示一条直线. 我们称方程 $Ax+By+C=0$ 为直线的一般式方程(其中,A,B 不能同时为 0)

【思考】

是不是所有直线都有点斜式、斜截式、两点式或一般式方程?

解答:所有直线都可以用一般式方程表示,但不是所有直线都可以用点斜式、斜截式或两点式表示,当直线的倾斜角为 $\dfrac{\pi}{2}$ 时,直线没有斜率,它的方程只能用一般式表示.

3. 二次曲线方程

一般地,在直角坐标系中,若曲线 C 上的点与一个二元方程 $f(x,y)=0$ 的实数解 (x,y) 建立了如下的关系:

(1) 曲线上的点的坐标都是这个方程的解;

(2) 以这个方程的解为坐标的点都在该曲线上.

那么,方程 $f(x,y)=0$ 就称作曲线 C 的方程;曲线 C 就称作这个方程的曲线. 显然,若点 $M(x_0,y_0)$ 是曲线 $f(x,y)=0$ 上的点,则一定有 $f(x_0,y_0)=0$ 成立;若 (x_0,y_0) 是方程 $f(x,y)=0$ 的一组解,则点 (x_0,y_0) 一定在曲线 $f(x,y)=0$ 上.

常见的二次曲线包括圆、椭圆、双曲线和抛物线,如表 1-9 所示为这 4 种二次曲线的定义、图像和方程.

表 1-9　二次曲线的定义、图像及方程

圆	圆的定义	平面内动点 M 与定点 C 的距离等于定长 r 的点的集合(轨迹)称作圆.定点称作圆心,定长就是半径	
	圆的标准方程和图像	定点(圆心)为 $C(a,b)$,定长(半径)为 r 的圆周的方程是 $(x-a)^2+(y-b)^2=r^2$	
	圆的一般方程	任何一个圆方程都可以写成 $x^2+y^2+Dx+Ey+F=0$ 的形式,该方程为圆的一般方程(前提条件是 $D^2+E^2-4F>0$)	
椭圆	椭圆的定义	动点 M 到两个定点 F_1,F_2 的距离之和等于定长 $2a$ 且大于两点间距离的轨迹称作椭圆,两个定点的距离称作焦距,定点称作焦点	
	(横长型)椭圆的标准方程和图像	$\dfrac{x^2}{a^2}+\dfrac{y^2}{b^2}=1(a>b>0)$	
	(竖长型)椭圆的标准方程和图像	$\dfrac{x^2}{b^2}+\dfrac{y^2}{a^2}=1(a>b>0)$	
双曲线	双曲线的定义	动点 M 到两个定点 F_1,F_2 的距离之差的绝对值等于定长 $2a$ 且小于两定点间距离的轨迹称作双曲线.两个定点的距离称作焦距,定点称作焦点.	
	(横实型)双曲线的标准方程和图像	$\dfrac{x^2}{a^2}-\dfrac{y^2}{b^2}=1(a>0,b>0)$	
	(竖实型)双曲线的标准方程和图像	$\dfrac{-x^2}{b^2}+\dfrac{y^2}{a^2}=1(a>0,b>0)$	

	抛物线的定义	动点 M 到定点 F 的距离等于动点 M 到定直线 l 的距离,动点 M 的轨迹称作抛物线.定点 F 称作抛物线的焦点,定直线 l 称作抛物线的准线.	
抛物线	抛物线标准方程和图像	$y^2 = 2px(p>0)$	
		$y^2 = -2px(p>0)$	
		$x^2 = 2py(p>0)$	
		$x^2 = -2py(p>0)$	

【小贴士】

(1) 圆的一般方程 $x^2 + y^2 + Dx + Ey + F = 0$ 具有以下两个特点:一是 x^2 与 y^2 项的系数相同且不等于零;二是没有 xy 这样的二次项.

(2) 椭圆的标准方程 $\dfrac{x^2}{a^2} + \dfrac{y^2}{b^2} = 1(a>b>0)$ 或 $\dfrac{x^2}{b^2} + \dfrac{y^2}{a^2} = 1(a>b>0)$ 具有以下特点:$2a$ 为长轴,a 为半长轴;$2b$ 为短轴,b 为半短轴;$2c$ 为焦距,c 为半焦距;$e = \dfrac{c}{a}$ 为离心率(又名:偏心率,$0<e<1$),当 e 越大,即愈接近 1 时,椭圆愈扁;长半轴、短半轴和半焦距的关系是 $a^2 = b^2 + c^2$.

1.3.2　曲线的参数方程

在直角坐标系 xOy 中,设坐标 x、y 分别是 t 的函数

$$\begin{cases} x = f(t), \\ y = \phi(t) \end{cases} \tag{1.3.3}$$

若对于任一个 $t \in [a, b]$,都可由(1.3.3)式求得曲线 C 上的点 $M(x, y)$ 的坐标;反之,对于曲线 C 上的任一点 $M(x, y)$,都存在某个 t 值($a \leqslant t \leqslant b$),使得(1.3.3)式成立,那么方程组(1.3.3)就称作曲线 C 的"参数方程",变数 t 就称作"参变数",简称"参数".

参数可以表示时间、角度、有向线段的数值等,可以用符号 t、φ、u 等来表示.

曲线方程 $f(x, y) = 0$ 称作曲线的"普通方程";而方程组(1.3.3)称作曲线的"参数方程".

【小贴士】

参数方程是一种特殊的函数,因变量 y 和自变量 x 的函数关系由参变量取值建立起来,参数方程最终反映的还是 x 和 y 的关系,参数只是参与建立 x 和 y 的函数关系的一个参变量.

例1 如图 1-3 所示,求经过定点 $P_0(x_0,y_0)$,倾斜角为 α 的直线 l 的参数方程.

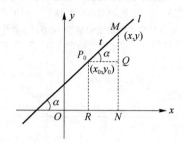

图 1-3 直线及其参数的确定

解 设点 $M(x,y)$ 是直线 l 上的任一点,过点 P_0,M 分别作 x 轴的垂线,分别交 x 轴于 R、N 点,再过 P_0 点作平行于 x 轴的水平线 P_0Q 交垂直线 MN 于 Q 点.

设直线 l 向上的方向为正,并设参数 t 为有向线段 P_0M 的数量.当有向线段 P_0M 和直线 l 方向相同时,P_0M 的数量为正;当它和直线 l 方向相反时,P_0M 的数量为负.

我们不难看出所求直线 l 的参数方程为

$$\begin{cases} x=x_0+t\cos\alpha, \\ y=y_0+t\sin\alpha \end{cases} (-\infty<t<+\infty). \tag{1.3.4}$$

其中,t 是参数表示直线 l 上有向线段 P_0M 的数量,α 是直线 l 的倾斜角,x_0、y_0 是常数.方程(8.3.6)称为"标准式直线参数方程".

一般来讲,过定点 $P_0(x_0,y_0)$,斜率是 $\dfrac{b}{a}$ 的直线的参数方程为

$$\begin{cases} x=x_0+ta, \\ y=y_0+tb, \end{cases} \tag{1.3.5}$$

方程(1.3.5)称为"一般式直线参数方程".当一般式直线参数方程中 $a^2+b^2=1$ 时,它就成为"标准式直线参数方程"了,此时的参数 t 的几何意义能代表有向线段 P_0M 的数量,极具实用价值.

例2 求圆心在原点,半径为 r 的圆的参数方程.

解 如图 1-4 所示,设 $M(x,y)$ 是圆周上的任意一点,φ 有是以 OP 为始边、OM 为终边的最小正角(逆时针旋转而成).因为对于圆周上的每一点 $M(x,y)$ 都有一个 φ 角值和它对应,所以取 φ 角作为参数,则有

$$\begin{cases} x=r\cos\varphi, \\ y=r\sin\varphi, \end{cases} \varphi\in[0,2\pi).$$

这就是所求的圆的参数方程.

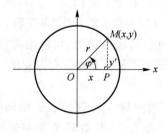

图 1-4 圆及其参数的确定

其他常见曲线,如椭圆的参数方程如下.

中心在坐标原点,焦点在 x 轴上,标准方程是 $\dfrac{x^2}{a^2}+\dfrac{y^2}{b^2}=1(a>b>0)$ 的椭圆的参数方程为

$\begin{cases}x=a\cos\varphi,\\ y=b\sin\varphi\end{cases}$ (φ 为参数);中心在坐标原点,焦点在 y 轴上,标准方程是 $\dfrac{y^2}{a^2}+\dfrac{x^2}{b^2}=1(a>b>0)$ 的

椭圆的参数方程为 $\begin{cases}x=b\cos\varphi,\\ y=a\sin\varphi\end{cases}$ (φ 为参数).

习题 1.3

1. 求直线 $\begin{cases}x=1+t,\\ y=1-t\end{cases}$ (t 为参数),与圆 $x^2+y^2=4$ 的交点坐标.

2. 求方程 $\begin{cases}x=e^t+e^{-t},\\ y=e^t-e^{-t}\end{cases}$ (t 为参数)的图形.

3. 已知椭圆的参数方程为 $\begin{cases}x=2\cos\varphi,\\ y=4\sin\varphi\end{cases}$ (φ 为参数),点 M 在椭圆上,对应的参数 $\varphi=\dfrac{\pi}{3}$,点 O 为原点,求直线 OM 的斜率.

4. 已知曲线 $C_1:\begin{cases}x=-4+\cos t,\\ y=3+\sin t\end{cases}$ (t 为参数),$C_2:\begin{cases}x=8\cos\theta,\\ y=3\sin\theta\end{cases}$ (θ 为参数),化 C_1,C_2 的方程为普通方程,并说明它们分别表示什么曲线.

5. 已知抛物线 $y^2=2px(p>0)$,O 为坐标原点,M,N 是抛物线上两点,且 $|MN|=\dfrac{2\sqrt{3}}{9}$,若直线 OM,ON 的倾斜角分别为 $\dfrac{\pi}{3},\dfrac{2\pi}{3}$,求抛物线方程.

第 1 章　复习题

1. 求函数 $f(x)=\lg\sin x+\sqrt{\sqrt{2}\cos x-1}$ 的定义域.

2. 已知 $f(\sqrt{x}+1)=x+1$,则 $f(x)$ 的解析式为_____.

3. 函数 $y=(m^2-m-1)x^{m^2-2m-3}$ 是幂函数,且在 $(0,+\infty)$ 上单调递减,则实数 m 的值为_____.

4. 下列各式的值为正号的是(　　).

A. $\cos 3-\sin 3$　　　B. $\sin 3\cos 3$　　　C. $\tan 3\cos 3$　　　D. $\cot 3\sin 3$

5. 定义在 **R** 的偶函数 $f(x)$ 在 $[0,+\infty)$ 上单调递减,且 $f\left(\dfrac{1}{2}\right)=0$,则满足 $f(\log_{\frac{1}{4}}x)<0$ 的集合为(　　).

A. $\left(0,\dfrac{1}{2}\right)$　　　B. $(2,+\infty)$　　　C. $\left(\dfrac{1}{2},2\right)$　　　D. $\left(0,\dfrac{1}{2}\right)\bigcup(2,+\infty)$

6. 函数 $f(x)=\dfrac{x}{x+1}$,则 $f^{-1}\left(\dfrac{1}{2}\right)=$_____.

7. 已知函数 $f(x)=\dfrac{a^x-1}{a^x+1}(a>1)$. (1)求函数 $f(x)$ 的值域；(2)证明：$f(x)$ 在区间 $(-\infty,+\infty)$ 上是增函数.

8. 已知函数 $f(x)=\sin\left(\omega x+\dfrac{\pi}{6}\right)+\sin\left(\omega x-\dfrac{\pi}{6}\right)-2\cos^2\dfrac{\omega x}{2}$，$x\in\mathbf{R}$（其中 $\omega>0$）

(1) 求函数 $f(x)$ 的值域；

(2) 若函数 $y=f(x)$ 的图像与直线 $y=-1$ 的两个相邻交点间的距离为 $\dfrac{\pi}{2}$，求函数 $y=f(x)$ 的单调增区间.

9. 已知椭圆 $\dfrac{x^2}{a^2}+\dfrac{y^2}{b^2}=1(a>b>0)$ 的离心率 $\mathrm{e}=\dfrac{\sqrt{6}}{3}$，过点 $A(0,-b)$ 和 $B(a,0)$ 的直线与原点的距离为 $\dfrac{\sqrt{3}}{2}$，求椭圆的方程.

10. 已知直线 l 过点 $P(2,0)$，斜率为 $\dfrac{4}{3}$，直线 l 和抛物线 $y^2=2x$ 相交于 A，B 两点，设线段 AB 的中点为 M，求

(1) P，M 之间的距离 $|PM|$；

(2) 点 M 的坐标.

 课外阅读

三角函数符号的由来

三角函数(Trigonometric)是基本初等函数之一，它们的本质是任意角的集合与一个比值的集合变量之间的映射，也有定义为包含这个角的直角三角形两个边的比率，也可以等价地定义为单位圆上的各种线段的长度，更现代的定义把它们表达为无穷级数或特定微分方程的解，允许它们扩展到任意正数和负数值，甚至是复数值. 三角函数包含 6 种基本函数，即正弦、余弦、正切、余切、正割和余割.

三角函数符号的由来

在上述所有的三角函数中，正弦是最重要也是最古老的一种，早期的三角学伴随着天文学而产生，古希腊天文学派希帕霍斯将圆内不同圆心角所对的弦长记录下来，制作了一个"弦表"，这就是正弦表的前身，但可惜的是其并没有被保存下来.

在这之后，希腊数学转入印度，其中，阿耶波多做出了重大的改革. 一方面他定周长为 21 600 分，定圆半径为 3 438 分(即取圆周率 $\pi=3.142$)，虽然他没有明确提出弧度制这个概念，但他计算了半弦，即现在的正弦线，而不是希帕霍斯"弦表"中计算的全弦. 他将半弦称为 jiva，是猎人弓弦的意思，而后来印度的书籍被译成阿拉伯文，jiva 被音译成 jiba，但此字在阿拉伯文中没有意义，辗转传抄，又被误写成 jaib，意思是胸膛或海湾.

12 世纪，欧洲人从阿拉伯的文献中寻求知识，1150 年前后，意大利翻译家杰拉德将 jaib 意译为拉丁文 sinus，这就是现存 sine 一词的来源，而英文保留了 sinus 这个词，且意义也不曾改变过. 然而，sinus 并没有很快地被采用，与之并存的还有其他的正弦符号，如 Perpendiculum 等.

sine 一词真正意义上第一次出现是在阿拉伯人雷基奥蒙坦于 1464 年完成的著作《论各种三角形》中,作为 15 世纪西欧数学界的领导人物,雷基奥蒙坦的这部纯三角形的著作使三角形脱离了天文学,独立成为一门数学分科. 而余弦 cosine 和余切 cotangent 这两个词为英国人根日尔首先使用,最早在 1620 年伦敦出版的他所著的《炮兵测量学》中出现. 丹麦数学家托马斯·芬克首创了正割 secant 和正切 tangent 两词,最早见于其所著的《圆几何学》一书. 余割 cosecant 一词是锐梯卡斯所创,最早见于他于 1596 年出版的《宫廷乐章》一书.

1626 年,阿贝尔特·格洛德最早推出简写的三角符号:"sin""tan""sec". 1675 年,英国人奥屈特最早推出余下的简写三角符号:"cos""cot""csc". 此时三角函数符号已经差不多凑齐,且一直以来,人们都是用线段的长来定义三角函数的,但直到 1748 年,瑞士数学家欧拉在他于 1748 年出版的一部划时代的著作《无穷小分析概论》中引用了上述 6 种简写的三角符号,提出三角函数是对应的三角函数线与圆半径的比值,并令圆的半径为 1,才使得对三角函数的研究大为简化,且简写的三角符号也才逐渐通用起来.

而在我国,明朝崇祯四年(1631 年)三角学才开始输入我国,我国编译的第一部三角学著作为《大测》,是由邓玉函、汤若望和徐光启合编并作为历书的一部分呈现给朝廷的. 在《大测》中,编者首先将 sine 译为"正半弦",简称"正弦",这就成了"正弦"一词的由来. 1949 年新中国成立以后,由于受到苏联教材的影响,当时我国数学书籍中"cot"改为"ctg","tan"改为"tg",其余 4 个符号均未变.

参考答案

习题 1.1

1. (1) $[-5,5]$;　　(2) $(-1,0)$;　　(3) $\left(-5,-\dfrac{3\pi}{2}\right)\cup\left(-\dfrac{\pi}{2},\dfrac{\pi}{2}\right)\cup\left(\dfrac{3\pi}{2},5\right)$.

2. (1) $(-\infty,2)\cup(2,+\infty)$;　　(2) $\left[\dfrac{1}{2},+\infty\right)$;　　(3) $(-\infty,-1)\cup(1,+\infty)$.

3. (1) 非奇非偶函数;　　(2) 奇函数;　　(3) 奇函数.

4. $(3,4]$.

5. 略.

6. $\log_2 3$.

7. 反函数为 $y=-\sqrt{2^x-1}\,(x>0)$.

8. $-\dfrac{1}{17}$;$\dfrac{3}{2}$.

9. 1.

10. (1) $\dfrac{33}{65}$;　　(2) $\dfrac{3\sqrt{2}-\sqrt{3}}{6}$.

11. (1) 2;　　(2) $f_{\max}(x)=\sqrt{2}+2$,此时 $x=\dfrac{k\pi}{2}+\dfrac{\pi}{16}\,(k\in\mathbf{Z})$.

习题 1.2

1. (1) $y=\cos t,t=x^2$;　　(2) $y=2^t,t=\ln u,u=x^2+1$;

(3) $y=\ln t,t=\arctan u,u=v^{\frac{1}{2}},v=1+x^2$.

2. $f(g(x)) = \begin{cases} x^2 - 2x, & x > 0, \\ x^2 - 4x + 3, & x < 0. \end{cases}$

3. (1) $(-3, -1]$;   (2) $(-\infty, 3]$.

4. (1) $\left[0, \pi - \arccos \dfrac{1}{8}\right]$;   (2) $\left[-\dfrac{1}{4}, 2\right]$.

5. $f(x) = 1 + 2x^2, f(\cos x) = 1 + 2\cos^2 x$.

6. 略.

习题 1.3

1. $\begin{cases} x_1 = 2, \\ y_1 = 0, \end{cases}$ $\begin{cases} x_2 = 0, \\ y_2 = 2. \end{cases}$

2. 图形为双曲线 $\dfrac{x^2}{4} - \dfrac{y^2}{4} = 1$.

3. $2\sqrt{3}$.

4. 曲线 $C_1 : (x+4)^2 + (y-3)^2 = 1$, 表示圆心在 $(-4,3)$, 半径为 1 的圆.

曲线 $C_2 : \dfrac{x^2}{64} + \dfrac{y^2}{9} = 1$, 表示顶点为 $(8,0), (-8,0), (0,3), (0,-3)$ 的椭圆, 其焦点坐标为 $(\sqrt{55}, 0)$ 和 $(-\sqrt{55}, 0)$.

5. $y^2 = 12x$.

第 1 章 复习题

1. $\left(2k\pi, \dfrac{\pi}{4} + 2k\pi\right] (k \in \mathbf{Z})$.

2. $f(x) = x^2 - 2x + 2 (x \geqslant 1)$.

3. 2.

4. C.

5. D.

6. 1.

7. (1) $(-1, 1)$;   (2) 略.

8. (1) $[-3, 1]$;   (2) $\left[-\dfrac{\pi}{6} + k\pi, \dfrac{\pi}{3} + k\pi\right] (k \in \mathbf{Z})$.

9. $\dfrac{x^2}{3} + y^2 = 1$.

10. (1) $\dfrac{15}{16}$;   (2) $\left(\dfrac{41}{16}, \dfrac{3}{4}\right)$.

第2章 极限与连续

学习内容

极限是高等数学中最基本的概念和方法,其核心是研究变量的变化趋势.当某些函数的输入连续变化时,其输出也随之连续变化,输入的变化越小,输出的变化也越小.对于另一些函数,它们的函数值随输入的变化会发生突变或者非常不规律.极限的概念给出了区别这些性态的一种精确的方法.我国古代数学家刘徽(公元3世纪)利用圆内接正多边形来推算半径为 r 的圆的面积——割圆术,就是极限思想在几何学上的应用.

应用实例

人们最初只知道求多边形的面积和求直线段的长度.多边形的面积之所以为好求,是因为它的周界是由直线段组成的,我们可以把它分解为许多三角形(如图 2-1).而圆周界处处是弯曲的,这就给我们带来了困难.为了计算圆周长,我们将每一小段圆弧近似看成是直的,即在很小的一段上近似地"以直代曲",以弦代替圆弧.那么我们就把每个小扇形分成了很多小部分,每个部分看成一个小三角形.

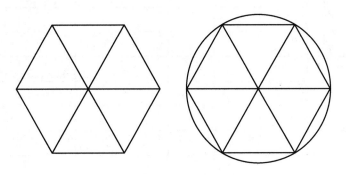

图 2-1 多边形与圆

易知,正 n 边形的面积为 $S_n = \dfrac{1}{2}nr^2\sin\dfrac{2\pi}{n}$,显然,这个 S_n 不是圆的面积 S.从几何直观上可以看出,只要正 n 边形的边数不断增加,正多边形的面积将随着边数的增加而不断地接近于圆的面积. n 越大,近似程度越高,但是无论如何它只是面积的近似值,而不是精确值.为了从近似值过渡到精确值,我们让 n 无限地增大,记为 $n\to\infty$.可以明显观察到,当 $n\to\infty$ 时, $S_n\to S$,这样就能计算出圆面积的精确值,这个思维的过程就是极限思想应用的过程.

我们考虑单位圆($r=1$)的情况,首先利用计算机 Excel 软件求出当 $n\to\infty$ 的过程中, $\{S_n\}$ 对应的数列值,以观察其变化情况.

表 2-1　多边形对应面积的数列值

n	1	2	3	4	5	6	7	8	9	10
s_n	1.23×10^{-16}	1.225×10^{-16}	1.299 038 1	2	2.377 641 3	2.598 076 2	2.736 410 2	2.828 427 1	2.892 544 2	2.938 926 3
n	11	12	13	14	15	16	17	18	19	20
s_n	2.973 524 5	3	3.020 700 6	3.037 186 2	3.050 524 8	3.061 467 5	3.070 554 2	3.078 181 3	3.084 645	3.090 169 9
n	21	22	23	24	25	26	27	28	29	30
s_n	3.094 929 3	3.099 058 1	3.102 662 9	3.105 828 5	3.108 623 6	3.111 103 6	3.113 314 3	3.115 293 1	3.117 071 4	3.118 675 4
n	31	32	33	34	35	36	37	38	39	40
s_n	3.120 127 1	3.121 445 2	3.122 645 5	3.123 741 8	3.124 745 7	3.125 667 2	3.126 515 2	3.127 297 2	3.128 02	3.128 689 3
n	991	992	993	994	995	996	997	998	999	1 000
s_n	3.141 571 6	3.141 571 6	3.141 571 7	3.141 571 7	3.141 571 8	3.141 571 8	3.141 571 9	3.141 571 9	3.141 571 9	3.141 572

　　通过上面的计算,我们可以发现,边数越多得到的正多边形的面积越接近于单位圆的面积. 当边数 n 为 1 000 时,正多边形面积为 3.141 571 982 8,当边数 n 为 10 000 时,正多边形的面积为 3.141 592 446 9. 由此,我们可以通过数列 $\{S_n\}$ 的值的变化趋势推断出单位圆的面积值是一个无理数——π.

　　我们也可以把数列 $\{S_n\}$ 的图像画出来,通过数列 $\{S_n\}$ 图像的变化趋势推断出单位圆的面积值是 π.

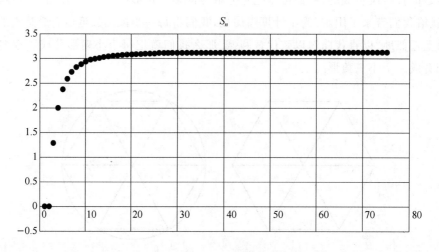

图 2-2　数列 $\{S_n\}$ 图像的变化趋势

　　本章介绍极限的知识,但不强调极限理论上的严密性,而是以"直观"为基础,突出"变化趋势"的思想,讨论极限的概念、性质及其运算. 为了和后续内容进行衔接,我们也引出了极限的精确定义,在一些极限性质说明中使用极限的精确定义来证明问题,但不要求读者用极限的精确定义来证明.

2.1　数列的极限

数列极限的直观定义·数列极限的精确定义·唯一性·有界性·保号性·子数列

　　一列无穷多个数 $x_1,x_2,x_3,\cdots,x_n,\cdots$,按次序一个接一个排列下去,就构成一个数列. 这个数列中,第一个数是 x_1,第二个数是 x_2,$\cdots$,第 n 个数是 x_n,我们记这个数列为 $\{x_n\}$,称 x_n

为 $\{x_n\}$ 的项或通项.

在几何中,数列 $\{x_n\}$ 可看作数轴上的一个动点,它依次取数轴上的点 $x_1,x_2,x_3,\cdots,x_n,\cdots$ (如图 2-3).

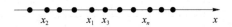

图 2-3 数轴上的数列

数列 $\{x_n\}$ 可看作自变量为正整数 n 的函数 $x_n=f(n)$,它的定义域是全体正整数,当自变量 n 依次取 $1,2,3,\cdots$ 一切正整数时,对应的函数值的排列称为数列 $\{x_n\}$.

2.1.1 数列极限的直观定义

数列极限概念是在寻找某些实际问题的精确解答中产生的,下面来看一个战国时期哲学家庄周运用极限的思想去解决的实际问题.

例 1 《庄子·天下篇》中记载"一尺之棰,日取其半,万世不竭",也就是说一根一尺长的木棒每天截去一半,这样的过程可以一直无限制地进行下去.将每天截后的木棒排成一列,如图 2-4 所示.

第 1 天截下 $\dfrac{1}{2}$,第 2 天截下 $\dfrac{1}{2}\times\dfrac{1}{2}=\dfrac{1}{2^2}$,第 3 天截下 $\cdots$,第 n 天截下 $\dfrac{1}{2}\cdot\dfrac{1}{2^{n-1}}=\dfrac{1}{2^n}$,$\cdots$ 得到一个数列 $\left\{\dfrac{1}{2^n}\right\}$:$\dfrac{1}{2},\dfrac{1}{2^2},\dfrac{1}{2^3},\cdots,\dfrac{1}{2^n},\cdots$.不难看出,数列 $\left\{\dfrac{1}{2^n}\right\}$ 的通项 $\dfrac{1}{2^n}$ 随着 n 的无限增大而无限地接近于零.

图 2-4 一尺之棰,日取其半

在解决实际问题中逐渐形成的这种极限的思想和方法,已成为高等数学解决问题的一种基本方法.

通过数列的基本概念,当 n 无限增大时(即 $n\rightarrow\infty$),对应的 $x_n=f(n)$ 是否能无限接近于某个确定的数值? 如果能的话,这个数值等于多少? 讨论上述问题之前,我们先看看数列极限的直观定义.

定义 2.1.1 设 $x_n=f(n)$,当 n 无限趋于无穷大时,其对应的数列值无限趋于一个确定的常数 A,则称这个常数 A 是当 n 趋于无穷大时数列 $\{x_n\}$ 的极限,记作 $\lim\limits_{n\to\infty}x_n=a$ 或 $x_n\rightarrow a(n\rightarrow\infty)$

这里说直观定义主要是指"无限趋于"是一种直观的说法,而没有给出确切的数学描述.利用这个定义,我们就可以得到例 2.1.2 描述的现象为 $\lim\limits_{n\to\infty}\left(\dfrac{1}{2}\right)^n=0$.

例 2 数列 $\{x_n\}=\left\{\dfrac{n}{n+1}\right\}$ 的极限.

我们可以直观地观察到数列 $\{x_n\}$ 随着 n 的增大,会越来越接近常数 1,因此当 $n\rightarrow\infty$ 时,数列 $\{x_n\}$ 的极限值为 1. 当然,我们也可以通过数列 $\{x_n\}$ 的图像来判断数列 $\{x_n\}$ 的极限值为 1.

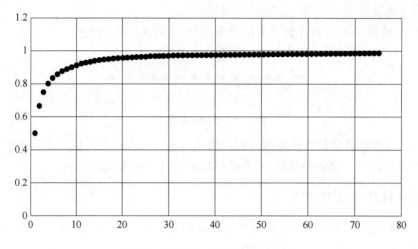

图 2-5　数列 $\{x_n\}$ 图像的变化趋势

2.1.2　数列极限的精确定义

极限的直观定义指明了极限概念的实质,但是直观定义只是一个描述性的定义,而不是定量的定义,因此无法利用逻辑的方法来证明极限的概念和很多性质.下面,我们通过对数列 $\{1+\dfrac{1}{n}\}$ 的讨论,给出数列极限的精确定义.

当 n 不断增大时,$\{1+\dfrac{1}{n}\}$ 和 1 的差越来越接近 0,即当 n 增大时,$\{1+\dfrac{1}{n}\}$ 和 1 的差将相当小.我们随便给定一个极小的正数 ε,$\{1+\dfrac{1}{n}\}$ 和 1 的差总会小于这个 ε,条件是 n 必须充分大,但究竟 n 要多大呢?

定义 2.1.2(数列极限的定义)　若对任意的 $\varepsilon>0$(无论多么小),总存在一个正整数 N,使得对于一切 $n>N$,有 $|x_n-a|<\varepsilon$ 成立,则称数列 $\{x_n\}$ 的极限为 a,记为 $\lim\limits_{n\to\infty}x_n=A$ 或是 $x_n\to a$(当 $n\to\infty$ 时),此时称数列 $\{x_n\}$ 收敛,否则称数列 $\{x_n\}$ 发散.

几何意义:考察以 a 为中心,以 ε 为半径的邻域 $(a-\varepsilon,a+\varepsilon)$,如果数列 $\{x_n\}$ 的极限是 a,当 $n>N$ 时,数列的项都落在落到该邻域内,而落到邻域外的只有数列的有限项(如图 2-6).

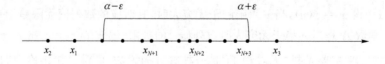

图 2-6　数列极限的几何意义

例 3　求证 $\lim\limits_{n\to\infty}\dfrac{1}{n}=0$

证　$\forall\varepsilon>0$,要使 $\left|\dfrac{1}{n}-0\right|=\dfrac{1}{n}<\varepsilon$,只要 $n>\dfrac{1}{\varepsilon}$,取 $N=\left[\dfrac{1}{\varepsilon}\right]$,($[x]$ 代表对实数 x 向下取整,其值为不超过 x 的最大整数.如 $[6.59]=6$,$[-6.59]=-7$)则当 $n>N$ 时,就有 $\left|\dfrac{1}{n}-0\right|<\varepsilon$,则 $\lim\limits_{n\to\infty}\dfrac{1}{n}=0$.

【小贴士】 任意号（全称量词）∀ 来源于英语中的 Arbitrary 一词，因为小写和大写均容易造成混淆，故将其单词首字母大写后倒置。同样，存在号（存在量词）∃ 来源于 Exist 一词中 E 的反写。

例 4 证明 $\lim\limits_{n\to\infty}\dfrac{3n^2}{n^2-4}=3$.

分析：要使 $\left|\dfrac{3n^2}{n^2-4}-3\right|=\dfrac{12}{n^2-4}\leqslant\dfrac{12}{n}<\varepsilon$（为简化，限定 $n\geqslant3$），只要 $n>\dfrac{12}{\varepsilon}$.

证 $\forall\varepsilon>0$，取 $N=\max\left\{\left[\dfrac{12}{\varepsilon}\right],3\right\}$，当 $n>N$ 时，有

$$\left|\frac{3n^2}{n^2-4}-3\right|=\frac{12}{n^2-4}\leqslant\frac{12}{n}<\varepsilon.$$

由定义可得

$$\lim_{n\to\infty}\frac{3n^2}{n^2-4}=3.$$

【总结】 适当预先限定 $n>n_0$ 是允许的，但最后取 N 时要保证 $n>n_0$.

例 5 证明 $\lim\limits_{n\to\infty}q^n=0$，这里 $|q|<1$.

证 若 $q=0$，结果显然成立.

若 $0<|q|<1$，令 $|q|=\dfrac{1}{1+h}(h>0)$，由于

$$|q^n|=|q|^n=\frac{1}{(1+h)^n}\leqslant\frac{1}{1+nh}<\frac{1}{nh},$$

所以，$\forall\varepsilon>0$，取 $N=N=\left[\dfrac{1}{\varepsilon h}\right]$，当 $n>N$，有

$$|q^n-0|<\varepsilon.$$

【总结】 由上面数列极限的证明可总结出证明数列极限 $\lim\limits_{n\to\infty}a_n=a$ 的步骤：

（1）化简 $|a_n-a|$，通常放大成 $|a_n-a|\leqslant\dfrac{M}{n}$ 的形式，M 为常数；

（2）解 $\dfrac{M}{n}\leqslant\varepsilon\Rightarrow n\geqslant\dfrac{M}{\varepsilon}$，求出需要的 $N=\left[\dfrac{M}{\varepsilon}\right]$.

2.1.3 收敛数列的性质

1. 数列极限的唯一性定理

定理 2.1.1（唯一性） 数列不能收敛于两个不同的极限.

证 用反证法.假设同时有 $x_n\to a$ 及 $x_n\to b$，且 $a<b$，取 $\varepsilon=\dfrac{b-a}{2}$. 因为 $\lim\limits_{n\to\infty}x_n=a$，故存在正整数 N_1，使得对于 $n>N_1$ 的一切 x_n，不等式 $|x_n-a|<\dfrac{b-a}{2}$ (1)都成立. 同理，因为 $\lim\limits_{n\to\infty}x_n=b$，故存在正整数 N_2，使得对于 $n>N_2$ 的一切 x_n，不等式 $|x_n-b|<\dfrac{b-a}{2}$ (2)都成立.

取 $N=\max\{N_1,N_2\}$，以上两式都成立，但由（1）式有 $x_n<\dfrac{a+b}{2}$，由（2）式有 $x_n>\dfrac{a+b}{2}$，这是不可能同时成立的，假设不成立，因此数列不能收敛于两个不同的极限.

例 6 证明数列 $x_n=(-1)^{n+1}(n=1,2,\cdots)$ 是发散的.

证 如果这数列收敛,根据定理 2.1.1 它有唯一的极限,设极限为 a,即 $\lim_{n\to\infty}x_n=a$. 按数列极限的定义,对于 $\varepsilon=\frac{1}{2}$ 存在着正整数 N,当 $n>N$ 时,$|x_n-a|<\frac{1}{2}$ 成立,即当 $n>N$ 时,x_n 都在开区间 $(a-\frac{1}{2},a+\frac{1}{2})$ 内,但这是不可能的,因为 $n\to\infty$ 时,x_n 无休止地一再重复取得 1 和 -1 这两个数,而这两个数不可能同时属于长度为 1 的开区间 $(a-\frac{1}{2},a+\frac{1}{2})$,因此数列 $\{x_n\}$ 发散.

2. 数列极限的有界性定理

定理 2.1.2(有界性) 如果数列 $\{x_n\}$ 收敛,那么数列 $\{x_n\}$ 一定有界.

证 因为数列 x_n 收敛,故可设 $\lim_{n\to\infty}x_n=A$,取 $\varepsilon=1$,根据数列极限的定义,存在正整数 N,使得对于 $n>N$ 时的一切 x_n,总有 $|x_n-A|<\varepsilon=1$,则当 $n>N$ 时,有
$$|x_n|=|x_n-A+A|\leqslant|x_n-A|+|A|<1+|A|$$
取 $M=\max\{|x_1|,|x_2|,|x_3|,\cdots,|x_N|,1+|A|\}$,则对一切自然数 n,都有 $|x_n|<M$ 成立,所以数列 x_n 有界.

根据该定理,如果数列 x_n 无界,那么数列 x_n 一定发散,但如果数列 x_n 有界,却不一定收敛,例如,数列 $-1,1,-1,\cdots,(-1)^n,\cdots$ 有界,但它却是发散的,所以数列有界是数列收敛的必要非充分条件.

3. 收敛数列的保号性、保不等式性与保序性

定理 2.1.3(保号性) 若数列 $\{x_n\}$ 收敛于 a,且 $a>0$(或 $a<0$),那么存在正整数 N,当 $n>N$ 时,有 $x_n>0$(或 $x_n<0$).

证 由 $\lim_{n\to\infty}x_n=a>0$,取 $\varepsilon=\frac{a}{2}>0$,$\exists N>0$,当 $n>N$ 时,$|x_n-a|<\frac{a}{2}$,有 $x_n>a-\frac{a}{2}=\frac{a}{2}>0$.
同理可证明 $a<0$ 的情况.

定理 2.1.4(保不等式性) 设数列 $\{a_n\}$ 与 $\{b_n\}$ 均收敛,若存在正数 N_0,使得当 $n>N_0$ 时有 $a_n\leqslant b_n$,则 $\lim_{n\to\infty}a_n\leqslant\lim_{n\to\infty}b_n$.

证 设 $\lim_{n\to\infty}a_n=a$,$\lim_{n\to\infty}a_n=b$,则 $\forall\varepsilon>0$,$\exists N_1>0$,使得当 $n>N_1$ 时,有 $a-\varepsilon<a_n$;且 $\exists N_2>0$,当 $n>N_2$ 时,有 $b_n<b+\varepsilon$. 取 $N=\max\{N_0,N_1,N_2\}$,则当 $n>N$ 时有 $a-\varepsilon<a_n\leqslant b_n<b+\varepsilon$,故有 $a<b+2\varepsilon$,由 ε 的任意性便知 $a\leqslant b$,即 $\lim_{n\to\infty}a_n\leqslant\lim_{n\to\infty}b_n$.

【思考】 如果把条件"$a_n\leqslant b_n$"换成"$a_n<b_n$",那么能否把结论换成 $\lim_{n\to\infty}a_n<\lim_{n\to\infty}b_n$?

答案是不行,例如,数列 $\left\{\frac{1}{n}\right\}$ 与 $\left\{\frac{1}{n^2}\right\}$ 满足条件但是不满足结论 $\lim_{n\to\infty}\frac{1}{n}=\lim_{n\to\infty}\frac{1}{n^2}=0$.

例 7 设 $a_n\geqslant 0(n=1,2,3,\cdots)$,证明若 $\lim_{n\to\infty}a_n=a$,则 $\lim_{n\to\infty}\sqrt{a_n}=\sqrt{a}$.

证 由保不等式性可得 $a\geqslant 0$.
若 $a=0$,则由 $\lim_{n\to\infty}a_n=a$,$\forall\varepsilon>0$,$\exists N>0$,使得当 $n>N$ 时有 $|a_n-a|=a_n<\varepsilon$,从而
$$|\sqrt{a_n}-0|=\sqrt{a_n}<\sqrt{\varepsilon},$$
故有
$$\lim_{n\to\infty}\sqrt{a_n}=\sqrt{a}.$$
若 $a>0$,则由 $\lim_{n\to\infty}a_n=a$,$\forall\varepsilon>0$,$\exists N>0$,使得当 $n>N$ 时有 $|a_n-a|<\varepsilon$,从而
$$|\sqrt{a_n}-\sqrt{a}|=\frac{|a_n-a|}{\sqrt{a_n}+\sqrt{a}}\leqslant\frac{|a_n-a|}{\sqrt{a}}<\frac{1}{\sqrt{a}}\varepsilon,$$

故有

$$\lim_{n \to \infty} \sqrt{a_n} = \sqrt{a}.$$

定理 2.1.5(保序性)　若 $\lim\limits_{n \to \infty} a_n = a$，$\lim\limits_{n \to \infty} b_n = b$，且 $a < b$，则存在正数 N，使得当 $n > N$ 时有 $a_n < b_n$.

证　根据数列极限的定义，对 $\varepsilon_0 = \dfrac{b-a}{2} > 0$，

由 $\lim\limits_{n \to \infty} a_n = a$ 知 $\exists N_1 > 0$，使得当 $n > N_1$ 时，有 $|a_n - a| < \dfrac{b-a}{2}$，从而 $a_n < \dfrac{a+b}{2}$，

由 $\lim\limits_{n \to \infty} b_n = b$ 知 $\exists N_2 > 0$，使得当 $n > N_2$ 时，有 $|b_n - b| < \dfrac{b-a}{2}$，从而 $\dfrac{a+b}{2} < b_n$，

取 $N = \max\{N_1, N_2\}$，则当 $n > N$ 时，有 $a_n < \dfrac{a+b}{2} < b_n$，命题得证.

4. 收敛数列极限与其子数列之间的关系

极限是个有效的分析工具，但当数列 $\{a_n\}$ 的极限不存在时，这个工具随之失效. 难道 $\{a_n\}$ 没有一点规律吗？当然不是，出现这种情况的原因是我们是从整个数列特征的角度对数列进行研究. 那么，如果整体无序，部分是否也无序呢？如果部分有序，可否从部分来推断整体的性质呢？简而言之，能否从部分来把握整体呢？这个"部分数列"就是接下来要讲的"子列".

定义 2.1.3　设 $\{a_n\}$ 为数列，$\{n_k\}$ 为正整数集 N_+ 的无限子集，且 $n_1 < n_2 < n_3 < \cdots < n_k < \cdots$，则数列 $a_{n_1}, a_{n_2}, \cdots, a_{n_k}, \cdots$ 称为数列 $\{a_n\}$ 的一个子列，简记为 $\{a_{n_k}\}$.

由定义可见，$\{a_n\}$ 的子列 $\{a_{n_k}\}$ 的各项都来自 $\{a_n\}$ 且保持这些项在 $\{a_n\}$ 中的先后次序. 简单地讲，从 $\{a_n\}$ 中取出无限多项，按照其在 $\{a_n\}$ 中的顺序排成一个数列，就是 $\{a_n\}$ 的一个子列（或子列就是从 $\{a_n\}$ 中顺次取出的无穷多项所组成的数列）.

子列 $\{a_{n_k}\}$ 中的 n_k 表示 a_{n_k} 是 $\{a_n\}$ 中的第 n_k 项，k 表示 a_{n_k} 是 $\{a_{n_k}\}$ 中的第 k 项，即 $\{a_{n_k}\}$ 中的第 k 项就是 $\{a_n\}$ 中的第 n_k 项，故总有 $n_k \geqslant k$. 特别地，若 $n_k = k$，则 $a_{n_k} = a_n$，即 $\{a_{n_k}\} = \{a_n\}$.

定理 2.1.6　如果数列 $\{x_n\}$ 收敛于 a，那么它的任一子数列也收敛，且极限也是 a.

证　设数列 $\{x_{n_k}\}$ 是数列 $\{x_n\}$ 的任一子数列. 由于 $\lim\limits_{n \to \infty} x_n = a$，故对于任意给定的正数 ε，存在着正整数 N，当 $n > N$ 时，$|x_n - a| < \varepsilon$ 成立. 取 $K = N$，则当 $k > K$ 时，$n_k > n_K = n_N \geqslant N$，则 $|x_n - a| < \varepsilon$，因此 $\lim\limits_{n \to \infty} x_n = a$.

由定理 2.1.3 可知，如果数列 $\{x_n\}$ 有两个子数列收敛于不同的极限，那么数列 $\{x_n\}$ 是发散的. 例如，数列 $-1, 1, -1, \cdots, (-1)^n, \cdots$ 的子数列 $\{x_{2k-1}\}$ 收敛于 1，而子数列 $\{x_{2k}\}$ 收敛于 -1，因此数列 $x_n = (-1)^{n+1}\ (n = 1, 2, \cdots)$ 是发散的.

【总结】　若数列 $\{a_n\}$ 收敛于 a，则 $\{a_n\}$ 所有子列必都收敛于 a；若数列 $\{a_n\}$ 有一个子列发散，则数列 $\{a_n\}$ 一定发散；若数列 $\{a_n\}$ 有两个子列收敛且极限不相等，则数列 $\{a_n\}$ 一定发散；若数列 $\{a_n\}$ 有一个子列收敛，则不能判断数列 $\{a_n\}$ 是否收敛.

习题 2.1

1. 选择题.

(1) 数列 $1, \dfrac{1}{2}, \dfrac{1}{2^2}, \cdots, \dfrac{1}{2^{n-1}}, \cdots$ 的极限是(　　　　).

A. 1　　　　　　　B. $\dfrac{1}{n}$　　　　　　　C. 0　　　　　　　D. 不存在

（2）下列 4 个命题中正确的是（　　　）.

A. 若 $\lim\limits_{n \to \infty} a_n^2 = A^2$，则 $\lim\limits_{n \to \infty} a_n = A$

B. 若 $a_n > 0, \lim\limits_{n \to \infty} a_n = A$，则 $A > 0$

C. 若 $\lim\limits_{n \to \infty} a_n = A$，则 $\lim\limits_{n \to \infty} a_n^2 = A^2$

D. 若 $\lim\limits_{n \to \infty} (a_n - b_n) = 0$，则 $\lim\limits_{n \to \infty} a_n = \lim\limits_{n \to \infty} b_n$

（3）当 $n \to \infty$ 时，数列 $x_n = \dfrac{1 + 4^{n+1}}{4^n}$ 的极限值为（　　　）.

A. 4　　　　　　　B. 0　　　　　　　C. 1　　　　　　　D. 3

2. 填空题.

（1）$\lim\limits_{n \to \infty} \dfrac{n+1}{1 + 2 + \cdots + n} = $ _____.

（2）$\lim\limits_{n \to \infty} \dfrac{n^2 + 2n}{2n^2 - 3} = $ _____.

（3）$\lim\limits_{n \to \infty} \dfrac{|n - 10\,000|}{2n} = $ _____.

（4）若 $\lim\limits_{n \to \infty} \left(\dfrac{1-a}{2a} \right)^n = 0$，那么实数 a 的取值范围是 _____.

3. 已知数列 $1.9, 1.99, 1.999, \cdots, 1.\overset{n\text{个}}{\overbrace{99\cdots99}}, \cdots$

（1）写出该数列的通项公式；

（2）计算 $|2 - a_n|$；

（3）求这个数列的极限.

4. 已知 $\lim\limits_{n \to \infty} \left(\dfrac{n^2 + 1}{n + 1} - an - b \right) = 1$，求实数 a 和 b 的值.

5. 数列 $\{x_n\}$ 有界，又 $\lim\limits_{n \to \infty} y_n = 0$，证明 $\lim\limits_{n \to \infty} x_n y_n = 0$.

2.2　函数的极限

函数极限的直观定义·函数极限的精确定义·单侧极限·函数极限的性质

通过上一节的学习，我们已知数列 $\{x_n\}$ 可以看作自变量为正整数 n 的函数：$x_n = f(n)$，也学习了数列极限的相关知识，那么数列这种特殊的函数极限问题能否推广到一般函数极限范围呢？

2.2.1　函数极限的定义

我们先来看一个例子，函数 $f(x) = \dfrac{x^2 - 1}{x - 1}$，当 $x \to 1$ 时函数值的变化趋势如何？

例 1　函数 $f(x) = \dfrac{x^2 - 1}{x - 1}$ 在 $x = 1$ 处无定义. 我们知道对于实数来讲，在数轴上任何一个有限的范围内，都有无穷多个点，为此我们把 $x = 1$ 时函数值的变化趋势用表列出，如表 2-2 所示。

表 2-2　函数 $f(x)$ 在 $x = 1$ 附近的变化趋势

x	$\cdots 0.9, 0.99, 0.999 \cdots$	1	$\cdots 1.001, 1.01, 1.1 \cdots$
$f(x)$	$\cdots 1.9, 1.99, 1.999 \cdots$	2	$\cdots 2.001, 2.01, 2.1 \cdots$

1. 函数极限的直观定义

在给出函数的极限定义之前，我们先给出两个名词：邻域和去心邻域。我们称集合 $\{x \,|$

$|x-x_0|<\delta\}$ 为 x_0 的邻域,记作 $x\in U_0(x_0;\delta)$;称集合 $\{x|0<|x-x_0|<\delta\}$ 为 x_0 的去心邻域,记作 $x\in U_0(x_0;\delta)$. 当不需要知道邻域半径时,我们用 $U(x_0)$ 和 $U_0(x_0)$ 分别表示 x_0 的邻域和去心邻域.

如果函数 $f(x)$ 在 $U(x_0)$ 中,除 x_0 之外都有定义,或者说 $f(x)$ 在 $U_0(x_0)$ 中有定义.那么当 x 趋向于 x_0 时,函数 $f(x)$ 的变化是否趋向于一个确定的数? 这个问题就是函数在 x_0 点处的极限问题.下面先给出函数极限的一个直观性定义.

定义 2.2.1　设函数 $y=f(x)$ 在 $U_0(x_0)$ 中有定义,若当 x 无限趋向于 x_0 时,其对应的函数值 $f(x)$ 无限趋近于一个确定的常数 A,则称 A 是函数 $f(x)$ 在 x_0 点的极限,记作 $\lim\limits_{x\to x_0}f(x)=A$.

例 1 中,通过观察函数数值的变化趋势,我们可以观察到当 $x\to1$ 时,函数 $f(x)=\dfrac{x^2-1}{x-1}$ 的值无限地趋向于常数 2,即函数 $\lim\limits_{x\to x_0}f(x)=2$.

【思考】　这里我们不要求函数 $f(x)$ 在 x_0 点处有定义,因为极限问题讨论的是函数 $f(x)$ 在 $x\to x_0$ 时的变化趋势,而与 $f(x)$ 在 x_0 点处是否有定义无关.

通过观察函数的图形和数值的变化趋势,我们还有一些一目了然的极限,如

(1) $\lim\limits_{x\to x_0}x^2=x_0^2$;　　　　　　(2) $\lim\limits_{x\to\frac{\pi}{2}}\sin x=1$.

例 2　讨论函数 $f(x)=\begin{cases}\dfrac{x^2+x-2}{x-1}, & x\neq1,\\ 2, & x=1\end{cases}$ 当 $x\to1$ 时的极限.

解　通过观察可以知道当 $x\to1$ 时,函数 $\dfrac{x^2+x-2}{x-1}$ 的值无限接近于 3.

例 3　讨论 $\lim\limits_{x\to0}\sin\dfrac{1}{x}$ 的极限是否存在.

从该函数的图形(图 2-7)可看出,在 $x=0$ 点附近(不包含 $x=0$ 点),曲线振荡得非常剧烈,但振幅没有变化,无确定的变化趋势,所以该函数的极限不存在.

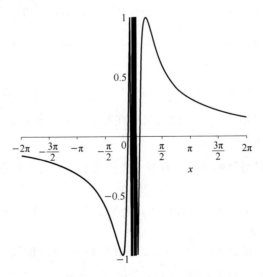

图 2-7　函数 $\sin\dfrac{1}{x}$ 图像

2. 函数极限的精确定义

从例 1 中我们可以看出 $x \to 1$ 时，$f(x) \to 2$．当 x 与 1 越来越接近时，$f(x)$ 就与 2 越来越接近，即只要 $f(x)$ 与 2 只差一个微量 ε，就一定可以找到一个 δ，当 $|x-1|<\delta$ 时满足 $|f(x)-2|<\varepsilon$．

定义 2.2.2 设函数 $f(x)$ 在 x_0 点附近(但可能不包括 x_0 点本身)有定义，设 A 为一个常数，如果对任意给定的 $\varepsilon(\varepsilon>0)$，一定存在 $\delta>0$，使得当 $0<|x-x_0|<\delta(x \in U_0(x_0;\delta))$ 时，总有 $|f(x)-A|<\varepsilon$，我们就称 A 是函数 $f(x)$ 在 x_0 点的极限，记作 $\lim\limits_{x \to x_0} f(x)=A$．

ε 反映了 $f(x)$ 与 A 间的距离，δ 反映了 $f(x)$ 与 x_0 靠近的程度，δ 随着 ε 的改变而改变．该定义表明，只要 x 充分接近 x_0，那么就可以保证 $f(x)$ 充分接近 A．函数在一点处是否有极限与函数在该点处是否有定义无关，重要的是在 $x \to x_0$ 的过程中，$f(x) \to A$ 是否成立．

例 4 设 $s=x^2$，证明 $\lim\limits_{x \to 1} \dfrac{s(x)-s(1)}{x-1}=2$．

证 对 $\forall \delta>0$，要使当 $0<|x-1|<\delta$ 时，$\left|\dfrac{s(x)-s(1)}{x-1}-2\right|<\varepsilon$，即 $\left|\dfrac{x^2-1}{x-1}-2\right|=|x-1|<\varepsilon$，因此可以找到 $\delta=\varepsilon>0$，使 $\left|\dfrac{s(x)-s(1)}{x-1}-2\right|<\varepsilon$ 成立，故 $\lim\limits_{x \to 1} \dfrac{s(x)-s(1)}{x-1}=2$．

2.2.2 单侧极限

上述 $x \to x_0$ 时，函数 $f(x)$ 的自变量 x 既从 x_0 的左侧同时也从 x_0 的右侧趋向于 x_0，因此，我们也称它为双侧极限．有时我们仅考虑从 x_0 的左侧趋向于 x_0 的情形(记作 $x \to x_0-0$)，或仅从 x_0 的右侧趋向于 x_0 的情形(记作 $x \to x_0+0$)，这就是所谓单侧极限．

下面我们给出单侧极限的定义．

定义 2.2.3 设函数 $f(x)$ 在 $x_0<x<x_0+\alpha$ 内有定义，这里 α 为某一个正数．如果对于任意给定的正数 ε(不论它多么小)，总存在正数 δ，使得对于适合不等式 $0<x-x_0<\delta$ 的一切 x，对应的函数值 $f(x)$ 都满足不等式 $|f(x)-A|<\varepsilon$，那么常数 a 就叫作函数 $f(x)$ 当 $x \to x_0+0$ 时的右极限，记作 $\lim\limits_{x \to x_0+0} f(x)=A$ 或 $f(x_0+0)=A$ 或 $f(x) \to A$(当 $x \to x_0+0$)．

类似的，可定义左极限 $\lim\limits_{x \to x_0-0} f(x)=A$ 或 $f(x_0-0)=A$ 或 $f(x) \to A$(当 $x \to x_0-0$)，左、右极限也称单侧极限．

【小贴士】 $\lim\limits_{x \to x_0+0} f(x)=A$ 也可以记为 $\lim\limits_{x \to x_0^+} f(x)=A$，$\lim\limits_{x \to x_0-0} f(x)=A$ 也可以记为 $\lim\limits_{x \to x_0^-} f(x)=A$．

定理 2.2.1 函数 $f(x)$ 当 $x \to x_0$ 时极限存在的充分必要条件是左右极限都存在且相等，即 $\lim\limits_{x \to x_0} f(x)=A \Leftrightarrow \lim\limits_{x \to x_0+0} f(x)=\lim\limits_{x \to x_0-0} f(x)=A$．

由定理 2.2.1 可以利用单侧极限来判断分段函数在某点处的极限是否存在．

例 5 函数 $f(x)=\begin{cases} x-1, & x<0, \\ 0, & x=0, \\ x+1, & x>0. \end{cases}$ 证明当 $x \to 0$ 时 $f(x)$ 的极限不存在．

证 当 $x \to 0$ 时，左极限 $\lim\limits_{x \to 0^-} f(x)=\lim\limits_{x \to 0^-}(x-1)=-1$，而右极限 $\lim\limits_{x \to 0^+} f(x)=\lim\limits_{x \to 0^+}(x-1)=1$，因为左极限和右极限存在但不相等，所以 $\lim\limits_{x \to x_0} f(x)$ 不存在．

观察函数 $f(x)=\dfrac{1}{x}$，$x \in (-\infty,0) \bigcup (0,\infty)$，当 $x \to \infty$ 时 $f(x) \to 0$，对于这种在无穷远点

有极限的函数我们有以下定义.

定义 2.2.4　设函数 $f(x)$ 在 $|x|$ 大于某一正数时有定义,如果存在常数 A,对于任意的 $\varepsilon>0$,总存在 $M>0$,使得当 $|x|>M$ 时,$|f(x)-A|<\varepsilon$ 总成立,则称常数 A 为函数 $f(x)$ 当 $x\to\infty$ 时的极限,记作 $\lim\limits_{x\to\infty}f(x)=A$.

【思考】 ε 反映了 $f(x)$ 与 A 之间的距离,M 不唯一但与 ε 有关,在取 M 时没必要取最小的 M,为什么?

例 6　证明 $\lim\limits_{x\to\infty}\dfrac{1}{x}=0$.

证　对任意给定的 $\varepsilon>0$,要使 $\left|\dfrac{1}{x}\right|=\dfrac{1}{|x|}<\varepsilon$,只要 $|x|>\dfrac{1}{\varepsilon}$,故可取 $M=\dfrac{1}{\varepsilon}$,即 $\forall\varepsilon>0$,当 $|x|>M$ 时,恒有 $\left|\dfrac{1}{x}-0\right|<\varepsilon$,故 $\lim\limits_{x\to\infty}\dfrac{1}{x}=0$.

同样,我们类似定义 $x\to+\infty$ 和 $x\to-\infty$ 时的单侧极限.

定义 2.2.5　对于任意的 $\varepsilon(\varepsilon>0)$,总存在 $M>0$,使得当 $x>M$ 时,$|f(x)-A|<\varepsilon$ 总成立,则称常数 A 为函数 $f(x)$ 当 $x\to+\infty$ 时的极限,记作 $\lim\limits_{x\to+\infty}f(x)=A$.

定义 2.2.6　对于任意的 $\varepsilon(\varepsilon>0)$,总存在 $M>0$,使得当 $x<-M$ 时,$|f(x)-A|<\varepsilon$ 总成立,则称常数 A 为函数 $f(x)$ 当 $x\to-\infty$ 时的极限,记作 $\lim\limits_{x\to-\infty}f(x)=A$.

类似的,当 $x\to\infty$ 时极限存在的充分必要条件为 $\lim\limits_{x\to\infty}f(x)=A\Leftrightarrow\lim\limits_{x\to-\infty}f(x)=\lim\limits_{x\to+\infty}f(x)=A$.

2.2.3　函数极限的性质

定理 2.2.2(唯一性)　如果 $\lim\limits_{x\to x_0}f(x)$ 存在,那么这极限唯一.

定理 2.2.3(局部有界性)　如果 $\lim\limits_{x\to x_0}f(x)$ 存在,那么函数 $f(x)$ 在 x_0 的某一去心邻域内有界.

定理 2.2.4(局部保号性)　如果 $\lim\limits_{x\to x_0}f(x)=A$,且 $A>0$(或 $A<0$),那么存在常数 $\delta>0$,当 $0<|x-x_0|<\delta$ 时,都有 $f(x)>0$(或 $f(x)<0$).

定理 2.2.5(保序性)　如果 $\lim\limits_{x\to x_0}f(x)=A$,$\lim\limits_{x\to x_0}g(x)=B$ 且 $A>B$(或 $A<B$),那么存在常数 $\delta>0$,当 $0<|x-x_0|<\delta$ 时,都有 $f(x)>g(x)$(或 $f(x)<g(x)$).

定理 2.2.6(函数极限与数列极限的关系)　$\lim\limits_{x\to x_0}f(x)=A$ 的充分必要条件是对任意以 x_0 为极限的数列 $\{x_n\}(x_n\neq x_0)$,都有 $f(x_n)\to A(n\to\infty)$.

证　必要性　由于 $\lim\limits_{x\to x_0}f(x)=A$,对 $\forall\varepsilon>0$,一定 $\exists\delta>0$,使得当 $0<|x-x_0|<\delta$ 时,总有 $|f(x)-A|<\varepsilon$. 又 $x_n\to x_0(x_n\neq x_0)$,故对 $\delta>0$,又 $\exists N>0$,使 $n>N$ 时,有 $|x_n-x_0|<\delta$.

综上,对任意给定 $\varepsilon>0$,$\exists N>0$,当 $n>N$ 时,总有 $|f(x_n)-A|<\varepsilon$,即 $f(x_n)\to A(n\to\infty)$.

充分性　(反证法)若 $\lim\limits_{x\to x_0}f(x)\neq A$,则对某一个 $\varepsilon>0$,不能找到函数极限定义中的 δ,也就是对 $\forall\delta>0$,都可以找到一点 x',$0<|x'-x_0|<\delta$,使 $|f(x'_n)-A|\geqslant\varepsilon$;特别若取 δ 为 $1,\dfrac{1}{2}$,$\dfrac{1}{3},\cdots$,得到 $x_1,x_2,x_3,\cdots$,适合 $0<|x_1-x_0|<1$,$|f(x_1)-A|\geqslant\varepsilon$;$0<|x_2-x_0|<\dfrac{1}{2}$,

$|f(x_2)-A|\geqslant\varepsilon; 0<|x_3-x_0|<\dfrac{1}{3}$，$|f(x_3)-A|\geqslant\varepsilon$，……从左边一列可以看出 $x_n\rightarrow x_0(x_n\neq x_0)$，而右边一列却说明数列 $\{f(x_n)\}$ 不以 A 为极限，与假设矛盾.用这个定理可以证明某些函数的极限不存在.

【总结】 这一节介绍了函数的极限的定义,引入了左右极限的概念,给出了函数在无穷远点的极限的定义.重点在于应用函数极限的性质、运算法则和两个重要的极限来计算和证明函数的极限.

习题 2.2

1. 选择题.

(1) 极限 $\lim\limits_{x\rightarrow 1}\dfrac{x+1}{4x+3}$ 的值为( ).

A. $\dfrac{1}{3}$ B. $\dfrac{1}{4}$ C. $\dfrac{2}{5}$ D. $\dfrac{2}{7}$

(2) $\lim\limits_{x\rightarrow x_0^-}f(x)=\lim\limits_{x\rightarrow x_0^+}f(x)$ 是 $\lim\limits_{x\rightarrow x_0}f(x)$ 存在的( ).

A. 充分非必要条件　　　　　　B. 必要非充分条件
C. 充分必要条件　　　　　　　D. 非充分非必要条件

(3) $x=x_0$ 时, $f(x)$ 有定义是 $\lim\limits_{x\rightarrow x_0}f(x)$ 存在的( ).

A. 充分非必要条件　　　　　　B. 必要非充分条件
C. 充分必要条件　　　　　　　D. 非充分非必要条件

2. 从图形上观察下列极限是否存在,若存在,等于多少?

(1) $\lim\limits_{x\rightarrow 0}\cos x, \lim\limits_{x\rightarrow\frac{\pi}{2}}\cos x, \lim\limits_{x\rightarrow+\infty}\cos x, \lim\limits_{x\rightarrow-\infty}\cos x$;

(2) $\lim\limits_{x\rightarrow-\infty}\arctan x, \lim\limits_{x\rightarrow+\infty}\arctan x, \lim\limits_{x\rightarrow\infty}\arctan x, \lim\limits_{x\rightarrow 1}\arctan x$;

(3) $\lim\limits_{x\rightarrow 0}2^x, \lim\limits_{x\rightarrow 3}2^x, \lim\limits_{x\rightarrow-\infty}2^x, \lim\limits_{x\rightarrow+\infty}2^x, \lim\limits_{x\rightarrow\infty}2^x$;

(4) $\lim\limits_{x\rightarrow+\infty}\lg x, \lim\limits_{x\rightarrow 1}\lg x, \lim\limits_{x\rightarrow 10}\lg x, \lim\limits_{x\rightarrow 0^+}\lg x$;

(5) $f(x)=\begin{cases}1-x, & x\geqslant-1,\\ x+1, & x<-1,\end{cases}$ 求 $\lim\limits_{x\rightarrow-1^+}f(x), \lim\limits_{x\rightarrow-1^-}f(x)$.

3. 判断题.

(1) 当 $x\rightarrow 0^+$ 时, $\ln x$ 的极限不存在. （　　）

(2) 当 $x\rightarrow\left(\dfrac{\pi}{2}\right)^-$ 时, $\tan x$ 的极限不存在. （　　）

(3) 若 $f(x)$ 在点 x_0 无定义,则 $\lim\limits_{x\rightarrow x_0}f(x)$ 不存在. （　　）

4. 利用函数极限的直观定义判断下列极限是否存在,如存在,求其极限值.

(1) $\lim\limits_{x\rightarrow 0_-}2^{\frac{1}{x}}$; (2) $\lim\limits_{x\rightarrow 0}\dfrac{x}{|x|}$; (3) $\lim\limits_{x\rightarrow 0}\sin\dfrac{1}{x}$.

2.3 极限的四则运算法则

极限四则运算法则·应用极限四则运算法则解题

定理 2.3.1(四则运算法则) 如果 $\lim\limits_{x \to x_0} f(x) = A$,$\lim\limits_{x \to x_0} g(x) = B$,那么

(1) $\lim\limits_{x \to x_0} [f(x) \pm g(x)] = A \pm B$;

(2) $\lim\limits_{x \to x_0} [f(x) \cdot g(x)] = A \cdot B$;

(3) 若又有 $B \neq 0$,则 $\lim\limits_{x \to x_0} \dfrac{f(x)}{g(x)} = \dfrac{\lim\limits_{x \to x_0} f(x)}{\lim\limits_{x \to x_0} g(x)} = \dfrac{A}{B}$.

推论 2.3.1 如果 $\lim f(x) = A$ 存在,而 c 为常数,则 $\lim\limits_{x \to x_0} cf(x) = c\lim\limits_{x \to x_0} f(x)$.

推论 2.3.2 如果 $\lim\limits_{x \to x_0} f(x) = A$ 存在,而 n 是正整数,则 $\lim\limits_{x \to x_0} [f(x)]^n = [\lim\limits_{x \to x_0} f(x)]^n$.

【小贴士】 只有在极限存在的前提下,四则运算法则才有意义.

例 1 求下列式子的极限.

(1) $\lim\limits_{n \to \infty} \dfrac{(-1)^n}{\sqrt{n}}$;   (2) $\lim\limits_{n \to \infty} \dfrac{3n^2 + 2n + 1}{n^2 + 1}$;   (3) $\lim\limits_{n \to \infty} \dfrac{2n + 1}{n^2 + 1}$;

(4) $\lim\limits_{n \to \infty} \dfrac{2n^2 + n + 7}{5n^2 + 7}$;   (5) $\lim\limits_{n \to \infty} \left(\dfrac{2}{n^2} + \dfrac{4}{n^2} + \cdots + \dfrac{2n}{n^2} \right)$.

解 (1) $\dfrac{(-1)^n}{\sqrt{n}}$ 的分子有界,分母可以无限增大,因此极限为 0,因此 $\lim\limits_{n \to \infty} \dfrac{(-1)^n}{\sqrt{n}} = 0$;

(2) $\lim\limits_{n \to \infty} \dfrac{3n^2 + 2n + 1}{n^2 + 1} = \lim\limits_{n \to \infty} \dfrac{3 + \dfrac{2}{n} + \dfrac{1}{n^2}}{1 + \dfrac{1}{n^2}} = 3$;

(3) $\lim\limits_{n \to \infty} \dfrac{2n + 1}{n^2 + 1} = \lim\limits_{n \to \infty} \dfrac{\dfrac{2}{n} + \dfrac{1}{n^2}}{1 + \dfrac{1}{n^2}} = 0$;

(4) $\lim\limits_{n \to \infty} \dfrac{2n^2 + n + 7}{5n^2 + 7} = \lim\limits_{n \to \infty} \dfrac{2 + \dfrac{1}{n} + \dfrac{7}{n^2}}{5 + \dfrac{7}{n^2}} = \dfrac{2}{5}$;

(5) $\lim\limits_{n \to \infty} \left(\dfrac{2}{n^2} + \dfrac{4}{n^2} + \cdots + \dfrac{2n}{n^2} \right) = \lim\limits_{n \to \infty} \dfrac{2 + 4 + 6 + \cdots + 2n}{n^2} = \lim\limits_{n \to \infty} \dfrac{n(n+1)}{n^2} = \lim\limits_{n \to \infty} \left(1 + \dfrac{1}{n} \right) = 1$.

【小贴士】 对于(4)要避免下面两种错误.

第 1 种错误:$\lim\limits_{n \to \infty} \dfrac{2n^2 + n + 7}{5n^2 + 7} = \dfrac{\lim\limits_{n \to \infty} (2n^2 + n + 7)}{\lim\limits_{n \to \infty} (5n^2 + 7)} = \dfrac{\infty}{\infty} = 1$.

第 2 种错误:因为 $\lim\limits_{n \to \infty} (2n^2 + n + 7)$ 和 $\lim\limits_{n \to \infty} (5n^2 + 7)$ 不存在,所以原式无极限.

对于(5)要避免下面的错误.

$\lim\limits_{n \to \infty} \left(\dfrac{2}{n^2} + \dfrac{4}{n^2} + \cdots + \dfrac{2n}{n^2} \right) = \lim\limits_{n \to \infty} \dfrac{2}{n^2} + \lim\limits_{n \to \infty} \dfrac{4}{n^2} + \cdots + \lim\limits_{n \to \infty} \dfrac{2n}{n^2} = 0 + 0 + \cdots + 0 = 0$.

定理 2.3.2(复合函数的极限运算法则) 设 $\lim\limits_{x \to x_0} \Phi(x) = a$，且 x 满足 $0 < |x - x_0| < \delta_1$ 时，$\Phi(x) \neq a$，又因为 $\lim\limits_{u \to a} f(u) = A$，则有 $\lim\limits_{x \to x_0} f[\Phi(x)] = \lim\limits_{u \to a} f(u) = A$.

例 2 求极限 $\lim\limits_{n \to \infty}(\sqrt{n^2+n} - n)$.

解 $\lim\limits_{n \to \infty}(\sqrt{n^2+n} - n) = \lim\limits_{n \to \infty} \dfrac{n}{\sqrt{n^2+n}+n} = \lim\limits_{n \to \infty} \dfrac{1}{\sqrt{1+\frac{1}{n}}+1} = \dfrac{1}{\lim\limits_{n \to \infty}\sqrt{1+\frac{1}{n}}+1} = \dfrac{1}{2}$.

【小贴士】 例 2 要避免出现类似错误：$\lim\limits_{n \to \infty}(\sqrt{n^2+n}-n) = \lim\limits_{n \to \infty}\sqrt{n^2+n} - \lim\limits_{n \to \infty} n = \infty - \infty = 0$.

例 3 求 $\lim\limits_{x \to \infty} \dfrac{3x^3+4x^2+2}{7x^3+5x^2-3}$.

解 先用 x^3 去除分母及分子，然后取极限.

$$\lim\limits_{x \to \infty} \dfrac{3x^3+4x^2+2}{7x^3+5x^2-3} = \lim\limits_{x \to \infty} \dfrac{3+\frac{4}{x}+\frac{2}{x^3}}{7+\frac{5}{x}-\frac{3}{x^3}} = \dfrac{\lim\limits_{x \to \infty}\left(3+\frac{4}{x}+\frac{2}{x^3}\right)}{\lim\limits_{x \to \infty}\left(7+\frac{5}{x}-\frac{3}{x^3}\right)} = \dfrac{3}{7}.$$

例 4 $\lim\limits_{x \to +\infty} x(\sqrt{x^2+1}-x)$.

解 $\lim\limits_{x \to +\infty} x(\sqrt{x^2+1}-x) = \lim\limits_{x \to +\infty} \dfrac{x(\sqrt{x^2+1}-x)(\sqrt{x^2+1}+x)}{\sqrt{x^2+1}+x} = \lim\limits_{x \to +\infty} \dfrac{x}{\sqrt{x^2+1}+x} = \lim\limits_{x \to +\infty} \dfrac{1}{\sqrt{1+\frac{1}{x^2}}+1} = \dfrac{1}{2}$.

例 5 若 $\lim\limits_{x \to 1} \dfrac{x^2+ax+b}{x^2-1} = 3$，求 a, b 的值.

解 当 $x \to 1$ 时，$x^2-1 \to 0$，故 $\lim\limits_{x \to 1}(x^2+ax+b) = 0$，则 $a+b+1=0$，$b = -(a+1)$，

从而有 $\dfrac{x^2+ax+b}{x^2-1} = \dfrac{x^2+ax-(a+1)}{(x-1)(x+1)} = \dfrac{(x-1)(x+a+1)}{(x-1)(x+1)}$，

$\lim\limits_{x \to 1} \dfrac{x^2+ax+b}{x^2-1} = \dfrac{a+2}{2} = 3 \Rightarrow a=4, b=-5$.

例 6 求 $\lim\limits_{x \to a^+} \dfrac{\sqrt{x}-\sqrt{a}+\sqrt{x-a}}{\sqrt{x^2-a^2}}$，$a>0$.

解 $\lim\limits_{x \to a^+} \dfrac{\sqrt{x}-\sqrt{a}+\sqrt{x-a}}{\sqrt{x^2-a^2}} = \lim\limits_{x \to a^+} \dfrac{\sqrt{x}-\sqrt{a}}{\sqrt{x-a}\sqrt{x+a}} + \lim\limits_{x \to a^+} \dfrac{\sqrt{x-a}}{\sqrt{x-a}\sqrt{x+a}}$

$= \lim\limits_{x \to a^+} \dfrac{x-a}{(\sqrt{x}+\sqrt{a})\sqrt{x-a}\sqrt{x+a}} + \lim\limits_{x \to a^+} \dfrac{1}{\sqrt{x+a}} = \dfrac{1}{\sqrt{2a}}$.

例 7 求 $\lim\limits_{x \to -\infty} x[\sqrt{x^2+100}+x]$.

解 $\lim\limits_{x \to -\infty} x(\sqrt{x^2+100}+x) = \lim\limits_{x \to -\infty} \dfrac{x(\sqrt{x^2+100}+x)(\sqrt{x^2+100}-x)}{\sqrt{x^2+100}-x}$

$= \lim\limits_{x \to -\infty} \dfrac{100x}{-x\left(\sqrt{1+\frac{100}{x^2}}+1\right)} = -50$.

例 8 求 $\lim\limits_{x\to 1}\dfrac{(1-\sqrt{x})(1-\sqrt[3]{x})\cdots(1-\sqrt[n]{x})}{(1-x)^{n-1}}$.

解 因为 $\lim\limits_{x\to 1}\dfrac{1-\sqrt[k]{x}}{1-x}\xlongequal{\sqrt[k]{x}=t}\lim\limits_{t\to 1}\dfrac{1-t}{1-t^k}=\lim\limits_{t\to 1}\dfrac{1-t}{(1-t)(1+t+\cdots+t^{k-1})}=\dfrac{1}{k}$,

所以 $\lim\limits_{x\to 1}\dfrac{(1-\sqrt{x})(1-\sqrt[3]{x})\cdots(1-\sqrt[n]{x})}{(1-x)^{n-1}}=\lim\limits_{x\to 1}\dfrac{1-\sqrt{x}}{1-x}\dfrac{1-\sqrt[3]{x}}{1-x}\cdots\dfrac{1-\sqrt[n]{x}}{1-x}$

$$=\dfrac{1}{2}\cdot\dfrac{1}{3}\cdot\cdots\cdot\dfrac{1}{n}=\dfrac{1}{n!}.$$

例 9 求 $\lim\limits_{x\to 1}\dfrac{x^{n+1}-(n+1)x+n}{(x-1)^2}$,其中 n 为正整数.

解 $\lim\limits_{x\to 1}\dfrac{x^{n+1}-(n+1)x+n}{(x-1)^2}=\lim\limits_{x\to 1}\dfrac{x^{n+1}-x-n(x-1)}{(x-1)^2}=\lim\limits_{x\to 1}\dfrac{(x-1)(x+x^2+\cdots+x^n-n)}{(x-1)^2}$

$$=\lim\limits_{x\to 1}\dfrac{(x-1)+(x^2-1)+\cdots+(x^n-1)}{x-1}$$

$$\xlongequal{x-1=t}\lim\limits_{t\to 0}\dfrac{t+((t+1)^2-1)+\cdots+((t+1)^n-1)}{t}=\dfrac{n(n+1)}{2}.$$

习题 2.3

1. 选择题.

(1) 若 $\lim\limits_{n\to\infty}\dfrac{a^n+b^n}{a^{n-1}-b^{n-1}}=-b$,则正常数 a,b 的关系是（　　）.

A. $a>b$ B. $a=b$ C. $a<b$ D. a,b 的大小不能确定

(2) $\lim\limits_{x\to\infty}\dfrac{1+\sin x}{x}=$（　　）.

A. 0   B. 1   C. 2   D. ∞

(3) $\lim\limits_{\Delta x\to 0}\dfrac{\sqrt{x+\Delta x}-\sqrt{x}}{\Delta x}=$（　　）.

A. ∞ B. 0   C. $\dfrac{1}{2\sqrt{x}}$ D. $2\sqrt{x}$

(4) $\lim\limits_{x\to 3}\dfrac{|x-3|}{x-3}=$（　　）.

A. -1 B. 0   C. 1   D. 不存在

(5) 设 $f(x)=\begin{cases}1-x, & x<0,\\ 0, & x=0,\\ 1+x, & x>0,\end{cases}$ 则 $\lim\limits_{x\to 0}f(x)=$（　　）.

A. 0   B. 1   C. -1 D. 不存在

2. 判断题.

(1) 两个函数之和的极限等于这两个函数极限的和. （　　）

(2) 两个有极限的函数之和的极限等于这两个函数极限之和. （　　）

(3) 两个函数乘积的极限等于两个函数极限的乘积. （　　）

(4) 两个有极限的函数之商的极限等于两个函数极限的商. （　　）

3. 计算题.

(1) $\lim\limits_{n\to\infty}\dfrac{(n-1)(n+1)(n+2)}{n^3}$;

(2) $\lim\limits_{n\to\infty}\dfrac{3n+5}{\sqrt[3]{(n-5)^2}}$;

(3) $\lim\limits_{x\to4}\dfrac{x^2-6x+8}{x^2-5x+4}$;

(4) $\lim\limits_{x\to+\infty}(\sqrt{4x^2-2x+1}-2x)$;

(5) $\lim\limits_{x\to0}\dfrac{\sqrt{1+x}-\sqrt{1-x}}{x}$;

(6) $\lim\limits_{x\to-2}\dfrac{x^2+4x+4}{x^2-4}$;

(7) $\lim\limits_{x\to-\infty}(\sqrt{x^2+x}-\sqrt{x^2-x})$;

(8) $\lim\limits_{x\to+\infty}(\sqrt{x^2+x}-\sqrt{x^2-x})$.

2.4 极限存在准则与两个重要的极限

夹逼准则·单调有界性定理·两个重要的极限

2.4.1 极限存在判定法则

给定数列 $\{x_n\}$,怎样判断它有没有极限呢?用极限的定义来判断,先要看出极限值,对比较复杂的数列来说这种方法比较困难,下面我们介绍一种方法——夹逼准则.

1. 夹逼准则

定理 2.4.1(夹逼定理) 设数列 x_n,y_n,z_n,满足:(1)$x_n\leqslant y_n\leqslant z_n(n=1,2,\cdots)$;(2)$\lim\limits_{n\to\infty}x_n=a=\lim\limits_{n\to\infty}z_n$,则 $\lim\limits_{n\to\infty}y_n=a$.

证 因 $x_n\to a$,对任意的 $\varepsilon>0$,总存在一个正整数 N_1,使得对于一切 $n>N_1$,有 $|x_n-a|<\varepsilon$,即 $a-\varepsilon<x_n<a+\varepsilon(n>N_1)$. 又因 $z_n\to a$,对任意的 $\varepsilon>0$,总存在一个正整数 N_2,使得对于一切 $n>N_2$,有 $|z_n-a|<\varepsilon$,即 $a-\varepsilon<z_n<a+\varepsilon(n>N_2)$.

取 $N=\max(N_1,N_2)$,则当 $n>N$ 时,上面两个不等式及 $x_n\leqslant y_n\leqslant z_n$ 同时成立,即当 $n>N$ 时,有 $a-\varepsilon<x_n\leqslant y_n\leqslant z_n<a+\varepsilon$. 这样,对任意给定的 $\varepsilon>0$,∃$N>0$,当 $n>N$ 时,有 $|y_n-a|<\varepsilon$,即 $\lim\limits_{n\to\infty}y_n=a$.

例 1 求 $\lim\limits_{n\to\infty}(\dfrac{1}{\sqrt{n^2+1}}+\dfrac{1}{\sqrt{n^2+2}}+\cdots+\dfrac{1}{\sqrt{n^2+n}})$.

解 因为 $\dfrac{n}{\sqrt{n^2+n}}<\dfrac{1}{\sqrt{n^2+1}}+\cdots+\dfrac{1}{\sqrt{n^2+n}}<\dfrac{n}{\sqrt{n^2+1}}$,

又因为 $\lim\limits_{n\to\infty}\dfrac{n}{\sqrt{n^2+n}}=\lim\limits_{n\to\infty}\dfrac{1}{\sqrt{1+\dfrac{1}{n}}}=1,\lim\limits_{n\to\infty}\dfrac{n}{\sqrt{n^2+1}}=\lim\limits_{n\to\infty}\dfrac{1}{\sqrt{1+\dfrac{1}{n^2}}}=1$,

由夹逼定理得

$$\lim\limits_{n\to\infty}(\dfrac{1}{\sqrt{n^2+1}}+\dfrac{1}{\sqrt{n^2+2}}+\cdots+\dfrac{1}{\sqrt{n^2+n}})=1.$$

例 2 求证:$\lim\limits_{n\to\infty}\dfrac{2^n}{n!}=0$.

证 因为 $0<\dfrac{2^n}{n!}=\dfrac{2}{1}\cdot\dfrac{2}{2}\cdot\cdots\cdot\dfrac{2}{n}\leqslant\dfrac{4}{n}$,又因为 $\lim\limits_{n\to\infty}\dfrac{4}{n}=0,\lim\limits_{n\to\infty}0=0$,由夹逼准则,可知 $\lim\limits_{n\to\infty}\dfrac{2^n}{n!}=0$.

2. 单调有界性定理

定理 2.4.2　单调有界数列必有极限.

如果数列 $\{x_n\}$ 满足条件 $x_1 \leqslant x_2 \leqslant x_3 \leqslant \cdots \leqslant x_n \leqslant x_{n+1} \leqslant \cdots$，就称数列 $\{x_n\}$ 是单调增加的；如果数列 $\{x_n\}$ 满足条件 $x_1 \geqslant x_2 \geqslant x_3 \geqslant \cdots \geqslant x_n \geqslant x_{n+1} \geqslant \cdots$，就称数列 $\{x_n\}$ 是单调减少的. 单调增加和单调减少的数列统称为单调数列.

对于该定理，其几何解释是：单调数列的点 x_n 在数轴上只能单向移动，这只有两种情形：一种情形是点 x_n 沿数轴向右（或向左）移向无穷远；另一种情形是点 x_n 无限趋近于某一定点，即趋于一个极限 A. 由于数列 $\{x_n\}$ 有界，有界数列 $\{x_n\}$ 的点全都落在闭区间 $[-M, M]$ 内，因而上述第 1 种情形不能发生，只能出现第 2 种情形，故单调数列必有极限.

上述定理的几何解释如图 2-8 所示.

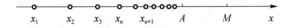

图 2-8　单调有界性定理的几何解释

例 3　已知数列 $\{a_n\}$：$\sqrt{2}, \sqrt{2+\sqrt{2}}, \sqrt{2+\sqrt{2+\sqrt{2}}}, \cdots, \sqrt{2+\sqrt{2+\cdots+\sqrt{2}}}$，求 $\lim\limits_{n\to\infty} a_n$.

解　已知 $a_{n+1} = \sqrt{a_n + 2}$，则 $a_1 < a_2 < a_3 < \cdots < a_n < a_{n+1} < \cdots$

易知 $\sqrt{2} < 2$，$\sqrt{2+\sqrt{2}} < \sqrt{4} = 2$，假设 $a_n < 2$，那么 $a_{n+1} = \sqrt{a_n + 2} < \sqrt{2+2} = 2$，所以数列 $\{a_n\}$ 满足单调有界性定理的条件，因此数列 $\{a_n\}$ 的极限存在.

设 $\lim\limits_{n\to\infty} a_n = a$，那么 $\lim\limits_{n\to\infty} a_{n+1} = \lim\limits_{n\to\infty} \sqrt{a_n + 2} \Rightarrow a = \sqrt{a+2} \Rightarrow a^2 - a - 2 = 0$，解方程得 $a = 2$ 或 $a = -1$，因为 $a_n > 0 \Rightarrow a \geqslant 0$，所以 $a = -1$ 舍去，因此 $\lim\limits_{n\to\infty} a_n = 2$.

2.4.2　两个重要的极限

1. $\lim\limits_{x\to 0} \dfrac{\sin x}{x} = 1$.

证　函数 $\dfrac{\sin x}{x}$ 在一切 $x \neq 0$ 处都有定义，且 $\dfrac{\sin(-x)}{(-x)} = \dfrac{\sin x}{x}$，故只需证当 $x > 0$ 时，$\lim\limits_{n\to 0} \dfrac{\sin x}{x} = 1$ 即可，故设 $0 < x < \dfrac{\pi}{2}$，作半径为 1 的单位圆，如图 2-9 所示.

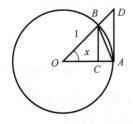

图 2-9　图示单位圆上的不等式

其中，AD 与单位圆相切于 A 点，$BC \perp OA$，$\angle AOB = x$（弧度），为圆心角，则有 $\sin x = BC$，$x = AB$，$\tan x = AD$，且有 $S_{\triangle AOB} < S_{扇形 AOB} < S_{\triangle OAD}$，即 $\dfrac{1}{2}\sin x < \dfrac{1}{2}x < \dfrac{1}{2}\tan x$，相应地有

$\sin x < x < \tan x$，当 $0 < x < \dfrac{\pi}{2}$ 时，用 $\sin x$ 去除不等式的两边，得 $1 < \dfrac{x}{\sin x} < \dfrac{1}{\cos x}$ 或 $\cos x <$

$\dfrac{\sin x}{x} < 1$，当 $-\dfrac{\pi}{2} < x < 0$ 时，用 $-x$ 代替 x，不等式关系依然不变，结论依然成立.

下面我们来证 $\lim\limits_{x \to 0} \cos x = 1$.

因为 $|\sin x| \leqslant 1$，故对任意的 x，都有 $|\cos x - 1| = 1 - \cos x = 2\sin^2\dfrac{x}{2} < 2\left(\dfrac{x}{2}\right)^2 = \dfrac{x^2}{2}$，即

$0 < 1 - \cos x < \dfrac{x^2}{2}$，当 $x \to 0$ 时，$\dfrac{x^2}{2} \to 0$，由极限的夹逼准则知，$\lim\limits_{x \to 0}(1 - \cos x) = 0$，$\lim\limits_{x \to 0}\cos x = 1$.

由于 $\lim\limits_{x \to 0} 1 = 1$，$\lim\limits_{x \to 0}\cos x = 1$，再由极限的夹逼准则得 $\lim\limits_{x \to 0}\dfrac{\sin x}{x} = 1$.

2. $\lim\limits_{x \to \infty}\left(1 + \dfrac{1}{x}\right)^x = \mathrm{e}$.

这是第二个重要的极限，我们在这里只证 $x \to +\infty$ 的情形，$x \to -\infty$ 类似可证.

证 设 $x_n = \left(1 + \dfrac{1}{n}\right)^n$（$n$ 为正整数），由二项式公式，有

$x_n = \left(1 + \dfrac{1}{n}\right)^n = 1 + \dfrac{n}{1!} \cdot \dfrac{1}{n} + \dfrac{n(n-1)}{2!} \cdot \left(\dfrac{1}{n}\right)^2 + \cdots + \dfrac{n(n-1)\cdots(n-n+1)}{n!}\left(\dfrac{1}{n}\right)^n$

$= 1 + 1 + \dfrac{1}{2!}\left(1 - \dfrac{1}{n}\right) + \cdots + \dfrac{1}{n!}\left(1 - \dfrac{1}{n}\right)\left(1 - \dfrac{2}{n}\right)\cdots\left(1 - \dfrac{n-1}{n}\right)$；

$x_{n+1} = 1 + 1 + \dfrac{1}{2!}\left(1 - \dfrac{1}{n+1}\right) + \cdots + \dfrac{1}{(n+1)!}\left(1 - \dfrac{1}{n+1}\right)\left(1 - \dfrac{2}{n+1}\right)\cdots\left(1 - \dfrac{n}{n+1}\right)$.

两式相比较，易见 $x_n < x_{n+1}$（$n = 1, 2, \cdots$），这说明数列 $\{x_n\}$ 是单调增加的.

将 x_n 展开式中的 $\dfrac{i}{n}$（$i = 1, 2, \cdots, n-1$）都换作 0，有

$$0 < x_n < 1 + 1 + \dfrac{1}{2!} + \dfrac{1}{3!} + \cdots + \dfrac{1}{n!} < 2 + \dfrac{1}{2} + \dfrac{1}{2^2} + \cdots + \dfrac{1}{2^{n-1}} = 2 + \dfrac{\dfrac{1}{2}\left(1 - \dfrac{1}{2^{n-1}}\right)}{1 - \dfrac{1}{2}}$$

$$= 3 - \dfrac{1}{2^{n-1}} < 3,$$

即数列 $\{x_n\}$ 有界，由单调有界性定理可知，$\lim\limits_{n \to \infty}\left(1 + \dfrac{1}{n}\right)^n$ 必存在，结果通常记作 e，故 $\lim\limits_{n \to \infty}\left(1 + \dfrac{1}{n}\right)^n = \mathrm{e}$.

当 x 取任意实数趋于 ∞（包括 $+\infty$ 或 $-\infty$）时，同样有 $\lim\limits_{x \to \infty}\left(1 + \dfrac{1}{x}\right)^x = \mathrm{e}$.

无论在理论上还是实用上，e 这个数都具有重要的特征，它是自然数对数的底，e 是一个无限不循环小数，其 5 位小数的近似值是 2.718 28.

【小贴士】 若令 $u = \dfrac{1}{x}$，则当 $x \to \infty$ 时，$u \to 0$，故上式的另一种形式为 $\lim\limits_{u \to 0}(1 + u)^{\frac{1}{u}} = \mathrm{e}$.

例 4 计算 $\lim\limits_{x \to 0}\dfrac{\sin 3x}{x}$.

解 因为 $\dfrac{\sin 3x}{x} = \dfrac{\sin 3x}{3x} \cdot 3$，令 $u = 3x$，当 $x \to 0$ 时，$u \to 0$，所以 $\lim\limits_{x \to 0}\dfrac{\sin 3x}{x} = 3\lim\limits_{u \to 0}\dfrac{\sin u}{u} =$

$3 \times 1 = 3$.

例 5　计算 $\lim\limits_{x \to \infty}(1 - \dfrac{4}{3x})^{x}$.

解　$(1 - \dfrac{4}{3x})^{x} = \left(1 + \dfrac{1}{(-\dfrac{3}{4}x)}\right)^{(-\frac{3}{4}x)(-\frac{4}{3})}$ ，设 $u = (-\dfrac{3}{4}x)$，则当 $x \to \infty$ 时，$u \to \infty$，有

$$\lim_{x \to \infty}(1 - \frac{4}{3x})^{x} = \lim_{u \to \infty}(1 + \frac{1}{u})^{u \cdot (-\frac{4}{3})} = \left[\lim_{u \to \infty}(1 + \frac{1}{u})^{u}\right]^{-\frac{4}{3}} = e^{-\frac{4}{3}}.$$

例 6　$\lim\limits_{x \to 0} \dfrac{\tan x - \sin x}{x^{3}}$.

解　$\lim\limits_{x \to 0} \dfrac{\tan x - \sin x}{x^{3}} = \lim\limits_{x \to 0} \dfrac{\tan x(1 - \cos x)}{x^{3}\cos x} = \lim\limits_{x \to 0}(\dfrac{\tan x}{x} \cdot \dfrac{1 - \cos x}{x^{2}}) = \lim\limits_{x \to 0}\dfrac{1 - \cos x}{x^{2}} = \dfrac{1}{2}$.

例 7　$\lim\limits_{x \to \infty}\left(\dfrac{x-1}{x+1}\right)^{x}$.

解
$$\lim_{x \to \infty}\left(\frac{x-1}{x+1}\right)^{x} = \lim_{x \to \infty}\left(\frac{1 - \dfrac{1}{x}}{1 + \dfrac{1}{x}}\right)^{x} = \frac{e^{-1}}{e} = e^{-2}$$

或者

$$\lim_{x \to \infty}\left(\frac{x-1}{x+1}\right)^{x} = \lim_{x \to \infty}\left[\left(1 + \frac{-2}{x+1}\right)^{-\frac{x+1}{2}}\right]^{\frac{-2x}{x+1}} = e^{-2}.$$

需要指出的是，在这里的计算中，用到了连续函数的一些性质. 关于连续函数，我们将在下节论述.

习题 2.4

1. 选择题.

(1) 下列结论正确的是(　　).

A. $\lim\limits_{x \to 0} \dfrac{1}{x}\sin x = 0$

B. $\lim\limits_{x \to \infty} x\sin\dfrac{1}{x} = 1$

C. $\lim\limits_{x \to 0}(1 + \dfrac{1}{x})^{x} = e$

D. $\lim\limits_{x \to \infty}(1 + x)^{\frac{1}{x}} = e$

(2) 在下列极限中，不正确的是(　　).

A. $\lim\limits_{x \to +\infty} \dfrac{\sqrt{x}}{x+100}\sin(2x+1) = 0$

B. $\lim\limits_{x \to 0}\left(\dfrac{2-x}{3-x}\right)^{\frac{1}{x}} = 0$

C. $\lim\limits_{x \to 1} x^{\frac{1}{1-x}} = e^{-1}$

D. $\lim\limits_{x \to 0}\dfrac{\sin 2x}{\tan 3x} = \dfrac{2}{3}$

(3) $\lim\limits_{x \to 0}\dfrac{1 + \sin x}{x} = ($　　$)$.

A. ∞ 　　　　　　B. 0 　　　　　　C. 1 　　　　　　D. 2

(4) $\lim\limits_{x \to \infty}(\dfrac{1+x}{x})^{2x} = ($　　$)$.

A. e^{-1} 　　　　　　B. e^{0} 　　　　　　C. e 　　　　　　D. e^{2}

2. 计算题.

(1) $\lim\limits_{n\to\infty}(\dfrac{1}{\sqrt{n^2+2}}+\dfrac{1}{\sqrt{n^2+4}}+\cdots+\dfrac{1}{\sqrt{n^2+2n}})$;

(2) $\lim\limits_{n\to\infty}(\dfrac{1}{n^2+n+1}+\dfrac{1}{n^2+n+2}+\cdots+\dfrac{1}{n^2+n+n})$;

(3) $\lim\limits_{x\to\infty}\dfrac{\arctan x}{x}$;

(4) $\lim\limits_{x\to 0}\dfrac{\sin 3x}{x}$;

(5) $\lim\limits_{x\to 0}\dfrac{\tan 5x}{\sin 2x}$;

(6) $\lim\limits_{n\to\infty}\left(\dfrac{n}{n+1}\right)^n$;

(7) $\lim\limits_{x\to\infty}(1-\dfrac{1}{x})^x$;

(8) $\lim\limits_{x\to 0}(1+3x)^{\frac{1}{x}}$;

(9) $\lim\limits_{x\to 1}(\dfrac{2x}{x+1})^{\frac{2x}{x-1}}$;

(10) $\lim\limits_{x\to 0}(\sec^2 x)^{\frac{1}{x^2}}$.

3. 已知 $\lim\limits_{x\to 0}\dfrac{f(x)}{1-\cos x}=4$,求 $\lim\limits_{x\to 0}\left(1+\dfrac{f(x)}{x}\right)^{\frac{1}{x}}$.

4. 求 $\lim\limits_{n\to\infty}(1+2^n+3^n)^{\frac{1}{n}}$.

2.5 无穷小的比较

无穷小的定义·无穷小的性质·无穷大的定义·无穷小的比较·等价无穷小公式和替换

2.5.1 无穷小

如果函数 $f(x)$ 当 $x\to x_0$(或 $x\to\infty$)时的极限为零,那么函数 $f(x)$ 叫作 $x\to x_0$(或 $x\to\infty$)时的无穷小量,简称无穷小,因此只要在极限的定义中,令常数 $A=0$ 就得到了无穷小的定义.

1. 无穷小的定义

定义 2.5.1   如果对于任意给定的正数 ε(不论它多么小),总存在正数 δ(或正数 M),对于满足不等式 $0<|x-x_0|<\delta$(或 $|x|>M$)的一切 x,对应的函数值 $f(x)$ 都满足不等式 $|f(x)|<\varepsilon$,则称函数 $f(x)$ 是 $x\to x_0$(或 $x\to\infty$)的无穷小.

例如,$\lim\limits_{x\to 1}(x-1)=0$,所以函数 $(x-1)$ 是当 $x\to 1$ 时的无穷小;$\lim\limits_{x\to\infty}\dfrac{1}{x}=0$,所以函数 $\dfrac{1}{x}$ 是当 $x\to\infty$ 时的无穷小.

【小贴士】   因为 $\lim\limits_{\substack{x\to x_0\\(x\to\infty)}}0=0$,所以零是无穷小,也是无穷小中唯一的常数. 不能将无穷小同很小的数(例如,百万分之一)相混淆,并且无穷小还必须与自变量的某一个变化过程相联系(如 $x\to x_0$ 或 $x\to\infty$),空谈某变量是无穷小是没有意义的.

2. 无穷小的运算性质

性质 2.5.1   有限个无穷小的代数和是无穷小.

性质 2.5.2   有界函数与无穷小的乘积是无穷小.

下面仅证明性质 2.5.2,性质 2.5.1 的证明过程较为简单,读者可以尝试自行证明.

证   设 $\alpha(x)$ 是当 $x\to x_0$ 时的无穷小,函数 $f(x)$ 在 x_0 的 δ_1 邻域内有界,即存在 $M>0$,在该邻域内有 $|f(x)|\leqslant M$,又设 $\lim\limits_{x\to x_0}\alpha(x)=0$,即对于 $\forall\varepsilon>0$,总 $\exists\delta_2>0$,当 $0<|x-x_0|<\delta_2$ 时有

$\left|\alpha(x)\right|<\dfrac{\varepsilon}{M}$，取 $\delta=\min\{\delta_1,\delta_2\}$，则当 $0<\left|x-x_0\right|<\delta$ 时，有 $\left|\alpha(x)f(x)\right|=\left|\alpha(x)\right|\left|f(x)\right|<\dfrac{\varepsilon}{M}\cdot$

$M=\varepsilon$.

即 $\lim\limits_{x\to x_0}\alpha(x)f(x)=0$，这表明 $f(x)$ 与 $\alpha(x)$ 的乘积是无穷小.

推论 2.5.1　常数与无穷小之积仍为无穷小.

推论 2.5.2　有限个无穷小之积仍为无穷小.

2.5.2　无穷大

1. 无穷大的定义

如果当 $x\to x_0$（或 $x\to\infty$）时，对应的函数值的绝对值 $\left|f(x)\right|$ 无限增大，则称函数 $f(x)$ 在 $x\to x_0$（或 $x\to\infty$）时为无穷大量，简称无穷大.

定义 2.5.2　如果对于任意给定的正数 M（不论它多么大），总存在正数 δ（或正数 X），使得对于适合不等式 $0<\left|x-x_0\right|<\delta$（或 $\left|x\right|>X$）的一切 x，所对应的函数值 $f(x)$ 总满足不等式 $\left|f(x)\right|>M$，则称函数 $f(x)$ 在 $x\to x_0$（或 $x\to\infty$）时为无穷大.

按照函数极限的定义，当 $x\to x_0$（或 $x\to\infty$）时为无穷大的函数 $f(x)$ 的极限是不存在的，但为了叙述函数的这一性质，我们也可说函数 $f(x)$ 的极限为无穷大，并记作 $\lim\limits_{x\to x_0}f(x)=\infty$（或 $\lim\limits_{x\to\infty}f(x)=\infty$）.

如果在无穷大的定义中，把 $\left|f(x)\right|>M$ 换成 $f(x)>M$（或 $f(x)<-M$），就记作 $\lim\limits_{\substack{x\to x_0\\(x\to\infty)}}f(x)=+\infty$（或 $\lim\limits_{\substack{x\to x_0\\(x\to\infty)}}f(x)=-\infty$）.

【小贴士】　无穷大（∞）是变量，不可把它与很大的数（如一亿、十亿等）相混淆.

例 1　证明 $\lim\limits_{x\to 5}\dfrac{1}{x-5}=\infty$.

证　设任意给定的 $M>0$，要使 $\left|\dfrac{1}{x-5}\right|>M$，只要 $\left|x-5\right|<\dfrac{1}{M}$ 即可，所以，取 $\delta=\dfrac{1}{M}$，则对于适合不等式 $0<\left|x-5\right|<\delta=\dfrac{1}{M}$ 的一切 x，有 $\left|\dfrac{1}{x-5}\right|>M$，即 $\lim\limits_{x\to 5}\dfrac{1}{x-5}=\infty$.

直线 $x=5$ 就是函数 $y=\dfrac{1}{x-5}$ 的图形的铅直渐近线.

一般来说，如果 $\lim\limits_{x\to x_0}f(x)=\infty$，则直线 $x=x_0$ 是函数 $y=f(x)$ 的图形的铅直渐近线.

【思考】　无穷大和无界函数有什么区别？

解答：无穷大的一定是无界函数，而无界函数未必无穷大. 例如，当 $x\to 0$ 时，函数 $y=\dfrac{1}{x}\sin\dfrac{1}{x}$ 是无界函数，但是不是无穷大的. 因为无论 $y=\dfrac{1}{x}\sin\dfrac{1}{x}$ 在 $x\to 0$ 的过程中变得多大，都要振荡回到 0 再变大.

2. 无穷小和无穷大的关系

定理 2.5.1　在自变量的同一变化过程中，如果 $f(x)$ 为无穷大，则 $\dfrac{1}{f(x)}$ 为无穷小；反之，如果 $f(x)$ 为无穷小，且 $f(x)\neq 0$，则 $\dfrac{1}{f(x)}$ 为无穷大.

下面就 $x \to x_0$ 的情况给出证明($x \to \infty$ 的情况类似).

证 设 $\lim\limits_{x \to x_0} f(x) = \infty$,任意给定 $\varepsilon > 0$,根据无穷大的定义,对于 $M = \dfrac{1}{\varepsilon}$,总存在正数 δ,当 $0 < |x - x_0| < \delta$ 时,就有 $|f(x)| > M = \dfrac{1}{\varepsilon}$,即 $\left| \dfrac{1}{f(x)} \right| < \varepsilon$,所以当 $x \to x_0$ 时,$\dfrac{1}{f(x)}$ 为无穷小.

反之,设 $\lim\limits_{x \to x_0} f(x) = 0$ 且 $f(x) \neq 0$,任意给定 $M > 0$,根据无穷小的定义,对于正数 $\varepsilon = \dfrac{1}{M}$,存在 $\delta > 0$,当 $0 < |x - x_0| < \delta$ 时,有 $|f(x)| < \varepsilon = \dfrac{1}{M}$,由于 $f(x) \neq 0$,从而 $\left| \dfrac{1}{f(x)} \right| > M$,所以当 $x \to x_0$ 时,$\dfrac{1}{f(x)}$ 为无穷大. 利用无穷大与无穷小的关系可以将两种问题互相转换求解.

例 2 求极限 $\lim\limits_{x \to 1} \dfrac{x+4}{x-1}$.

解 当 $x \to 1$ 时,分母的极限为零,所以不能应用极限四则运算法则,但因为该函数倒数的极限 $\lim\limits_{x \to 1} \dfrac{x-1}{x+4} = 0$,即 $\dfrac{x-1}{x+4}$ 是当 $x \to 1$ 时的无穷小,根据无穷大与无穷小的关系可知,$\dfrac{x+4}{x-1}$ 是当 $x \to 1$ 时的无穷大,即 $\lim\limits_{x \to 1} \dfrac{x+4}{x-1} = \infty$.

2.5.3 无穷小的比较

我们知道,两个无穷小的和、差、积仍是无穷小,但两个无穷小的商却会出现不同的情形,例如,当 $x \to 0$ 时,$x, 2x, x^2, \sin x$ 都是无穷小,而 $\lim\limits_{x \to 0} \dfrac{x^2}{x} = 0$,$\lim\limits_{x \to 0} \dfrac{x}{x^2} = \infty$,$\lim\limits_{x \to 0} \dfrac{2x}{x} = 2$,$\lim\limits_{x \to 0} \dfrac{\sin x}{x} = 1$. 实际上,这些不同的情况反映了在自变量的同一变化过程中,两个无穷小趋于零的"速度"是不同的,如当 $x \to 0$ 时,$\lim\limits_{x \to 0} \dfrac{x^2}{x} = 0$ 说明 x^2 比 x 趋于零的"速度"要快得多,$\lim\limits_{x \to 0} \dfrac{2x}{x} = 2$ 说明 $2x$ 和 x 趋于零的"速度"差不多. 这里我们主要研究在同一变化过程中,两个无穷小趋于零的"速度"快慢问题.

定义 2.5.3 设 $\alpha(x)$ 和 $\beta(x)$ 都是在自变量的同一变化过程中($x \to x_0$ 或 $x \to \infty$)的无穷小.

(1) 如果 $\lim \dfrac{\beta(x)}{\alpha(x)} = 0$,则称 $\beta(x)$ 是比 $\alpha(x)$ 高阶的无穷小,记作 $\beta(x) = o(\alpha(x))$.

(2) 如果 $\lim \dfrac{\beta(x)}{\alpha(x)} = \infty$,则称 $\beta(x)$ 是比 $\alpha(x)$ 低阶的无穷小.

(3) 如果 $\lim \dfrac{\beta(x)}{\alpha(x)} = c \neq 0$,则称 $\beta(x)$ 是 $\alpha(x)$ 的同阶无穷小.

(4) 如果 $\lim \dfrac{\beta(x)}{\alpha^k(x)} = c \neq 0$,则称 $\beta(x)$ 是关于 $\alpha(x)$ 的 k 阶无穷小.

特别地,如果 $c = 1$,则称 $\beta(x)$ 与 $\alpha(x)$ 是等价无穷小,记作 $\alpha(x) \sim \beta(x)$.

按此定义,当 $x \to 0$,x^2 是比 x 高阶的无穷小,即 $x^2 = o(x)$;x 是比 x^2 低阶的无穷小;$2x$ 与 x 是同阶无穷小;$\sin x$ 与 x 是等价无穷小,即 $\sin x \sim x$.

【总结】 两个无穷小之间的比较情况反映了两个无穷小趋于零的"速度"的快慢. 若 $\beta(x)$ 是比 $\alpha(x)$ 高阶的无穷小,则 $\beta(x)$ 是比 $\alpha(x)$ 趋于零的"速度"要快得多;若 $\beta(x)$ 是比 $\alpha(x)$ 低阶的无穷小,则 $\beta(x)$ 比 $\alpha(x)$ 趋于零的"速度"要慢得多;若 $\beta(x)$ 与 $\alpha(x)$ 是同阶无穷小,则 $\beta(x)$ 与

$\alpha(x)$ 趋于零的"速度"相当.

2.5.4 等价无穷小代换

等价无穷小可用于简化某些极限的运算,因此在极限计算中应用得很多.

定理 2.5.2 设 $\alpha(x) \sim \alpha'(x)$,$\beta(x) \sim \beta'(x)$,且 $\lim \dfrac{\beta'(x)}{\alpha'(x)}$ 存在(当 $x \to x_0$ 或 $x \to \infty$ 时),则

$$\lim \frac{\beta(x)}{\alpha(x)} = \lim \frac{\beta'(x)}{\alpha'(x)}.$$

证 $\lim \dfrac{\beta(x)}{\alpha(x)} = \lim \left(\dfrac{\beta(x)}{\beta'(x)} \cdot \dfrac{\beta'(x)}{\alpha'(x)} \cdot \dfrac{\alpha'(x)}{\alpha(x)} \right) = \lim \dfrac{\beta(x)}{\beta'(x)} \cdot \lim \dfrac{\beta'(x)}{\alpha'(x)} \cdot \lim \dfrac{\alpha'(x)}{\alpha(x)} = \lim \dfrac{\beta'(x)}{\alpha'(x)}.$

这说明,在求两个无穷小之比的极限时,分子、分母可分别用它们的等价无穷小代替,因此大家需要记住几个常用的等价无穷小,在计算极限时,可以方便地进行等价无穷小代换.

当 $x \to 0$ 时,$\sin x \sim x$,$\tan x \sim x$,$\arcsin x \sim x$,$\arctan x \sim x$,$1 - \cos x \sim \dfrac{1}{2} x^2$,$\ln(1+x) \sim x$,$\mathrm{e}^x - 1 \sim x$,$a^x - 1 \sim x \ln a (a > 0)$,$(1+x)^a - 1 \sim \alpha x (\alpha \neq 0$,是常数$)$.

例 3 求 $\lim\limits_{x \to 0} \dfrac{\tan 5x}{\sin 4x}$.

解 当 $x \to 0$ 时,$\tan 5x \sim 5x$,$\sin 4x \sim 4x$,所以 $\lim\limits_{x \to 0} \dfrac{\tan 5x}{\sin 4x} = \lim\limits_{x \to 0} \dfrac{5x}{4x} = \dfrac{5}{4}$.

例 4 求 $\lim\limits_{x \to 0} \dfrac{\sin x}{x^3 - 4x}$.

解 当 $x \to 0$ 时,$\sin x \sim x$,所以 $\lim\limits_{x \to 0} \dfrac{\sin x}{x^3 - 4x} = \lim\limits_{x \to 0} \dfrac{x}{x^3 - 4x} = \lim\limits_{x \to 0} \dfrac{x}{x(x^2 - 4)} = \lim\limits_{x \to 0} \dfrac{1}{x^2 - 4} = -\dfrac{1}{4}$.

我们再看一些利用等价无穷小来求函数极限的例子.

例 5 求 $\lim\limits_{x \to 0} \dfrac{\sqrt{1 + x \sin x} - 1}{\mathrm{e}^{x^2} - 1}$.

解 当 $x \to 0$ 时,$\sqrt{1+x} - 1 \sim \dfrac{x}{2}$,$\mathrm{e}^x - 1 \sim x \Rightarrow \lim\limits_{x \to 0} \dfrac{\sqrt{1 + x \sin x} - 1}{\mathrm{e}^{x^2} - 1} = \lim\limits_{x \to 0} \dfrac{\dfrac{x \sin x}{2}}{x^2} = \dfrac{1}{2}$.

例 6 求 $\lim\limits_{x \to 0} \dfrac{\ln(\sin^2 x + \mathrm{e}^x) - x}{\ln(x^2 + \mathrm{e}^{2x}) - 2x}$.

解 $\lim\limits_{x \to 0} \dfrac{\ln(\sin^2 x + \mathrm{e}^x) - x}{\ln(x^2 + \mathrm{e}^{2x}) - 2x} = \lim\limits_{x \to 0} \dfrac{\ln \mathrm{e}^x (\dfrac{\sin^2 x}{\mathrm{e}^x} + 1) - x}{\ln \mathrm{e}^{2x} (\dfrac{x^2}{\mathrm{e}^{2x}} + 1) - 2x} = \lim\limits_{x \to 0} \dfrac{\ln(\dfrac{\sin^2 x}{\mathrm{e}^x} + 1)}{\ln(\dfrac{x^2}{\mathrm{e}^{2x}} + 1)} = \lim\limits_{x \to 0} \dfrac{\dfrac{\sin^2 x}{\mathrm{e}^x}}{\dfrac{x^2}{\mathrm{e}^{2x}}} = 1$.

例 7 求 $\lim\limits_{x \to 0} \dfrac{\mathrm{e}^x - \mathrm{e}^{\sin x}}{x - \sin x}$.

解 $\lim\limits_{x \to 0} \dfrac{\mathrm{e}^x - \mathrm{e}^{\sin x}}{x - \sin x} = \lim\limits_{x \to 0} \mathrm{e}^{\sin x} \cdot \dfrac{\mathrm{e}^{x - \sin x} - 1}{x - \sin x} = \lim\limits_{x \to 0} \mathrm{e}^{\sin x} \cdot \dfrac{x - \sin x}{x - \sin x} = 1$.

习题 2.5

1. 选择题.

(1) $\lim\limits_{x\to\infty}\dfrac{x+\sin x}{x}=($ 　　).

A. 0 　　　　B. 1 　　　　C. 2 　　　　D. ∞

(2) $\alpha(x)=\dfrac{1-x}{1+x}$，$\beta(x)=1-\sqrt[3]{x}$，则当 $x\to1$ 时有(　　).

A. α 是比 β 高阶的无穷小 　　　　B. α 是比 β 低阶的无穷小

C. α 与 β 是同阶无穷小 　　　　D. $\alpha\sim\beta$

(3) $\ln x$ 在 $x\to0^+$ 时与 $\dfrac{\sin x}{1+\sec x}$ 在 $x\to0$ 时分别是(　　).

A. 无穷小量,无穷大量 　　　　B. 无穷小量,无穷小量

C. 无穷大量,无穷大量 　　　　D. 无穷大量,无穷小量

(4) 函数 $y=\cos\dfrac{1}{x}$ 为无穷小量的条件是(　　).

A. $x\to\infty$ 　　　B. $x\to0$ 　　　C. $x\to\dfrac{\pi}{2}$ 　　　D. $x\to\dfrac{2}{\pi}$

(5) 函数 $y=\sin\dfrac{1}{x}$ 为无穷小量的条件是(　　).

A. $x\to0$ 　　　B. $x\to\dfrac{1}{\pi}$ 　　　C. $x\to\pi$ 　　　D. $x\to2\pi$

2. 填空题.

(1) 当 $x\to0$ 时,$\tan x-\sin x$ 是 x 的_____阶无穷小.

(2) 已知当 $x\to0$ 时,$(1+ax^2)^{\frac{1}{3}}-1$ 与 $\cos x-1$ 是等价无穷小,则常数 $a=$_____.

3. 判断题.

(1) 无穷小量是越来越接近于零的量. 　　　　　　　　　　(　　)

(2) 无穷小量是 0. 　　　　　　　　　　　　　　　　　(　　)

(3) 无穷小量是很小的正数. 　　　　　　　　　　　　　(　　)

(4) 当 $x\to\infty$ 时,$y=2^x$ 是无穷大. 　　　　　　　　(　　)

4. 计算题.

(1) $\lim\limits_{x\to\infty}(x^2-3x+2)$；　　　　　　(2) $\lim\limits_{x\to\infty}\dfrac{x^3}{x^2+5}$；

(3) $\lim\limits_{x\to\infty}\dfrac{\arctan x}{x}$；　　　　　　(4) $\lim\limits_{x\to0}\dfrac{\sin x^2}{\tan 4x^2}$；

(5) $\lim\limits_{x\to2}\left(\dfrac{x^2}{x^2-4}-\dfrac{1}{x-2}\right)$；　　(6) $\lim\limits_{x\to0}\dfrac{e^x-\cos x}{x}$；

(7) $\lim\limits_{x\to0}\dfrac{\tan x-\sin x}{\sin^3 2x}$；　　　　(8) $\lim\limits_{x\to0}\dfrac{\tan 5x-\cos x+1}{\sin 3x}$.

2.6 函数的连续性与间断点

连续函数的定义 · 连续函数的性质 · 间断点的定义 · 间断点类型及判断

2.6.1 函数的连续性

设函数 $y=f(x)$ 在点 x_0 的某邻域内有定义,当自变量从 x_0 变到点 $x(x=x_0+\Delta x)$ 时,相

应的函数值从 $f(x_0)$ 变到 $f(x_0+\Delta x)$. 我们称 Δx 为自变量的增量(即自变量的改变量),这里 Δx 可为正也可为负,而称 $\Delta y=f(x)-f(x_0)=f(x_0+\Delta x)-f(x_0)$ 为函数的增量(即因变量的改变量).

在几何上,函数 $y=f(x)$ 的增量 Δy 表示当自变量从 x_0 变到 $x_0+\Delta x$ 时,曲线上相应点的纵坐标的改变量,如图 2-10.

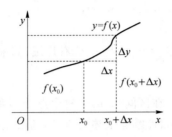

图 2-10　函数的增量

例 1　设函数 $y=x^2$,求当 $x_0=2,\Delta x=0.1$ 时函数 y 的增量.

解　$\Delta y=f(x_0+\Delta x)-f(x_0)=2.1^2-2^2=0.41$.

先回顾一下函数在 x_0 点的极限 $\lim\limits_{x\to x_0}f(x)=A$ 的概念. 设函数 $f(x)$ 在 x_0 的某个空心邻域内有定义,A 是一个确定的数,若对 $\forall\varepsilon>0,\exists\delta>0$,当 $0<|x-x_0|<\delta$ 时,都有 $|f(x)-A|<\varepsilon$,则称 $f(x)$ 在 $x\to x_0$ 时,以 A 为极限.

这里 $f(x_0)$ 可以有如下图所示的三种情况.

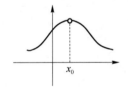
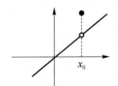
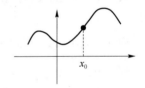

图 2-11　$f(x_0)$ 无定义　　　　图 2-12　$f(x_0)\neq A$　　　　图 2-13　$f(x_0)=A$

对于图 2-11 和图 2-12 两种情况,曲线在 x_0 处都出现了间断;图 2-13 的情况与前两种情况不同,曲线在 x_0 处连绵不断,我们称这种情况为 $f(x)$ 在 x_0 处连续.

定义 2.6.1　设函数 $y=f(x)$ 在点 x_0 的某邻域内有定义,若 $\lim\limits_{\Delta x\to 0}\Delta y=\lim\limits_{\Delta x\to 0}[f(x_0+\Delta x)-f(x_0)]=0$,则称函数 $y=f(x)$ 在点 x_0 处连续,点 x_0 为 $f(x)$ 的一个连续点.

设 $x=x_0+\Delta x,f(x)=f(x_0+\Delta x)$,那么 $\Delta x\to 0$ 即 $x\to x_0$,则 $\lim\limits_{\Delta x\to 0}\Delta y=0\Rightarrow\lim\limits_{x\to x_0}f(x)=f(x_0)$,因此,我们也常将 $\lim\limits_{x\to x_0}f(x)=f(x_0)$ 作为函数 $y=f(x)$ 在点 x_0 处连续的定义式.

由于函数 $f(x)$ 在点 x_0 处连续是用极限形式来表述的,若将 $\lim\limits_{x\to x_0}f(x)=f(x_0)$ 改用"ε-δ"语言叙述,则 $f(x)$ 在点 x_0 处连续又可以定义为如下.

定义 2.6.2　设函数 $f(x)$ 在 x_0 的某邻域内有定义,若对 $\forall\varepsilon>0,\exists\delta>0$,使得当 $|x-x_0|<\delta$ 时,都有 $|f(x)-f(x_0)|<\varepsilon$,则称 $f(x)$ 在点 x_0 处连续.

【小贴士】　函数 $f(x)$ 在点 x_0 处连续,不仅要求 $f(x)$ 在点 x_0 处有定义,还要求 $x\to x_0$ 时,$f(x)$ 的极限等于 $f(x_0)$,因此,在"ε-δ"语言叙述中是"$|x-x_0|<\delta$"而不是"$0<|x-x_0|<\delta$".

由上述定义显然我们可以得到如下定理.

定理 2.6.1 函数 $f(x)$ 在点 x_0 处连续,当且仅当它在点 x_0 处既左连续又右连续.

例 2 函数 $f(x)=2x+1$ 在点 $x=2$ 处连续,因为 $\lim\limits_{x\to 2}f(x)=\lim\limits_{x\to 2}(2x+2)=5=f(2)$.

例 3 对于函数 $f(x)=\begin{cases} x\sin\dfrac{1}{x}, & x\neq 0 \\ 0, & x=0, \end{cases}$ 因为 $\lim\limits_{x\to 0}f(x)=\lim\limits_{x\to 0}x\sin\dfrac{1}{x}=0=f(0)$,所以 $f(x)$ 在 $x=0$ 处连续.

如果 $\lim\limits_{x\to x_0^+}f(x)=f(x_0)$,则称 $f(x)$ 在点 x_0 处右连续;如果 $\lim\limits_{x\to x_0^-}f(x)=f(x_0)$,则称 $f(x)$ 在点 x_0 处左连续.

定义 2.6.3 如果函数 $f(x)$ 在区间 (a,b) 内每个点处都连续,则称 $f(x)$ 为 (a,b) 上的连续函数.而要使 $f(x)$ 在闭区间 $[a,b]$ 连续除上述要求外,还必须使得 $f(x)$ 在点 a 处右连续而在点 b 处左连续.

例 4 证明 $f(x)=2x^3-1$ 在其定义域内的任意一点 $x=a$ 处连续.

证 $f(x)$ 的定义域为实数集 $\mathbf{R}$,由于 $\lim\limits_{x\to a}f(x)=2a^3-1=f(a)$,故 $f(x)$ 在 $x=a$ 处连续,因此 $f(x)=2x^3-1$ 是 $\mathbf{R}$ 上的连续函数.

若函数 $f(x)$ 在区间 I 上的每一点处都连续,则称 $f(x)$ 为区间 I 上的连续函数.对于闭区间或半开半闭区间的端点,函数在这些点上连续是指左连续或右连续.

例如,函数 $y=c,y=x,y=\sin x,y=\cos x$ 都是 $\mathbf{R}$ 上的连续函数.又如函数 $y=\sqrt{1-x^2}$ 在 $(-1,1)$ 每一点处都连续,在 $x=1$ 处为左连续,在 $x=-1$ 处为右连续,因而它在 $[-1,1]$ 上连续.

例 5 证明函数 $f(x)=\sqrt{x}$ 在 $(0,+\infty)$ 内连续.

证 $\forall x_0\in(0,+\infty)$,$f(x)-f(x_0)=\sqrt{x}-\sqrt{x_0}=\dfrac{x-x_0}{\sqrt{x}+\sqrt{x_0}}$,则有

$$0\leqslant |f(x)-f(x_0)|\leqslant \frac{1}{\sqrt{x_0}}|x-x_0|\to 0\,(x\to x_0).$$

故有 $\lim\limits_{x\to x_0}f(x)=f(x_0)$,据函数在点 x_0 处连续的定义有 $f(x)=\sqrt{x}$ 在 x_0 连续,又由于 x_0 是 $(0,+\infty)$ 上的任意一点,因此,函数在区间 $(0,+\infty)$ 上连续.

例 6 证明函数 $y=\sin x$ 在 $(-\infty,+\infty)$ 上连续.

证 $\forall x\in(-\infty,+\infty)$,当 x 有增量 Δx 时,对应的函数增量为

$$\Delta y=\sin(x+\Delta x)-\sin x=2\sin\frac{\Delta x}{2}\cdot\cos(x+\frac{\Delta x}{2}).$$

因 $\left|\cos(x+\dfrac{\Delta x}{2})\right|\leqslant 1$,$\left|\sin\dfrac{\Delta x}{2}\right|\leqslant\dfrac{1}{2}|\Delta x|$,故 $0\leqslant|\Delta y|\leqslant 2\left|\sin\dfrac{\Delta x}{2}\right|\leqslant|\Delta x|$.

据夹逼定理,当 $\Delta x\to 0$ 时,$|\Delta y|\to 0$,进而 $\Delta y\to 0$,

因此,函数 $y=\sin x$ 对于任何 x 都是连续的,继而证明了函数在区间 $(-\infty,+\infty)$ 上的连续性.

类似地,可以仿此方法证明 $y=\cos x$ 在 $(-\infty,+\infty)$ 上的连续性.

例 7 讨论函数 $f(x)=\begin{cases} x+2, & x\geqslant 0 \\ x-2, & x<0 \end{cases}$ 在 $x=0$ 的连续性.

解　因为 $\lim\limits_{x\to 0_+}f(x)=\lim(x+2)=2=f(0)$，$\lim\limits_{x\to 0_-}f(x)=\lim(x-2)=-2\neq f(0)$，

所以 $f(x)$ 在 $x=0$ 处右连续，但不左连续，从而 $f(x)$ 在 $x=0$ 不连续.

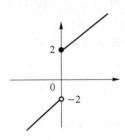

图 2-14　$f(x)$ 在 $x=0$ 的连续性

2.6.2　函数的间断点

设函数 $f(x)$ 在点 x_0 的某一去心邻域内有定义，如果 $f(x)$ 有下列 3 种情形之一：

(1) $f(x)$ 在点 x_0 处没有定义，即 $f(x_0)$ 不存在；

(2) $f(x)$ 在点 x_0 处有定义，但 $\lim\limits_{x\to x_0}f(x)$ 不存在；

(3) $f(x)$ 在点 x_0 处有定义，$\lim\limits_{x\to x_0}f(x)$ 也存在，但 $\lim\limits_{x\to x_0}f(x)\neq f(x_0)$.

则函数 $f(x)$ 在点 x_0 处不连续，这时点 x_0 称为函数 $f(x)$ 的不连续点或间断点.

对于间断点，一般可分为可去间断点、跳跃间断点、第二类间断点.

1. 可去间断点

若 $\lim\limits_{x\to x_0}f(x)=A$，但 $f(x)$ 在点 x_0 处无定义，或有定义但 $f(x_0)\neq A$，则称 x_0 为函数 $f(x)$ 的可去间断点.

例 8　对于函数 $f(x)=\begin{cases}1,&x\neq 0,\\0,&x=0,\end{cases}$ 因 $f(0)=0$，而 $\lim\limits_{x\to 0}f(x)=1\neq f(0)$，故 $x=0$ 为 $f(x)$ 的可去间断点.

例 9　函数 $g(x)=\dfrac{\sin x}{x}$（图 2-15），由于 $\lim\limits_{x\to 0}g(x)=1$，而 $g(x)$ 在 $x=0$ 无定义，所以 $x=0$ 是函数 $g(x)=\dfrac{\sin x}{x}$ 的可去间断点.

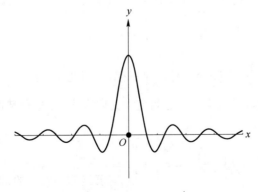

图 2-15　函数 $g(x)=\dfrac{\sin x}{x}$

设 x_0 为函数 $f(x)$ 的可去间断点, 且 $\lim\limits_{x \to x_0} f(x) = A$. 我们按如下方法定义一个函数 $\widetilde{f}(x)$:

当 $x \neq x_0$ 时, $\widetilde{f}(x) = f(x)$; 当 $x = x_0$ 时, $\widetilde{f}(x_0) = A$. 易见, 对于函数 $\widetilde{f}(x)$, x_0 是它的连续点.

例如, 对上述的 $g(x) = \dfrac{\sin x}{x}$, 我们定义 $\widetilde{g}(x) = \begin{cases} \dfrac{\sin x}{x}, & x \neq 0 \\ 1, & x = 0, \end{cases}$ 则 $\widetilde{g}(x)$ 在 $x = 0$ 连续.

【小贴士】 可通过在可去间断点处补充定义或修改定义使其变成连续点.

2. 跳跃间断点

若函数 $f(x)$ 在点 x_0 的左、右极限都存在, 但 $\lim\limits_{x \to x_0^+} f(x) \neq \lim\limits_{x \to x_0^-} f(x)$, 则称 x_0 为函数 $f(x)$ 的跳跃间断点.

例 10 对函数 $f(x) = [x]$, 当 $x = n$ (n 为整数) 时有 $\lim\limits_{x \to n^-} [x] = n - 1$, $\lim\limits_{x \to n^+} [x] = n$, 所以在整数点上函数 $f(x)$ 的左、右极限都存在但不相等, 从而整数点都是函数 $f(x) = [x]$ 的跳跃间断点, 如图 2-16 所示.

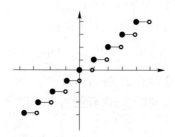

图 2-16 函数 $f(x) = [x]$ 的图形

可去间断点和跳跃间断点统称为第一类间断点.

【总结】 第一类间断点的特点是函数在该点处的左、右极限都存在.

3. 第二类间断点

函数的所有其他形式的间断点, 即使得函数至少有一侧极限不存在的那些点, 称为第二类间断点.

例 11 当 $x \to 0$ 时, 函数 $y = \dfrac{1}{x}$ 不存在有限极限, 故 $x = 0$ 是 $y = \dfrac{1}{x}$ 的第二类间断点.

例 12 函数 $y = \tan x$ 在 $x = \dfrac{\pi}{2}$ 处没有定义, 所以点 $x = \dfrac{\pi}{2}$ 是函数 $y = \tan x$ 的间断点. 又因为 $\lim\limits_{x \to \frac{\pi}{2}} \tan x = \infty$, 因此 $x = \dfrac{\pi}{2}$ 为函数 $y = \tan x$ 的无穷间断点.

例 13 函数 $y = \sin \dfrac{1}{x}$ 在点 $x \to 0$ 时极限不存在, 因此 $x \to 0$ 是 $y = \sin \dfrac{1}{x}$ 的第二类间断点. 又因为当 $x \to 0$ 时, 函数值在 -1 与 $+1$ 之间变动无限多次, 在这种情况下, 我们就称点 $x = 0$ 为函数 $y = \sin \dfrac{1}{x}$ 的振荡间断点.

例 14 设 $f(x) = \begin{cases} \dfrac{1}{e^x}, & x > 1 \\ \ln(x+1), & -1 < x \leqslant 1. \end{cases}$ 求函数 $f(x)$ 的间断点, 并说明间断点的类型.

解　在点 $x=1$ 处，$f(1-0)=\lim\limits_{x\to1^{-}}\dfrac{1}{\mathrm{e}^{x}}=\dfrac{1}{\mathrm{e}}$，$f(1+0)=\lim\limits_{x\to1^{+}}\ln(x+1)=\ln 2$.

因为 $f(1-0)\neq f(1+0)$，所以 $x=1$ 是函数的第一类间断点（跳跃间断点）.

根据上面举的一些间断点的例子，无穷间断点和振荡间断点显然是第二类间断点.

2.6.3　连续函数的运算和初等函数的连续性

1. 连续函数的运算

定理 2.6.2　连续函数的和、差、积、商（分母不为 0）仍然连续.

证　（在这里我们只证明和的情况，其余的请读者自行证明.）

设函数 $f(x)$ 和 $g(x)$ 均在点 a 处连续，$h(x)=f(x)+g(x)$，则 $\lim\limits_{x\to a}h(x)=\lim\limits_{x\to a}[f(x)+g(x)]=\lim\limits_{x\to a}f(x)+\lim\limits_{x\to a}g(x)=f(a)+g(a)=h(a)$，故函数 $h(x)$ 在点 a 处连续.

2. 反函数与复合函数的连续性

定理 2.6.3　若函数 $f(x)$ 在 $[a,b]$ 上严格单调并连续，则其反函数 $f^{-1}(x)$ 在其定义域 $[f(a),f(b)]$ 或 $[f(b),f(a)]$ 上连续.

证　不妨设 $f(x)$ 在 $[a,b]$ 上严格单调递增，此时 $f(x)$ 的值域即反函数 $f^{-1}(x)$ 的定义域 $[f(a),f(b)]$. 任取 $y_{0}\in(f(a),f(b))$，设 $x_{0}=f^{-1}(y_{0})$，则 $x_{0}\in(a,b)$. 于是对任给的 $\varepsilon>0$，可在 (a,b) 内 x_{0} 的两侧各取异于 x_{0} 的点 $x_{1},x_{2}(x_{1}<x_{0}<x_{2})$，使它们与 x_{0} 的距离小于 ε.

设 $y_{1}=f(x_{1})$，$y_{2}=f(x_{2})$，由 $f(x)$ 的单调性有 $y_{1}<y_{0}<y_{2}$. 令 $\delta=\min\{y_{2}-y_{0},y_{0}-y_{1}\}$，则当 $y\in U(y_{0};\delta)$ 时，有 $x_{1}<x=f^{-1}(y)<x_{2}$，故有 $|f^{-1}(y)-f^{-1}(y_{0})|=|x-x_{0}|<\varepsilon$. 这就证明了 $f^{-1}(x)$ 在其定义域 $[f(a),f(b)]$ 上连续.

例 15　由于 $y=\sin x$ 在区间 $\left[-\dfrac{\pi}{2},\dfrac{\pi}{2}\right]$ 上单增且连续，故其反函数 $y=\arcsin x$ 在区间 $[-1,1]$ 上连续.

同理可得其他反三角函数也在相应的定义区间上连续. 如 $y=\arccos x$ 在区间 $[-1,1]$ 上连续，$y=\arctan x$ 在区间 $(-\infty,+\infty)$ 上连续等.

定理 2.6.4　设当 $x\to x_{0}$ 时，函数 $u=\varphi(x)$ 的极限存在且等于 a，即 $\lim\limits_{x\to x_{0}}\varphi(x)=a$. 而函数 $y=f(u)$ 在点 $u=a$ 处连续，那么复合函数 $y=f(\varphi(x))$ 当 $x\to x_{0}$ 时的极限存在且等于 $f(a)$，即 $\lim\limits_{x\to x_{0}}f(\varphi(x))=f(a)$.

【小贴士】　计算极限时，连续函数符号与极限符号可以交换次序，即 $\lim\limits_{x\to x_{0}}f(\varphi(x))=f\left[\lim\limits_{x\to x_{0}}\varphi(x)\right]$，这里假设函数 $y=f(u)$ 在点 $u=a$ 处连续.

定理 2.6.5　设函数 $u=\varphi(x)$ 在点 $x=x_{0}$ 处连续，且 $\varphi(x_{0})=u_{0}$，而函数 $y=f(u)$ 在点 $u=u_{0}$ 处连续，那么复合函数 $f(\varphi(x))$ 在点 $x=x_{0}$ 处也是连续的.

证　只要在定理 2.6.4 中令 $a_{0}=\varphi(x_{0})=u_{0}$，这就表示 $\varphi(x)$ 在点 x_{0} 处连续，于是得到 $\lim\limits_{x\to x_{0}}f(\varphi(x))=f(u_{0})=f(\varphi(x_{0}))$，这就证明了复合函数 $y=f(\varphi(x))$ 在点 x_{0} 处连续.

例 16　讨论函数 $y=\sin\dfrac{1}{x}$ 的连续性.

解　函数 $y=\sin\dfrac{1}{x}$ 可看作是由 $y=\sin u$ 及 $u=\dfrac{1}{x}$ 复合而成的，当 $-\infty<u<\infty$ 时，函数 $\sin u$ 连续. 当 $-\infty<x<0$ 和 $0<x<\infty$ 时，函数 $\dfrac{1}{x}$ 连续，因此函数 $y=\sin\dfrac{1}{x}$ 连续.

3. 初等函数的连续性

前面已经说明了三角函数及反三角函数在它们的定义域内是连续的.

指数函数 a^x 对于一切实数 x 都有定义,并且在区间 $(-\infty,+\infty)$ 内是单调且连续的,它的值域为 $(0,+\infty)$. 由指数函数的单调性和连续性,引用定理可得:对数函数 $y=\log_a x\,(a>0,\ a\neq1)$,在区间 $(0,+\infty)$ 内单调且连续.

幂函数 $y=x^u$ 的定义域随 u 值的不同而不同,但无论 u 为何值,在区间 $(0,+\infty)$ 内幂函数都有定义. 设 $x>0$,则 $y=x^u=a^{u\log_a x}$,因此幂函数 $y=x^u$ 可看作是由函数 $y=a^u$ 和 $\mu=u\log_a x$ 复合而成的,可知它在 $(0,+\infty)$ 内连续. 如果对 u 取各种不同值并分别加以讨论,可以证明幂函数在它的定义域内是连续的.

【总结】 基本初等函数在它们的定义域内都是连续的.

根据初等函数的定义,由基本初等函数的连续性以及本节定理可得下列重要结论:一切初等函数在其定义区间内都是连续的. 所谓定义区间内,就是包含在定义域内的区间内.

【思考】 "基本初等函数在它们的定义域内都是连续的","一切初等函数在其定义区间内都是连续的",这两个结论一个用"定义域",一个用"定义区间",为什么?

解答:基本初等函数的定义域都是区间形式,但初等函数的定义域却不都是区间形式,例如,函数 $f(x)=\sqrt{\sin x-1}$,其定义域为 $x=2k\pi+\dfrac{\pi}{2}\,(x\in\mathbf{Z})$,显然定义域内的点都是孤立的,是不连续的点.

【小贴士】 根据函数 $f(x)$ 在点 x_0 处连续的定义,已知 $f(x)$ 在点 x_0 处连续,那么求 $f(x)$ 当 $x\to x_0$ 的极限时,只需要求出 $f(x)$ 在点 x_0 处的函数值就行了. 因此,上述关于初等函数连续性的结论为我们提供了一个求极限的方法,那就是对于初等函数,x_0 是定义区间内的点,则 $\lim\limits_{x\to x_0}f(x)=f(x_0)$.

例 17 初等函数 $f(x)=\sqrt{1-x^2}$ 在 $[-1,1]$ 上有定义,所以 $\lim\limits_{x\to 1}\sqrt{1-x^2}=\sqrt{1}=1$.

例 18 设 $f(x)=\begin{cases} x\sin\dfrac{1}{x}, & x>0, \\ a+x^2, & x\leqslant 0. \end{cases}$ 要使 $f(x)$ 在 $(-\infty,+\infty)$ 内连续,应当怎样选择数 a?

解 当 $x>0$ 时,$f(x)=x\sin\dfrac{1}{x}$ 是初等函数,因此 $f(x)$ 在 $(-\infty,0)$ 内连续;当 $x<0$ 时,$f(x)=a+x^2$ 也是初等函数,因此 $f(x)$ 在 $(0,+\infty)$ 内连续.

在 $x=0$ 处,$f(0-0)=\lim\limits_{x\to 0^-}(a+x^2)=a$,$f(0+0)=\lim\limits_{x\to 0^+}x\sin\dfrac{1}{x}=0$,$f(0)=a$,则当 $f(0-0)=f(0+0)=f(0)$ 即 $a=0$ 时,函数 $f(x)$ 在 $x=0$ 处连续. 因此,当 $a=0$,$f(x)$ 在 $(-\infty,+\infty)$ 连续.

习题 2.6

1. 选择题.

(1) $\lim\limits_{x\to x_0}f(x)=A$($A$ 为常数),则 $f(x)$ 在 x_0 处(　　).

A. 一定有定义　　　　　　　　　　B. 一定无定义

C. 有定义且 $f(x_0)=A$　　　　　　D. 不一定有定义

(2) 设 $f(x)=\begin{cases} e^x, & x<0, \\ x^2+2a, & x\geqslant 0 \end{cases}$ 在点 $x=0$ 处连续,则 a 的值等于(　　).

A. 0　　　　　　　B. 1　　　　　　　C. -1　　　　　　D. $\dfrac{1}{2}$

(3) 函数 $f(x)=\dfrac{2}{x-3}$,则 $x=3$ 是函数 $f(x)$ 的(　　).

A. 连续点　　　　B. 可去间断点　　　C. 跳跃间断点　　　D. 无穷间断点

(4) $f(x)$ 在 x_0 处左、右极限存在是 $f(x)$ 在 x_0 处连续的(　　).

A. 充分条件　　　B. 必要条件　　　C. 充要条件　　　D. 以上都不是

2. 判断题.

(1) 如果 $f(x_0)$ 存在,则 $f(x)$ 在点 x_0 处连续. 　　　　　　　　　　　　(　　)

(2) 如果 $\lim\limits_{x\to x_0}f(x)$ 存在,则 $f(x)$ 在点 x_0 处连续. 　　　　　　　　(　　)

(3) 如果 $f(x_0)$ 存在,$\lim\limits_{x\to x_0}f(x)$ 存在,则 $f(x)$ 在点 x_0 处连续. 　(　　)

(4) 如果 $f(x_0-0)=f(x_0+0)$,则 $f(x)$ 在点 x_0 处连续. 　　　　　　(　　)

(5) 初等函数在定义域内连续. 　　　　　　　　　　　　　　　　　　　(　　)

3. 求下列函数的连续区间.

(1) $f(x)=\dfrac{2}{x^2+2x-15}$;　　　　　　(2) $f(x)=\sqrt{x-4}+\sqrt{6-x}$.

4. 求下列函数的间断点并指出间断点的类型.

(1) $f(x)=\dfrac{x^2-4}{x^2-9x+14}$;　　　　　　(2) $f(x)=\dfrac{x}{\tan x}$.

5. 讨论函数 $f(x)=\begin{cases} x+1, & x<0, \\ 2-x, & x\geqslant 0 \end{cases}$ 在点 $x=0$ 处的连续性,并作出它的图像.

6. 已知函数 $f(x)=\begin{cases} e^x, & x<0, \\ ax+b, & x\geqslant 0 \end{cases}$ 且 $f(1)=2$,求 a,b 的数值,使得 $f(x)$ 在 $(-\infty,$ $+\infty)$ 连续.

7. 试举一个函数,在 $(-\infty,+\infty)$ 内每一点处都有定义,但在每一点处都不连续.

2.7　闭区间上连续函数的性质
有界性定理·最值定理·零点定理·介值定理

2.7.1　有界性与最大值最小值定理

首先说明最大值和最小值的定义:对于在区间 I 上有定义的函数 $f(x)$,如果有 $x_0\in I$,使得对于 $\forall x\in I$,都有 $f(x)\leqslant f(x_0)$ 或 $f(x)\geqslant f(x_0)$,则称 $f(x_0)$ 是函数 $f(x)$ 在区间 I 上的最大值(或最小值).

例如:函数 $f(x)=1+\sin x$ 在区间 $[0,2\pi]$ 上有最大值 2 和最小值 0,但是也有一些情况下,函数在一个区间上没有最大(或最小)值,或者最大值和最小值都没有.例如,函数 $f(x)=x$ 在区间 (a,b) 内既没有最大值也没有最小值.那么如何来判断一个函数最大值和最小值的存在情况呢?

定理 2.7.1(最大值最小值定理) 在闭区间上连续的函数在该区间上一定有最大值和最小值.

函数 $y=\sin x$ 在区间 $[0,2\pi]$ 上连续,在区间 $[0,2\pi]$ 上有 $\xi=\dfrac{\pi}{2}$,使 $\sin\dfrac{\pi}{2}=1\geqslant\sin x$,在区间 $[0,2\pi]$ 上有 $\eta=\dfrac{3}{2}\pi$,使得 $\sin\dfrac{3}{2}\pi=-1\leqslant\sin x$,所以 1 和 -1 为函数 $f(x)$ 在区间 $[0,2\pi]$ 上的最大(小)值.

【小贴士】 如果函数 $f(x)$ 在闭区间 $[a,b]$ 上连续,那么至少存在一个点 $\delta_1\in[a,b]$ 使得 $f(\delta_1)$ 是 $f(x)$ 在 $[a,b]$ 上的最大值,也至少存在一个点 $\delta_2\in[a,b]$ 使得 $f(\delta_2)$ 是 $f(x)$ 在 $[a,b]$ 上的最小值.注意该定理成立的条件是函数在闭区间上连续,如果函数在这个闭区间上不连续,那么这个定理就不一定成立.

例如,函数 $f(x)=\begin{cases}-x+1, & 0\leqslant x<1,\\ 1, & x=1,\\ -x+3, & 1<x\leqslant 2\end{cases}$ 在区间 $[0,2]$ 上就没有最大值.

由最大值和最小值定理还可以推导出有界性定理.

定理 2.7.2(有界性定理) 在闭区间上连续的函数一定在该区间上有界.

证 设函数 $f(x)$ 在闭区间 $[a,b]$ 上连续,根据最大值和最小值定理,存在 $f(x)$ 在闭区间 $[a,b]$ 上的最大值 M 和最小值 m,使得对于任意的 $x\in[a,b]$,都有 $m\leqslant f(x)\leqslant M$. 取 $K=\max\{|M|,|m|\}$,则对于任意的 $x\in[a,b]$,都有 $|f(x)|\leqslant K$.

2.7.2 零点存在定理与介值定理

1. 零点与零点存在定理

如果存在点 x_0 使得 $f(x_0)=0$,那么点 x_0 就称为函数 $f(x)$ 的零点.

定理 2.7.3(零点存在定理) 设函数 $f(x)$ 在闭区间 $[a,b]$ 上连续,且 $f(a)$ 与 $f(b)$ 异号(即 $f(a)f(b)<0$),那么在开区间 (a,b) 内至少有函数 $f(x)$ 的一个零点,即至少有一点 ξ ($a<\xi<b$)使 $f(\xi)=0$(如图 2-17 所示).

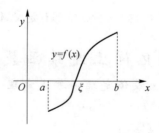

图 2-17 零点存在定理

例 1 证明方程 $x^5-3x-1=0$ 在 $(1,2)$ 内至少有一个实根.

证 设 $f(x)=x^5-3x-1$,则 $f(x)$ 在 $[1,2]$ 上连续,且 $f(1)\cdot f(2)=-3\times25<0$. 由零点存在定理知,在 $(1,2)$ 至少有一点 ξ,使 $f(\xi)=0$,即 ξ 是方程 $x^5-3x-1=0$ 在 $(1,2)$ 内的一个根.

由零点存在定理可推得较一般的介值定理.

2. 介值定理

定理 2.7.4(介值定理) 设函数 $f(x)$ 在闭区间 $[a,b]$ 上连续,且在这区间的端点取不同的函数值. $f(a)=A$ 及 $f(b)=B$,那么,对于 A 与 B 之间的任意一个数 C,在开区间 (a,b) 内至少有一点 ξ,使得 $f(\xi)=C(a<\xi<b)$.

证　设 $\varphi(x)=f(x)-C$,则 $\varphi(a)=f(a)-C,\varphi(b)=f(b)-C$. 又由 $f(a)\neq f(b)$,知 $\varphi(a)\varphi(b)<0$. 由零点定理知,存在 $\xi\in(a,b)$,使得 $\varphi(\xi)=0$,即 $f(\xi)=C$.

推论 2.7.1　在闭区间上连续的函数必取得介于最大值 M 与最小值 m 之间的任何值.

证　设 $m=f(x_1),M=f(x_2)$,且 $m\neq M$,在闭区间 $[x_1,x_2]$(或 $[x_2,x_1]$)上应用介值定理,即得上述结论.

例 2　证明方程 $4x=2^x$ 至少有一个正的实根.

证　令 $f(x)=4x-2^x$,则 $f(0)=-1<0,f(1)=4-2>0$,又因为 $f(x)$ 在 $[0,1]$ 上连续,由闭区间上连续函数的零点定理知,方程 $f(x)=0$ 在 $(0,1)$ 内至少有一实根,即方程 $4x=2^x$ 至少有一个正的实根.

例 3　设函数 $f(x)$ 在 $[a,b]$ 上连续,值域为 $[a,b]$,证明存在 $x_0\in[a,b]$,使得 $f(x_0)=x_0$.

证　根据条件可知,对任何 $x\in[a,b]$ 有 $a\leqslant f(x)\leqslant b$,特别有 $a\leqslant f(a)$ 及 $f(b)\leqslant b$. 若 $a=f(a)$ 或 $f(b)=b$,则取 $x_0=a$ 或 $x_0=b$. 现设 $a<f(a)$ 与 $f(b)<b$.

令 $F(x)=f(x)-x$,则 $F(a)=f(a)-a>0,F(b)=f(b)-b<0$. 故由零点存在性定理知,存在 $x_0\in(a,b)$,使得 $F(x_0)=0$,即 $f(x_0)=x_0$.

习题 2.7

1. 找出连续函数 $y=\sin x$ 在闭区间 $[0,2\pi]$ 上的最大值、最小值.

2. 设 $f(x)$ 在 $[0,2a]$ 上连续且 $f(0)=f(2a)$,证明:至少存在一点 $\delta\in[0,a]$,使得 $f(\delta)=f(\delta+a)$.

3. 设 $f(x)$ 在 (a,b) 内连续,$\lim\limits_{x\to a^+}f(x)=A$,$\lim\limits_{x\to b^-}f(x)=B$,且 $AB<0$,证明:至少存在一点 $\delta\in(a,b)$,使得 $f(\delta)=0$.

4. 证明:方程 $\dfrac{a_1}{x-\lambda_1}+\dfrac{a_2}{x-\lambda_2}+\dfrac{a_3}{x-\lambda_3}=0$ 在 $(\lambda_1,\lambda_2),(\lambda_2,\lambda_3)$ 内有根. 其中 $\lambda_1<\lambda_2<\lambda_3$,$a_1,a_2,a_3>0$.

5. 设 $f(x)$ 在闭区间 $[0,1]$ 上连续且 $0\leqslant f(x)\leqslant1$,则至少存在一点 $\xi\in[0,1]$,使得 $f(\xi)=\xi$.

6. 证明:方程 $\sin x+x+1=0$ 在区间 $\left(-\dfrac{\pi}{2},\dfrac{\pi}{2}\right)$ 内至少有一个根.

7. 设函数 $f(x)$ 和 $g(x)$ 在 $[a,b]$ 上连续,$f(a)>g(a)$,$f(b)<g(b)$,证明:$\exists\xi\in(a,b)$ 使得 $f(\xi)=g(\xi)$.

第 2 章　复习题

1. 选择题.

(1) 下列各项错误的是(　　).

A. 若 $\lim\limits_{x\to x_0}f(x)$ 存在,那么函数 $f(x)$ 在 x_0 的某一去心邻域内有界

B. 函数 $y=f(x)$ 在 x_0 处连续,则 $y=f(x)$ 在 x_0 处一定可导

C. 函数 $y=\dfrac{1}{x-2}$ 的铅直渐近线为 $x=2$

D. 设 $f(x)=\begin{cases}\dfrac{\tan 2x}{x}, & x>0, \\ 1, & x=0, \\ x+2, & x<0,\end{cases}$ 则 $x=0$ 为 $f(x)$ 的跳跃间断点

(2) 下列函数在给定的极限过程中不是无穷小量的是( ).

A. $\dfrac{1}{x}\cdot\operatorname{arccot} x\ (x\to\infty)$

B. $\ln(1-x)\ (x\to 1^-)$

C. $\sqrt{x^2+1}-x\ (x\to+\infty)$

D. $\sin^2 x\cdot\cot x\ (x\to 0)$

(3) 下列极限计算正确的是( ).

A. $\lim\limits_{x\to 0}\dfrac{\tan x}{\ln(1+x)}=0$

B. $\lim\limits_{x\to\infty}\left(\dfrac{x+1}{x+2}\right)^{x+3}=\mathrm{e}^{\frac{1}{2}}$

C. $\lim\limits_{x\to\infty}(x-1)\sin\dfrac{1}{x-1}=0$

D. $\lim\limits_{x\to\infty}\dfrac{3x^4+2x^2+1}{6x^4-3x}=\dfrac{1}{2}$

(4) 方程 $x^5-5x-2=0$ 在区间( )内至少有一个实根.

A. $(-1,0)$ B. $(-3,-2)$ C. $(0,1)$ D. $(2,3)$

(5) 下列变量在给定的变化过程中是无穷大量的有( ).

A. $\lg x\ (x\to 0^+)$

B. $\lg x\ (x\to 1)$

C. $\dfrac{x^2}{x^3+1}\ (x\to+\infty)$

D. $\mathrm{e}^{\frac{1}{x}}\ (x\to 0^-)$

2. 填空题.

(1) $\lim\limits_{x\to\infty}\dfrac{(x+2)^{11}(3x-6)^6}{(5x+2)^{17}}=$ _____ .

(2) $\lim\limits_{x\to\infty}\left(1-\dfrac{2}{x}\right)^x=$ _____ .

(3) 当 $x\to\infty$ 时, $\dfrac{1}{x}$ 是比 $\sqrt{x+3}-\sqrt{x+1}$ _____ 的无穷小.

(4) 若 $\lim\limits_{x\to x_0}f(x)=A$($A$ 为有限数),而 $\lim\limits_{x\to x_0}g(x)$ 不存在,则 $\lim\limits_{x\to x_0}[f(x)+g(x)]$ _____ .

3. 判断题.

(1) 当 $x\to 0$ 时, $\sin x, \mathrm{e}^x-1, x+x^2+x^3, \ln(1+x)$ 都是等价无穷小.   ( )

(2) 无穷多个无穷小之和仍为无穷小.   ( )

(3) 初等函数在其定义区间内是连续的.   ( )

(4) 闭区间 $[a,b]$ 上的连续函数一定存在最大值和最小值.   ( )

(5) $x=0$ 为 $y=\mathrm{e}^{\frac{1}{x}}$ 的第一类间断点.   ( )

4. 计算题.

(1) $\lim\limits_{x\to 8}\dfrac{\sqrt{9+2x}-5}{\sqrt[3]{x}-2}$;

(2) $\lim\limits_{x\to 0}\dfrac{1-\sqrt{\cos x}}{x(1-\cos\sqrt{x})}$;

(3) $\lim\limits_{n\to+\infty}n\sin\pi(\sqrt{n^2+2}-n)$;

(4) $\lim\limits_{x\to 0}\dfrac{\mathrm{e}^x-\mathrm{e}^{\sin x}}{x-\sin x}$;

(5) $\lim\limits_{x\to 0}\dfrac{\tan x-\sin x}{\ln(1+x^3)}$;

(6) $\lim\limits_{x\to 0}(\sec^2 x)^{\frac{1}{x^2}}$;

(7) $\lim\limits_{x\to 1}\left(\dfrac{3x-1}{x+1}\right)^{\frac{2x}{x-1}}$;　　　　　　　　(8) $\lim\limits_{x\to 0}\left(\dfrac{2+\mathrm{e}^{\frac{1}{x}}}{1+\mathrm{e}^{\frac{4}{x}}}+\dfrac{\sin x}{|x|}\right).$

5. 若 $f(x),g(x)$ 在 $[a,b]$ 上连续,证明:$\max\{f(x),g(x)\}$ 在 $[a,b]$ 上连续.

6. 设方程 $x^{n}=a(a>0,n$ 为正整数$)$,证明方程有且只有一个正根.

 **课外阅读**

极限思想的历史溯源

　　极限思想的产生和其他科学思想一样,是经过古人的思考与实践一步一步渐渐积累起来的,它也是社会实践的产物. 极限的思想可以追溯到古代,刘徽的割圆术是建立在直观基础上的一种原始的极限思想的应用;古希腊人的穷竭法也蕴含了极限思想,但由于希腊人对无限的"恐惧",他们避免明显地取极限,而是借助于间接证法——归谬法来完成有关的证明.

　　到了 16 世纪,荷兰数学家斯泰文在考察三角形重心的过程中改进了古希腊人的穷竭法,他借助几何直观,大胆地运用极限思想思考问题,放弃了归谬法的证明. 如此,他就在无意中指出了"把极限方法发展成为一个实用概念"的方向.

　　极限思想的历史可谓源远流长,一直可以上溯到 2 000 多年前. 这一时期可以称作是极限思想的萌芽阶段. 极限思想的萌芽阶段以希腊的芝诺、中国古代的惠施、刘徽、祖冲之等为代表.

　　提到极限思想,就不得不提到著名的阿基里斯悖论——一个困扰了数学界十几个世纪的问题. 阿基里斯悖论是由古希腊的著名哲学家芝诺提出的,他的话援引如下:"阿基里斯不能追上一只逃跑的乌龟,因为在他到达乌龟所在的地方所花的那段时间里,乌龟能够走开. 然而即使它等着他,阿基里斯也必须首先完成他们之间的一半路程,并且,为了他能到达这个中点,他必须首先到达距离这个中点一半路程的目标,这样无限继续下去. 从概念上,他甚至不可能开始,因此运动是不可能的."就是这样一个"不可能"的问题困扰了世人十几个世纪,直至 17 世纪随着微积分的发展,极限的概念得到进一步地完善,人们对阿基里斯悖论的困惑才得以解除.

　　极限思想是到了 16 世纪才得以进一步发展的,在生产和技术中大量问题无法用初等数学解决的前提下,一批先进数学家们才进入极限思想的领域深入研究的,这时极限思想的发展与微积分的建立越来越紧密相连. 科学家们为了获得更高的生产力,不断地深入到极限思想的研究中,这是促进极限发展、建立微积分的社会背景.

　　下面是极限的思想的一个具体应用.

　　有 1 位老人,他有 3 个儿子和 17 匹马. 他在临终前对他的儿子们说:"我已经写好了遗嘱,我把马留给你们,你们一定要按我的要求去分."老人去世后,三兄弟看到了遗嘱. 遗嘱上写着:"我把 17 匹马全都留给我的 3 个儿子. 长子得一半,次子得三分之一,给幼子九分之一. 不许流血,不许杀马. 你们必须遵从父亲的遗愿!"这 3 个兄弟迷惑不解. 尽管他们在学校里学习成绩都不错,可是他们还是不会用 17 除以 2、用 17 除以 3、用 17 除以 9,又不让马流血. 于是他们就去请教当地一位公认的智者. 这位智者看了遗嘱以后说:"我借给你们一匹马,去按你们父亲的遗愿分吧!"答案:先从邻居家借来一匹马,变成 18 匹,老大取走一半(即 9 匹),还剩 9 匹. 然后再从邻居家借来一匹马,变成 10 匹,老二取走一半(即 5 匹),还剩 5 匹. 然后又从邻居家借来一匹马,变成 6 匹,老三取走一半(即 3 匹). 最后剩下 3 匹还给邻居. 这时就有 18 匹马了,所以老大得 9 匹,老二得 6 匹,老三得 2 匹,邻居牵着自己的那匹走了.

有人对上述分马的方法提出了异议,认为这实际上分的是 18 匹马,而不是 17 匹. 那么我们不妨换一种办法来分.

共 17 匹马. 老大可以分得 $17 \times \frac{1}{2} = \frac{17}{2}$ 匹;老二可以分得 $17 \times \frac{1}{3} = \frac{17}{3}$ 匹;老三分得 $17 \times \frac{1}{9} = \frac{17}{9}$ 匹. 还剩下 $17 - \frac{17}{2} - \frac{17}{3} - \frac{17}{9} = \frac{34}{9}$ 匹.

我们把剩下的 $\frac{34}{9}$ 匹马按遗嘱继续分. 老大又可以分得 $\frac{17}{9}$ 匹;老二又可以分得 $\frac{34}{27}$ 匹;老三又分得 $\frac{34}{81}$ 匹. 还剩下 $\frac{17}{81}$ 匹. 就这样,我们可以继续不断地分下去.

现在让我们来看一看老大分得的马匹数.

第一次得 $\frac{17}{2}$,第二次得 $\frac{17}{9}$,第三次得 $\frac{17}{162}$,…,第 n 次得…. 这是一个无穷递缩等比数列,这个数列所有项的和 $S = \frac{17}{2} + \frac{17}{9} + \frac{17}{162} + \cdots = 9$,即老大分得 9 匹.

利用这种办法我们也可以求出:老二可以分得 6 匹,老三可以分得 2 匹. 而 $9 + 6 + 2 = 17$,恰好分完. 这样既满足了牧民的心愿,又符合规则,问题得到圆满解决.

"借马分马"的故事虽然简单,但第二种分马的方法其中所蕴含的极限思想却极其珍贵. 如果你只认识到"只分一次"是不够的,这种办法的核心是要将分遗产的过程无限地进行下去,最后每个人分得的马匹数就逼近于一个整数.

参考答案

习题 2.1

1. (1) C;　　(2) C;　　　(3) A.

2. (1) 0;　(2) $\frac{1}{2}$;　(3) $\frac{1}{2}$;　(4) $a < -1$ 或 $a > \frac{1}{3}$.

3. (1) $2 - \frac{1}{10^n}$;　(2) $\frac{1}{10^n}$;　(3) 2.

4. $a = 1, b = -2$.

5. 提示:数列 $\{x_n\}$ 有界,即对于 $\forall n \in \mathbf{N}$,都 $\exists M > 0$,使得 $|x_n| < M$.

习题 2.2

1. (1) D;　　(2) C;　　(3) D.

2. (1) 1;0;不存在;不存在;　　(2) $-\frac{\pi}{2}$;$\frac{\pi}{2}$;不存在;arctan 1;

(3) 1;8;0;$+\infty$;不存在;　(4) $+\infty$;0;lg 2;1;$-\infty$;　　(5) 2;0.

3. (1) √;　　(2) √;　　　(3) ×.

4. (1) 0;　　(2) 不存在;　　(3) 不存在.

习题 2.3

1. (1) C；　　(2) A；　　(3) C；　　(4) D；　　(5) B.

2. (1) ×；　(2) √；　　(3) ×；　　　(4) ×.

3. (1) 1；　(2) ∞；　(3) $\dfrac{2}{3}$；　(4) $-\dfrac{1}{2}$；　(5) 1；　(6) 0；　(7) -1；　(8) 1.

习题 2.4

1. (1) B；　　(2) B；　　(3) A；　　(4) D.

2. (1) 1；　　(2) 0；　　(3) 0；　　(4) 3；　　(5) $\dfrac{5}{2}$；　　(6) $\dfrac{1}{e}$；　　(7) $\dfrac{1}{e}$；　　(8) e^3；

(9) e；　　(10) e.

3. e^2.　　4. 3.

习题 2.5

1. (1) B；　　(2) C；　　(3) D；　　(4) D；　　(5) B.

2. (1) 高；　(2) $-\dfrac{3}{2}$.

3. (1) ×；　　　(2) ×；　　　(3) ×；　　　(4) ×.

4. (1) $+\infty$；　(2) ∞；　　(3) 0；　　(4) $\dfrac{1}{4}$；　(5) $\dfrac{3}{4}$；　(6) 1；　(7) $\dfrac{1}{16}$；　(8) $\dfrac{5}{3}$.

习题 2.6

1. (1) D；　　(2) D；　　(3) D；　　(4) B.

2. (1) ×；　(2) ×；　　(3) ×；　　(4) ×；　　(5) ×.

3. (1) $(-\infty,-5)(-5,3)(3,\infty)$；　(2) $[4,6]$.

4. (1) $x=2$,可去间断点；$x=7$,无穷间断点.

(2) $x=0$,可去间断点；$x=k\pi\pm\dfrac{\pi}{2}$,可去间断点；$x=k\pi(k\neq0)$,无穷间断点.

5. 不连续.　　　　6. $a=1,b=1$.　　7. $f(x)=\begin{cases}0, & x\text{ 为有理数,}\\ 1, & x\text{ 为无理数.}\end{cases}$

习题 2.7

1. 0,1；　2. 令 $F(x)=f(x)-f(x+a)$注意 $x=0$、a 点.　　3～7 略.

第 2 章　复习题

1. (1) B；　(2) B；　　(3) D；　(4) A；　　(5) A.

2. (1) $\dfrac{3^6}{5^{17}}$；　(2) e^{-2}；　　(3) 高阶；　　(4) 不存在.

3. (1) √；　　(2) ×；　　(3) √；　(4) √；　　(5) ×.

4. (1) 2.4；　(2) $\dfrac{1}{2}$；　(3) π；　(4) 1；　(5) $\dfrac{1}{2}$；　(6) e；　(7) e^2；　(8) 1.

5～6　略.

第3章　导数与微分

📖 学习内容

微分学是微积分的重要组成部分,它的基本概念是导数和微分.

本章我们在函数极限思想的基础上引入一元函数的导数和微分的概念,由此建立一整套微分公式与法则,从而系统地解决初等函数的求导问题.本章主要包括以下几方面内容:导数的概念及其几何意义;基本初等函数的求导公式;四则运算求导法则和复合函数求导法则;高阶导数的概念及运算法则;隐函数和参数式函数的求导;对数求导法则;微分的概念及运算法则.

应用实例

1. 变速直线运动的瞬时速度

在自然界和日常生活中,人们所遇到的直线运动大都是变速运动,平均速度不能准确地描述质点的运动状态,为了准确描述质点变速直线运动状态必须引入"瞬时速度"的概念.设一质点作变速直线运动,已知运动方程为 $s=s(t)$.记 $t=t_0$ 时质点的位置为 $s_0=s(t_0)$.当 t 从 t_0 增加到 $t_0+\Delta t$ 时,s 相应地从 s_0 增加到 $s_0+\Delta s=s(t_0+\Delta t)$.因此质点在 Δt 这段时间内的位移是

$$\Delta s=s(t_0+\Delta t)-s(t_0),$$

在 Δt 时间段内,质点运动的平均速度为

$$\bar{v}=\frac{\Delta s}{\Delta t}=\frac{s(t_0+\Delta t)-s(t_0)}{\Delta t}.$$

显然,随着 Δt 的减小,平均速度 $\bar{v}$ 就越接近质点在 t_0 时刻的瞬时速度,但无论 Δt 有多小,平均速度 $\bar{v}$ 总不能精确刻画出质点在 $t=t_0$ 时运动的快慢程度.为此我们采取"极限"的手段,如果平均速度 $\bar{v}=\frac{\Delta s}{\Delta t}$ 在 $\Delta t \to 0$ 时的极限存在,则把这极限值(记作 v)定义为质点在 $t=t_0$ 时的瞬时速度,即

$$v=\lim_{\Delta t\to 0}\frac{\Delta s}{\Delta t}=\lim_{\Delta t\to 0}\frac{s(t_0+\Delta t)-s(t_0)}{\Delta t}.$$

2. 平面曲线的切线斜率

设有一元函数曲线 C 及 C 上的一点 M_0,在点 M_0 外另取一点 M,作割线 M_0M,当点 M 沿曲线 C 趋于点 M_0 时,如果割线 M_0M 绕点 M_0 旋转而趋于极限位置 M_0T,则直线 M_0T 就称为曲线 C 在点 M_0 处的切线.这里极限位置的含义是:只要弦长 $|M_0M|$ 趋于零,$\angle MM_0T$ 也趋于零,切线的位置就是割线的极限位置.

设曲线 L 的方程为 $y=f(x)$,$M_0(x_0,y_0)$ 为 L 上的一个定点,为求曲线 $y=f(x)$ 在点 M_0 的切线,可在曲线上取邻近于 M_0 的点 $M(x_0+\Delta x,y_0+\Delta y)$,算出割线 M_0M 的斜率:

$$\tan \varphi=\frac{\Delta y}{\Delta x}=\frac{f(x_0+\Delta x)-f(x_0)}{\Delta x},$$

其中 φ 为割线 M_0M 的倾斜角(图 3-1). 令 $\Delta x \to 0$,M 就沿着曲线 L 趋向于 M_0,割线 M_0M 就不断地绕 M_0 转动,角 φ 也不断地发生变化. 如果 $\tan\varphi = \dfrac{\Delta y}{\Delta x}$ 趋向于某个极限,则从解析几何知道,该极限值就是曲线 L 在 M_0 处切线的斜率 k,而这时 $\varphi = \arctan\dfrac{\Delta y}{\Delta x}$ 的极限也必存在,也就是切线的倾斜角 α,所以我们把曲线 $y = f(x)$ 在 M_0 处的切线斜率定义为

$$k = \tan\alpha = \lim_{\Delta x \to 0} \frac{\Delta y}{\Delta x} = \lim_{\Delta x \to 0} \frac{f(x_0 + \Delta x) - f(x_0)}{\Delta x}.$$

这里,$\dfrac{\Delta y}{\Delta x}$ 是函数的增量与自变量的增量之比,它表示函数相对于自变量的平均变化率.

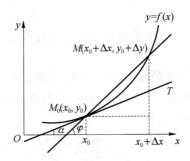

图 3-1　曲线的切线斜率

从上述两个案例可见,尽管这两个问题有着不同的物理意义或几何背景,但它们在数量关系上并没有区别,都归结为求同一种形式的极限,即在自变量 $\Delta x \to 0$ 时,函数增量 Δy 与自变量增量 Δx 之比的极限(瞬时变化率).

在科学技术的各个领域中还有许多重要的概念,如加速度、人口增长率、边际成本、边际利润等,它们的本质都是函数的瞬时变化率,即反映因变量随自变量的变化而变化的快慢程度. 如果抛开这些问题的具体含义,抽象出它们在数量关系上的共性,就有了下面导数的概念.

3.1　导数的概念

导数定义·导数的几何意义·可导与连续的关系

3.1.1　导数的定义

定义 3.1.1　设函数 $y = f(x)$ 在点 x_0 的某个邻域内有定义,当自变量 x 在 x_0 处有增量 $\Delta x(x_0 + \Delta x$ 也在该邻域内),相应地函数有增量 $\Delta y = f(x_0 + \Delta x) - f(x_0)$. 若 $\Delta x \to 0$ 时,当 Δy 与 Δx 之比的极限存在,则称 $f(x)$ 在点 x_0 处可导,称这个极限值为函数 $y = f(x)$ 在点 x_0 处的导数,记作

$$f'(x_0),\ y'\big|_{x=x_0},\ \frac{\mathrm{d}y}{\mathrm{d}x}\bigg|_{x=x_0} \text{或} \frac{\mathrm{d}f(x)}{\mathrm{d}x}\bigg|_{x=x_0},$$

即

$$f'(x_0) = \lim_{\Delta x \to 0} \frac{\Delta y}{\Delta x} = \lim_{\Delta x \to 0} \frac{f(x_0 + \Delta x) - f(x_0)}{\Delta x}.$$

若上述极限值不存在,就称 $f(x)$ 在点 x_0 处不可导或者导数不存在. 若不可导的原因是

$\lim\limits_{\Delta x \to 0} \dfrac{\Delta y}{\Delta x} = \infty$，为了方便也称函数 $f(x)$ 在点 x_0 处的导数为无穷大.

在上述极限中，若令 $x = x_0 + \Delta x$，则有

$$\Delta x = x - x_0, \Delta y = f(x) - f(x_0).$$

当 $\Delta x \to 0$ 时，$x \to x_0$，从而 $y = f(x)$ 在点 x_0 处的导数又可以写成

$$f'(x_0) = \lim_{x \to x_0} \frac{f(x) - f(x_0)}{x - x_0}.$$

导数的定义还有如下常见的表达形式：

$$f'(x_0) = \lim_{h \to 0} \frac{f(x_0 + h) - f(x_0)}{h},$$

其中 h 为自变量的增量 Δx.

【小贴士】 函数在某一点 x_0 处的导数是因变量在该点处的变化率，它反映了因变量随自变量变化而变化的快慢程度.

若函数 $y = f(x)$ 在开区间 I 内的每一点都可导，则称函数 $f(x)$ 在开区间 I 内可导，对于任一个 $x \in I$，都有一个确定导数值 $f'(x)$ 与之对应，这就得到了一个定义在 I 上的函数 $f'(x)$，称它为原函数 $y = f(x)$ 的导函数，记作

$$f'(x), y', \frac{\mathrm{d}y}{\mathrm{d}x} \text{或} \frac{\mathrm{d}f(x)}{\mathrm{d}x}.$$

将导数定义式中的 x_0 换成 x 即得导函数的定义：

$$f'(x) = \lim_{\Delta x \to 0} \frac{f(x + \Delta x) - f(x)}{\Delta x} = \lim_{h \to 0} \frac{f(x + h) - f(x)}{h}, x \in I.$$

【小贴士】 上式中的 x 是开区间 I 内的动点，但在求极限的过程中，应把 x 看作常量，只把 Δx 或者 h 视为变量.

以后将导函数 $f'(x)$ 也简称为导数. $f'(x)$ 是一个函数，$f'(x_0)$ 是一个数值，它们之间的关系为

$$f'(x_0) = f'(x) \big|_{x = x_0},$$

即 $f'(x_0)$ 是导函数 $f'(x)$ 在 x_0 处的函数值，也可称为导数.

【思考】 函数 $y = f(x)$ 在某点 x_0 处的导数 $f'(x_0)$ 与导函数 $f'(x)$ 有什么区别与联系？

下面利用导数定义来推出几个基本初等函数的导数公式.

例 1 求常函数 $y = C$（C 为任意常数）的导数.

解 考虑常函数 $y = C$，当 x 取得增量 Δx 时，函数增量总等于零，即 $\Delta y = 0$. 从而有

$$y' = \lim_{\Delta x \to 0} \frac{\Delta y}{\Delta x} = \lim_{\Delta x \to 0} \frac{0}{\Delta x} = 0,$$

即 $(C)' = 0$.

例 2 求正弦函数 $y = \sin x$ 的导数.

解 利用导数的定义，得

$$y' = \lim_{\Delta x \to 0} \frac{\Delta y}{\Delta x} = \lim_{\Delta x \to 0} \frac{f(x + \Delta x) - f(x)}{\Delta x} = \lim_{\Delta x \to 0} \frac{\sin(x + \Delta x) - \sin x}{\Delta x}$$

$$= \lim_{\Delta x \to 0} \frac{2\sin\dfrac{\Delta x}{2}\cos\left(x + \dfrac{\Delta x}{2}\right)}{\Delta x} = \lim_{\Delta x \to 0} \frac{2 \cdot \dfrac{\Delta x}{2}\cos\left(x + \dfrac{\Delta x}{2}\right)}{\Delta x}$$

$$= \lim_{\Delta x \to 0} \cos\left(x + \frac{\Delta x}{2}\right) = \cos x,$$

即 $(\sin x)' = \cos x$.

这就是说正弦函数的导数是余弦函数,类似可证得余弦函数的导数是负的正弦函数,即

$$(\cos x)' = -\sin x.$$

例 3　求函数 $y = x^n$(n 为正整数)的导数.

解　利用导数的定义,得

$$y' = \lim_{\Delta x \to 0} \frac{\Delta y}{\Delta x} = \lim_{\Delta x \to 0} \frac{f(x+\Delta x) - f(x)}{\Delta x} = \lim_{\Delta x \to 0} \frac{(x+\Delta x)^n - x^n}{\Delta x}$$

$$= \lim_{\Delta x \to 0} \frac{x^n + C_n^1 x^{n-1}(\Delta x)^1 + C_n^2 x^{n-2}(\Delta x)^2 + \cdots + C_n^n x^{n-n}(\Delta x)^n - (x)^n}{\Delta x}$$

$$= \lim_{\Delta x \to 0} (C_n^1 x^{n-1} + C_n^2 x^{n-2}(\Delta x)^1 + \cdots + C_n^n x^{n-n}(\Delta x)^{n-1}) = n x^{n-1},$$

即 $(x^n)' = n x^{n-1}$.

对于幂函数 $y = x^\mu$($x > 0, \mu$ 为实数),有

$$(x^\mu)' = \mu x^{\mu-1}.$$

这就是幂函数的导数公式,这个公式在本章第 2 节中给予证明.利用这个公式可以很容易求出幂函数的导数,比如

$$\left(\frac{1}{x\sqrt{x}}\right)' = (x^{-\frac{3}{2}})' = -\frac{3}{2} x^{-\frac{5}{2}}.$$

例 4　求指数函数 $y = a^x$($a > 0$ 且 $a \neq 1$)的导数.

解　利用导数的定义,得

$$y' = \lim_{\Delta x \to 0} \frac{\Delta y}{\Delta x} = \lim_{\Delta x \to 0} \frac{f(x+\Delta x) - f(x)}{\Delta x} = \lim_{\Delta x \to 0} \frac{a^{x+\Delta x} - a^x}{\Delta x} = a^x \lim_{\Delta x \to 0} \frac{a^{\Delta x} - 1}{\Delta x}$$

$$= a^x \lim_{\Delta x \to 0} \frac{e^{\Delta x \ln a} - 1}{\Delta x} = a^x \lim_{\Delta x \to 0} \frac{\Delta x \ln a}{\Delta x} = a^x \ln a.$$

即 $(a^x)' = a^x \ln a$.

当 $a = e$ 时,因为 $\ln e = 1$,所以有

$$(e^x)' = e^x,$$

即以 e 为底的指数函数的导数就是它自己,这是一个十分重要的性质,在以后的计算中有重要的应用.

例 5　求对数函数 $y = \log_a x$($a > 0$ 且 $a \neq 1$)的导数.

解　由导数的定义,得

$$y' = \lim_{\Delta x \to 0} \frac{\log_a(x+\Delta x) - \log_a(x)}{\Delta x} = \lim_{\Delta x \to 0} \left[\frac{1}{\Delta x} \log_a\left(\frac{x+\Delta x}{x}\right)\right]$$

$$= \lim_{\Delta x \to 0} \log_a\left(1+\frac{\Delta x}{x}\right)^{\frac{1}{\Delta x}} = \log_a \lim_{\Delta x \to 0}\left(1+\frac{\Delta x}{x}\right)^{\frac{x}{\Delta x} \cdot \frac{1}{x}}$$

$$= \log_a e^{\frac{1}{x}} = \frac{1}{x} \cdot \log_a e = \frac{1}{x \ln a},$$

即 $(\log_a x)' = \frac{1}{x \ln a}$.

当 $a = e$ 时,$\ln e = 1$,可得自然对数函数的导数公式:

$$(\ln x)' = \frac{1}{x}.$$

【小贴士】　(1)一般当无明确要求计算导数值的方法时,不采用导数的定义式来计算导

数值,而是先用求导公式求出导函数 $f'(x)$,再代入 $x=x_0$ 就能得到导函数值 $f'(x_0)$,即

$$f(x_0)=f(x)|_{x=x_0};$$

（2）导函数和导函数值合称导数,在求导数时,若没有指明是哪一定点处的导数值,则是指求导函数.

定义 3.1.2 设函数 $y=f(x)$ 在点 x_0 的某个邻域内有定义,若极限 $\lim\limits_{\Delta x \to 0^-} \dfrac{\Delta y}{\Delta x}$ 存在,则称 $f(x)$ 在点 x_0 处左可导,且称此极限值为 $f(x)$ 在点 x_0 处的左导数,记作 $f'_-(x_0)$;若极限 $\lim\limits_{\Delta x \to 0^+} \dfrac{\Delta y}{\Delta x}$ 存在,则称 $f(x)$ 在点 x_0 处右可导,并称此极限值为 $f(x)$ 在点 x_0 处的右导数,记作 $f'_+(x_0)$,即

$$f'_-(x_0)=\lim_{\Delta x \to 0^-}\frac{f(x_0+\Delta x)-f(x_0)}{\Delta x}=\lim_{x \to x_0^-}\frac{f(x)-f(x_0)}{x-x_0},$$

$$f'_+(x_0)=\lim_{\Delta x \to 0^+}\frac{f(x_0+\Delta x)-f(x_0)}{\Delta x}=\lim_{x \to x_0^+}\frac{f(x)-f(x_0)}{x-x_0}.$$

左导数和右导数统称为单侧导数.

由导数的定义可知,导数是用一个极限式来定义的,而极限有左极限和右极限之分,所以导数有左导数和右导数之别.由于函数 $f(x)$ 在点 x_0 处极限值存在的充分必要条件是左右极限都存在且相等,所以函数 $f(x)$ 在点 x_0 处可导也有如下充分必要条件.

定理 3.1.1 函数 $f(x)$ 在点 x_0 处可导的充分必要条件是函数 $f(x)$ 在点 x_0 处既左可导又右可导,且 $f'_-(x_0)=f'_+(x_0)$.

有了单侧导数的定义,就可以定义函数在闭区间上可导了.若函数 $y=f(x)$ 在开区间 (a,b) 内可导,且 $f'_-(b)$ 和 $f'_+(a)$ 都存在,则称函数 $y=f(x)$ 在闭区间 $[a,b]$ 上可导.

【小贴士】 左、右导数常用于判定分段函数在分段点 x_0 处是否可导.只有当分段点 x_0 处左、右单侧导数 $f'_-(x_0)$ 与 $f'_+(x_0)$ 都存在并且相等时,函数 $y=f(x)$ 在点 x_0 才可导.这与计算分段点的极限类似,原因在于导数本质上也是极限这一数学思想方法的应用,导数就是函数因变量的增量与自变量增量比值的极限.

例 6 求分段函数 $f(x)=\begin{cases} e^x, & x<0, \\ x+1, & x \geqslant 0 \end{cases}$ 在分段点 $x_0=0$ 处的导数.

解 利用左导数定义,得

$$f'_-(0)=\lim_{\Delta x \to 0^-}\frac{f(0+\Delta x)-f(0)}{\Delta x}=\lim_{\Delta x \to 0^-}\frac{e^{\Delta x}-1}{\Delta x}=1,$$

同样利用右导数定义,得

$$f'_+(0)=\lim_{\Delta x \to 0^+}\frac{f(0+\Delta x)-f(0)}{\Delta x}=\lim_{\Delta x \to 0^+}\frac{\Delta x+1-1}{\Delta x}=1.$$

因为 $f'_-(0)=1=f'_+(0)$,所以分段函数 $f(x)$ 在分段点 $x_0=0$ 处的导数为 $f'(0)=1$.

【总结】 由上题可以知道,要想求出分段函数在分段点（也称为分界点）处的导数,需先使用左、右导数的定义求分段点处的左导数和右导数,若左、右导数都存在且相等,则函数在分段点处可导,若左、右导数至少有一个不存在或者两个都存在但不相等,则函数在分段点处不可导.

3.1.2 导数的几何意义

由前述平面曲线的切线斜率问题和导数的定义可得导数的几何意义:函数 $y=f(x)$ 在点

x_0 处的导数 $f'(x_0)$ 就是曲线 $y = f(x)$ 在点 $M(x_0, y_0)$ 处的切线斜率,即

$$k = \tan \alpha = f'(x_0),$$

如图 3-2 所示,其中 α 为切线的倾斜角.

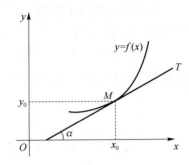

图 3-2　导数的几何意义

有了曲线在点 $M(x_0, y_0)$ 处的切线斜率,很容易写出曲线在该点处的切线方程. 实际上,若 $f'(x_0)$ 存在,则可以根据导数的几何意义和直线的点斜式方程写出曲线 L 上点 $M(x_0, y_0)$ 处的切线方程为

$$y - y_0 = f'(x_0)(x - x_0).$$

同时还可以写出函数曲线 $y = f(x)$ 在点 $M(x_0, y_0)$ 处的法线方程为

$$y - y_0 = \frac{-1}{f'(x_0)}(x - x_0).$$

【总结】　若 $f'(x_0) = \infty$,则曲线 $y = f(x)$ 在点 $M(x_0, y_0)$ 处的切线垂直于 x 轴,切线方程就是 x 轴的垂线 $x = x_0$;若 $f'(x_0) = 0$,则曲线 $y = f(x)$ 在点 $M(x_0, y_0)$ 处的切线垂直于 y 轴,切线方程就是 y 轴的垂线 $y = y_0$.

例 7　求曲线 $y = x^2$ 在点 $(2, 4)$ 处的切线方程和法线方程.

解　所求切线方程的斜率为

$$k = y'|_{x=2} = (x^2)'|_{x=2} = (2x)|_{x=2} = 4,$$

所以,切线方程为 $y - 4 = 4(x - 2)$,即 $y = 4x - 4$;法线方程为 $y - 4 = \frac{-1}{4}(x - 2)$,即 $y = -\frac{1}{4}x + \frac{9}{2}$.

3.1.3　可导与连续的关系

若函数 $f(x)$ 在 $x = x_0$ 处可导,则由导数的定义,有

$$f'(x_0) = \lim_{\Delta x \to 0} \frac{\Delta y}{\Delta x}.$$

由极限与无穷小的关系可知

$$\frac{\Delta y}{\Delta x} = f'(x_0) + \alpha,$$

其中 α 为 $\Delta x \to 0$ 时的无穷小,则有

$$\Delta y = f'(x_0)\Delta x + \alpha \Delta x,$$

上式两端取极限,有

$$\lim_{\Delta x \to 0} \Delta y = \lim_{\Delta x \to 0} f'(x_0)\Delta x + \lim_{\Delta x \to 0} \alpha \Delta x = 0,$$

所以函数 $f(x)$ 在 $x = x_0$ 处连续. 于是,有如下定理.

定理 3.1.2 若函数 $f(x)$ 在 $x=x_0$ 处可导,则函数 $f(x)$ 在 $x=x_0$ 处连续.

【思考】 若函数 $y=f(x)$ 在 $x=x_0$ 处连续,则函数 $y=f(x)$ 在 $x=x_0$ 处是否可导?若不可导,试举例说明.

例 8 讨论函数 $y=|x|$ 在 $x=0$ 处的连续性与可导性.

解 先讨论 $y=f(x)$ 在 $x=0$ 处的连续性,由于

$$\lim_{x\to 0}|x|=0,$$

所以 $f(x)$ 在 $x=0$ 处连续.再讨论 $f(x)$ 在 $x=0$ 处的可导性,如图 3-3 所示.

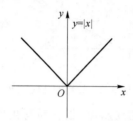

图 3-3 $y=|x|$ 图像

$$f'_-(0)=\lim_{x\to 0^-}\frac{f(x)-f(0)}{x-0}=\lim_{x\to 0^-}\frac{|x|}{x}=\lim_{x\to 0^-}\frac{-x}{x}=-1,$$

$$f'_+(0)=\lim_{x\to 0^+}\frac{f(x)-f(0)}{x-0}=\lim_{x\to 0^+}\frac{|x|}{x}=\lim_{x\to 0^+}\frac{x}{x}=1,$$

显然 $f'_-(0)\neq f'_+(0)$,所以 $y=|x|$ 在 $x=0$ 处不可导.

综上可得,函数 $y=|x|$ 在 $x=0$ 处连续,但不可导.

【总结】 从以上讨论可知,可导是连续的充分条件,而连续是可导的必要条件.一般地,函数 $f(x)$ 出现不可导的情形有以下 4 种:

(1) 函数 $f(x)$ 在 x_0 处不连续,则函数 $f(x)$ 在 x_0 处一定不可导;

(2) 函数 $f(x)$ 在 x_0 处连续,而左、右导数不相等,此时从几何上看 $f(x)$ 对应点处的图形有一个"尖角"(如例 6、例 8);

(3) 函数 $f(x)$ 在 x_0 处连续,而 $f'(x_0)=\infty$,从几何上看 $f(x)$ 对应点处的图形有垂直于 x 轴的切线(如习题 3.1 第 5 题);

(4) 函数 $f(x)$ 在 x_0 附近无限振荡(如习题 3.1 第 6 题).

习题 3.1

1. 利用导数的定义,求下列函数的导数.

(1) $f(x)=2-x$;

(2) $f(x)=x^2+1$;

(3) $f(x)=e^x-1$;

(4) $f(x)=\dfrac{2}{\sqrt{x}}$.

2. 已知 $f(x)$ 在 x_0 处可导,且 $f'(x_0)=A$,求:

(1) $\lim\limits_{h\to 0}\dfrac{f(x_0+2h)-f(x_0)}{h}$;

(2) $\lim\limits_{\Delta x\to 0}\dfrac{f(x_0-3\Delta x)-f(x_0)}{\Delta x}$;

(3) $\lim\limits_{h\to 0}\dfrac{f(x_0+2h)-f(x_0-h)}{h}$;

(4) $\lim\limits_{h\to 0}\dfrac{f(x_0+3h)-f(x_0-h)}{2h}$.

3. 求曲线 $y = \sin x$ 在 $x = 0$ 处的切线方程和法线方程.

4. 求曲线 $y = \dfrac{1}{\sqrt{x}}$ 在 $x = 1$ 处的切线方程和法线方程.

5. 讨论函数 $y = \sqrt[3]{x}$ 在 $x = 0$ 处的连续性与可导性.

6. 讨论函数 $y = \begin{cases} x\sin\dfrac{1}{x}, & x \neq 0, \\ 0, & x = 0 \end{cases}$ 在 $x = 0$ 处的连续性与可导性.

7. 讨论函数 $f(x) = \begin{cases} \dfrac{1}{2}x^2 + 1, & x \leqslant 2, \\ x + 1, & x > 2 \end{cases}$ 在 $x = 2$ 处的连续性与可导性.

8. 试确定常数 a, b 的值,使得函数 $f(x) = \begin{cases} x^2 + 1, & x \geqslant 1, \\ ax + b, & x < 1 \end{cases}$ 在 $x = 1$ 处可导.

3.2　导数的求导法则

四则运算·反函数求导·复合函数求导·基本初等函数求导公式

在上一节,我们学习了导数的概念,并利用导数的定义求出了一些基本初等函数的导数. 然而利用导数的定义去求复杂函数的导数比较烦琐,因此本节我们将介绍若干求导法则,使复杂函数的求导计算系统化、简单化,并利用这些求导法则以及我们在上节中所求出的几个基本初等函数,给出其余基本初等函数的导数.

3.2.1　求导的四则运算法则

定理 3.2.1　设函数 $u = u(x), v = v(x)$ 都是 x 的可导函数,那么它们的和、差、积和商(除分母为零外)都是 x 的可导函数,且

(1) 和、差 $[u(x) \pm v(x)]' = u'(x) \pm v'(x)$;

(2) 积 $[u(x)v(x)]' = u'(x)v(x) + u(x)v'(x)$,特别地,$[Cu(x)]' = Cu'(x)$($C$ 为常数);

(3) 商 $\left[\dfrac{u(x)}{v(x)}\right]' = \dfrac{u'(x)v(x) - u(x)v'(x)}{v^2(x)}$,$v(x) \neq 0$,特别地,$\left[\dfrac{1}{v(x)}\right]' = -\dfrac{v'(x)}{v^2(x)}$.

定理(1)和(2)可以推广到有限点多个可导函数的情形. 例如,设函数 $u = u(x), v = v(x)$,$w = w(x)$ 都是 x 的可导函数,则其和、差的导数为

$$[u(x) \pm v(x) \pm w(x)]' = u'(x) \pm v'(x) \pm w'(x).$$

乘积的导数为

$$[u(x)v(x)w(x)]' = u'(x)v(x)w(x) + u(x)v'(x)w(x) + u(x)v(x)w'(x).$$

下面给出法则的证明.

证　(1) 设函数 $y = u(x) \pm v(x)$,则

$$\begin{aligned}
\Delta y &= [u(x + \Delta x) \pm v(x + \Delta x)] - [u(x) \pm v(x)] \\
&= [u(x + \Delta x) - u(x)] \pm [v(x + \Delta x) - v(x)] = \Delta u \pm \Delta v,
\end{aligned}$$

所以 $y' = \lim\limits_{\Delta x \to 0} \dfrac{\Delta y}{\Delta x} = \lim\limits_{\Delta x \to 0} \dfrac{\Delta u}{\Delta x} \pm \lim\limits_{\Delta x \to 0} \dfrac{\Delta v}{\Delta x} = u'(x) \pm v'(x).$

(2) 设函数 $y = u(x)v(x)$,则

$$\Delta y = u(x+\Delta x)v(x+\Delta x) - u(x)v(x)$$
$$= u(x+\Delta x)v(x+\Delta x) - u(x)v(x+\Delta x) + u(x)v(x+\Delta x) - u(x)v(x)$$
$$= [u(x+\Delta x) - u(x)]v(x+\Delta x) + u(x)[v(x+\Delta x) - v(x)]$$
$$= \Delta u \cdot v(x+\Delta x) + u(x) \cdot \Delta v.$$

由于可导必连续,故有 $\lim\limits_{\Delta x \to 0} v(x+\Delta x) = v(x)$,从而有

$$y' = \lim_{\Delta x \to 0}\frac{\Delta y}{\Delta x} = \lim_{\Delta x \to 0}\frac{\Delta u}{\Delta x}\lim_{\Delta x \to 0} v(x+\Delta x) + \lim_{\Delta x \to 0} u(x)\lim_{\Delta x \to 0}\frac{\Delta v}{\Delta x} = u'(x)v(x) + u(x)v'(x).$$

（3）先证 $\left[\dfrac{1}{v(x)}\right]' = -\dfrac{v'(x)}{v^2(x)}$. 设函数 $y = \dfrac{1}{v(x)}$,则

$$\Delta y = \frac{1}{v(x+\Delta x)} - \frac{1}{v(x)} = \frac{v(x) - v(x+\Delta x)}{v(x+\Delta x)v(x)}.$$

由于 $v(x)$ 在 x 处可导,且 $\lim\limits_{\Delta x \to 0} v(x+\Delta x) = v(x) \neq 0$,故

$$y' = \lim_{\Delta x \to 0}\frac{\Delta y}{\Delta x} = -\lim_{\Delta x \to 0}\frac{\dfrac{v(x+\Delta x) - v(x)}{\Delta x}}{v(x+\Delta x)v(x)} = -\frac{v'(x)}{v^2(x)}.$$

从而由（2）推出

$$\left[\frac{u(x)}{v(x)}\right]' = u'(x) \cdot \frac{1}{v(x)} + u(x) \cdot \left[\frac{1}{v(x)}\right]' = u'(x) \cdot \frac{1}{v(x)} - u(x) \cdot \frac{v'(x)}{v^2(x)}$$
$$= \frac{u'(x)v(x) - u(x)v'(x)}{v^2(x)}.$$

例1 设 $f(x) = 2x^3 + 3\sin x - \dfrac{\pi}{2}$,求 $f'(x)$ 及 $f'(0)$.

解 由定理 3.2.1(1),得

$$f'(x) = (2x^3)' + (3\sin x)' - \left(\frac{\pi}{2}\right)' = 6x^2 + 3\cos x,$$
$$f'(0) = 6 \times 0 + 3\cos 0 = 3.$$

例2 设 $f(x) = e^x(\sin x + \cos x)$,求 $f'(x)$.

解 由定理 3.2.1(1)和定理 3.2.1(2),得

$$f'(x) = (e^x)'(\sin x + \cos x) + e^x(\sin x + \cos x)'$$
$$= e^x(\sin x + \cos x) + e^x[(\sin x)' + (\cos x)']$$
$$= e^x(\sin x + \cos x) + e^x(\cos x - \sin x) = 2e^x\cos x.$$

例3 求函数 $y = \dfrac{x^2}{1+x}$ 的导数.

解 由定理 3.2.1(1)和定理 3.2.1(3),得

$$y' = \left(\frac{x^2}{1+x}\right)' = \frac{(x^2)'(1+x) - x^2(1+x)'}{(1+x)^2} = \frac{2x(1+x) - x^2(1'+x')}{(1+x)^2}$$
$$= \frac{2x(1+x) - x^2 \cdot 1}{(1+x)^2} = \frac{2x+x^2}{(1+x)^2}.$$

例4 求函数 $y = \tan x$ 的导数.

解 由定理 3.2.1(3),得

$$y' = (\tan x)' = \left(\frac{\sin x}{\cos x}\right)' = \frac{(\sin x)'\cos x - \sin x(\cos x)'}{(\cos x)^2}$$
$$= \frac{\cos^2 x + \sin^2 x}{\cos^2 x} = \frac{1}{\cos^2 x} = \sec^2 x.$$

类似可证明$(\cot x)' = -\csc^2 x$.

例 5　求 $y = \sec x$ 的导数.

解　由定理 3.2.1(3),得

$$y' = (\sec x)' = \left(\frac{1}{\cos x}\right)' = \frac{-(\cos x)'}{(\cos x)^2} = \frac{\sin x}{\cos^2 x} = \sec x \tan x.$$

类似可证明$(\csc x)' = -\csc x \cot x$.

3.2.2　反函数的求导法则

定理 3.2.2　如果函数 $x = f(y)$ 在某区间 I_y 内严格单调、可导,且 $f'(y) \neq 0$,则它的反函数 $y = f^{-1}(x)$ 在对应的区间 $I_x = \{x \mid x = f(y), y \in I_y\}$ 内也可导,且导数为

$$[f^{-1}(x)]' = \frac{1}{f'(y)} \quad \text{或} \quad \frac{\mathrm{d}y}{\mathrm{d}x} = \frac{1}{\dfrac{\mathrm{d}x}{\mathrm{d}y}}.$$

证　由于函数 $x = f(y)$ 在某区间 I_y 内严格单调、可导(必连续),所以由第 1 章反函数的性质可知其反函数 $y = f^{-1}(x)$ 在区间 I_x 内也是严格单调且连续的.

任取 $x \in I_x$,给 x 以增量 $\Delta x (\Delta x \neq 0, x + \Delta x \in I_x)$,由 $y = f^{-1}(x)$ 的单调性可知

$$\Delta y = f^{-1}(x + \Delta x) - f^{-1}(x) \neq 0,$$

所以

$$\frac{\Delta y}{\Delta x} = \frac{1}{\dfrac{\Delta x}{\Delta y}}.$$

又由于 $y = f^{-1}(x)$ 是连续函数,所以 $\Delta x \to 0$ 时,$\Delta y \to 0$,若 $f'(y) \neq 0$,则有

$$[f^{-1}(x)]' = \lim_{\Delta x \to 0} \frac{\Delta y}{\Delta x} = \lim_{\Delta y \to 0} \frac{1}{\dfrac{\Delta x}{\Delta y}} = \frac{1}{f'(y)}.$$

【总结】　反函数的导数等于直接函数导数的倒数.

利用上述定理可求反三角正(余)弦函数和反三角正(余)切函数的导数.

例 6　求函数 $y = \arcsin x (-1 < x < 1)$ 的导数.

解　$y = \arcsin x$ 是 $x = \sin y$ 在 $y \in \left(-\dfrac{\pi}{2}, \dfrac{\pi}{2}\right)$ 上的反函数,$x = \sin y$ 严格单调、可导,且 $\dfrac{\mathrm{d}}{\mathrm{d}y}(\sin y) = \cos y > 0$,所以

$$(\arcsin x)' = \frac{1}{(\sin y)'} = \frac{1}{\cos y} = \frac{1}{\sqrt{1 - \sin^2 y}} = \frac{1}{\sqrt{1 - x^2}}, x \in (-1, 1).$$

类似可证明$(\arccos x)' = -\dfrac{1}{\sqrt{1 - x^2}}$.

例 7　求函数 $y = \arctan x (-\infty < x < +\infty)$ 的导数.

解　$y = \arctan x$ 是 $x = \tan y$ 在 $y \in \left(-\dfrac{\pi}{2}, \dfrac{\pi}{2}\right)$ 上的反函数,$x = \tan y$ 严格单调、可导,且 $\dfrac{\mathrm{d}}{\mathrm{d}y}(\tan y) = \sec^2 y > 0$,所以

$$(\arctan x)' = \frac{1}{(\tan y)'} = \frac{1}{\sec^2 y} = \frac{1}{1 + \tan^2 y} = \frac{1}{1 + x^2}, x \in (-\infty, +\infty).$$

类似可证明 $(\text{arccot}\, x)' = -\dfrac{1}{1+x^2}$.

【总结】 利用三角函数的公式 $\arccos x = \dfrac{\pi}{2} - \arcsin x$ 和 $\text{arccot}\, x = \dfrac{\pi}{2} - \arctan x$ 以及例 6、例 7，很容易得到 $\arccos x$ 和 $\text{arccot}\, x$ 的导数公式.

例 8 求函数 $y = \log_a x\,(a>0, a \neq 1)$ 的导数.

解 $y = \log_a x$ 是 $x = a^y$ 在 $y \in (-\infty, +\infty)$ 上的反函数，$x = a^y$ 严格单调、可导，且 $\dfrac{\mathrm{d}}{\mathrm{d}y}(a^y) = a^y \ln a \neq 0$，所以有

$$(\log_a x)' = \frac{1}{(a^y)'} = \frac{1}{a^y \ln a} = \frac{1}{x \ln a},\ x \in (0, +\infty).$$

特别地，有 $(\ln x)' = \dfrac{1}{x}$. 我们在上节利用导数的定义也求得了这个公式.

3.2.3 复合函数的求导法则

我们知道初等函数是由常数以及基本初等函数经过有限次的四则运算和有限次的函数复合所构成并可用一个式子来表示的函数. 在前面我们已经给出了常数以及基本初等函数的导数，并给出其四则运算法则，如果我们再给出复合函数的求导法则，那么所有的初等函数的导数就可以求出来.

定理 3.2.3 设函数 $y = f(u)$ 与 $u = \varphi(x)$ 可以复合成函数 $y = f[\varphi(x)]$，若函数 $u = \varphi(x)$ 在点 x 处可导，而函数 $y = f(u)$ 在相应点 $u = \varphi(x)$ 处可导，则复合函数 $y = f[\varphi(x)]$ 在点 x 处可导，且

$$\frac{\mathrm{d}y}{\mathrm{d}x} = \frac{\mathrm{d}y}{\mathrm{d}u} \cdot \frac{\mathrm{d}u}{\mathrm{d}x} \quad \text{或} \quad \{f[\varphi(x)]\}' = f'(u) \cdot \varphi'(x),$$

即因变量对自变量求导，等于因变量对中间变量求导，再乘以中间变量对自变量求导.

证 因为 $y = f(u)$ 在 u 处可导，所以 $\lim\limits_{\Delta u \to 0} \dfrac{\Delta y}{\Delta u} = f'(u)$，由函数极限与无穷小的关系，有

$$\frac{\Delta y}{\Delta u} = f'(u) + o(\Delta u),$$

其中，$o(\Delta u)$ 是 $\Delta u \to 0$ 时的无穷小，以 Δu 乘以上式两边得

$$\Delta y = f'(u)\Delta u + o(\Delta u)\Delta u.$$

设函数 $u = \varphi(x)$ 有增量 Δx，用 Δx 除以上式两端，得

$$\frac{\Delta y}{\Delta x} = f'(u)\frac{\Delta u}{\Delta x} + o(\Delta u)\frac{\Delta u}{\Delta x}.$$

上式两边同时取极限得

$$\lim_{\Delta x \to 0} \frac{\Delta y}{\Delta x} = f'(u) \lim_{\Delta x \to 0} \frac{\Delta u}{\Delta x} + \lim_{\Delta x \to 0} o(\Delta u) \lim_{\Delta x \to 0} \frac{\Delta u}{\Delta x}.$$

由于函数 $u = \varphi(x)$ 在点 x 处可导，所以 $u = \varphi(x)$ 在点 x 处连续，即 $\Delta x \to 0$ 时，$\Delta u \to 0$，从而有

$$\lim_{\Delta x \to 0} o(\Delta u) = \lim_{\Delta u \to 0} o(\Delta u) = 0.$$

所以

$$\frac{\mathrm{d}y}{\mathrm{d}x} = f'(u)\frac{\mathrm{d}u}{\mathrm{d}x} = \frac{\mathrm{d}y}{\mathrm{d}u}\frac{\mathrm{d}u}{\mathrm{d}x} \quad \text{或} \quad \{f[\varphi(x)]\}' = f'(u)\varphi'(x).$$

上述定理中复合函数的求导公式可以推广到任意有限个函数复合的情形. 例如, $y=f(u)$, $u=\varphi(v)$, $v=\Psi(x)$, 则复合函数 $y=f(\psi(\Psi(x)))$ 的导数为

$$\frac{\mathrm{d}y}{\mathrm{d}x}=\frac{\mathrm{d}y}{\mathrm{d}u}\cdot\frac{\mathrm{d}u}{\mathrm{d}v}\cdot\frac{\mathrm{d}v}{\mathrm{d}x}.$$

使用该公式时, 关键是弄清楚函数的复合关系, 善于将一个复杂函数分解成几个简单函数的复合, 由外向内一层一层地逐个求导, 不能脱节, 这个法则被称为链式法则.

例 9　求函数 $y=\sin 2x$ 的导数.

解　由于 $y=\sin 2x$ 可以看作由函数 $y=\sin u$ 与 $u=2x$ 复合而成的函数, 因此

$$\frac{\mathrm{d}y}{\mathrm{d}x}=\frac{\mathrm{d}y}{\mathrm{d}u}\cdot\frac{\mathrm{d}u}{\mathrm{d}x}=\cos u\cdot 2=2\cos 2x.$$

例 10　求函数 $y=\ln\sin x$ 的导数.

解　由于 $y=\ln\sin x$ 可以看作由函数 $y=\ln u$ 与 $u=\sin x$ 复合而成的函数, 因此

$$\frac{\mathrm{d}y}{\mathrm{d}x}=\frac{\mathrm{d}y}{\mathrm{d}u}\cdot\frac{\mathrm{d}u}{\mathrm{d}x}=\frac{1}{u}\cdot\cos x=\frac{\cos x}{\sin x}=\cot x.$$

【小贴士】　在熟悉了链式法则后, 可以不用写出中间变量而直接求导, 对外函数求导再乘以内函数的导数, 当内函数是复合函数时, 重复使用链式法则即可.

例 11　求函数 $y=\arcsin\sqrt{x}$ 的导数.

解　$y'=\dfrac{1}{\sqrt{1-(\sqrt{x})^2}}\cdot(\sqrt{x})'=\dfrac{1}{\sqrt{1-x}}\cdot\dfrac{1}{2\sqrt{x}}=\dfrac{1}{2\sqrt{x(1-x)}}.$

例 12　设 $x>0$, 证明幂函数导数公式 $(x^\mu)'=\mu x^{\mu-1}$.

证　$y=x^\mu=\mathrm{e}^{\mu\ln x}$ 可以看作由函数 $y=\mathrm{e}^u$ 与 $u=\mathrm{e}^{\mu\ln x}$ 复合而成的函数. 因此,

$$y'=\mathrm{e}^u\cdot(\mu\ln x)'=\mathrm{e}^u\cdot\frac{\mu}{x}=\mu\frac{\mathrm{e}^{\mu\ln x}}{x}=\mu x^{\mu-1}.$$

例 13　求函数 $y=\ln\sin\mathrm{e}^x$ 的导数.

解　$y'=\dfrac{1}{\sin\mathrm{e}^x}(\sin\mathrm{e}^x)'=\dfrac{1}{\sin\mathrm{e}^x}\cdot\cos\mathrm{e}^x\cdot(\mathrm{e}^x)'=\dfrac{1}{\sin\mathrm{e}^x}\cdot\cos\mathrm{e}^x\cdot\mathrm{e}^x.$

例 14　求函数 $y=2^{\sin x}\tan x^2$ 的导数.

解　$y'=(2^{\sin x})'\cdot\tan x^2+2^{\sin x}\cdot(\tan x^2)'$

$=2^{\sin x}\cdot\ln 2\cdot(\sin x)'\cdot\tan x^2+2^{\sin x}\cdot\sec^2 x^2\cdot(x^2)'$

$=2^{\sin x}\cdot\ln 2\cdot\cos x\cdot\tan x^2+2^{\sin x}\cdot\sec^2 x^2\cdot 2x$

$=2^{\sin x}(\ln 2\cos x\tan x^2+2x\sec^2 x^2).$

【总结】　掌握了基本初等函数的导数、四则运算求导和复合函数求导后, 对一切初等函数我们都可以计算导数, 且其导数仍为初等函数.

3.2.4　基本初等函数的求导公式

在前面我们已经求出了常数和所有基本初等函数的导数, 并引入了函数的四则运算求导法则和复合函数的求导法则, 这样就解决了初等函数的求导问题, 为了便于查阅, 我们将基本初等函数的导数公式列出如下:

1. $(C)'=0$（C 为任意常数）；　　　　2. $(x^\mu)=\mu x^{\mu-1}$（μ 为任意实数）；

3. $(a^x)'=a^x\ln a$（$a>0,a\neq 1$）；　　　4. $(\mathrm{e}^x)'=\mathrm{e}^x$；

5. $(\log_a x)' = \dfrac{1}{x}\log_a e \ (a>0,a\neq1)$;　　　　6. $(\ln x)' = \dfrac{1}{x}$;

7. $(\sin x)' = \cos x$;　　　　　　　　　　　　8. $(\cos x)' = -\sin x$;

9. $(\tan x)' = \sec^2 x$;　　　　　　　　　　　10. $(\cot x)' = -\csc^2 x$;

11. $(\sec x)' = \sec x\tan x$;　　　　　　　　12. $(\csc x)' = -\csc x\cot x$;

13. $(\arcsin x)' = \dfrac{1}{\sqrt{1-x^2}}$;　　　　　　14. $(\arccos x)' = \dfrac{-1}{\sqrt{1-x^2}}$;

15. $(\arctan x)' = \dfrac{1}{1+x^2}$;　　　　　　　16. $(\text{arccot } x)' = \dfrac{-1}{1+x^2}$.

习题 3.2

1. 若 $f(u)$ 在 u_0 处不可导，$u=g(x)$ 在 x_0 处可导，且 $u_0=g(x_0)$，则 $f(g(x))$ 在 x_0 处（　　）.

A. 必可导　　　　　B. 必不可导　　　　C. 不一定可导

2. 设 $y=x(x+1)(x+2)(x+3)\cdots(x+99)$，求 $f'(0)$.

3. 求下列函数的导数.

(1) $y=2x^3-x^2+3x-\dfrac{3}{x^2}+1$;　　　　　(2) $y=(x^2-\sqrt{x})(\dfrac{1}{\sqrt{x}}-1)$;

(3) $y=x^a+a^x+a^a \ (a>0,a\neq1)$;　　　　(4) $y=2e^x\ln x$;

(5) $y=\sin x \cdot \cos x$;　　　　　　　　　(6) $y=e^x(\sin x+\cos x)$;

(7) $y=x\tan x-\cot x$;　　　　　　　　　(8) $y=x^2\ln x\sin x$;

(9) $y=\dfrac{\ln x}{x}$;　　　　　　　　　　　(10) $y=\dfrac{\arcsin x}{x}$;

(11) $y=\dfrac{x\tan x}{1-x^2}$;　　　　　　　　(12) $y=\dfrac{2^x-1}{2^x+1}$;

(13) $y=\dfrac{\arctan x}{1+x^2}$;　　　　　　　(14) $y=\dfrac{1+\sin x}{1+\cos x}$.

4. 写出曲线 $y=x-\dfrac{1}{x}$ 与 x 轴交点处的切线方程.

5. 求下列函数的导数.

(1) $y=\ln(1+x^2)$;　　　　　　　　　　(2) $y=\arcsin e^x$;

(3) $y=2e^{x^2}$;　　　　　　　　　　　　(4) $y=\ln(\ln x)$;

(5) $y=(\sin x-x\ln x)^3$;　　　　　　　(6) $y=\arctan(2-x^2)$;

(7) $y=\sec\dfrac{1}{x}$;　　　　　　　　　　(8) $y=2 \cdot 3^{x\ln(x+1)}$;

(9) $y=\text{arccot }\dfrac{1+x}{1-x}$;　　　　　　(10) $y=\dfrac{1}{x}\tan\dfrac{x-1}{x+1}$.

6. 求下列函数的导数.

(1) $y=2^{\sin^2 x}$;　　　　　　　　　　　(2) $y=\ln(\sin x^2)$;

(3) $y=(\arctan\sqrt{x})^3$;　　　　　　　(4) $y=\cos x^2+\sin^2 2x$;

(5) $y=\sqrt{x+\sqrt{x}}$;　　　　　　　　　(6) $y=\ln(x+\sqrt{x^2+1})$;

(7) $y=\ln(\ln(\ln x))$;　　　　　　　　(8) $y=\mathrm{e}^{-\arccos\sqrt{x}}$;

(9) $y=\arcsin\dfrac{2x}{1+x^2}(-1<x<1)$;　　　　(10) $y=\mathrm{e}^{-\tan x^2}\sin 2x$.

7. 求下列函数在给定点处的导数.

(1) 已知 $f(x)=\sin x+\cos x$, 求 $f'\left(\dfrac{\pi}{2}\right)$ 和 $f'\left(\dfrac{\pi}{4}\right)$;

(2) 已知 $f(x)=\mathrm{e}^x\cos x$, 求 $f'(0)$;

(3) 已知 $f(x)=\dfrac{x}{\sin x}+\dfrac{\sin x}{x}$, 求 $f'\left(\dfrac{\pi}{2}\right)$;

(4) 已知 $f(x)=\ln(\tan 2x)$, 求 $f'\left(\dfrac{\pi}{8}\right)$ 和 $f'\left(\dfrac{\pi}{6}\right)$.

8. 设函数 $y=f(x)$ 可导, 求下列函数的导数 $\dfrac{\mathrm{d}y}{\mathrm{d}x}$.

(1) $y=f^2(x)+f(x^2)$;　　　　　　　　(2) $y=\mathrm{e}^{f(x)}$;

(3) $y=\ln f(x^2)$;　　　　　　　　　　(4) $y=\sin f(x)+f(\sin x)$.

3.3　高阶导数
高阶导数定义·高阶导数运算法则

3.3.1　高阶导数的定义

回到本章一开始讨论的变速直线运动的案例, 实际上速度函数 $v(t)$ 是位移函数 $s(t)$ 对时间 t 的导数, 即

$$v(t)=s'(t).$$

加速度函数 $a(t)$ 是速度函数 $v(t)$ 对时间 t 的变化率, 也可以说加速度 $a(t)$ 是位移函数 $s(t)$ 对时间 t 的导数的导数, 即

$$a(t)=v'(t)=[s'(t)]'.$$

我们称加速度函数 $a(t)$ 为位移函数 $s(t)$ 对时间 t 的二阶导数.

一般地, 我们有如下定义.

定义 3.3.1　设函数 $y=f(x)$ 的在区间 I 上可导, 其导数为 $f'(x)$, 若函数 $y=f(x)$ 的导数仍是 x 的可导函数, 则称 $f'(x)$ 的导数为函数 $y=f(x)$ 的二阶导数, 记作

$$y'',f''(x),\dfrac{\mathrm{d}^2 y}{\mathrm{d}x^2}\quad\text{或}\quad\dfrac{\mathrm{d}^2 f(x)}{\mathrm{d}x^2}.$$

类似地, 二阶导数的导数称为三阶导数, 三阶导数的导数称为四阶导数, $\cdots$, $n-1$ 阶导数的导数称为 n 阶导数, 分别记作

$$y''',y^{(4)},\cdots,y^{(n)}\quad\text{或}\quad f'''(x),f^{(4)}(x),\cdots,f^{(n)}(x)\quad\text{或}$$

$$\dfrac{\mathrm{d}^3 y}{\mathrm{d}x^3},\dfrac{\mathrm{d}^4 y}{\mathrm{d}x^4},\cdots,\dfrac{\mathrm{d}^n y}{\mathrm{d}x^n}\quad\text{或}\quad\dfrac{\mathrm{d}^3 f(x)}{\mathrm{d}x^3},\dfrac{\mathrm{d}^4 f(x)}{\mathrm{d}x^4},\cdots,\dfrac{\mathrm{d}^n f(x)}{\mathrm{d}x^n}.$$

$y=f(x)$ 在 x 处有 n 阶导数, 那么 $y=f(x)$ 在 x 的某一邻域内必定具有一切低于 n 阶的导数; 二阶及二阶以上的导数, 统称为高阶导数. 为统一起见, 称 $f'(x)$ 为函数 $f(x)$ 的一阶导数, 称 $f(x)$ 本身为 $f(x)$ 的零阶导数.

由高阶导数的定义可知, 求函数的高阶导数就是多次对函数求导, 所以仍可以应用前面

所学的求导方法去计算高阶导数.

例1 设 $y=x^2+2x-1$,求 y'',y'''.

解 $y'=(x^2+2x-1)'=2x+2$,$y''=(2x+2)'=2$,$y'''=2'=0$.

例2 设 $y=\mathrm{e}^{x^2}$,求 y'',y'''.

解 $y'=(\mathrm{e}^{x^2})'=\mathrm{e}^{x^2}\cdot(x^2)'=2x\mathrm{e}^{x^2}$,$y''=(2x\mathrm{e}^{x^2})'=2\mathrm{e}^{x^2}+2x\cdot(\mathrm{e}^{x^2})'=2\mathrm{e}^{x^2}+4x^2\mathrm{e}^{x^2}$,

$y'''=(2\mathrm{e}^{x^2}+4x^2\mathrm{e}^{x^2})'=4x\mathrm{e}^{x^2}+8x\mathrm{e}^{x^2}+4x^2\cdot(\mathrm{e}^{x^2})'=12x\mathrm{e}^{x^2}+8x^3\mathrm{e}^{x^2}$.

例3 设 $y=x\ln x$,求 y'',y'''.

解 $y'=(x\ln x)'=\ln x+x\cdot(\ln x)'=\ln x+x\cdot\dfrac{1}{x}=\ln x+1$,$y''=(\ln x+1)'=\dfrac{1}{x}$,$y'''=(\dfrac{1}{x})'=-\dfrac{1}{x^2}$.

下面介绍几个初等函数的 n 阶导数.

例4 求指数函数 $y=a^x(a>0$ 且 $a\neq1)$ 的 $n(n\in N^+)$ 阶导数.

解 $y'=a^x\ln a$,$y''=a^x(\ln a)^2$,$y'''=a^x(\ln a)^3$. 一般地,可得 $y^{(n)}=a^x(\ln a)^n$,即 $(a^x)^{(n)}=a^x(\ln a)^n$.

特别地, $$(\mathrm{e}^x)^{(n)}=\mathrm{e}^x.$$

例5 求正弦函数 $y=\sin x$ 与余弦函数 $y=\cos x$ 的 $n(n\in \mathbf{N}^*)$ 阶导数.

解 $(\sin x)'=\cos x=\sin\left(x+\dfrac{\pi}{2}\right)$,

$(\sin x)''=\left[\sin(x+\dfrac{\pi}{2})\right]'=\cos(x+\dfrac{\pi}{2})=\sin(x+\dfrac{\pi}{2}+\dfrac{\pi}{2})=\sin(x+2\times\dfrac{\pi}{2})$,

$(\sin x)'''=\left[\sin(x+2\times\dfrac{\pi}{2})\right]'=\cos(x+2\times\dfrac{\pi}{2})=\sin(x+3\times\dfrac{\pi}{2})$,

一般地,可得 $(\sin x)^{(n)}=\sin(x+n\cdot\dfrac{\pi}{2})$.

用类似方法可得 $(\cos x)^{(n)}=\cos(x+\dfrac{n\pi}{2})$.

例6 求幂函数 $y=x^\mu(x>0,\mu\in\mathbf{R})$ 的 $n(n\in\mathbf{N}^*)$ 阶导数.

解 (1) 当 $\mu\notin\mathbf{N}$ 时,$y'=(x^\mu)'=\mu x^{\mu-1}$,$y''=(y')'=(\mu x^{\mu-1})'=\mu(\mu-1)x^{\mu-2}$,

$y'''=(y'')'=\left[\mu(\mu-1)x^{\mu-2}\right]'=\mu(\mu-1)(\mu-2)x^{\mu-3}$.

一般地,可得 $y^{(n)}=\mu(\mu-1)\cdots(\mu-n+1)x^{\mu-n}$.

(2) 当 $\mu\in\mathbf{N}$ 时,

① 若 $n\leqslant\mu$,则 $y^{(n)}=\mu(\mu-1)\cdots(\mu-n+1)x^{\mu-n}$;特别地,$n=\mu$ 时,$(x^n)^{(n)}=n!$;

② 若 $n>\mu$,则 $y^{(n)}=0$.

例7 求函数 $y=\ln(1+x)$ 的 $n(n\in N^+)$ 阶导数.

解 $[\ln(1+x)]'=\dfrac{1}{1+x}$,$[\ln(1+x)]''=\left(\dfrac{1}{1+x}\right)'=-\dfrac{1}{(1+x)^2}$,

$[\ln(1+x)]'''=\left[-\dfrac{1}{(1+x)^2}\right]'=\dfrac{1\times2}{(1+x)^3}$,$[\ln(1+x)]^{(4)}=\left[\dfrac{1\times2}{(1+x)^3}\right]'=-\dfrac{1\times2\times3}{(1+x)^4}$,

一般地,可得 $[\ln(1+x)]^{(n)}=\dfrac{(-1)^{n-1}(n-1)!}{(1+x)^n}$.

3.3.2　高阶导数的运算法则

定理 3.3.1　若函数 $u=u(x)$ 和 $v=v(x)$ 均在点 x 处具有 n 阶导数,则有

(1) $(u\pm v)^{(n)}=u^{(n)}\pm v^{(n)}$;

(2) $(Cu)^{(n)}=Cu^{(n)}$;

(3) $(u\cdot v)^{(n)}=u^{(n)}v+nu^{(n-1)}v'+\dfrac{n(n-1)}{2!}u^{(n-2)}v''+$

$$\dfrac{n(n-1)\cdots(n-k+1)}{k!}u^{(n-k)}v^{(k)}+\cdots+uv^{(n)}$$

$$=\sum_{k=0}^{n}C_n^k u^{(n-k)}v^{(k)}$$

其中,$u^{(0)}=u,v^{(0)}=v$,式(3)称为莱布尼兹(Leibniz)公式,可用数学归纳法证明,类似于牛顿(Newton)二项式定理.

例 8　设函数 $y=x^3 e^x$,求 $y^{(30)}$.

解　设 $u(x)=x^3,v(x)=e^x$,则

$$u'(x)=3x^2,u''(x)=6x,u'''(x)=6,u^{(k)}(x)=0(k=4,5,\cdots),$$
$$v^{(k)}(x)=e^x(k=1,2,3,\cdots).$$

于是由莱布尼茨公式,得

$$y^{(30)}=(e^x)^{(30)}x^3+30(e^x)^{(29)}(x^3)'+\frac{30\cdot29}{2!}(e^x)^{(28)}(x^3)''+\frac{30\cdot29\cdot28}{3!}(e^x)^{(28)}(x^3)'''$$

$$=e^x x^3+30e^x\cdot3x^2+\frac{30\cdot29}{2!}e^x\cdot6x+\frac{30\cdot29\cdot28}{3!}e^x\cdot6$$

$$=e^x(x^3+30x^2+2\,160x+24\,360).$$

习题 3.3

1. 求下列函数的二阶导数.

(1) $y=2x^3-3x+\dfrac{1}{x}-1$;

(2) $y=x\ln x$;

(3) $y=e^{-x}\sin x$;

(4) $y=x\arctan x$;

(5) $y=x^2\cos x$;

(6) $y=\sqrt{x}(x^2+2x)$;

(7) $y=\ln(1+x^2)$;

(8) $y=e^{-2\sqrt{x}}$;

(9) $y=e^{x\sin x}$;

(10) $y=\ln(x+\sqrt{x^2-1})$.

2. 设函数 $y=f(x)$ 二阶可导,求下列函数的二阶导数 $\dfrac{d^2y}{dx^2}$.

(1) $y=f^2(x)$;

(2) $y=\ln[f(x)]$;

(3) $y=f(f(x))$;

(4) $y=\sin f(x)$.

3. 已知函数 $y=e^x\sin x$,求 $y^{(4)}$ 及 $y^{(4)}\big|_{x=0}$.

4. 已知函数 $y=x^2\sin 2x$,求 $y^{(30)}$.

5. 求下列函数的 n 阶导数.

(1) $y=3^x$;

(2) $y=e^{2x}$;

(3) $y=\sin^2 x$；

(4) $y=\ln(1+2x)$；

(5) $y=\dfrac{1}{2x-1}$；

(6) $y=(3x+2)^\mu$．

6. 已知函数 $y=x^2 e^{2x}$，求 $n(n \geqslant 3)$ 阶导数 $y^{(n)}$ 及 $y^{(n)}\big|_{x=0}$．

3.4 隐函数和由参数方程确定的函数的求导方法

隐函数的导数・对数求导法・参数式函数的导数

3.4.1 隐函数的导数

通过前 3 节的学习，对于初等函数的导数及高阶导数的求法，我们很熟悉了，但并不是所有的函数我们都会求导，比如，形如 $\sin(xy)+e^y-e^x=1$，无法表达成 $y=f(x)$ 形式的函数，我们就不会求导．

用解析式表达 y 关于 x 的函数关系，有下列两种.

（1）形如 $y=f(x)$，此时 y 关于 x 的函数关系称为显函数．例如 $y=\tan x$，$y=e^{x+1}$ 等．这种函数表达方式的特点是等式左边是因变量，而右边是自变量，当自变量取定义域内任何值时，由这个式子能确定对应的函数值.

（2）由方程 $F(x,y)=0$ 所确定的 y 关于 x 的函数关系称为隐函数．例如

$$\cos(xy)+e^{xy}-e^x=1.$$

有些读者可能会想到，将隐函数从方程中求解出来，使之变成显函数，然后就可以利用之前所学的求导法则，求出隐函数导数．例如，由方程 $\sin x-y^3+1=0$ 所确定的隐函数可以从上述方程中求解出来，即 $y=\sqrt[3]{\sin x+1}$，所以由方程 $\sin x-y^3+1=0$ 所确定的隐函数的导数就转化为函数 $y=\sqrt[3]{\sin x+1}$ 的导数，但并不是所有的隐函数都可以显化，比如，由方程 $x^3+y^3-3xy=0$ 所确定的隐函数，就没有办法求解出来．对于这类无法显化的隐函数，我们该如何求其导数呢？

下面我们介绍隐函数的求导方法.

在方程 $F(x,y)=0$ 的两边同时对 x 求导，遇到 y 时，就视 y 为 x 的函数，遇到 y 的函数时，就将其看作 x 的复合函数，y 为中间变量，然后从所得的等式中解出 $\dfrac{dy}{dx}$，即可求得隐函数的导数.

例 1 已知方程 $\sin y+e^y-e^x=1$ 确定隐函数 $y=y(x)$，求 $\dfrac{dy}{dx}$．

解 在方程 $\sin y+e^y-e^x=1$ 中把 y 看作是 x 的函数，方程两边对 x 求导，得

$$(\sin y+e^y-e^x)'=1',$$
$$\cos y \cdot y'+e^y \cdot y'-e^x=0,$$

即

因此

$$\frac{dy}{dx}=\frac{e^x}{e^y+\cos y}.$$

【小贴士】 由于隐函数常常是无法显化的，因此，在导数 $\dfrac{dy}{dx}$ 的表达式中往往同时含有自变量 x 和因变量 y．

例 2　已知隐函数方程 $y^5+3y-2x^3+x=0$ 确定隐函数 $y=y(x)$，求 $\dfrac{\mathrm{d}y}{\mathrm{d}x}$ 和 $\dfrac{\mathrm{d}y}{\mathrm{d}x}\big|_{x=0}$.

解　方程两边对 x 求导，得

$$5y^4\cdot y'+3y'-6x^2+1=0,$$

即

$$\frac{\mathrm{d}y}{\mathrm{d}x}=\frac{6x^2-1}{5y^4+3}.$$

因为当 $x=0$ 时代入隐函数方程 $y^5+3y-2x^3+x=0$，得 $y=0$，因此

$$\frac{\mathrm{d}y}{\mathrm{d}x}\Big|_{x=0}=\frac{\mathrm{d}y}{\mathrm{d}x}\Big|_{x=0,y=0}=\Big(\frac{6x^2-1}{5y^4+3}\Big)\Big|_{x=0,y=0}=-\frac{1}{3}.$$

例 3　求由方程 $e^y-\sin(xy)+x=0$ 所确定的隐函数 $y=y(x)$ 在点 $(-1,0)$ 处的切线方程.

解　由导数的几何意义知，所求切线的斜率就是隐函数 $y=y(x)$ 在 $x=-1$ 的导数.

在方程 $e^y-\sin(xy)+x=0$ 两边对 x 求导，得

$$e^y\cdot y'-\cos(xy)(y+xy')+1=0,$$

即

$$\frac{\mathrm{d}y}{\mathrm{d}x}=\frac{y\cos(xy)-1}{e^y-x\cos(xy)},$$

所以切线斜率为

$$k=\frac{\mathrm{d}y}{\mathrm{d}x}\Big|_{x=-1,y=0}=\Big(\frac{y\cos(xy)-1}{e^y-x\cos(xy)}\Big)\Big|_{x=-1,y=0}=-\frac{1}{2}.$$

因此所求的切线方程为

$$y-0=-\frac{1}{2}(x+1)，即 x+2y+1=0.$$

例 4　求由方程 $x-y+\dfrac{1}{2}\sin y=0$ 所确定的隐函数的二阶导数.

解　方程两边同时对 x 求导，得

$$1-\frac{\mathrm{d}y}{\mathrm{d}x}+\frac{1}{2}\cos y\frac{\mathrm{d}y}{\mathrm{d}x}=0，所以 \frac{\mathrm{d}y}{\mathrm{d}x}=\frac{2}{2-\cos y}.$$

将上式两边再对 x 求导，把 y 看作是 x 的复合函数，得

$$\frac{\mathrm{d}^2y}{\mathrm{d}x^2}=\frac{-2\sin y\frac{\mathrm{d}y}{\mathrm{d}x}}{(2-\cos y)^2}=\frac{-4\sin y}{(2-\cos y)^3}.$$

例 5　设 $y=y(x)$ 是由方程 $xe^y-y+1=0$ 所确定的隐函数，求 $y'(0)$，$y''(0)$.

解　两边同时对 x 求导，得

$$e^y+xe^y\cdot y'-y'=0, \tag{3.4.1}$$

将上式两边再对 x 求导，得

$$e^y\cdot y'+e^y\cdot y'+xe^y\cdot(y')^2+xe^y\cdot y''-y''=0, \tag{3.4.2}$$

将 $x=0$ 代入方程 $xe^y-y+1=0$，可得 $y=1$，并将其代入(3.4.1)式，得

$$y'(0)=e.$$

将上式连同 $x=0$ 和 $y=1$ 一起代入(3.4.2)式，得

$$y''(0)=2e^2.$$

3.4.2　对数求导法

对幂指函数 $u(x)^{v(x)}$（$u(x)>0$）及由若干因式的乘积或商的形式构成的函数求导，可在

求导前先在表达式的两边取对数,并利用对数的性质对其进行化简,然后按隐函数求导法则对其求导,这种求导的方法称为对数求导法.

【小贴士】对数求导法的本质是通过取对数将幂指函数转化为两函数乘积的形式,将由若干因式的乘积或商所构成的函数转化为若干对数函数相加减的形式,从而简化函数的求导.

例 6 求幂指函数 $y = x^{\sin x}(x>0)$ 的导数.

解 等式两边取对数,得

$$\ln y = \ln x^{\sin x} = \sin x \ln x,$$

按照隐函数求导法在方程左右两端同时对 x 求导,得

$$\frac{1}{y} \cdot y' = \cos x \ln x + \sin x \cdot \frac{1}{x},$$

即

$$y' = y(\cos x \ln x + \frac{\sin x}{x}) = x^{\sin x}(\cos x + \frac{\sin x}{x}).$$

【总结】 对于一般的幂指函数 $u(x)^{v(x)}(u(x)>0)$,当 $u(x)$,$v(x)$ 都可导时,则可像例 6 那样用对数求导法,对幂指函数 $y = u(x)^{v(x)}$ 的两边取对数,得

$$\ln y = v(x) \ln u(x),$$

再利用隐函数求导法,便可求得幂指函数 $y = u(x)^{v(x)}$ 的导数为

$$y' = u(x)^{v(x)} \left[v'(x) \ln u(x) + \frac{v(x) u'(x)}{u(x)} \right].$$

例 7 求函数 $y = \dfrac{\sqrt{x+2}(3-x)^4}{\sqrt[3]{(x+1)(2-x)}}$ 的导数.

解 函数 $y = \dfrac{\sqrt{x+2}(3-x)^4}{\sqrt[3]{(x+1)(2-x)}}$ 的定义域为 $[-2,-1) \cup (-1,2) \cup (2,+\infty)$.

当 $-1<x<2$ 时,等式两边取对数,得

$$\ln y = \ln \frac{\sqrt{x+2}(3-x)^4}{\sqrt[3]{(x+1)(2-x)}} = \frac{1}{2}\ln(x+2) + 4\ln(3-x) - \frac{1}{3}\ln(x+1) - \frac{1}{3}\ln(2-x),$$

按照隐函数求导法在方程左右两端同时对 x 求导,得

$$\frac{y'}{y} = \frac{1}{2} \cdot \frac{1}{(x+2)} + 4 \cdot \frac{-1}{3-x} - \frac{1}{3} \cdot \frac{1}{x+1} - \frac{1}{3} \cdot \frac{-1}{2-x},$$

即 $y' = y \left[\dfrac{1}{2(x+2)} - \dfrac{4}{(3-x)} - \dfrac{1}{3(x+1)} + \dfrac{1}{3(2-x)} \right]$

$$= \frac{\sqrt{x+2}(3-x)^4}{\sqrt[3]{(x+1)(2-x)}} \left[\frac{1}{2(x+2)} - \frac{4}{(3-x)} - \frac{1}{3(x+1)} + \frac{1}{3(2-x)} \right].$$

当 $x \geqslant 3$ 时,$y = \dfrac{\sqrt{x+2}(3-x)^4}{\sqrt[3]{(x+1)(2-x)}} = -\dfrac{\sqrt{x+2}(x-3)^4}{\sqrt[3]{(x+1)(x-2)}}$;

当 $2<x<3$ 时,$y = \dfrac{\sqrt{x+2}(3-x)^4}{\sqrt[3]{(x+1)(2-x)}} = -\dfrac{\sqrt{x+2}(3-x)^4}{\sqrt[3]{(x+1)(x-2)}}$;

当 $-2<x<-1$ 时,$y = \dfrac{\sqrt{x+2}(3-x)^4}{\sqrt[3]{(x+1)(2-x)}} = -\dfrac{\sqrt{x+2}(3-x)^4}{\sqrt[3]{(-x-1)(2-x)}}$;

结果相同.

【总结】 由上例可以看出,不管自变量 x 的取值范围如何,其结果都相同.因此,在利用对数求导法对由若干因式的乘积或商所构成的函数进行求导时,我们不再分情况讨论取对数

后表达式是否有意义,直接取对数即可.

例 8 求函数 $y=\dfrac{(x+1)\sqrt[3]{x-1}}{(x+4)^2 e^x}$ 的导数.

解 等式两边取对数,得

$$\ln y=\ln(x+1)+\frac{1}{3}\ln(x-1)-2\ln(x+4)-x,$$

按照隐函数求导法在方程左右两端同时对 x 求导,得

$$\frac{y'}{y}=\frac{1}{x+1}+\frac{1}{3(x-1)}-\frac{2}{x+4}-1,$$

即

$$y'=\frac{(x+1)\sqrt[3]{x-1}}{(x+4)^2 e^x}\left[\frac{1}{x+1}+\frac{1}{3(x-1)}-\frac{2}{x+4}-1\right].$$

3.4.3 由参数方程确定的函数的导数

若参数方程

$$\begin{cases}x=\varphi(t),\\ y=\Psi(t),\end{cases}$$

其中 t 为参数,确定了 y 与 x 的函数关系,则称此函数关系所表达的函数为由参数方程所确定的函数.

对于由参数方程所确定的函数的求导,如果能够消去参数 t,也就是将 y 表示成 x 的显函数,这样求导问题就可以解决了,但事实如同隐函数一样,消去参数 t 往往是很困难甚至是不可行的,这就要求我们直接从参数方程来计算它所确定的函数的导数,下面我们就来讨论由参数方程所确定的函数的求导方法.

定理 3.4.1 设有参数方程 $\begin{cases}x=\varphi(t),\\ y=\Psi(t),\end{cases}$ 如果函数 $x=\varphi(t)$ 具有单调连续的反函数 $t=\varphi^{-1}(x)$,且能与函数 $y=\Psi(t)$ 构成复合函数,则 y 与 x 的函数关系就可以用复合函数 $y=\Psi[\varphi^{-1}(x)]$ 表示.

(1) 若 $x=\varphi(t)$ 和 $y=\Psi(t)$ 都可导,且 $\varphi'(t)\neq0$,则

$$\frac{dy}{dx}=\frac{dy}{dt}\cdot\frac{dt}{dx}=\frac{dy}{dt}\cdot\frac{1}{\frac{dx}{dt}}=\frac{\frac{dy}{dt}}{\frac{dx}{dt}}=\frac{\Psi'(t)}{\varphi'(t)};$$

(2) 若 $x=\varphi(t)$ 和 $y=\Psi(t)$ 二阶可导,则

$$\frac{d^2y}{dx^2}=\frac{d}{dx}\left(\frac{dy}{dx}\right)=\frac{d}{dt}\left(\frac{dy}{dx}\right)\cdot\frac{dt}{dx}=\frac{d}{dt}\left(\frac{\Psi'(t)}{\varphi'(t)}\right)\cdot\frac{dt}{dx}=\frac{\Psi''(t)\varphi'(t)-\Psi'(t)\varphi''(t)}{\varphi'^2(t)}\cdot\frac{1}{\varphi'(t)}$$

$$=\frac{\Psi''(t)\varphi'(t)-\Psi'(t)\varphi''(t)}{\varphi'^3(t)}.$$

例 9 求曲线 $\begin{cases}x=t\cos t,\\ y=t\sin t\end{cases}$ 在 $t=\dfrac{\pi}{2}$ 处的切线方程.

解 当 $t=\dfrac{\pi}{2}$ 时,对应点的坐标为 $(0,\dfrac{\pi}{2})$.利用定理 3.4.1 得

$$\frac{dy}{dx}=\frac{(t\sin t)'}{(t\cos t)'}=\frac{\sin t+t\cos t}{\cos t-t\sin t},$$

由导数的几何意义知,所求点的切线斜率为

$$k = \frac{\mathrm{d}y}{\mathrm{d}x}\Big|_{t=\frac{\pi}{2}} = \frac{\sin t + t\cos t}{\cos t - t\sin t}\Big|_{t=\frac{\pi}{2}} = -\frac{2}{\pi}.$$

因此曲线在 $t = \frac{\pi}{2}$ 处的切线方程为

$$y - 0 = -\frac{2}{\pi}\left(x - \frac{\pi}{2}\right), \text{即}$$

$$2x + \pi y - \pi = 0.$$

例 10 计算由摆线的参数方程

$$\begin{cases} x = a(t - \sin t), \\ y = a(1 - \cos t) \end{cases}$$

所确定的函数 $y = y(x)$ 的二阶导数.

解 先求由参数方程确定函数的一阶导数,得

$$\frac{\mathrm{d}y}{\mathrm{d}x} = \frac{\frac{\mathrm{d}y}{\mathrm{d}t}}{\frac{\mathrm{d}x}{\mathrm{d}t}} = \frac{a\sin t}{a - a\cos t} = \frac{\sin t}{1 - \cos t} (t \neq 2n\pi, n \in \mathbf{Z}).$$

再求由参数方程确定函数的二阶导数,得

$$\frac{\mathrm{d}^2 y}{\mathrm{d}x^2} = \frac{\mathrm{d}}{\mathrm{d}t}\left(\frac{\sin t}{1 - \cos t}\right) \cdot \frac{1}{\frac{\mathrm{d}x}{\mathrm{d}t}} = \frac{\cos t(1 - \cos t) - \sin t \sin t}{(1 - \cos t)^2} \cdot \frac{1}{a(1 - \cos t)}$$

$$= \frac{\cos t - 1}{(1 - \cos t)^2} \cdot \frac{1}{a(1 - \cos t)} = -\frac{1}{a(1 - \cos t)^2} (t \neq 2n\pi, n \in \mathbf{Z}).$$

【**总结**】 由上面例题可知,我们并不需要记忆由参数方程所确定的函数的一阶导数公式和二阶导数公式,只需要掌握其实质内涵,即

$$\frac{\mathrm{d}y}{\mathrm{d}x} = \frac{\mathrm{d}y}{\mathrm{d}t} \cdot \frac{\mathrm{d}t}{\mathrm{d}x} = \frac{\frac{\mathrm{d}y}{\mathrm{d}t}}{\frac{\mathrm{d}x}{\mathrm{d}t}}$$

以及

$$\frac{\mathrm{d}^2 y}{\mathrm{d}x^2} = \frac{\mathrm{d}}{\mathrm{d}x}\left(\frac{\mathrm{d}y}{\mathrm{d}x}\right) = \frac{\mathrm{d}}{\mathrm{d}t}\left(\frac{\mathrm{d}y}{\mathrm{d}x}\right) \cdot \frac{\mathrm{d}t}{\mathrm{d}x} = \frac{\frac{\mathrm{d}}{\mathrm{d}t}\left(\frac{\mathrm{d}y}{\mathrm{d}x}\right)}{\frac{\mathrm{d}x}{\mathrm{d}t}}.$$

习题 3.4

1. 求由下列方程所确定的隐函数的导数 $\frac{\mathrm{d}y}{\mathrm{d}x}$.

(1) $y^3 + 2xy - 3x^2 = 0$;　　　　　　(2) $\mathrm{e}^y - xy + \mathrm{e}^x = 1$;

(3) $y = x - \mathrm{e}^y$;　　　　　　　　　(4) $y = x + \ln y$;

(5) $1 + \sin(x + y) = \mathrm{e}^{-xy}$;　　　　(6) $y = \tan(x + y)$.

2. 求曲线 $x^{\frac{2}{3}} + y^{\frac{2}{3}} = a^{\frac{2}{3}}$ 在点 $\left(\frac{\sqrt{2}}{4}a, \frac{\sqrt{2}}{4}a\right)$ 的切线方程和法线方程.

3. 求由下列方程所确定的隐函数的二阶导数 $\dfrac{\mathrm{d}^2 y}{\mathrm{d}x^2}$.

(1) $y = 1 - x\mathrm{e}^y$;　　　　　　　　　　　(2) $x^2 - xy + y^2 = 1$;

(3) $xy + \mathrm{e}^y + y = 2$;　　　　　　　　　(4) $x\sin y = y - x$.

4. 用对数求导法求下列函数的导数.

(1) $y = x^{\cos x}\ (x > 0)$;　　　　　　　　(2) $y = \left(\dfrac{x}{1+x}\right)^x$;

(3) $y = x^{\frac{1}{x}}\ (x > 0)$;　　　　　　　　(4) $x^y = y^x\ (x > 0, y > 0)$;

(5) $y = \dfrac{(x-3)\sqrt{x+1}}{\sqrt[3]{(x-1)(2-x)}}$;　　　　　(6) $y = \sqrt{\dfrac{(1-x)(2-x)}{(3-x)(4-x)}}$.

5. 求由下列参数方程所确定的函数的导数 $\dfrac{\mathrm{d}y}{\mathrm{d}x}$.

(1) $\begin{cases} x = 2t, \\ y = 4t^2; \end{cases}$　　　　　　　　(2) $\begin{cases} x = t\mathrm{e}^{-t}, \\ y = \mathrm{e}^t; \end{cases}$

(3) $\begin{cases} x = \ln(1+t^2), \\ y = \arctan t + t; \end{cases}$　　　(4) $\begin{cases} x = \ln(3-t), \\ y = 2t^2 + 2. \end{cases}$

6. 求椭圆 $\begin{cases} x = a\cos t \\ y = b\sin t \end{cases}$ 在 $t = \dfrac{\pi}{4}$ 时相应点处的切线方程和法线方程.

7. 求由下列参数方程所确定的函数的二阶导数 $\dfrac{\mathrm{d}^2 y}{\mathrm{d}x^2}$.

(1) $\begin{cases} x = t^2 + 1, \\ y = t^2 - 4t; \end{cases}$　　　　　　(2) $\begin{cases} x = \ln(1+t^2), \\ y = t - \arctan t; \end{cases}$

(3) $\begin{cases} x = t + \cos t, \\ y = t + \sin t; \end{cases}$　　　　(4) $\begin{cases} x = f'(t), \\ y = tf'(t) - f(t), \end{cases}$ $(f''(t)$ 存在且不为 $0)$.

3.5　函数的微分

微分的概念 • 微分的几何意义 • 微分公式 • 微分的运算法则

前面介绍的函数的导数 $f'(x)$ 是函数增量与自变量增量比值的极限,它反映了函数 $y = f(x)$ 在点 x 处相对于自变量的变化率.在实际问题中,经常需要我们计算函数 $y = f(x)$ 当自变量在某一点 x_0 处有微小增量 Δx 时,相应的函数增量 Δy 的大小,但有时候计算 Δy 非常困难,为此我们要找到一种简单且精确度较高的近似计算 Δy 的方法.为了解决 Δy 的近似计算问题,我们引入了函数微分的概念.

3.5.1　微分的概念

我们先分析一个具体问题,一块正方形金属薄片受温度变化的影响,其边长由 x_0 变化到了 $x_0 + \Delta x$,如图 3-4 所示,问此薄片的面积改变了多少?

正方形金属薄片的面积为 x_0^2,均匀加热后薄片边长伸长 Δx,其对应的面积的增量为

$$\Delta S = (x_0 + \Delta x)^2 - x_0^2 = 2x_0\Delta x + (\Delta x)^2.$$

如图 3-4 所示,ΔS 由两部分组成:一部分是两个长方形面积之和;另一部分是小正方形的面

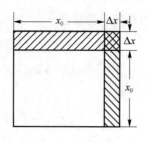

图 3-4

积. 当 Δx 很小时, $(\Delta x)^2$ 更小, 是 Δx 的高阶无穷小, 是面积改变量 ΔS 的次要部分, 所以可以忽略不计, 这样面积改变量 ΔS 的大小就取决于第一部分 $2x_0\Delta x$, 它是 Δx 的线性部分, 称为线性主部或主要部分, 它可以作为面积改变量 ΔS 的近似值, 即

$$\Delta S = (x_0 + \Delta x)^2 - x_0^2 \approx 2x_0\Delta x = (x^2)'\big|_{x=x_0}\Delta x.$$

线性主部 $2x_0\Delta x$ 称为面积函数 $S = x^2$ 在点 x_0 处的微分.

一般地, 根据函数极限与无穷小的关系, 当 $y = f(x)$ 在点 x_0 处可导时, 有

$$\frac{\Delta y}{\Delta x} = f'(x_0) + \alpha,$$

其中 $\alpha \to 0 (\Delta x \to 0)$, 从而在点 x_0 处函数的增量 Δy 可以表示为

$$\Delta y = f'(x_0)\Delta x + o(\Delta x) \quad (\Delta x \to 0).$$

因此, 对增量 Δy 来说, 当 $|\Delta x|$ 很小时, 其主要作用的是前面 Δx 的线性部分 $f'(x_0)\Delta x$, 即线性主部.

定义 3.5.1 若函数 $y = f(x)$ 在某区间内有定义, x_0 和 $x_0 + \Delta x$ 都在这个区间内, 当自变量有增量 Δx 时, 函数的相应增量 Δy 可表示为

$$\Delta y = f(x + \Delta x) - f(x) = A\Delta x + o(\Delta x),$$

其中 A 是与 Δx 无关的常数, 我们称函数 $y = f(x)$ 在点 x_0 处可微, 并且称 $A\Delta x$ 为函数 $y = f(x)$ 在点 x_0 处相应于自变量增量 Δx 的微分, 记作 $dy\big|_{x=x_0}$ 或 $df(x_0)$, 即

$$dy\big|_{x=x_0} = A\Delta x \quad \text{或} \quad df(x_0) = A\Delta x.$$

微分 dy 叫作函数增量 Δy 的线性主部.

对函数的微分要注意以下几点:

(1) 微分 dy 是自变量的该变量 Δx 的线性函数;

(2) $\Delta y - dy = o(\Delta x)$ 是 Δx 的高阶无穷小;

(3) 当 $A \neq 0$ 时, dy 与 Δy 是等价于穷小, 因为

$$\frac{\Delta y}{dy} = \frac{dy + o(\Delta x)}{dy} = 1 + \frac{o(\Delta x)}{A\Delta x} \to 1 \quad (\Delta x \to 0);$$

(4) A 是与 Δx 无关的常数, 但与 $f(x)$ 以及 x_0 有关;

(5) 当 Δx 很小时, $\Delta y \approx dy$ (线性主部).

导数和微分都讨论 Δy 与 Δx 的关系, 它们的内在联系表现在下面的定理.

定理 3.5.1 函数 $y = f(x)$ 在点 x_0 处可微的充分必要条件是函数 $y = f(x)$ 在 x_0 处可导, 且当 $f(x)$ 在点 x_0 处可微时, 其微分为

$$dy = f'(x_0)\Delta x.$$

证 (1) 必要性 因为 $y = f(x)$ 在点 x_0 处可微, 所以有

$$\Delta y = A\Delta x + o(\Delta x),$$

其中 A 与 Δx 无关，$o(\Delta x)$ 是 $\Delta x \to 0$ 时的高阶无穷小，又由于

$$\frac{\Delta y}{\Delta x} = A + \frac{o(\Delta x)}{\Delta x},$$

从而有 $\lim\limits_{\Delta x \to 0} \dfrac{\Delta y}{\Delta x} = A + \lim\limits_{\Delta x \to 0} \dfrac{o(\Delta x)}{\Delta x} = A$，即函数 $y = f(x)$ 在点 x_0 处可导，且 $A = f'(x_0)$.

（2）充分性　因为函数 $y = f(x)$ 在 x_0 处可导，所以有

$$\lim\limits_{\Delta x \to 0} \frac{\Delta y}{\Delta x} = f'(x_0).$$

由极限与无穷小的关系可得

$$\frac{\Delta y}{\Delta x} = f'(x_0) + \alpha,$$

其中 $\alpha \to 0 (\Delta x \to 0)$，所以

$$\Delta y = f'(x_0)\Delta x + \alpha \Delta x = f'(x_0)\Delta x + o(\Delta x),$$

因此函数 $y = f(x)$ 在点 x_0 处可微，且 $f'(x_0) = A$.

【总结】　由上面的定理可知，可导和可微是等价的，并且函数 $y = f(x)$ 在点 x_0 处可微可由 $\mathrm{d}y = f'(x_0)\Delta x$ 表示.

【思考】　因为一元函数 $y = f(x)$ 在点 x_0 处的可微性与可导性是等价的，所以有人说"微分就是导数，导数就是微分"，这说法对吗？

例1　求函数 $y = 2x^2$ 在 $x_0 = 1$ 处，当 Δx 为 0.1 和 0.01 时，函数的改变量 Δy 和函数的微分 $\mathrm{d}y$.

解　当 $\Delta x = 0.1$ 时，函数的改变量为

$$\Delta y = 2 \cdot (1 + 0.1)^2 - 2 \times 1^2 = 0.42,$$

函数的微分为

$$\mathrm{d}y = f'(x_0) \cdot \Delta x = 4x_0 \cdot \Delta x = 4 \times 1 \times 0.1 = 0.4.$$

当 $\Delta x = 0.01$ 时，函数的改变量为

$$\Delta y = 2 \times (1 + 0.01)^2 - 2 \times 1^2 = 0.040\,2,$$

函数的微分为

$$\mathrm{d}y = f'(x_0)\Delta x = 4x_0 \Delta x = 4 \times 1 \times 0.01 = 0.04.$$

若函数 $y = f(x)$ 在区间 I 内每一点都可微，则称 $f(x)$ 在 I 内可微，或称 $f(x)$ 是 I 内的可微函数. 函数 $y = f(x)$ 在 I 内的微分记为 $\mathrm{d}y$ 或 $\mathrm{d}f(x)$，即

$$\mathrm{d}y = f'(x) \cdot \Delta x.$$

特别地，当 $y = f(x) = x$ 时，$\mathrm{d}x = x' \cdot \Delta x = \Delta x$，因此，函数 $y = f(x)$ 的微分也可记为

$$\mathrm{d}y = f'(x)\mathrm{d}x,$$

从而有

$$\frac{\mathrm{d}y}{\mathrm{d}x} = f'(x),$$

即函数的导数是函数的微分 $\mathrm{d}y$ 与自变量的微分 $\mathrm{d}x$ 之商，简称微商.

例2　求函数 $y = x^3$，$y = \sin x$ 以及 $y = \mathrm{e}^x$ 的微分.

解　$\mathrm{d}(x^3) = (x^3)'\mathrm{d}x = 3x^2\mathrm{d}x$　或　$\mathrm{d}(x^3) = 3x^2\Delta x$；

$\mathrm{d}(\sin x) = (\sin x)'\mathrm{d}x = \cos x\,\mathrm{d}x$　或　$\mathrm{d}(\sin x) = \cos x\Delta x$；

$\mathrm{d}(\mathrm{e}^x) = (\mathrm{e}^x)'\mathrm{d}x = \mathrm{e}^x\mathrm{d}x$　或　$\mathrm{d}(\mathrm{e}^x) = \mathrm{e}^x\Delta x$.

3.5.2 微分的几何意义

设函数 $y=f(x)$ 的图像如图 3-5 所示,曲线上有一个确定的点 $M(x_0,y_0)$,当自变量有微小增量 Δx 时,就得到曲线上的另一点 $N(x_0+\Delta x,y_0+\Delta y)$,则有向线段 $MQ=\Delta x,NQ=\Delta y$.

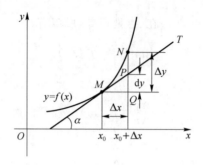

图 3-5

过点 $M(x_0,y_0)$ 作曲线的切线 MT 交 NQ 于 P,它的倾角为 α,则

$$PQ=MQ\tan\alpha=\Delta x f'(x_0),$$

即

$$dy=PQ.$$

因此,函数 $y=f(x)$ 在点 x_0 处的微分在几何上表示曲线 $y=f(x)$ 在点 $M(x_0,f(x_0))$ 处的切线的纵坐标的增量,而函数增量 Δy 表示曲线 $y=f(x)$ 在 M 点处的割线 MN 纵坐标的增量.

3.5.3 微分的基本公式及运算法则

1. 基本初等函数的微分公式

由微分的定义 $dy=f'(x)dx$,结合基本初等函数的导数公式,就可以写出基本初等函数的微分公式.

(1) $d(C)=0$ (C 为常数);　　　　　(2) $d(x^\mu)=\mu x^{\mu-1}dx$ ($\mu\in R$);

(3) $d(a^x)=a^x\ln a dx$ ($a>0$ 且 $a\neq1$);　　(4) $d(e^x)=e^x dx$;

(5) $d(\log_a x)=\dfrac{1}{x\ln a}dx$ ($a>0$ 且 $a\neq1$);　　(6) $d(\ln x)=\dfrac{1}{x}dx$;

(7) $d\sin x=\cos x dx$;　　　　　(8) $d(\cos x)=-\sin x dx$;

(9) $d\tan x=\sec^2 x dx$;　　　　(10) $d(\cot x)=-\csc^2 x dx$;

(11) $d\sec x=\sec x\tan x dx$;　　　(12) $d(\csc x)=-\csc x\cot x dx$;

(13) $d(\arcsin x)=\dfrac{1}{\sqrt{1-x^2}}dx$;　　(14) $d(\arccos x)=\dfrac{-1}{\sqrt{1-x^2}}dx$;

(15) $d(\arctan x)=\dfrac{1}{1+x^2}dx$;　　(16) $d(\text{arccot } x)=\dfrac{-1}{1+x^2}dx$;

2. 微分的四则运算法则

由函数导数的四则运算法则,不难推出函数微分的四则运算法则.设函数 $u=u(x)$,$v=v(x)$ 均可微,则

(1) $d[u(x)\pm v(x)]=du(x)\pm dv(x)$;

(2) $d[u(x)v(x)]=v(x)du(x)+u(x)dv(x)$;

(3) $\mathrm{d}(Cu(x)) = C\mathrm{d}u(x)$ (C 为常数);

(4) $\mathrm{d}\left[\dfrac{u(x)}{v(x)}\right] = \dfrac{v(x)\mathrm{d}u(x) - u(x)\mathrm{d}v(x)}{v^2(x)}$ ($v(x) \neq 0$).

例 3 直接用微分法则计算函数 $y = x\ln x - \dfrac{1}{x}$ 的微分.

解 $\mathrm{d}y = \mathrm{d}(x\ln x - \dfrac{1}{x}) = \mathrm{d}(x\ln x) - \mathrm{d}\dfrac{1}{x} = \ln x\mathrm{d}x + x\mathrm{d}(\ln x) - (\dfrac{1}{x})'\mathrm{d}x$

$\qquad = \ln x\mathrm{d}x + x \cdot \dfrac{1}{x}\mathrm{d}x + \dfrac{1}{x^2}\mathrm{d}x = (\ln x + \dfrac{1}{x^2} + 1)\mathrm{d}x.$

例 4 计算函数 $y = \dfrac{\sin x}{x}$ 的微分.

解 方法 1:直接用微分的四则运算法则有

$$\mathrm{d}y = \mathrm{d}(\dfrac{\sin x}{x}) = \dfrac{x\mathrm{d}\sin x - \sin x\mathrm{d}x}{x^2} = \dfrac{x\cos x\mathrm{d}x - \sin x\mathrm{d}x}{x^2} = \dfrac{x\cos x - \sin x}{x^2}\mathrm{d}x.$$

方法 2:由微分的定义 $\mathrm{d}y = f'(x)\mathrm{d}x$ 知

$$\mathrm{d}y = \left(\dfrac{\sin x}{x}\right)'\mathrm{d}x = \dfrac{x \cdot (\sin x)' - x' \cdot \sin x}{x^2}\mathrm{d}x = \dfrac{x\cos x - \sin x}{x^2}\mathrm{d}x.$$

3. 复合函数的微分运算法则

下面我们介绍复合函数的微分运算法则. 设 $y = f(u)$,$u = \varphi(x)$ 都可导,则复合函数 $y = f(\varphi(x))$ 对 x 可微,且有

$$\mathrm{d}[f(\varphi(x))] = f'(\varphi(x))\mathrm{d}(\varphi(x)) = f'(\varphi(x))\varphi'(x)\mathrm{d}x.$$

由于 $\mathrm{d}u = \varphi'(x)\mathrm{d}x$,所以复合函数 $y = f(\varphi(x))$ 的微分也可以写成

$$\mathrm{d}y = f'(u)\mathrm{d}u.$$

因此,不管 u 是自变量还是中间变量,微分形式 $\mathrm{d}y = f'(u)\mathrm{d}u$ 都保持不变,这一性质称为一阶微分形式的不变性.

例 5 求函数 $y = \ln(x^2 + 1)$ 的微分.

解 令 $u = x^2 + 1$,由一阶微分形式的不变性,

$$\mathrm{d}y = \mathrm{d}\ln u = \dfrac{1}{u}\mathrm{d}u = \dfrac{1}{x^2 + 1}\mathrm{d}(x^2 + 1) = \dfrac{2x}{x^2 + 1}\mathrm{d}x.$$

【小贴士】在求复合函数的导数时,可以不写出中间变量,同样在求复合函数微分时,也可以不写出中间变量,直接利用微分形式的不变性来求解.

例 6 求函数 $y = \sin(\mathrm{e}^{x^2} + 1)$ 的微分.

解 方法 1:由一阶微分形式的不变性,有

$$\mathrm{d}y = \mathrm{d}\sin(\mathrm{e}^{x^2} + 1) = \cos(\mathrm{e}^{x^2} + 1)\mathrm{d}(\mathrm{e}^{x^2} + 1) = \cos(\mathrm{e}^{x^2} + 1) \cdot \mathrm{e}^{x^2}\mathrm{d}x^2$$

$$= 2x\cos(\mathrm{e}^{x^2} + 1)\mathrm{e}^{x^2}\mathrm{d}x.$$

方法 2:由微分的定义知

$$\mathrm{d}y = \mathrm{d}\sin(\mathrm{e}^{x^2} + 1) = [\sin(\mathrm{e}^{x^2} + 1)]'\mathrm{d}x = \cos(\mathrm{e}^{x^2} + 1)(\mathrm{e}^{x^2} + 1)'\mathrm{d}x$$

$$= \cos(\mathrm{e}^{x^2} + 1) \cdot \mathrm{e}^{x^2} \cdot (x^2)'\mathrm{d}x = 2x\cos(\mathrm{e}^{x^2} + 1)\mathrm{e}^{x^2}\mathrm{d}x.$$

【总结】 由例 4 和例 6 可知,利用微分的运算法则以及微分的定义 $\mathrm{d}y = f'(x)\mathrm{d}x$ 都可以求出函数的微分,但往往直接运用微分的定义 $\mathrm{d}y = f'(x)\mathrm{d}x$ 求微分更加方便,因此,通常我们求微分并不是利用微分的运算法则,而是利用微分的定义 $\mathrm{d}y = f'(x)\mathrm{d}x$.

3.5.4 微分在近似计算中的应用

在工程问题中,我们经常会遇到一些复杂的计算公式.如果直接用这些公式进行计算,那是很费力的.利用微分往往可以把一些复杂的计算公式用简单的近似公式来代替.

如前所述,当 $y=f(x)$ 在点 x_0 处的导数 $f'(x_0)\neq 0$,且 $|\Delta x|$ 很小时,有

$$\Delta y \approx \mathrm{d}y = f'(x_0)\Delta x.$$

这个式子也可以写为

$$\Delta y = f(x_0+\Delta x)-f(x_0) \approx f'(x_0)\Delta x, \tag{1}$$

或

$$f(x_0+\Delta x) \approx f(x_0)+f'(x_0)\Delta x. \tag{2}$$

在(2)式中令 $x=x_0+\Delta x$,则有

$$f(x) \approx f(x_0)+f'(x_0)\Delta x = f(x_0)+f'(x_0)(x-x_0). \tag{3}$$

如果 $f(x_0)$ 和 $f'(x_0)$ 都容易计算出,那么我们可利用(1)式来近似计算 Δy,利用(2)式来近似计算 $f(x_0+\Delta x)$,利用(3)式来近似计算 $f(x)$.从导数的几何意义可知,这就是用曲线 $y=f(x)$ 在点 $(x_0,f(x_0))$ 处的切线来近似代替该曲线(就切点邻近部分来说).

特别地,当 $x_0=0$ 且 $\Delta x=x-x_0=x$,$|\Delta x|=|x|$,x 值很小时,此时的近似计算公式变为

$$f(x) \approx f(0)+f'(0)x.$$

利用上式,当 $|x|$ 很小时,可以推导出下列常用的近似计算公式:

$\sin x \approx x$(x 为弧度); $\tan x \approx x$(x 为弧度); $\mathrm{e}^x \approx 1+x$;

$\ln(1+x) \approx x$; $(1+x)^\alpha \approx 1+\alpha x$($\alpha$ 为非零实常数).

例 7 求 $\sin 44°30'$ 的近似值.

解 $\sin 44°30'=\sin(\dfrac{\pi}{4}-\dfrac{\pi}{360})$,设 $f(x)=\sin x$,令 $x_0=\dfrac{\pi}{4}$,$\Delta x=-\dfrac{\pi}{360}$,利用近似公式 $f(x_0+\Delta x)\approx f(x_0)+f'(x_0)\Delta x$,得

$$\sin 44°30' \approx \sin\frac{\pi}{4}+(\sin x)'|_{x=\frac{\pi}{4}} \cdot (-\frac{\pi}{360}) = \frac{\sqrt{2}}{2}+\frac{\sqrt{2}}{2}\times(-\frac{\pi}{360}) \approx 0.700\,9$$

例 8 求 $\sqrt[3]{65}$ 的近似值.

解 设 $f(x)=\sqrt[3]{x}$,$x_0=64$,$\Delta x=1$,利用近似公式 $f(x_0+\Delta x)\approx f(x_0)+f'(x_0)\Delta x$,得

$$\sqrt[3]{65} \approx \sqrt[3]{64}+(\sqrt[3]{x})'|_{x=64} \cdot 1 = 4+\frac{1}{48} \approx 4.020\,8.$$

习题 3.5

1. 已知函数 $y=x^2-3x$,计算在 $x_0=1$ 处,当 Δx 分别为 0.1 和 0.01 时的 Δy 和 $\mathrm{d}y$.

2. 求下列函数的微分.

(1) $y=x-\dfrac{2}{x}$;

(2) $y=x\ln x+2x$;

(3) $y=\dfrac{x}{\sqrt{1+x^2}}$;

(4) $y=3x^2-2x+3\sqrt[3]{x}-1$;

(5) $y=\mathrm{e}^x\sin 2x$;

(6) $y=\arcsin\sqrt{x}$;

(7) $y=\mathrm{e}^{\arctan 2x}$;

(8) $y=x^2\mathrm{e}^{2x}$;

(9) $y = \dfrac{\cos x}{1 - x^2}$;

(10) $y = 2^{\ln \cos x}$;

(11) $y = \ln^2(\sin x)$;

(12) $y = \tan^2(2x^2 + 1)$.

3. 已知函数 $y = e^{\pi - 3x} \cos 3x$，求函数在 $x = \dfrac{\pi}{3}$ 处的微分 $dy|_{x = \frac{\pi}{3}}$.

4. 将适当的函数填入括号内，使下列等式成立.

(1) $d(\quad) = 3dx$;

(2) $d(\quad) = \dfrac{1}{\sqrt{x}}dx$;

(3) $d(\quad) = x^2 dx$;

(4) $d(\quad) = \cos t\, dt$;

(5) $d(\quad) = \sin 2x\, dx$;

(6) $d(\quad) = e^{-2x} dx$;

(7) $d(\quad) = \dfrac{1}{2 + x}dx$;

(8) $d(\quad) = \sec^2 2x\, dx$.

5. 求由下列函数方程所确定的隐函数 $y = y(x)$ 的微分 dy.

(1) $xy = e^{x+y} + 1$;

(2) $\sin(xy) + e^y - e^x = 1$;

(3) $ye^x - xe^y + x = 0$;

(4) $y = x^2 + \cos(xy)$.

6. 求由方程 $y = 1 + xe^y$ 所确定的隐函数 $y = y(x)$ 的微分 dy 和在点 $x = 0$ 处的微分 $dy|_{x=0}$.

7. 利用微分求下列函数的近似值.

(1) $\cos 31°$;

(2) $\sqrt[3]{1.05}$;

(3) $\arctan 0.500\,1$;

(4) $\ln(1.003)$.

8. 利用近似计算公式 $f(x) \approx f(0) + f'(0)x$，证明在 $|x| = |\Delta x|$ 较小时，近似公式 $e^x \approx 1 + x$ 成立.

第 3 章　复习题

1. 选择题.

(1) 函数 $f(x)$ 在点 x_0 处连续，是 $f(x)$ 在点 x_0 处可导的（　　）.

A. 必要不充分条件 　　　　　　B. 充分不必要条件

C. 充分必要条件 　　　　　　　D. 既不充分也不必要条件

(2) 函数 $f(x)$ 在点 x_0 处可微是 $f(x)$ 在点 x_0 处可导的（　　）.

A. 必要不充分条件 　　　　　　B. 充分不必要条件

C. 充分必要条件 　　　　　　　D. 既不充分也不必要条件

(3) 若 $f'(x)$ 存在，且 $f'(2) = 1$，则极限 $\lim\limits_{\Delta x \to 0} \dfrac{f(2 + \Delta x) - f(2 - \Delta x)}{\Delta x}$ 的值为（　　）.

A. -3 　　　　B. -2 　　　　C. 2 　　　　D. 3

(4) 函数 $f(x) = |x - 2|$ 在 $x = 2$ 处（　　）.

A. 不连续 　　　　　　　　　　B. 连续但 $f'_-(2)$ 不存在

C. 连续但 $f'_+(2)$ 不存在 　　　D. 连续但 $f'(2)$ 不存在

(5) 函数 $f(x) = |x^2 - 2x|$ 不可导点的个数是（　　）.

A. 0 　　　　　　B. 1 　　　　　　C. 2 　　　　　　D. 3

(6) 函数 $f(x)=\begin{cases} 3x-1, & x\leqslant 1, \\ 3-x, & x>1 \end{cases}$ 在点 $x=1$ 处（　　）.

A. 不连续　　　　　　　　　　　B. 可导

C. 连续, 但不可导　　　　　　　　D. 左、右导数存在且相等

(7) 下列函数中, 在点 $x=0$ 处连续但不可导的函数是（　　）.

A. $f(x)=|x|$　　　　　　　　　　B. $f(x)=x^2$

C. $f(x)=\ln x$　　　　　　　　　　D. $f(x)=\dfrac{1}{x}$

(8) 若函数 $y=f(x)$ 在点 x_0 处的导数 $f'(x_0)=0$, 则曲线 $y=f(x)$ 在点 $(x_0, f(x_0))$ 处的法线（　　）.

A. 与 x 轴相平行　　　　　　　　B. 与 x 轴垂直

C. 与 y 轴相垂直　　　　　　　　D. 与 x 轴既不平行也不垂直

(9) 若 $f(x)=ax^4+bx^2+c$ 满足 $f'(1)=2$, 则 $f'(-1)=$（　　）.

A. -4　　　　　B. -2　　　　　C. 2　　　　　D. 4

(10) 已知函数 $f(x)=x(x-1)(x-2)\cdots(x-100)$, 则 $f'(0)=$（　　）.

A. 100　　　　　B. $100!$　　　　　C. $-100!$　　　　　D. 0

(11) 若函数 $f(x)$ 为可微函数, 则 $\mathrm{d}y$（　　）.

A. 与 Δx 无关　　　　　　　　B. 为 Δx 的线性函数

C. 当 $\Delta x\to 0$ 时为 Δx 的高阶无穷小　　D. 与 Δx 为等价无穷小

(12) 设函数 $y=f(x)$ 在点 x_0 处可导, 且 $f'(x_0)\neq 0$, 则 $\lim\limits_{\Delta x\to 0}\dfrac{\Delta y-\mathrm{d}y}{\Delta x}=$（　　）.

A. 0　　　　　B. -1　　　　　C. 1　　　　　D. ∞

2. 填空题.

(1) 曲线 $y=x\ln x$ 在点 $x=\mathrm{e}$ 处的切线斜率为_____, 切线方程为_____, 法线方程为_____.

(2) 曲线 $y=\mathrm{e}^x\cos x$ 上 $x=0$ 处的切线方程为_____, 法线方程为_____.

(3) 设 $y=3^x+x^3+3^3$, 则 $y'=$_____.

(4) 已知函数 $y=\arctan(\sqrt{x^2+1})$, 则 $y'=$_____.

(5) 若函数 $y=f(x)$ 可导, 且 $f'(x)=A$, 则 $\lim\limits_{h\to 0}\dfrac{f(x+h)-f(x-2h)}{h}=$_____.

(6) 设 $y=f(x)$ 在点 x_0 处二阶可导, 则 $\lim\limits_{\Delta x\to 0}\dfrac{f'(x_0+\Delta x)-f'(x_0)}{\Delta x}=$_____.

(7) 设 $f(x)=\dfrac{\mathrm{e}^x}{1+\mathrm{e}^x}$, 则 $f'(0)=$_____.

(8) 设 $f(x)=\mathrm{e}^x(\sin x+\cos x)$, 则 $[f(0)]'=$_____, $f'(0)=$_____.

(9) 设 $y=\cos 3x$, 则 $y''=$_____.

(10) 设 $y=\mathrm{e}^{\sin 2x}$, 则 $y''=$_____.

(11) 设 $y=\arctan\dfrac{1}{x}$, 则 $\mathrm{d}y=$_____.

(12) 若 $f(x)$ 可导, 且 $y=f^2(x^2)$, 则 $\mathrm{d}y=$_____.

3. 求下列函数的导数.

(1) $y=\sqrt{x\sqrt{x\sqrt{x}}}$；

(2) $y=3\tan x-x^2+\ln x-1$；

(3) $y=\arctan\sqrt{x}$；

(4) $y=x^2\ln(x+1)$；

(5) $y=10^{x\cdot\tan x}$；

(6) $y=(1+x^2)\arctan x$；

(7) $y=x\arctan x-\ln(x+\sqrt{1+x^2})$；

(8) $y=\dfrac{1-\cos x}{1+\cos x}$；

(9) $y=\mathrm{e}^{\sqrt{x}-1}\sin x^2$；

(10) $y=\dfrac{x\sin x}{1+x^2}$.

4. 求由方程 $\mathrm{e}^x-\mathrm{e}^y-xy=0$ 所确定的隐函数 $y=y(x)$ 的一阶导数 $\dfrac{\mathrm{d}y}{\mathrm{d}x}$ 和二阶导数 $\dfrac{\mathrm{d}^2y}{\mathrm{d}x^2}$.

5. 设 $\begin{cases}x=1+t^2,\\ y=\sin t,\end{cases}$ 求 y 对 x 的一阶导数 $\dfrac{\mathrm{d}y}{\mathrm{d}x}$ 和二阶导数 $\dfrac{\mathrm{d}^2y}{\mathrm{d}x^2}$.

6. 求与曲线 $y=\dfrac{1}{x}$ 相切于点 $(1,1)$ 的直线方程.

7. 求由方程 $x^3+y^3=2x$ 所确定的隐函数在点 $(1,1)$ 处的切线方程和法线方程.

8. 求曲线 $\begin{cases}x=t\mathrm{e}^t,\\ y=\ln(2-\mathrm{e}^t)\end{cases}$ 在 $t=0$ 时相应点的切线方程.

9. 求由方程 $y\mathrm{e}^x-x\mathrm{e}^y-x=0$ 所确定的隐函数的微分 $\mathrm{d}y$ 以及在 $x=0$ 处的微分 $\mathrm{d}y\big|_{x=0}$.

10. 讨论函数 $f(x)=\begin{cases}\sin x,&x>0,\\ \ln(1+x),&x\leqslant 0\end{cases}$ 在 $x=0$ 点的连续性与可导性.

11. 设函数 $f(x)=\begin{cases}5x^2+x+a,&x<0,\\ 3,&x=0,\\ b\mathrm{e}^x+2,&x>0\end{cases}$ $(a,b$ 为常数$)$.

(1) 求 $\lim\limits_{x\to 0^-}f(x),\lim\limits_{x\to 0^+}f(x)$.

(2) 当 a,b 满足什么关系时，$\lim\limits_{x\to 0}f(x)$ 存在？

(3) 当 a,b 取何值时，函数 $f(x)$ 在 $x=0$ 处连续，此时函数 $f(x)$ 在 $x=0$ 处是否可导？

12. 设函数 $y=\begin{cases}x^k\sin\dfrac{1}{x},&x\neq 0,\\ 0,&x=0,\end{cases}$ 当 k 在取何值时满足以下条件？

(1) 在 $x=0$ 处连续；　(2) 在 $x=0$ 处可导；　(3) 导函数 y' 在 $x=0$ 处连续.

 课外阅读

微积分的发展史

微积分真正成为一门数学学科，是在 17 世纪，然而在此前微积分就已一步一步地跟随人类历史的脚步缓慢发展着．着眼于微积分的整个发展历史，主要分为 4 个时期：早期萌芽时期、建立成型时期、成熟完善时期、现代发展时期．

1. 早期萌芽时期

（1）古西方萌芽时期

公元前 7 世纪，泰勒斯对图形的面积、体积与线段的长度的研究就包

微积分的发展史

含了早期微积分的思想. 公元前 3 世纪,伟大的全能科学家阿基米德利用穷竭法推算出了抛物线弓形、螺线、圆的面积以及椭球体、抛物面体等各种复杂几何体的表面积和体积公式,其穷竭法就类似于现在微积分中的求极限法. 此外,他还计算出 π 的近似值,阿基米德对于微积分的发展起到了一定的引导作用.

（2）古中国萌芽时期

三国后期的刘徽发明了著名的"割圆术",即把圆周用内接或外切正多边形穷竭的一种求圆周长及面积的方法. "割之弥细,所失弥少,割之又割,以至于不可割,则与圆周合体而无所失矣."不断地增加正多边形的边数,进而使多边形的面积更加接近于圆的面积,这在我国数学史上算是伟大创举.

另外在南朝时期杰出的祖氏父子更将圆周率计算到了小数点后 7 位数,他们的精神值得我们学习. 此外,祖暅提出了祖暅原理:"幂势即同,则积不容异",即界于两个平行平面之间的两个几何体,被任一平行于这两个平面的平面所截,如果两个截面的面积相等,则这两个几何体的体积相等. 祖暅原理比欧洲的卡瓦列利原理早了 10 个世纪. 祖暅利用牟合方盖(牟合方盖与其内切球的体积比为 4:π)计算出了球的体积,纠正了刘徽的《九章算术注》中的错误的球体积公式.

2. 建立成型时期

(1) 17 世纪上半叶

这一时期,几乎所有的科学家都致力解决速率、极值、切线、面积问题,特别是描述运动与变化的无限小算法,并且在相当短的时间内取得了极大的发展.

天文学家开普勒发现行星运动三大定律,并利用无穷小求和的思想,求得曲边形的面积及旋转体的体积. 意大利数学家卡瓦列利于同时期发现卡瓦列利原理(祖暅原理),利用不可分量方法幂函数定积分公式,卡瓦列利还证明了吉尔丁定理(一个平面图形绕某一轴旋转所得立体图形体积等于该平面图形的重心所形成的圆的周长与平面图形面积的乘积),对于微积分学科的形成影响深远.

此外,解析几何创始人——法国数学家笛卡尔的代数方法对微积分的发展起了极大的推动作用. 法国数学家费马在求曲线的切线及函数的极值方面贡献巨大. 其中就有关于数学分析的费马定理:设函数 $f(x)$ 是在某一区间 X 内定义的,并且在这区间的内点 c 处取最大(最小)值,若在这一点处存在着有限导数 $f'(c)$,则必须有 $f'(c)=0$.

(2) 17 世纪下半叶

17 世纪,英国科学家牛顿开始关于微积分的研究,他受了沃利斯的《无穷算术》的启发,第一次把代数学扩展到分析学. 1665 年,牛顿发明正流数术(微分),次年又发明反流数术. 之后将流数术总结一起,并写出了《流数简述》,这标志着微积分的诞生. 接着,牛顿研究变量流动生成法,认为变量是由点、线或面的连续运动产生的,因此,他把变量叫作流量,把变量的变化率叫作流数. 在牛顿创立微积分的后期,它否定了以前自己认为的变量是无穷小元素的静止集合,不再强调数学量是由不可分割的最小单元构成的,而认为它是由几何元素经过连续运动生成的,不再认为流数是两个实无限小量的比,而是初生量的最初比或消失量的最后比,这就从原先的实无限小量观点过渡到了量的无限分割过程即潜无限观点.

同一时期，德国数学家莱布尼茨也独立创立了微积分学，他于 1684 年发表第一篇微分论文，定义了微分概念，采用了微分符号 dx,dy. 1686 年他又发表了积分论文，讨论了微分与积分，使用了积分符号 ∫，积分符号的发明使得微积分的表达更加简便. 此外他还发现了求高级导数的莱布尼茨公式，还有牛顿-莱布尼茨公式，将微分与积分运算联系在一起，他在微积分方面的贡献与牛顿旗鼓相当.

牛顿与莱布尼茨对于微积分学的创立起了举足轻重的作用，我们无须去争辩谁是真正的微积分创始人，在数学领域来说，每一次的数学发现都是全人类的共同财富.

3. 成熟完善时期

（1）第二次数学危机的开始

微积分学在牛顿与莱布尼茨的时代逐渐建立成型，但是任何新的数学理论的建立，在起初都会引起一部分人的极力质疑，微积分学同样也是. 由于早期微积分学的不严谨性，许多人利用漏洞打击微积分学，其中最著名的是英国主教贝克莱针对求导过程中的无穷小（Δx 既是 0，又不是 0）展开对微积分学的进攻，由此第二次数学危机便拉开了序幕.

（2）第二次数学危机的解决

危机出现之后，许多数学家意识到了微积分学理论的严谨性，陆续地出现大批杰出的科学家. 在危机前期，捷克数学家布尔查诺对于函数性质做了细致研究，首次给出了连续性和导数的恰当定义，对序列和级数的收敛性提出了正确的概念，并且提出了著名的布尔查诺——柯西收敛原理（整序变量 x_n 有限极限的充要条件是，对于每一个 $\varepsilon > 0$ 总存在着序号 N，使当 $n > N$ 及 $n' > N$ 时，不等式 $|x_n - x_{n'}| < \varepsilon$ 成立）.

之后的大数学家柯西建立了接近现代形式的极限，把无穷小定义为趋近于 0 的变量，从而结束了百年的争论，并定义了函数的连续性、导数、连续函数的积分和级数的收敛性（与布尔查诺同期进行）. 柯西在微积分学（数学分析）的贡献是巨大的，他提出了柯西中值定理、柯西不等式、柯西收敛准则、柯西公式、柯西积分判别法等，其一生发表的论文总数仅次于欧拉. 另外，阿贝尔（其最大贡献是首先想到"倒过来"思想，开拓了椭圆积分的广阔天地）指出要严格限制滥用级数展开及求和，狄利克雷给出了函数的现代定义.

在危机后期，数学家魏尔斯特拉斯提出了病态函数（处处连续但处处不可微的函数），后续又有人发现了处处不连续但处处可积的函数，使人们重新认识了连续与可微可积的关系，他在连续闭区间内提出了第一、第二定理，并引进了极限的 $\varepsilon - \delta$ 定义，基本上实现了分析的算术化，使分析从几何直观的极限中得到了"解放"，从而驱散了 17～18 世纪笼罩在微积分外的神秘云雾. 继而在此基础上，黎曼于和达布为有界函数建立了严密的积分理论，19 世纪下半叶，戴金德等人建立了严格的实数理论.

至此,数学分析(包含整个微积分学)的理论和方法完全建立在牢固的基础上,基本上形成了一个完整的体系,也为 20 世纪的现代分析铺平了道路.

参考答案

习题 3.1

1. (1) $f'(x)=\lim\limits_{\Delta x\to 0}\dfrac{2-(x+\Delta x)-(2-x)}{\Delta x}=\lim\limits_{\Delta x\to 0}\dfrac{-\Delta x}{\Delta x}=-1$;

(2) $f'(x)=\lim\limits_{\Delta x\to 0}\dfrac{(x+\Delta x)^2+1-(x^2+1)}{\Delta x}=\lim\limits_{\Delta x\to 0}\dfrac{(\Delta x)^2+2x\cdot\Delta x}{\Delta x}=\lim\limits_{\Delta x\to 0}(\Delta x+2x)=2x$;

(3) $f'(x)=\lim\limits_{\Delta x\to 0}\dfrac{e^{x+\Delta x}-1-(e^x-1)}{\Delta x}=\lim\limits_{\Delta x\to 0}\dfrac{e^x(e^{\Delta x}-1)}{\Delta x}=e^x\lim\limits_{\Delta x\to 0}\dfrac{e^{\Delta x}-1}{\Delta x}=e^x$;

(4) $f'(x)=\lim\limits_{\Delta x\to 0}\dfrac{\dfrac{2}{\sqrt{x+\Delta x}}-\dfrac{2}{\sqrt{x}}}{\Delta x}=2\lim\limits_{\Delta x\to 0}\dfrac{\sqrt{x}-\sqrt{x+\Delta x}}{\Delta x\,\sqrt{x(x+\Delta x)}}$

$=2\lim\limits_{\Delta x\to 0}\dfrac{-\Delta x}{\Delta x\,\sqrt{x(x+\Delta x)}(\sqrt{x}+\sqrt{x+\Delta x})}$

$=2\lim\limits_{\Delta x\to 0}\dfrac{-1}{\sqrt{x(x+\Delta x)}(\sqrt{x}+\sqrt{x+\Delta x})}$

$=-\dfrac{1}{x\sqrt{x}}$.

2. (1) $2A$；　(2) $-3A$；　(3) $3A$；　(4) $2A$.

3. 切线方程 $y=x$；法线方程 $y=-x$.

4. 切线方程 $x+2y-3=0$；法线方程 $2x-y-1=0$.

5. 函数 $f(x)$ 在 $x=0$ 处连续,但不可导,因为 $f'(0)=\lim\limits_{\Delta x\to 0}\dfrac{\sqrt[3]{0+\Delta x}-\sqrt[3]{0}}{\Delta x}=\lim\limits_{\Delta x\to 0}\dfrac{1}{\sqrt[3]{(\Delta x)^2}}$ 极限不存在.

6. 分段函数 $f(x)$ 在 $x=0$ 处连续,但不可导,因为 $f'(0)=\lim\limits_{\Delta x\to 0}\dfrac{\Delta x\cdot\sin\dfrac{1}{\Delta x}-0}{\Delta x}=\lim\limits_{\Delta x\to 0}\sin\dfrac{1}{\Delta x}$ 极限不存在.

7. 分段函数 $f(x)$ 在 $x=0$ 处连续,但不可导,因为 $f'_-(2)=2\neq f'_+(2)=1$.

8. 由连续得 $a+b=2$,又 $f'_+(1)=2$,$f'_-(1)=a$,所以 $a=2,b=0$.

习题 3.2

1. C.

2. $99!$.

3. (1) $y'=6x^2-2x+3+\dfrac{6}{x^3}$；　(2) $y'=\dfrac{3}{2}\sqrt{x}-2x+\dfrac{1}{2\sqrt{x}}$；　(3) $y'=ax^{a-1}+a^x\ln a$;

(4) $y'=2e^x(\ln x+\dfrac{1}{x})$；　(5) $y'=\cos^2 x-\sin^2 x$；　(6) $y'=2e^x\cos x$;

(7) $y'=\tan x+x\sec^2 x+\csc^2 x$；　(8) $y'=2x\ln x\sin x+x\sin x+x^2\ln x\cos x$;

(9) $y' = \dfrac{1 - \ln x}{x^2}$;   (10) $y' = \dfrac{x - \sqrt{1-x^2}\,\arcsin x}{x^2\,\sqrt{1-x^2}}$;

(11) $y' = \dfrac{(1+x^2)\tan x + x\sec^2 x(1-x^2)}{(1-x^2)^2}$;   (12) $y' = \dfrac{2^{x+1}\ln 2}{(2^x+1)^2}$;

(13) $y' = \dfrac{1 - 2x\arctan x}{(1+x^2)^2}$;   (14) $y' = \dfrac{1 + \sin x + \cos x}{(1+\cos x)^2}$.

4. $y = 2x + 2$ 和 $y = 2x - 2$.

5. (1) $y' = \dfrac{2x}{1+x^2}$;   (2) $y' = \dfrac{\mathrm{e}^x}{\sqrt{1-\mathrm{e}^{2x}}}$;   (3) $y' = 4x\mathrm{e}^{x^2}$;   (4) $y' = \dfrac{1}{x\ln x}$;

(5) $y' = 3(\sin x - x\ln x)^2(\cos x - \ln x - 1)$;   (6) $y' = \dfrac{-2x}{1+(2-x^2)^2}$;

(7) $y' = -\dfrac{1}{x^2}\sec\dfrac{1}{x}\tan\dfrac{1}{x}$;   (8) $y' = 2\ln 3 \cdot 3^{x\ln(x+1)}\left[\ln(x+1) + \dfrac{x}{x+1}\right]$;

(9) $y' = -\dfrac{1}{1+x^2}$;   (10) $y' = -\dfrac{1}{x^2}\tan\dfrac{x-1}{x+1} + \dfrac{2}{x(x+1)^2}\sec^2\dfrac{x-1}{x+1}$.

6. (1) $y' = 2^{\sin^2 x}\ln 2 \cdot 2\sin x\cos x$;   (2) $y' = \dfrac{2x\cos x^2}{\sin x^2}$;   (3) $y' = \dfrac{3(\arctan\sqrt{x})^2}{2\sqrt{x}(1+x)}$;

(4) $y' = -2x\sin x^2 + 4\sin 2x\cos 2x$;   (5) $y' = \dfrac{2\sqrt{x}+1}{4\sqrt{x^2+x\sqrt{x}}}$;   (6) $y' = \dfrac{1}{\sqrt{x^2+1}}$;

(7) $y' = \dfrac{1}{x\ln x\ln\ln x}$;   (8) $y' = \dfrac{1}{2\sqrt{x(1-x)}}\mathrm{e}^{-\arccos\sqrt{x}}$;   (9) $y' = \dfrac{2}{1+x^2}$;

(10) $y' = \mathrm{e}^{-\tan x^2}(-2x\sec^2 x^2\sin 2x + 2\cos 2x)$.

7. (1) $f'(x) = \cos x - \sin x$, $f'(\dfrac{\pi}{2}) = -1$, $f'(\dfrac{\pi}{4}) = 0$;

(2) $f'(x) = \mathrm{e}^x(\cos x - \sin x)$, $f'(0) = 1$;

(3) $f'(x) = \dfrac{\sin x - x\cos x}{\sin^2 x} + \dfrac{x\cos x - \sin x}{x^2}$, $f'(\dfrac{\pi}{2}) = 1 - \dfrac{4}{\pi^2}$;

(4) $f'(x) = \dfrac{2\sec^2 2x}{\tan 2x}$, $f'(\dfrac{\pi}{8}) = 4$, $f'(\dfrac{\pi}{6}) = \dfrac{8\sqrt{3}}{3}$.

8. (1) $\dfrac{\mathrm{d}y}{\mathrm{d}x} = 2f(x)f'(x) + 2xf'(x^2)$;   (2) $\dfrac{\mathrm{d}y}{\mathrm{d}x} = \mathrm{e}^{f(x)}f'(x)$;   (3) $\dfrac{\mathrm{d}y}{\mathrm{d}x} = \dfrac{2xf'(x^2)}{f(x^2)}$;

(4) $\dfrac{\mathrm{d}y}{\mathrm{d}x} = f'(x)\cos f(x) + f'(\sin x)\cos x$.

习题 3.3

1. (1) $y'' = 12x + \dfrac{2}{x^3}$; (2) $y'' = \dfrac{1}{x}$; (3) $y'' = -2\mathrm{e}^{-x}\cos x$; (4) $y'' = \dfrac{2}{(1+x^2)^2}$;

(5) $y'' = 2\cos x - 4x\sin x - x^2\cos x$; (6) $y'' = \dfrac{15}{4}\sqrt{x} + \dfrac{3}{2\sqrt{x}}$; (7) $y'' = \dfrac{2(1-x^2)}{(1+x^2)^2}$;

(8) $y'' = \dfrac{\mathrm{e}^{-2\sqrt{x}}}{x}(\dfrac{1}{2\sqrt{x}}+1)$; (9) $y'' = \mathrm{e}^{x\sin x}\left[(\sin x + x\cos x)^2 + 2\cos x - x\sin x\right]$;

(10) $y'' = -\dfrac{x}{\sqrt{(x^2-1)^3}}$.

2. (1) $\dfrac{\mathrm{d}^2y}{\mathrm{d}x^2}=2\left[f'(x)\right]^2+2f(x)f''(x)$; (2) $\dfrac{\mathrm{d}^2y}{\mathrm{d}x^2}=\dfrac{f''(x)f(x)-\left[f'(x)\right]^2}{f^2(x)}$;

(3) $\dfrac{\mathrm{d}^2y}{\mathrm{d}x^2}=f''(f(x))(f'(x))^2+f'(f(x))f''(x)$;

(4) $\dfrac{\mathrm{d}^2y}{\mathrm{d}x^2}=-\sin f(x)\left[f'(x)\right]^2+\cos f(x)f''(x)$.

3. $y^{(4)}=-4\mathrm{e}^x\sin x$, $y^{(4)}\big|_{x=0}=0$.

4. $y^{(30)}=-2^{30}x^2\sin 2x-30\times 2^{30}x\cos 2x+30\times 29\times 2^{28}\sin 2x$.

5. (1) $y^{(n)}=3^x\ln^n 3$; (2) $y^{(n)}=2^n\mathrm{e}^{2x}$; (3) $y^{(n)}=-2^{n-1}\cos\left(2x+\dfrac{n}{2}\cdot\pi\right)$;

(4) $y^{(n)}=\dfrac{2^n(-1)^{n-1}(n-1)!}{(1+2x)^n}$; (5) $y^{(n)}=\dfrac{(-2)^n n!}{(2x-1)^{n+1}}$;

(6) $y^{(n)}=3^n\mu(\mu-1)\cdots(\mu-n+1)(3x+2)^{\mu-n}$.

6. $y^{(n)}=2^n x^2\mathrm{e}^{2x}+2^n nx\mathrm{e}^{2x}+2^{n-2}n(n-1)\mathrm{e}^{2x}$, $y^{(n)}\big|_{x=0}=2^{n-2}n(n-1)$.

习题 3.4

1. (1) $\dfrac{\mathrm{d}y}{\mathrm{d}x}=\dfrac{6x-2y}{3y^2+2x}$; (2) $\dfrac{\mathrm{d}y}{\mathrm{d}x}=\dfrac{\mathrm{e}^x-y}{x-\mathrm{e}^y}$; (3) $\dfrac{\mathrm{d}y}{\mathrm{d}x}=\dfrac{1}{1+\mathrm{e}^y}$; (4) $\dfrac{\mathrm{d}y}{\mathrm{d}x}=\dfrac{y}{y-1}$;

(5) $\dfrac{\mathrm{d}y}{\mathrm{d}x}=-\dfrac{\cos(x+y)+y\mathrm{e}^{-xy}}{\cos(x+y)+x\mathrm{e}^{-xy}}$; (6) $\dfrac{\mathrm{d}y}{\mathrm{d}x}=-\csc^2(x+y)$.

2. 切线方程 $y=-x+\dfrac{\sqrt{2}}{2}a$;法线方程 $y=x$.

3. (1) $\dfrac{\mathrm{d}^2y}{\mathrm{d}x^2}=\dfrac{\mathrm{e}^{2y}(2+x\mathrm{e}^y)}{(1+x\mathrm{e}^y)^3}$; (2) $\dfrac{\mathrm{d}^2y}{\mathrm{d}x^2}=-6\dfrac{x^2-xy+y^2}{(2y-x)^3}$;

(3) $\dfrac{\mathrm{d}^2y}{\mathrm{d}x^2}=\dfrac{2y(x+\mathrm{e}^y+1)-y^2\mathrm{e}^y}{(x+\mathrm{e}^y+1)^3}$;

(4) $\dfrac{\mathrm{d}^2y}{\mathrm{d}x^2}=\dfrac{(\sin y+1)(2\cos y-x\cos^2 y-x-x\sin y)}{(1-x\cos y)^3}$.

4. (1) $y'=x^{\cos x}\left(-\sin x\ln x+\dfrac{\cos x}{x}\right)$; (2) $y'=\left(\dfrac{x}{1+x}\right)^x\left(\ln\dfrac{x}{1+x}+\dfrac{1}{1+x}\right)$;

(3) $y'=x^{\frac{1}{x}}\cdot\dfrac{1-\ln x}{x^2}$; (4) $y'=\dfrac{y(x\ln y-y)}{x(y\ln x-x)}$;

(5) $y'=\dfrac{(x-3)\sqrt{x+1}}{\sqrt[3]{(x-1)(2-x)}}\left[\dfrac{1}{x-3}+\dfrac{1}{2(x+1)}-\dfrac{1}{3(x-1)}-\dfrac{1}{3(x-2)}\right]$;

(6) $y'=\dfrac{1}{2}\sqrt{\dfrac{(1-x)(2-x)}{(3-x)(4-x)}}\left(\dfrac{1}{x-1}+\dfrac{1}{x-2}-\dfrac{1}{x-3}-\dfrac{1}{x-4}\right)$.

5. (1) $\dfrac{\mathrm{d}y}{\mathrm{d}x}=4t$; (2) $\dfrac{\mathrm{d}y}{\mathrm{d}x}=\dfrac{\mathrm{e}^{2t}}{1-t}$; (3) $\dfrac{\mathrm{d}y}{\mathrm{d}x}=\dfrac{2+t^2}{2t}$; (4) $\dfrac{\mathrm{d}y}{\mathrm{d}x}=4t(t-3)$.

6. 切线方程 $bx+ay-\sqrt{2}ab=0$;法线方程 $ax-by-\dfrac{\sqrt{2}}{2}(a^2-b^2)=0$.

7. (1) $\dfrac{\mathrm{d}^2y}{\mathrm{d}x^2}=\dfrac{1}{t^3}$; (2) $\dfrac{\mathrm{d}^2y}{\mathrm{d}x^2}=\dfrac{1+t^2}{4t}$; (3) $\dfrac{\mathrm{d}^2y}{\mathrm{d}x^2}=\dfrac{\cos t+1-\sin t}{(1-\sin t)^3}$; (4) $\dfrac{\mathrm{d}^2y}{\mathrm{d}x^2}=\dfrac{1}{f''(t)}$.

习题 3.5

1. 当 $\Delta x=0.1$ 时,$\Delta y=-0.09$,$\mathrm{d}y=-0.1$;当 $\Delta x=0.01$ 时,$\Delta y=-0.0099$,

$dy = -0.01.$

2. (1) $dy = (1 + \dfrac{2}{x^2})dx$；(2) $dy = (\ln x + 3)dx$；(3) $dy = \dfrac{1}{\sqrt{(1+x^2)^3}}dx$；

(4) $dy = (6x - 2 + x^{-\frac{2}{3}})dx$；(5) $dy = e^x(\sin 2x + 2\cos 2x)dx$；

(6) $dy = \dfrac{1}{2\sqrt{x(x-1)}}dx$；   (7) $dy = e^{\arctan 2x}\dfrac{2}{1+4x^2}dx$；(8) $dy = e^{2x}(2x + 2x^2)dx$；

(9) $dy = \dfrac{-\sin x(1-x^2) + 2x\cos x}{(1-x^2)^2}dx$；(10) $dy = -2^{\ln(\cos x)}\tan x \ln 2dx$；

(11) $y = 2\ln(\sin x)\cot xdx$；(12) $dy = 8x\tan(2x^2+1)\sec^2(2x^2+1)dx.$

3. $dy\big|_{x=\frac{\pi}{3}} = 3dx.$

4. (1) $3x + C$；(2) $2\sqrt{x} + C$；(3) $\dfrac{1}{3}x^3 + C$；(4) $\sin t + C$；

(5) $-\dfrac{1}{2}\cos 2x + C$；(6) $-\dfrac{1}{2}e^{-2x} + C$；(7) $\ln|2+x| + C$；(8) $\dfrac{1}{2}\tan 2x + C.$

5. (1) $dy = \dfrac{e^{x+y} - y}{x - e^{x+y}}dx$；(2) $dy = \dfrac{e^x - y\cos(xy)}{e^y + x\cos(xy)}dx$；(3) $dy = \dfrac{e^y - ye^x - 1}{e^x - xe^y}dx$；

(4) $dy = \dfrac{2x - y\sin(xy)}{1 + x\sin(xy)}dx.$

6. $dy = \dfrac{e^y}{1 - xe^y}dx$，当 $x = 0$ 时，$y = 1$，所以 $dy\big|_{x=0} = edx.$

7. (1) 0.857 2；(2) 1.016 4；(3) 0.463 7；(4) 0.003.

第3章复习题

1. (1) A； (2) C； (3) C； (4) D； (5) C； (6) C；

(7) A； (8) B； (9) B； (10) B； (11) B； (12) A.

2. (1) 切线方程 $2x - y - e = 0$；法线方程 $x + 2y - 3e = 0$；

(2) 切线方程 $x - y + 1 = 0$；法线方程 $x + y - 1 = 0$；

(3) $y' = 3^x\ln 3 + 3x^2$；

(4) $y' = \dfrac{x}{(x^2+2)\sqrt{x^2+1}}$； (5) $3A$；

(6) $f''(x_0)$； (7) $f'(0) = \dfrac{1}{4}$； (8) $[f(0)]' = 0, f'(0) = 2$； (9) $y'' = -9\cos 3x$；

(10) $y'' = e^{\sin 2x}(4\cos^2 2x - 4\sin 2x)$； (11) $dy = -\dfrac{1}{x^2+1}dx$； (12) $dy = 4xf(x^2)f'(x^2)dx.$

3. (1) $y' = \dfrac{7}{8}x^{-\frac{1}{8}}$； (2) $y' = 3\sec^2 x - 2x + \dfrac{1}{x}$； (3) $y' = \dfrac{1}{2(1+x)\sqrt{x}}$；

(4) $y' = 2x\ln(x+1) + \dfrac{x^2}{x+1}$； (5) $y' = 10^{x \cdot \tan x}\ln 10(\tan x + x\sec^2 x)$；

(6) $y' = 2x\arctan x + 1$； (7) $y' = \arctan x + \dfrac{x}{1+x^2} - \dfrac{1}{\sqrt{1+x^2}}$；

(8) $y' = \dfrac{2\sin x}{(1+\cos x)^2}$； (9) $y' = e^{\sqrt{x}-1}(\dfrac{1}{2\sqrt{x}}\sin x^2 + 2x\cos x^2)$；

(10) $y' = \dfrac{\sin x(1-x^2) + x\cos x(1+x^2)}{(1+x^2)^2}.$

4. $\dfrac{\mathrm{d}y}{\mathrm{d}x}=\dfrac{\mathrm{e}^{x}-y}{\mathrm{e}^{y}+x}$，$\dfrac{\mathrm{d}^{2}y}{\mathrm{d}x^{2}}=\dfrac{\mathrm{e}^{x}\,(\mathrm{e}^{y}+x)^{2}-2(\mathrm{e}^{x}-y)(\mathrm{e}^{y}+x)-\mathrm{e}^{y}\,(\mathrm{e}^{x}-y)^{2}}{(\mathrm{e}^{y}+x)^{3}}$.

5. $\dfrac{\mathrm{d}y}{\mathrm{d}x}=\dfrac{\cos t}{2t}$，$\dfrac{\mathrm{d}^{2}y}{\mathrm{d}x^{2}}=-\dfrac{t\sin t+\cos t}{4t^{3}}$.

6. $y=-x+2$.

7. 切线方程 $x+3y-4=0$；法线方程 $3x-y-2=0$.

8. $y=-x$.

9. $\mathrm{d}y=\dfrac{\mathrm{e}^{y}-y\mathrm{e}^{x}+1}{\mathrm{e}^{x}-x\mathrm{e}^{y}}\mathrm{d}x$，当 $x=0$ 时，$y=0$，所以 $\mathrm{d}y\big|_{x=0}=2\mathrm{d}x$.

10. 在 $x=0$ 点处连续并且可导且 $f'(0)=1$.

11. (1) $\lim\limits_{x\to 0^{-}}f(x)=a$，$\lim\limits_{x\to 0^{+}}f(x)=b+2$；

　　(2) $a=b+2$；

　　(3) $a=3,b=1$；可导且 $f'(0)=1$.

12. (1) 当 $k>0$ 时，函数 y 在 $x=0$ 处连续；

　　(2) 当 $k>1$ 时，函数 y 在 $x=0$ 处可导，且 $y'(0)=0$；

　　(3) 当 $k>2$，导函数 y' 在 $x=0$ 处连续.

第4章 微分中值定理与导数应用

📖 学习内容

在上一章中,我们介绍了微分学的两个基本概念——导数和微分.在本章中,我们首先学习微分中值定理,它是研究复杂函数的一个重要工具,也是导数运用的理论基础,然后讨论如何应用导数的知识研究函数及其曲线的单调性、凹凸性、极值、最值、渐近线等,并解决生产生活中一些实际问题.

应用实例

要设计一张矩形广告,该广告含有大小相等的左右两个矩形栏目(即图4-1中阴影部分),这两栏的面积之和为18 000 cm²,四周空白的宽度为10 cm,两栏之间的中缝空白宽度为5 cm.怎样确定广告的高与宽(单位:cm)才能使矩形广告的面积最小?

图4-1 矩形广告

设广告的高和宽分别为 x cm 和 y cm,则每栏的高和宽分别为 $x-20$,$\dfrac{y-25}{2}$,其中 $x>20$ cm,$y>25$ cm.两栏面积之和为 $2 \cdot (x-20) \cdot \dfrac{y-25}{2}=18\,000$ cm²,由此得 $y=\dfrac{18\,000}{x-20}+25$.广告的面积 $S=xy=x\left(\dfrac{18\,000}{x-20}+25\right)=\dfrac{18\,000x}{x-20}+25x$.

如需进一步求解面积的最小值,就要找到使上述函数取得最小值的点.如何得到广告的高的最小值? 我们将在本章4.3节学习最值的求解.

4.1 微分中值定理

费马引理·驻点·罗尔中值定理·拉格朗日中值定理·柯西中值定理

4.1.1 费马引理

定理 4.1.1(费马引理) 设函数 $y=f(x)$ 在开区间 (a,b) 内有定义,在点 $x_0 \in (a,b)$ 处取得最大值(最小值),且 $f(x)$ 在点 x_0 处可导,则 $f'(x_0)=0$.

证 因 $f(x)$ 在点 x_0 处可导,故

$$f'(x_0) = \lim_{\Delta x \to 0^-} \frac{f(x_0 + \Delta x) - f(x_0)}{\Delta x} = \lim_{\Delta x \to 0^+} \frac{f(x_0 + \Delta x) - f(x_0)}{\Delta x},$$

设点 x_0 是函数 $f(x)$ 在开区间 (a,b) 内的最大值,即 $\forall x \in (a,b)$,有 $f(x) \leqslant f(x_0)$,从而

$$f(x_0 + \Delta x) - f(x_0) \leqslant 0.$$

(1) 当 $\Delta x > 0$ 时,$\dfrac{f(x_0 + \Delta x) - f(x_0)}{\Delta x} \leqslant 0$,由保号性定理,有

$$f_+'(x_0) = \lim_{\Delta x \to 0^+} \frac{f(x_0 + \Delta x) - f(x_0)}{\Delta x} \leqslant 0.$$

(2) 当 $\Delta x < 0$ 时,$\dfrac{f(x_0 + \Delta x) - f(x_0)}{\Delta x} \geqslant 0$,同理得

$$f_-'(x_0) = \lim_{\Delta x \to 0^+} \frac{f(x_0 + \Delta x) - f(x_0)}{\Delta x} \geqslant 0.$$

又由 $f(x)$ 在 x_0 处可导,所以 $f_-'(x_0) = f_+'(x_0)$,故

$$f'(x_0) = f_-'(x_0) = f_+'(x_0) = 0.$$

【思考】 对于最小值点的情况如何进行证明?

一般称导数等于零的点为函数的驻点(或稳定点).

【小贴士】 因为 $f'(x_0)$ 表示曲线 $y = f(x)$ 在 (x_0, y_0) 处切线的斜率,而 $f'(x_0) = 0$ 表示该点处切线的斜率为 0,因此,费马引理在几何上这样表示:若 $y = f(x)$ 在 (a,b) 内部某点 x_0 处取得最大值(最小值),且在 x_0 处可导,则在 (x_0, y_0) 处的切线平行于 x 轴.

4.1.2　微分中值定理

定理 4.1.2(罗尔中值定理)　若函数 $f(x)$ 满足:

(1) 在闭区间 $[a,b]$ 上连续;

(2) 在开区间 (a,b) 内可导;

(3) $f(a) = f(b)$,

则在 (a,b) 内至少存在一点 ξ,使得 $f'(\xi) = 0$.

证　因为 $f(x)$ 在闭区间 $[a,b]$ 上连续,根据闭区间上连续函数的最大值和最小值性质,$f(x)$ 在 $[a,b]$ 上能取得最大值 M 和最小值 m,则有以下两种情形.

① 如果 $M = m$,这时 $f(x)$ 为常函数,$\forall x \in (a,b)$,都有 $f'(x) = 0$,所以 $\forall \xi \in (a,b)$,都有 $f'(\xi) = 0$.

② 如果 $M \neq m$,这时 M 与 m 中必有一个不等于 $f(a)$ 或 $f(b)$. 不妨设 $m \neq f(a)$,有 $m \neq f(b)$,所以必然有一点 ξ 在开区间 (a,b) 内,使得 $f(\xi) = m$. 这样,ξ 是 $f(x)$ 在闭区间 $[a,b]$ 上的最小值点,由费马引理知,$f'(\xi) = 0$.

【小贴士】 定理中 3 个条件缺一不可,但是定理的条件是充分条件,而非必要条件.

罗尔定理的几何意义:如果一段连续曲线上的每点都存在不垂直于 x 轴的切线,且两端点高度相同,那么在此曲线上至少有一条水平切线,如图 4-2 所示.

例 1　对函数 $f(x) = x^2 - 2x - 3$ 在区间 $[-1, 3]$ 上验证罗尔定理的正确性.

解　显然函数 $f(x) = x^2 - 2x - 3$ 在 $[-1, 3]$ 上连续,在 $(-1, 3)$ 内可导,且由 $f(x) = (x+1)(x-3)$ 知,$f(-1) = f(3) = 0$,因此函数 $f(x)$ 在区间 $[-1, 3]$ 上满足罗尔中值定理的条件,又因为 $f'(x) = 2(x-1)$,故当 $\xi = 1 (1 \in (-1, 3))$ 时,有 $f'(\xi) = 0$.

例 2　设 $p(x)$ 为多项式函数,证明如果方程 $p'(x) = 0$ 没有实根,则方程 $p(x) = 0$ 至多有

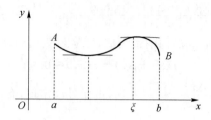

图 4-2　罗尔中值定理的几何意义

一个实根.

证　假设方程 $p(x)=0$ 有两个实根 x_1 和 $x_2(x_1<x_2)$，则 $p(x_1)=p(x_2)=0$. 因为多项式函数 $p(x)$ 在 $[x_1,x_2]$ 上连续，在 (x_1,x_2) 内可导，根据定理 4.1.2，必然存在一点 $\xi\in(x_1,x_2)$，使得 $p'(\xi)=0$，这样就与题设中 $p'(x)=0$ 没有实根相矛盾，所以方程 $p(x)=0$ 至多有一个实根.

例 3　设 $f(x)$ 在 $[0,1]$ 上连续，在 $(0,1)$ 内可导，且 $f(0)=1,f(1)=\dfrac{1}{e}$，证明在 $(0,1)$ 内至少存在一点 ξ，使 $f'(\xi)=-e^{-\xi}$.

证　构造辅助函数 $F(x)=f(x)-e^{-x}$，由函数 $f(x)$ 在 $[0,1]$ 上连续，在 $(0,1)$ 内可导，可知函数 $F(x)$ 在 $[0,1]$ 上连续，在 $(0,1)$ 内可导，且 $F(0)=f(0)-e^{-0}=1-1=0,F(1)=f(1)-e^{-1}=\dfrac{1}{e}-\dfrac{1}{e}=0$，因此，函数 $F(x)$ 在 $[0,1]$ 上满足罗尔中值定理的条件，则至少存在一点 $\xi\in(0,1)$，使得 $F'(\xi)=0$，由 $F'(x)=f'(x)+e^{-x}$，即得 $f'(\xi)=-e^{-\xi}$.

【总结】　利用构造辅助函数的方法证明中值问题，多从结论入手，将要证明的结论中的 ξ 换成 x，通过恒等变形将结论化为易消除的导数符号的形式，通过观察找到辅助函数.

由于罗尔中值定理中的条件(3)非常特殊，这样使得该定理在应用的时候受到一些限制. 如果把条件(3)去掉，并适当地改变结论，就得到了拉格朗日中值定理，它在微分学中有很重要的作用.

定理 4.1.3(拉格朗日中值定理)　若函数 $f(x)$ 满足：

(1) 在闭区间 $[a,b]$ 上连续；

(2) 在开区间 (a,b) 内可导，

则在 (a,b) 内至少存在一点 ξ，使得

$$f(b)-f(a)=f'(\xi)(b-a)$$

成立.

为了便于证明，先来考虑拉格朗日中值定理的几何意义. 如图 4-3，把定理 4.1.3 的结论改为 $f'(\xi)=\dfrac{f(b)-f(a)}{b-a}$，那么 $\dfrac{f(b)-f(a)}{b-a}$ 应该为线段 AB 的斜率，所以，拉格朗日中值定理的几何意义为如果一段连续曲线上除端点外任意点都具有不垂直于 x 轴的切线，那么曲线上至少有一点的切线与 AB 平行.

【思考】　从几何意义来看，罗尔中值定理和拉格朗日中值定理有着密切的联系，那么我们能否通过构造满足罗尔中值定理的函数来证明拉格朗日中值定理呢？

答案是肯定的. 从图 4-3 上看，如果把 P、Q 两点的纵坐标之差作为新构造的函数 $\varphi(x)$，

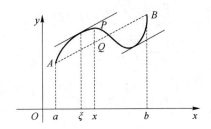

图 4-3　拉格朗日中值定理的几何意义

那么在两个端点,即当 $x=a$ 和 $x=b$ 时,P、Q 两点重合,有 $\varphi(a)=\varphi(b)=0$,由于直线 AB 的方程为

$y=f(a)+\dfrac{f(b)-f(a)}{b-a}(x-a)$,所以 $\varphi(x)$ 的表达式为 $\varphi(x)=f(x)-f(a)-\dfrac{f(b)-f(a)}{b-a}(x-a)$,这样

$\varphi(x)$ 就满足罗尔中值定理的 3 个条件,我们可以利用它作为辅助函数证明拉格朗日中值定理.

证　作辅助函数 $\varphi(x)=f(x)-f(a)-\dfrac{f(b)-f(a)}{b-a}(x-a)$,则 $\varphi(x)$ 在闭区间 $[a,b]$ 上连

续,在开区间 (a,b) 内可导,并且 $\varphi(a)=\varphi(b)=0$,根据罗尔中值定理,在 (a,b) 内至少存在一点

ξ,使得 $\varphi'(\xi)=0$.

因为
$$\varphi'(x)=f'(x)-\frac{f(b)-f(a)}{b-a},$$

故有
$$f'(\xi)-\frac{f(b)-f(a)}{b-a}=0,$$

即
$$f(b)-f(a)=f'(\xi)(b-a).$$

公式 $f(b)-f(a)=f'(\xi)(b-a)$ 叫拉格朗日中值公式,对于 $b<a$ 时也成立.

拉格朗日中值公式精确地表达了函数在一个区间上的增量与函数在这个区间内某点处的

导数之间的关系,如果函数 $f(x)$ 在 $[a,b]$ 上连续,在 (a,b) 内可导,x_0 和 $x_0+\Delta x$ 都在该区间

内,则有
$$f(x_0+\Delta x)-f(x_0)=f'(x_0+\theta\Delta x)\cdot\Delta x\quad(0<\theta<1).$$

把 $f(x)$ 记为 y 时,公式又可写成
$$\Delta y=f'(x_0+\theta\Delta x)\cdot\Delta x\quad(0<\theta<1).$$

与微分 $\mathrm{d}y=f'(x)\cdot\Delta x$ 相比较,$\mathrm{d}y=f'(x)\cdot\Delta x$ 只是函数增量 Δy 的近似表达式,而 $\Delta y=$

$f'(x_0+\theta\Delta x)\cdot\Delta x\quad(0<\theta<1)$ 是函数增量 Δy 的精确表达式.

例 4　对函数 $f(x)=\arctan x$ 在 $[0,1]$ 上验证拉格朗日中值定理的正确性,并求出 ξ.

解　函数 $f(x)=\arctan x$ 在 $[0,1]$ 上连续,在 $(0,1)$ 内可导,因此函数 $f(x)$ 在区间 $[0,1]$ 上

满足拉格朗日中值定理的条件,有 $f(1)-f(0)=f'(\xi)(1-0)$,又因为 $f'(x)=\dfrac{1}{1+x^2}$,故有

$\dfrac{1}{1+\xi^2}=\dfrac{\pi}{4}$,得

$$\xi=\sqrt{\frac{4-\pi}{\pi}}.$$

例 5　设 $f(x)$ 在 $[a,b]$ 上可导,$f(a)=f(b)$,证明在 (a,b) 内必存在一点 ξ,使得 $f(a)-$

$f(\xi)=\xi f'(\xi)$.

证　构造辅助函数 $F(x)=xf(x)$,由题设知,$F(x)$ 在 $[a,b]$ 上满足拉格朗日中值定理的

条件,故在 (a,b) 内必存在一点 ξ,使得

$$\frac{F(b)-F(a)}{b-a}=F'(\xi),$$

即

$$\frac{bf(b)-af(a)}{b-a}=f(\xi)+\xi f'(\xi),$$

又由题设知 $f(a)-f(b)$，所以有

$$f(a)=f(\xi)+\xi f'(\xi),$$

即

$$f(a)-f(\xi)=\xi f'(\xi).$$

拉格朗日中值定理有一个比较重要的应用，我们在第 2 章里讲过，某一区间上的常函数 $f(x)$ 在该区间的导数值恒为零，这个命题的逆命题也是成立的. 这样我们可以得到定理 4.1.4.

定理 4.1.4 若函数 $f(x)$ 在某个区间 I 上的导数恒为零，那么 $f(x)$ 在该区间上是一个常数.

证 在区间 I 上任取不同的两点 x_1,x_2，并且设 $x_1<x_2$，则 $f(x)$ 在以 x_1,x_2 为端点的区间上满足拉格朗日中值定理，故必然存在一点 $\xi\in(x_1,x_2)$，使得

$$f(x_2)-f(x_1)=f'(\xi)(x_2-x_1).$$

又因为 $f'(\xi)=0$，所以 $f(x_1)=f(x_2)$. 由 x_1,x_2 是区间 I 上任意两点知，$f(x)$ 在 I 上的函数值恒相等，从而可知 $f(x)$ 在 I 上是一个常数.

例 6 证明恒等式：$\arcsin x+\arccos x=\dfrac{\pi}{2}$ $(-1\leqslant x\leqslant 1)$.

证 令 $F(x)=\arcsin x+\arccos x,-1\leqslant x\leqslant 1,F'(x)=\dfrac{1}{\sqrt{1-x^2}}-\dfrac{1}{\sqrt{1-x^2}}=0$，根据定理 4.1.4，在 $-1\leqslant x\leqslant 1$ 上，有 $F(x)\equiv C$（C 为常数），又因为当 $x=0$ 时，$F(x)=\dfrac{\pi}{2}$，所以有

$$\arcsin x+\arccos x=\frac{\pi}{2}(-1\leqslant x\leqslant 1).$$

拉格朗日中值定理还有另外一个比较重要的应用，就是可以用于证明一些不等式.

例 7 证明不等式 $\dfrac{b-a}{b}<\ln\dfrac{b}{a}<\dfrac{b-a}{a}$，其中 $0<a<b$.

证 设 $f(x)=\ln x$，由于 $f(x)$ 在 $[a,b]$ 上满足拉格朗日中值定理的条件，则必然存在一点 $\xi\in(a,b)$，使得

$$f(b)-f(a)=f'(\xi)(b-a),$$

又因为

$$f(b)-f(a)=\ln\frac{b}{a}, \ f'(\xi)=\frac{1}{\xi},$$

所以有

$$\ln\frac{b}{a}=\frac{1}{\xi}(b-a),$$

因为

$$a<\xi<b,$$

故有

$$\frac{b-a}{b}<\ln\frac{b}{a}<\frac{b-a}{a} \ (0<a<b).$$

把拉格朗日中值定理中的连续曲线 $f(x)$ 改成参数形式 $\begin{cases} x = g(t), \\ y = f(t) \end{cases} t \in [a, b]$，其中 t 为参数，两端点为 $A(g(a), f(a))$，$B(g(b), f(b))$. 由拉格朗日中值定理知，曲线上必然存在一点，其对应的参数 $t = \xi \in (a, b)$，使曲线在该点的切线平行于线段 AB，即 C 点的切线斜率 $\dfrac{f'(\xi)}{g'(\xi)}$ 等于弦的斜率 $\dfrac{f(b) - f(a)}{g(b) - g(a)}$，如图 4-4 所示.

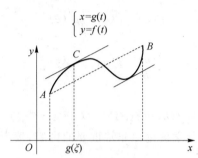

图 4-4　柯西中值定理的几何意义

这个结果即下面的柯西中值定理.

定理 4.1.5(柯西中值定理)　若函数 $f(x)$ 和 $g(x)$ 满足：

(1) 在闭区间 $[a, b]$ 上连续；

(2) 在开区间 (a, b) 内可导；

(3) $\forall x \in (a, b)$，$g'(x) \neq 0$，

则在 (a, b) 内至少存在一点 ξ，使得 $\dfrac{f(b) - f(a)}{g(b) - g(a)} = \dfrac{f'(\xi)}{g'(\xi)}$ 成立.

证　在柯西中值定理中，令 $g(x) = x$，就是拉格朗日中值定理，并且由图 4-4 可以看出，仍然能够通过构造辅助函数的方法，利用罗尔中值定理来证明柯西中值定理.

作辅助函数 $\varphi(x) = f(x) - f(a) - \dfrac{f(b) - f(a)}{g(b) - g(a)}[g(x) - g(a)]$，则 $\varphi(x)$ 在闭区间 $[a, b]$ 上连续，在开区间 (a, b) 内可导，并且 $\varphi(a) = \varphi(b) = 0$，$\varphi'(x) = f'(x) - \dfrac{f(b) - f(a)}{g(b) - g(a)} g'(x)$，

根据罗尔中值定理，在 (a, b) 内至少存在一点 ξ，使得 $\varphi'(\xi) = 0$，也就是

$$f'(\xi) - \frac{f(b) - f(a)}{g(b) - g(a)} g'(\xi) = 0,$$

即

$$\frac{f(b) - f(a)}{g(b) - g(a)} = \frac{f'(\xi)}{g'(\xi)}.$$

定理 4.1.5 结论中的等式左边一定是有意义的，即必然有

$$g(b) - g(a) \neq 0,$$

事实上，

$$g(b) - g(a) = g'(\eta)(b - a) \neq 0 \quad (a < \eta < b),$$

由条件(3)有

$$g'(x) \neq 0,$$

又因为

$$a \neq b,$$

所以

$$g(b) \neq g(a).$$

例 8 设函数 $f(x)$ 在 $[a,b]$ 上可导，$0 < a < b$，证明存在点 $\xi \in (a,b)$，使得

$$2\xi[f(b) - f(a)] = (b^2 - a^2)f'(\xi).$$

证 设函数 $g(x) = x^2$，显然 $g(x)$ 在 $[a,b]$ 上可导，又因为函数 $f(x)$ 在 $[a,b]$ 上可导，$0 < a < b$，根据柯西中值定理，至少存在一点 $\xi \in (a,b)$，使得

$$\frac{f(b) - f(a)}{g(b) - g(a)} = \frac{f'(\xi)}{g'(\xi)},$$

因此有

$$\frac{f(b) - f(a)}{b^2 - a^2} = \frac{f'(\xi)}{2\xi},$$

即

$$2\xi[f(b) - f(a)] = (b^2 - a^2)f'(\xi).$$

本节的 3 个中值定理是微分学理论中非常重要的内容，读者要在深刻理解的基础上进行熟练运用．

习题 4.1

1. 验证罗尔中值定理对函数 $y = x^2 - 5x + 4$ 在区间 $[2,3]$ 上的正确性，并求出 ξ．

2. 验证拉格朗日中值定理对函数 $y = x^4$ 在区间 $[1,2]$ 上的正确性，并求出 ξ．

3. 证明方程 $x^3 - 3x + c = 0$（c 为常数）在闭区间 $[0,1]$ 上不可能有两个不同的实根．

4. 证明：$\arctan x - \dfrac{1}{2}\arccos \dfrac{2x}{1+x^2} = \dfrac{\pi}{4}$ ($x \geqslant 1$)．

5. 利用拉格朗日中值定理证明下列不等式：

(1) 对任意实数 a, b，有 $|\sin a - \sin b| \leqslant |a - b|$；

(2) 当 $x > 0$ 时，$\dfrac{x}{1+x} < \ln(1+x) < x$．

6. 设函数 $f(x)$ 在 $\left[0, \dfrac{\pi}{2}\right]$ 上连续，在 $\left(0, \dfrac{\pi}{2}\right)$ 内可导，且 $f\left(\dfrac{\pi}{2}\right) = 0$，证明存在一点 $\xi \in \left(0, \dfrac{\pi}{2}\right)$，使得 $f(\xi) + \tan \xi \cdot f'(\xi) = 0$．

7. 设 $f(x)$ 在区间 $[a,b]$ 上连续，在 (a,b) 内可导，证明在 (a,b) 内至少存在一点 ξ，使得 $\dfrac{bf(b) - af(a)}{b - a} = f(\xi) + \xi f'(\xi)$．

8. 设 $f(x)$ 在 $[a,b]$ 上可微，$0 < a < b$，证明在 (a,b) 内至少存在一点 ξ，使得 $f(b) - f(a) = \xi f'(\xi) \ln \dfrac{b}{a}$．

4.2 洛 必 达 法 则

未定式 · 洛必达法则 · 洛必达法则的应用

当 $x \to a$ 或 $x \to \infty$ 时，函数 $f(x)$ 和 $g(x)$ 都趋近于零或者都趋近于无穷大，此时极限 $\lim\limits_{x \to a} \dfrac{f(x)}{g(x)}$ 或

$\lim\limits_{x\to\infty}\dfrac{f(x)}{g(x)}$ 可能存在,也可能不存在. 我们把两个无穷小量或两个无穷大量之比的极限称为 $\dfrac{0}{0}$ 型或 $\dfrac{\infty}{\infty}$ 型未定式. 本节将根据柯西中值定理推导求这类极限的方法.

4.2.1　$\dfrac{0}{0}$ 型未定式和 $\dfrac{\infty}{\infty}$ 型未定式

1. $\dfrac{0}{0}$ 型未定式

定理 4.2.1　如果函数 $f(x)$ 和 $g(x)$ 满足:

(1) $\lim\limits_{x\to a}f(x)=0,\lim\limits_{x\to a}g(x)=0$;

(2) $f(x)$ 和 $g(x)$ 在点 a 的某个去心邻域内可导且 $g'(x)\neq0$;

(3) $\lim\limits_{x\to a}\dfrac{f'(x)}{g'(x)}$ 存在(或为实数,或为无穷大),

则 $\lim\limits_{x\to a}\dfrac{f(x)}{g(x)}=\lim\limits_{x\to a}\dfrac{f'(x)}{g'(x)}$.

证　由于 $\dfrac{f(x)}{g(x)}$ 当 $x\to a$ 时的极限与 $f(a)$ 和 $g(a)$ 的函数值无关,所以我们先定义辅助函数:

$$f_1(x)=\begin{cases}f(x), & x\neq a,\\ 0, & x=a,\end{cases}\quad g_1(x)=\begin{cases}g(x), & x\neq a,\\ 0, & x=a.\end{cases}$$

在 a 的某个邻域内任取一点 x,那么在以 a 和 x 为端点的区间上,函数 $f_1(x)$ 和 $g_1(x)$ 满足柯西中值定理的条件,故有

$$\frac{f_1(x)}{g_1(x)}=\frac{f_1(x)-f_1(a)}{g_1(x)-g_1(a)}=\frac{f_1{}'(\xi)}{g_1{}'(\xi)}\ (\xi\ \text{在}\ a\ \text{与}\ x\ \text{之间}).$$

对上式两端取极限,当 $x\to a$ 时,有 $\xi\to a$,

所以

$$\lim_{x\to a}\frac{f'(x)}{g'(x)}=\lim_{\xi\to a}\frac{f'(\xi)}{g'(\xi)},$$

故

$$\lim_{x\to a}\frac{f(x)}{g(x)}=\lim_{x\to a}\frac{f'(x)}{g'(x)}.$$

在一定条件下通过分子、分母分别求导再求极限来确定未定式的值的方法称为洛必达法则.

【小贴士】如果 $\lim\limits_{x\to a}\dfrac{f'(x)}{g'(x)}$ 仍属于 $\dfrac{0}{0}$ 型未定式,且 $f'(x)$ 和 $g'(x)$ 满足洛必达法则中 $f(x)$ 和 $g(x)$ 的条件,则可以继续使用洛必达法则,即 $\lim\limits_{x\to a}\dfrac{f(x)}{g(x)}=\lim\limits_{x\to a}\dfrac{f'(x)}{g'(x)}=\lim\limits_{x\to a}\dfrac{f''(x)}{g''(x)}=\cdots$

例 1　求 $\lim\limits_{x\to0}\dfrac{\sin x}{x}$.

解　这是一个 $\dfrac{0}{0}$ 型未定式,当 $x\to0$ 时,$\sin x$ 和 x 在点 0 的去心邻域内满足洛必达法则中的条件(1)和(2),所以有

$$\lim_{x\to0}\frac{\sin x}{x}=\lim_{x\to0}\frac{\cos x}{1}=1.$$

例 2 求 $\lim\limits_{x \to \pi} \dfrac{1+\cos x}{\tan^2 x}$.

解 $\lim\limits_{x \to \pi} \dfrac{1+\cos x}{\tan^2 x} = \lim\limits_{x \to \pi} \dfrac{-\sin x}{2\tan x \sec^2 x} = \lim\limits_{x \to \pi} \dfrac{-\cos^3 x}{2} = \dfrac{1}{2}$.

例 3 求 $\lim\limits_{x \to 1} \dfrac{x^3 - 3x + 2}{x^3 - x^2 - x + 1}$.

解 这是 $\dfrac{0}{0}$ 型未定式,先用洛必达法则,

$$\lim\limits_{x \to 1} \dfrac{x^3 - 3x + 2}{x^3 - x^2 - x + 1} = \lim\limits_{x \to 1} \dfrac{3x^2 - 3}{3x^2 - 2x - 1}.$$

【小贴士】 此时仍为 $\dfrac{0}{0}$ 型未定式,可继续用洛必达法则进行求解,

$$\lim\limits_{x \to 1} \dfrac{3x^2 - 3}{3x^2 - 2x - 1} = \lim\limits_{x \to 1} \dfrac{6x}{6x - 2}.$$

此时不是未定式,不能应用洛必达法则,根据函数极限的四则运算法则,原式 $= \dfrac{3}{2}$.

【小贴士】 在每次应用洛必达法则时都要检查是否满足条件,否则可能导致结论错误.

例 4 求 $\lim\limits_{x \to 0^+} \dfrac{\sqrt{x}}{1 - e^{\sqrt{x}}}$.

解 原式为 $\dfrac{0}{0}$ 型未定式,可直接运用洛必达法则进行求解,但对分子、分母求导相对麻烦,所以可以对它做适当变换,令 $t = \sqrt{x}$,当 $x \to 0^+$ 时,$t \to 0$. 因此有

$$\lim\limits_{x \to 0^+} \dfrac{\sqrt{x}}{1 - e^{\sqrt{x}}} = \lim\limits_{t \to 0} \dfrac{t}{1 - e^t} = \lim\limits_{t \to 0} \dfrac{1}{-e^t} = -1.$$

【总结】 从例 3 和例 4 可以看出,洛必达法则不一定是求极限的最好办法,我们通常把洛必达法则与前面学过的求极限方法相结合来使用.

【小贴士】 此定理对于 $x \to \infty (x \to +\infty, x \to -\infty)$ 的情况都是适用的.

例 5 求 $\lim\limits_{x \to +\infty} \dfrac{\ln(1 + \frac{1}{x})}{\operatorname{arccot} x}$.

解 $\lim\limits_{x \to +\infty} \dfrac{\ln(1 + \frac{1}{x})}{\operatorname{arccot} x} = \lim\limits_{x \to +\infty} \dfrac{\frac{x}{x+1} \cdot (-\frac{1}{x^2})}{-\dfrac{1}{1+x^2}} = \lim\limits_{x \to +\infty} \dfrac{1 + x^2}{x^2 + x} = \lim\limits_{x \to +\infty} \dfrac{2x}{2x + 1} = 1.$

2. $\dfrac{\infty}{\infty}$ 型未定式

定理 4.2.2 如果函数 $f(x)$ 和 $g(x)$ 满足:

(1) $\lim\limits_{x \to a} f(x) = \infty$,$\lim\limits_{x \to a} g(x) = \infty$;

(2) $f(x)$ 和 $g(x)$ 在点 a 的某个去心邻域内可导且 $g'(x) \neq 0$;

(3) $\lim\limits_{x \to a} \dfrac{f'(x)}{g'(x)}$ 存在(或为实数,或为无穷大),

则 $\lim\limits_{x \to a} \dfrac{f(x)}{g(x)} = \lim\limits_{x \to a} \dfrac{f'(x)}{g'(x)}$.

【小贴士】　此定理对于 $x \to a^+$, $x \to a^-$, $x \to \infty$, $x \to +\infty$, $x \to -\infty$ 的情况都是适用的.

例 6　求 $\lim\limits_{x \to +\infty} \dfrac{\ln x}{x^n}$.

解　$\lim\limits_{x \to +\infty} \dfrac{\ln x}{x^n} = \lim\limits_{x \to +\infty} \dfrac{\frac{1}{x}}{nx^{n-1}} = \lim\limits_{x \to +\infty} \dfrac{1}{nx^n} = 0$.

例 7　求 $\lim\limits_{x \to 1^-} \dfrac{\ln \tan \frac{\pi}{2} x}{\ln(1-x)}$.

解　这是一个 $\dfrac{\infty}{\infty}$ 型未定式, 应用洛必达法则, 得

$$\lim_{x \to 1^-} \frac{\ln \tan \frac{\pi}{2} x}{\ln(1-x)} = \lim_{x \to 1^-} \frac{\frac{1}{\tan \frac{\pi}{2} x} \cdot \frac{1}{\cos^2 \frac{\pi}{2} x} \cdot \frac{\pi}{2}}{\frac{-1}{1-x}} = \lim_{x \to 1^-} \frac{\pi(x-1)}{\sin \pi x},$$

此时转化为 $\dfrac{0}{0}$ 型未定式, 再次应用洛必达法则, 有

$$\lim_{x \to 1^-} \frac{\pi(x-1)}{\sin \pi x} = \lim_{x \to 1^-} \frac{\pi}{\pi \cos \pi x} = -1,$$

得

$$\lim_{x \to 1^-} \frac{\ln \tan \frac{\pi}{2} x}{\ln(1-x)} = -1.$$

【小贴士】　在求解极限的过程中不能盲目使用洛必达法则, 应注意使用洛必达法则的条件, 如例 8.

例 8　求 $\lim\limits_{x \to +\infty} \dfrac{x + \sin x}{x}$.

解　这是一个很简单的极限运算, 用以前的方法, 我们很容易得到

$$\lim_{x \to +\infty} \frac{x + \sin x}{x} = \lim_{x \to +\infty} \frac{1 + \frac{\sin x}{x}}{1} = \frac{1+0}{1} = 1.$$

此式从表面上看也是 $\dfrac{\infty}{\infty}$ 型未定式, 但是由于它不符合洛必达法则的条件, 所以直接运用洛必达法则计算得

$$\lim_{x \to +\infty} \frac{x + \sin x}{x} = \lim_{x \to +\infty} \frac{1 + \cos x}{1} \text{(极限不存在)},$$

从而产生错误的结论.

未定式中还有一些其他类型, 也都可以通过简单的变换, 化成前面所讨论的 $\dfrac{0}{0}$ 型或 $\dfrac{\infty}{\infty}$ 型未定式进行计算. 下面举例说明.

4.2.2　可化为 $\dfrac{0}{0}$ 型和 $\dfrac{\infty}{\infty}$ 型的未定式

1. 型如 $\infty - \infty$ 和 $0 \cdot \infty$ 的未定式

解法: 型如 $\infty - \infty$ 的未定式可以先转化为 $\dfrac{1}{0} - \dfrac{1}{0}$ 型, 再转化为 $\dfrac{0-0}{0 \cdot 0}$ 型, 最终转化为 $\dfrac{0}{0}$ 型进

行计算,而 $0 \cdot \infty$ 型的未定式可以先转化为 $0 \cdot \dfrac{1}{0}$ 型或 $\dfrac{1}{\infty} \cdot \infty$ 型,最终转化为 $\dfrac{0}{0}$ 型或 $\dfrac{\infty}{\infty}$ 型进行计算.

例 9　求 $\lim\limits_{x \to 0}\left(\dfrac{1}{\sin x} - \dfrac{1}{x}\right)$.

解　这是 $\infty - \infty$ 型未定式,因为 $\dfrac{1}{\sin x} - \dfrac{1}{x} = \dfrac{x - \sin x}{x \sin x}$,所以它可以转化为 $\dfrac{0}{0}$ 型未定式,应用洛必达法则得

$$\lim_{x \to 0}\left(\frac{1}{\sin x} - \frac{1}{x}\right) = \lim_{x \to 0}\frac{x - \sin x}{x \cdot \sin x} = \lim_{x \to 0}\frac{1 - \cos x}{\sin x + x\cos x} = \lim_{x \to 0}\frac{\sin x}{\cos x + \cos x - x\sin x} = 0.$$

例 10　求 $\lim\limits_{x \to 0^+} x\ln x$.

解　这是 $0 \cdot \infty$ 型未定式,因为 $x\ln x = \dfrac{\ln x}{\dfrac{1}{x}}$,所以它可以转化为 $\dfrac{\infty}{\infty}$ 型未定式,应用洛必达法则得

$$\lim_{x \to 0^+} x\ln x = \lim_{x \to 0^+}\frac{\ln x}{\dfrac{1}{x}} = \lim_{x \to 0^+}\frac{\dfrac{1}{x}}{-\dfrac{1}{x^2}} = \lim_{x \to 0^+}(-x) = 0.$$

2. 型如 ∞^0, 0^0 和 1^∞ 的未定式

解法:型如 ∞^0, 0^0, 1^∞ 的未定式均为指数形式,它们都可以用对数式表示,从而将对数式中指数位置的极限转化为 $0 \cdot \infty$ 型,再通过前面 $0 \cdot \infty$ 型未定式的解法求极限.

例 11　求 $\lim\limits_{x \to 0^+}\left(1 + \dfrac{1}{x}\right)^x$.

解　这是 ∞^0 型未定式,如果将原式用对数式表示可得

$$\left(1 + \frac{1}{x}\right)^x = e^{\ln\left(1 + \frac{1}{x}\right)^x} = e^{x\ln\left(1 + \frac{1}{x}\right)},$$

而此式的指数 $x\ln\left(1 + \dfrac{1}{x}\right)$ 的极限为 $0 \cdot \infty$ 型未定式,可以转化为 $\dfrac{\infty}{\infty}$ 型未定式 $\lim\limits_{x \to 0^+}\dfrac{\ln\left(1 + \dfrac{1}{x}\right)}{\dfrac{1}{x}}$,

应用洛必达法则得

$$\lim_{x \to 0^+} x\ln\left(1 + \frac{1}{x}\right) = \lim_{x \to 0^+}\frac{\ln\left(1 + \dfrac{1}{x}\right)}{\dfrac{1}{x}} = \lim_{x \to 0^+}\frac{\dfrac{1}{1 + \dfrac{1}{x}}\left(-\dfrac{1}{x^2}\right)}{\left(-\dfrac{1}{x^2}\right)} = \lim_{x \to 0^+}\frac{1}{1 + \dfrac{1}{x}} = 0.$$

所以
$$\lim_{x \to 0^+}\left(1 + \frac{1}{x}\right)^x = e^{\lim\limits_{x \to 0^+}\ln\left(1 + \frac{1}{x}\right)^x} = e^0 = 1.$$

例 12　求 $\lim\limits_{x \to 0^+} x^x$.

解　这是 0^0 型未定式,将原式用对数形式表示可以写为 $x^x = e^{\ln x^x} = e^{x\ln x}$,指数 $x\ln x$ 的极限为 $0 \cdot \infty$ 型未定式,可以转化为 $\dfrac{\infty}{\infty}$ 型未定式 $\lim\limits_{x \to 0^+}\dfrac{\ln x}{\dfrac{1}{x}}$,利用例 10 的结论,得

$$\lim_{x\to 0^+}x\ln x=0,$$

所以
$$\lim_{x\to 0^+}x^x=\mathrm{e}^0=1.$$

【小贴士】　在利用取对数的办法计算未定式时,不要忘记先求的是指数位置的极限,最后要转化为原式的极限,此过程熟练以后也可以直接完成求解.

例 13　求 $\lim\limits_{x\to 1^+}(2-x)^{\tan\frac{\pi}{2}x}$.

解　这是 1^∞ 型未定式,将原式直接用对数形式表示为 $\lim\limits_{x\to 1^+}\mathrm{e}^{\tan\frac{\pi}{2}x\ln(2-x)}$,即

$$\lim_{x\to 1^+}(2-x)^{\tan\frac{\pi}{2}x}=\lim_{x\to 1^+}\mathrm{e}^{\tan\frac{\pi}{2}x\cdot\ln(2-x)}=\lim_{x\to 1^+}\mathrm{e}^{\frac{\ln(2-x)}{\cot\frac{\pi}{2}x}}=\lim_{x\to 1^+}\mathrm{e}^{\frac{\frac{-1}{2-x}}{\frac{-1}{\sin^2\frac{\pi}{2}x}\cdot\frac{\pi}{2}}}=\lim_{x\to 1^+}\mathrm{e}^{\frac{\sin^2\frac{\pi}{2}x}{2-x}\cdot\frac{2}{\pi}}=\mathrm{e}^{\frac{2}{\pi}}.$$

【总结】　利用洛必达法则来求未定式,要注意判断所求式子的极限是否为未定式,是否满足洛必达法则的使用条件,洛必达法则是求未定式的一种有效方法,但如果能够结合其他求极限的方法一起使用,效果会更好.

习题 4.2

1. 判断下列极限的解法是否正确,若有错请改错并说明理由.

(1) 求 $\lim\limits_{x\to 1}\dfrac{x^3+3x^2-4}{2x^3-4x+2}$.

解　$\lim\limits_{x\to 1}\dfrac{x^3+3x^2-4}{2x^3-4x+2}=\lim\limits_{x\to 1}\dfrac{3x^2+6x}{6x^2-4}=\lim\limits_{x\to 1}\dfrac{6x+6}{12x}=\lim\limits_{x\to 1}\dfrac{6}{12}=\dfrac{1}{2}.$

(2) 求 $\lim\limits_{x\to\infty}\dfrac{2x+\cos x}{3x-\sin x}$.

解　$\lim\limits_{x\to\infty}\dfrac{2x+\cos x}{3x-\sin x}=\lim\limits_{x\to\infty}\dfrac{2-\sin x}{3-\cos x}$,因为 $\lim\limits_{x\to\infty}\dfrac{2-\sin x}{3-\cos x}$ 不存在,所以 $\lim\limits_{x\to\infty}\dfrac{2x+\cos x}{3x-\sin x}$ 不存在.

2. 求下列式子的极限.

(1) $\lim\limits_{x\to\frac{\pi}{6}}\dfrac{1-2\sin x}{\cos 3x}$;

(2) $\lim\limits_{x\to\pi}\dfrac{\sin 3x}{\tan 5x}$;

(3) $\lim\limits_{x\to 0}\dfrac{\mathrm{e}^x-\mathrm{e}^{-x}-2x}{x-\sin x}$;

(4) $\lim\limits_{x\to 0^+}\dfrac{\ln(\tan 7x)}{\ln(\tan 2x)}$;

(5) $\lim\limits_{x\to+\infty}\dfrac{(\ln x)^2}{\sqrt{x}}$;

(6) $\lim\limits_{x\to\frac{\pi}{2}^+}\dfrac{\ln(x-\frac{\pi}{2})}{\tan x}$;

(7) $\lim\limits_{x\to 0^+}\sin x\ln x$;

(8) $\lim\limits_{x\to+\infty}x^{\frac{1}{x}}$;

(9) $\lim\limits_{x\to 0^+}(\tan x)^{\sin x}$;

(10) $\lim\limits_{x\to\infty}(\dfrac{\pi}{2}-\arctan x)^{\frac{1}{\ln x}}$;

(11) $\lim\limits_{x\to\infty}(1+\dfrac{a}{x})^x$;

(12) $\lim\limits_{x\to 0}(\dfrac{1}{x^2}-\dfrac{1}{\sin^2 x})$.

3. 设函数 $f(x)$ 在点 x_0 的某个邻域内具有连续的二阶导数,利用洛必达法则证明:

$$\lim_{h\to 0}\dfrac{f(x_0+h)+f(x_0-h)-2f(x_0)}{h^2}=f''(x_0).$$

4.3 函数的单调性、极值与最值
函数单调性的判别·极值的求法·最值的求法

单调函数是一类重要的函数,对于复杂函数来说,利用定义证明它在某个区间内的单调性存在一定困难,借助微分中值定理,我们可以利用导数来研究函数的单调性,进而研究函数的极值与最值.

4.3.1 函数的单调性

【思考】 如图 4-5 所示,导数的符号和函数的单调性有什么内在关系吗?

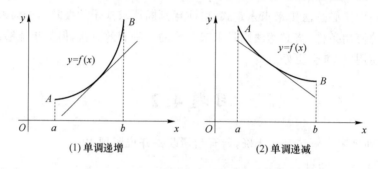

(1) 单调递增　　　　　　　(2) 单调递减

图 4-5 函数单调性图示

如果函数 $f(x)$ 在 $[a,b]$ 上单调增加,那么它的图像是一条沿 x 轴正向上升的曲线,此时曲线的各点处切线斜率是非负的,也就是说有 $f'(x) \geqslant 0$;反之,如果函数 $f(x)$ 在 $[a,b]$ 上单调减少,那么它的图像是一条沿 x 轴正向下降的曲线,此时曲线的各点处切线斜率是非正的,也就是说有 $f'(x) \leqslant 0$. 可见,函数的单调性与导数的符号有一定联系,下面说明怎样利用导数的符号来判断函数的单调性.

定理 4.3.1 若函数 $f(x)$ 在 $[a,b]$ 上连续,在 (a,b) 内可导,则

(1) 如果在 (a,b) 内 $f'(x) > 0$,那么函数 $f(x)$ 在 $[a,b]$ 上单调增加;

(2) 如果在 (a,b) 内 $f'(x) < 0$,那么函数 $f(x)$ 在 $[a,b]$ 上单调减少.

证 只证明 $f(x)$ 在 $[a,b]$ 上单调增加的情况,单调减少的情况可以类似地证明.

在 $[a,b]$ 上任取两点 $x_1, x_2 (x_1 < x_2)$,这样函数 $f(x)$ 在 $[x_1, x_2]$ 上满足拉格朗日中值定理,因此有

$$f(x_2) - f(x_1) = f'(\xi)(x_2 - x_1) \quad (x_1 < \xi < x_2).$$

又由在区间 (a,b) 内 $f'(x) > 0$,知

$$f'(\xi) > 0,$$

故

$$f(x_1) < f(x_2),$$

即函数 $f(x)$ 在 $[a,b]$ 上单调增加.

【小贴士】 将定理中的闭区间换成其他区间(包括无穷区间),该结论也成立.

例 1 讨论函数 $f(x) = x^3 - x$ 的单调性.

解 因为 $f'(x) = 3x^2 - 1 = (\sqrt{3}x + 1)(\sqrt{3}x - 1)$,所以当 $x \in (-\infty, -\frac{1}{\sqrt{3}}] \cup [\frac{1}{\sqrt{3}}, +\infty)$ 时,

$f'(x) \geq 0$,函数 $f(x)$ 单调增加;当 $x \in [-\frac{1}{\sqrt{3}}, \frac{1}{\sqrt{3}}]$ 时,$f'(x) \leq 0$,函数 $f(x)$ 单调减少.

在例 1 中,函数 $f(x)$ 在其定义域内不单调,但是根据驻点(导数为 0 的点)来划分定义区间后,函数 $f(x)$ 在各个部分区间是单调的,因此,驻点可以作为划分函数单调区间的参考点.

例 2　讨论函数 $f(x) = \sqrt[3]{x^2}$ 的单调性.

解　因为 $f'(x) = \dfrac{2}{3\sqrt[3]{x}}$,所以在 $x = 0$ 点,函数的导数不存在. 当 $x \in (-\infty, 0)$ 时,$f'(x) < 0$,函数 $f(x)$ 单调减少;当 $x \in (0, +\infty)$ 时,$f'(x) > 0$,函数 $f(x)$ 单调增加.

在例 2 中,$x = 0$ 这个不可导的点是函数单调区间的分界点.

例 3　求函数 $y = e^x - x + 1$ 的单调区间.

解　$y' = e^x - 1$,令 $y' > 0$,即 $e^x - 1 > 0$,则 $x \in (0, +\infty)$;令 $y' < 0$,即 $e^x - 1 < 0$,则 $x \in (-\infty, 0)$,所以 $y = e^x - x + 1$ 的单调增区间是 $(0, +\infty)$,单调减区间是 $(-\infty, 0)$.

有时候也可以利用函数的单调性证明一些不等式.

例 4　证明:当 $x > 0$ 时,$x > \ln(1+x)$.

证　令 $f(x) = x - \ln(1+x)$,有

$$f'(x) = 1 - \frac{1}{1+x} = \frac{x}{1+x}.$$

当 $x > 0$ 时,有 $f'(x) > 0$,所以函数 $f(x)$ 在 $(0, +\infty)$ 上单调增加,又因为 $f(x)$ 在 $x = 0$ 点连续,因此,$f(x)$ 在 $[0, +\infty)$ 上单调增加,从而当 $x > 0$ 时,有

$$f(x) = x - \ln(1+x) > f(0) = 0,$$

得 $x - \ln(1+x) > 0$,即 $x > \ln(1+x)$.

【总结】　如果函数在定义区间上连续,除去有限个不可导的点,导数存在且连续,则用使 $f'(x) = 0$ 的点和使 $f'(x)$ 不存在的点来划分函数的单调区间,但需要注意的是使 $f'(x) = 0$ 的点和使 $f'(x)$ 不存在的点未必一定是单调区间的分界点,需要根据分界点左、右两侧 $f'(x)$ 的符号是否发生改变来判定. 例如 $y = x^3$,驻点为 $x = 0$,但 $(-\infty, 0)$ 和 $(0, +\infty)$ 上都是单调增加的($f'(x) > 0$),因此 $x = 0$ 不是单调区间的分界点.

4.3.2　极值

定义 4.3.1　若函数 $f(x)$ 在点 x_0 的某邻域 $U(x_0)$ 内,对于一切 $x \in U(x_0)$,有
$$f(x) \leq f(x_0) \qquad (f(x) \geq f(x_0)),$$
则称函数 $f(x)$ 在点 x_0 取得极大(小)值 $f(x_0)$,称点 x_0 为极大(小)值点.

极大值点、极小值点统称为极值点;极大值、极小值统称为极值. 如图 4-6 所示.

定理 4.3.2(极值的必要条件)　设函数 $f(x)$ 在点 x_0 处可导并取得极值,则 $f'(x_0) = 0$.

【小贴士】　可导函数的极值点一定是它的驻点,但是反过来,函数的驻点却不一定就是它的极值点,例如 $y = x^3$,$x = 0$ 是驻点但不是极值点. 除此之外,函数在它的不可导点处也可以取得极值,例如,函数 $y = |x|$,在 $x = 0$ 处不可导,但根据极值点的定义,该点是极值点.

本节主要讨论函数取得极值的两个充分条件.

定理 4.3.3(极值的第一充分条件)　设函数 $f(x)$ 在点 x_0 处连续,在 x_0 的某去心邻域 $\mathring{U}(x_0, \delta)$ 内可导,有如下结论:

(1) 当 $x \in (x_0 - \delta, x_0)$ 时,$f'(x) > 0$,当 $x \in (x_0, x_0 + \delta)$ 时,$f'(x) < 0$,则函数 $f(x)$ 在 x_0

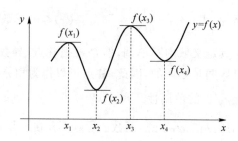

图 4-6　函数的极大值、极小值

处取得极大值；

(2) 当 $x \in (x_0 - \delta, x_0)$ 时，$f'(x) < 0$，当 $x \in (x_0, x_0 + \delta)$ 时，$f'(x) > 0$，则函数 $f(x)$ 在 x_0 处取得极小值；

(3) 当 $x \in \mathring{U}(x_0, \delta)$ 时，$f'(x)$ 不改变符号，则函数 $f(x)$ 在 x_0 处没有极值.

证　下面只证(1)，(2)和(3)可以类似地证明.

根据定理 4.3.1 函数单调性判别法可知，$f(x)$ 在 $(x_0 - \delta, x_0)$ 内单调递增，在 $(x_0, x_0 + \delta)$ 内单调递减. 又由于函数 $f(x)$ 在点 x_0 处连续，所以对于任意 $x \in U(x_0, \delta)$，都有 $f(x) < f(x_0)$，故函数 $f(x)$ 在 x_0 处取得极大值.

根据定理 4.3.1 和定理 4.3.3，如果函数 $f(x)$ 在某个区间内连续，除在有限个点外处处可导，则可以按以下步骤来求 $f(x)$ 的极值点和极值：

(1) 求出 $f'(x)$；

(2) 求出 $f(x)$ 的驻点和不可导点；

(3) 考察 $f'(x)$ 在驻点和不可导点两侧的符号，确定该点是否为极值点，并确定极值点是极大值点还是极小值点；

(4) 求出极值点的函数值，确定极值.

例 5　求函数 $f(x) = x^3 - 12x$ 的极值.

解　函数的定义域为 **R**，$f'(x) = 3x^2 - 12 = 3(x+2)(x-2)$，令 $f'(x) = 0$，得 $x = \pm 2$. 当 $x > 2$ 或 $x < -2$ 时，$f'(x) > 0$，$f(x)$ 在 $(-\infty, -2]$ 和 $[2, +\infty)$ 上是增函数；当 $-2 < x < 2$ 时，$f'(x) < 0$，$f(x)$ 在 $[-2, 2]$ 上是减函数. 当 $x = -2$ 时，函数有极大值 $f(-2) = 16$；当 $x = 2$ 时，函数有极小值 $f(2) = -16$.

例 6　求函数 $f(x) = (2x - 5)\sqrt[3]{x^2}$ 的极值点和极值.

解　(1) 函数 $f(x) = (2x - 5)\sqrt[3]{x^2}$ 在 $(-\infty, +\infty)$ 上连续，除 $x = 0$ 处外处处可导，并且有

$$f'(x) = \frac{10(x-1)}{3\sqrt[3]{x}}.$$

(2) 令 $f'(x) = 0$，得到驻点为 $x = 1$，同时 $x = 0$ 是 $f(x)$ 的不可导点.

(3) 考察 $f'(x)$ 在驻点和不可导点两旁的符号，结果如表 4-1 所示.

表 4-1　函数 $f(x) = (2x - 5)\sqrt[3]{x^2}$ 的单调性变化表

x	$(-\infty, 0)$	0	$(0, 1)$	1	$(1, +\infty)$
$f'(x)$	+	不存在	−	0	+
$f(x)$	↗	0	↘	−3	↗

（4）从表中我们可以看出 $x=0$ 是 $f(x)$ 的极大值点,极大值为 $f(0)=0$;$x=1$ 是 $f(x)$ 的极小值点,极小值为 $f(1)=-3$.

定理 4.3.4(极值的第二充分条件)　设函数 $f(x)$ 在点 x_0 处具有二阶导数,且 $f'(x_0)=0$,$f''(x_0)\neq 0$.

（1）当 $f''(x_0)<0$ 时,函数 $f(x)$ 在 x_0 处取得极大值;

（2）当 $f''(x_0)>0$ 时,函数 $f(x)$ 在 x_0 处取得极小值.

证　下面只证(1),可以通过类似方法证明(2).

根据二阶导数的定义,因为 $f''(x_0)<0$,故有 $f''(x_0)=\lim\limits_{x\to x_0}\dfrac{f'(x)-f'(x_0)}{x-x_0}<0$.

根据函数极限的局部保号性,$\exists\delta>0$,当 $0<|x-x_0|<\delta$ 时,有 $\dfrac{f'(x)-f'(x_0)}{x-x_0}<0$. 由于 $f'(x_0)=0$,所以有 $\dfrac{f'(x)}{x-x_0}<0$,说明在 $0<|x-x_0|<\delta$ 时,$f'(x)$ 和 $x-x_0$ 符号相反. 因此,当 $x-x_0<0$ 时,$f'(x)>0$;当 $x-x_0>0$ 时,$f'(x)<0$. 根据定理 4.3.3 知,函数 $f(x)$ 在 x_0 处取得极大值.

例 7　求函数 $f(x)=x^3+3x^2-24x-20$ 的极值.

解　函数 $f(x)$ 的定义域为 **R**. $f'(x)=3x^2+6x-24=3(x+4)(x-2)$,令 $f'(x)=0$,得驻点 $x_1=-4,x_2=2$. 又因为 $f''(x)=6x+6$,$f''(-4)=-18<0$,$f''(2)=18>0$,所以函数 $f(x)$ 有极大值 $f(-4)=60$,有极小值 $f(2)=-48$.

例 8　求函数 $f(x)=2\sin x+\cos 2x$ 的极值点和极值.

解　因为 $2\sin x+\cos 2x=-2\sin^2 x+2\sin x+1=-2\left(\sin x-\dfrac{1}{2}\right)^2+\dfrac{3}{2}$,因此函数 $f(x)$ 的周期是 2π,故只需在一个周期 $[0,2\pi]$ 内讨论极值点和极值.

$f'(x)=2\cos x(1-2\sin x)$,令 $f'(x)=0$,得驻点 $x_1=\dfrac{\pi}{6}$,$x_2=\dfrac{\pi}{2}$,$x_3=\dfrac{5}{6}\pi$,$x_4=\dfrac{3}{2}\pi$,

因为　　　　　　　　　　$f''(x)=-2(\sin x+2\cos 2x)$,

有　　　　　　　　$f''\left(\dfrac{\pi}{6}\right)<0,f''\left(\dfrac{\pi}{2}\right)>0,f''\left(\dfrac{5}{6}\pi\right)<0,f''\left(\dfrac{3}{2}\pi\right)>0.$

根据定理 4.4.3 知

$x_1=\dfrac{\pi}{6}$ 和 $x_3=\dfrac{5}{6}\pi$ 是 $f(x)$ 的极大值点,极大值为 $f\left(\dfrac{\pi}{6}\right)=\dfrac{3}{2}$,$f\left(\dfrac{5}{6}\pi\right)=\dfrac{3}{2}$;

$x_2=\dfrac{\pi}{2}$ 和 $x_4=\dfrac{3}{2}\pi$ 是 $f(x)$ 的极小值点,极小值为 $f\left(\dfrac{\pi}{2}\right)=1$,$f\left(\dfrac{3}{2}\pi\right)=-3$.

因此,$f(x)$ 的极大值点为 $2k\pi+\dfrac{\pi}{6}$ 和 $2k\pi+\dfrac{5\pi}{6}$,极大值为 $\dfrac{3}{2}$;极小值点为 $2k\pi+\dfrac{\pi}{2}$ 和 $2k\pi+\dfrac{3\pi}{2}$,极小值为 1 和 -3.

4.3.3　最大值和最小值

在生产生活中,我们常会需要求解一些关于"用料最省、费用最低、距离最短、效益最高"等的最优化问题,这些问题中有很大一部分是通过求某一个函数的最大值或最小值来解决的,下面讨论函数 $f(x)$ 在闭区间 $[a,b]$ 上连续,在开区间 (a,b) 内除有限个点外可导,并且至多有有限个驻点的条件下,它在闭区间 $[a,b]$ 上的最大值或最小值的求法.

我们在第 2 章中曾指出:若函数 $f(x)$ 在闭区间 $[a,b]$ 上连续,则 $f(x)$ 在 $[a,b]$ 上有最大值和最小值. 如果最值 $f(x_0)$ 在开区间 (a,b) 内的 x_0 点处取得,既然函数在该区间内除有限个点外可导,并且至多有有限个驻点,那么如果 $f(x_0)$ 是 $f(x)$ 的极值,则 x_0 点一定是 $f(x)$ 的驻点或不可导点. 除此之外,$f(x)$ 的最值也可能在区间端点取得.

综上,可以用如下步骤求连续函数 $f(x)$ 在 $[a,b]$ 上的最大值和最小值:

(1) 求函数 $f(x)$ 在 (a,b) 内的驻点和不可导点;

(2) 求出驻点、不可导点以及区间端点的函数值;

(3) 比较上述点中函数值的大小,最大的是 $f(x)$ 在 $[a,b]$ 上的最大值,最小的是 $f(x)$ 在 $[a,b]$ 上的最小值.

例 9 求函数 $f(x)=x^5-5x^4+5x^3+1$ 在闭区间 $[-1,2]$ 上的最大值和最小值.

解 因为 $f'(x)=5x^4-20x^3+15x^2=5x^2(x-1)(x-3)$,令 $f'(x)=0$,得到闭区间 $[-1,2]$ 上的驻点为 $x_1=0,x_2=1$,求得 $f(-1)=-10,f(0)=1,f(1)=2,f(2)=-7$,故函数 $f(x)$ 在闭区间 $[-1,2]$ 上的最大值为 $f(1)=2$,最小值为 $f(-1)=-10$.

例 10 求函数 $f(x)=|2x^3-9x^2+12x|$ 在闭区间 $\left[-\dfrac{1}{4},\dfrac{5}{2}\right]$ 上的最大值与最小值.

解
$$f(x)=|2x^3-9x^2+12x|=|x(2x^2-9x+12)|$$
$$=\begin{cases} -x(2x^2-9x+12), & -\dfrac{1}{4}\leqslant x\leqslant 0, \\ x(2x^2-9x+12), & 0<x\leqslant\dfrac{5}{2}. \end{cases}$$

因此 $f'(x)=\begin{cases} -6(x-1)(x-2), & -\dfrac{1}{4}\leqslant x<0, \\ 6(x-1)(x-2), & 0<x\leqslant\dfrac{5}{2}. \end{cases}$

故 $f(x)$ 的不可导点为 $x=0$,驻点为 $x=1,x=2$. 计算驻点、不可导点和区间端点的函数值得到 $f(0)=0,f(1)=5,f(2)=4,f\left(-\dfrac{1}{4}\right)=\dfrac{115}{32},f\left(\dfrac{5}{2}\right)=5$,所以函数 $f(x)$ 在 $x=0$ 处取得最小值 0,在 $x=1$ 和 $x=\dfrac{5}{2}$ 处取得最大值 5.

【小贴士】 此题也可以令 $\varphi(x)=f^2(x)$,由于 $\varphi(x)$ 与 $f(x)$ 的最值点相同,因此也可以通过 $\varphi(x)$ 求最值点.

【小贴士】 如果在 $[a,b]$ 上连续的函数 $f(x)$ 在 (a,b) 内有唯一的极值点,那么这个极值点同时也是 $f(x)$ 在 $[a,b]$ 上的最值点. 如果该点是极小值,则该点同时也是最小值,如果该极值点是极大值点,则该点同时也是最大值点.

例 11 从半径为 R 的圆中切去一个圆心角为 φ 的扇形,求 φ 为多大时才能使余下的部分卷成容积最大的圆锥形漏斗?

解 设余下扇形的圆心角为 α,则 $\alpha=2\pi-\varphi$,卷成的圆锥高为 h,底面半径为 r,有
$$2\pi r=R\alpha,\alpha=\frac{2\pi r}{R},r^2=R^2-h^2,$$

所以容积 $\quad V=\dfrac{1}{3}\pi r^2 h=\dfrac{1}{3}\pi h(R^2-h^2)\ (h>0),V'=\dfrac{1}{3}\pi(R^2-3h^2),$

令 $V'=0$, 得唯一驻点 $h=\dfrac{\sqrt{3}}{3}R$, 且 $V''(\dfrac{\sqrt{3}}{3})=-\dfrac{2\sqrt{3}}{3}\pi<0$, 所以该点是极大值点, 因此当 $h=\dfrac{\sqrt{3}}{3}R$ 时, 容积 V 取得最大值, 此时,

$$r=\frac{\sqrt{6}}{3}R, \alpha=\frac{2\sqrt{6}}{3}\pi, \varphi=2\pi-\frac{2\sqrt{6}}{3}\pi.$$

例 12 一张 1.4 m 的画挂在墙上, 画的底边高于观看者眼睛 1.8 m. 求观看者应该站在距离墙多远的地方才能看得最清楚 (如图 4-7 所示)? (即求角 θ 的最大可能取值.)

解 设观看者距离墙 x m, 则

$$\theta=\arctan\frac{1.4+1.8}{x}-\arctan\frac{1.8}{x}$$

$$=\arctan\frac{3.2}{x}-\arctan\frac{1.8}{x}(x\in(0,+\infty)).$$

由于观看者距离墙太远或太近都看不清楚, 所以 θ 在 $(0,+\infty)$ 内应该有最大值.

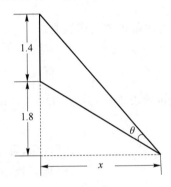

图 4-7 人与画位置图

因为 $\theta'=-\dfrac{3.2}{x^2+3.2^2}+\dfrac{1.8}{x^2+1.8^2}$, 令 $\theta'=0$, 得到函数 θ 在 $(0,+\infty)$ 内的驻点为 $x=2.4$, 经验证 $\theta'(2.4)<0$, 该点同时也是极大值点. 根据费马定理, θ 的最大值只能在 $x=2.4$ 处取得, 故观看者应该站在距离墙 2.4 m 的地方才能看得最清楚.

【小贴士】 我们也可以根据分界点两侧的单调性来判断最值点. 回到本章开始提到的应用实例.

如图 4-1 所示, 要设计一张矩形广告, 该广告含有大小相等的左右两个矩形栏目 (即图中阴影部分), 这两栏的面积之和为 18 000 cm², 四周空白的宽度为 10 cm², 两栏之间的中缝空白的宽度为 5 cm². 怎样确定广告的高与宽 (单位: cm), 能使矩形广告面积最小?

解 设广告的高和宽分别为 x cm 和 y cm, 则每栏的高和宽分别为 $(x-20)$m, $\dfrac{y-25}{2}$m, 其中 $x>20, y>25$. 两栏面积之和为 $2\cdot(x-20)\cdot\dfrac{y-25}{2}=18\,000$, 由此得

$$y=\frac{18\,000}{x-20}+25.$$

广告的面积 $\qquad S=xy=x\left(\dfrac{18\,000}{x-20}+25\right)=\dfrac{18\,000x}{x-20}+25x,$

$$S'=\frac{18\,000[(x-20)-x]}{(x-20)^2}+25=\frac{-360\,000}{(x-20)^2}+25.$$

令 $S' > 0$，得 $x > 140$，令 $S' < 0$，得 $20 < x < 140$.

所以函数在区间 $(140, +\infty)$ 上单调递增，在区间 $(20, 140)$ 上单调递减，$S(x)$ 的最小值为 $S(140)$，即当 $x = 140, y = 175$ 时，S 取得最小值 $24\,500$，故当广告的高为 140 cm，宽为 175 cm 时，可使广告的面积最小.

习题 4.3

1. 判断题.

(1) 函数的极值点一定是驻点.   （   ）

(2) 函数的驻点一定是极值点.   （   ）

(3) 函数的最大值点一定是极大值点.   （   ）

(4) 函数的极大值一定大于极小值.   （   ）

2. 选择题.

(1) 下列 4 个函数，在 $x = 0$ 处取得极值的函数是（   ）.

① $y = x^3$；   ② $y = x^2 + 1$；   ③ $y = |x|$；   ④ $y = 2^x$.

A. ①②   B. ②③   C. ③④   D. ①③

(2) 设 $f(x)$ 在 $x = 0$ 的某个邻域内连续，且 $f(0) = 0$，$\lim\limits_{x \to 0} \dfrac{f(x)}{1 - \cos x} = 2$，则在点 $x = 0$ 处 $f(x)$（   ）.

A. 不可导   B. 可导，且 $f'(0) \neq 0$

C. 取得极大值   D. 取得极小值

3. 判定函数 $y = x - \sin x$ 在 $[0, 2\pi]$ 的单调性.

4. 确定下列函数的单调区间.

(1) $y = 2x^3 - 6x^2 - 18x - 7$；   (2) $y = \sqrt{2x - x^2}$；

(3) $y = \dfrac{x^2 - 1}{x}$；   (4) $y = \ln(x + \sqrt{1 + x^2})$.

5. 证明下列不等式.

(1) 当 $x > 1$ 时，证明 $2\sqrt{x} > 3 - \dfrac{1}{x}$；

(2) 当 $0 < x < \dfrac{\pi}{2}$ 时，证明 $x - \sin x < \dfrac{1}{6} x^3$.

6. 设 $\varphi(x)$ 在 $[0, +\infty)$ 连续，可微，$\varphi(0) = 0$，$\varphi'(x)$ 单调增加. 求证：$f(x) = \dfrac{\varphi(x)}{x}$ 在 $(0, +\infty)$ 上单调增加.

7. 求下列函数的极值.

(1) $f(x) = (x - 1)^2 (x + 1)^3$；   (2) $f(x) = x^2 \mathrm{e}^{-x}$；

(3) $f(x) = \dfrac{(\ln x)^2}{x}$；   (4) $f(x) = \dfrac{1 + 3x}{\sqrt{4 + 5x^2}}$.

8. 设函数 $y = y(x)$ 由方程 $2y^3 - 2y^2 + 2xy - x^2 = 1$ 所确定，求 $y = y(x)$ 的驻点，并且判别它是否为极值点.

9. 求下列函数在给定区间的最值.

(1) $f(x)=2x^3+3x^2-12x+14,[-3,4]$；　(2) $f(x)=x+\sqrt{1-x},[-5,1]$；

(3) $f(x)=\dfrac{\ln x}{x},\left[\dfrac{1}{\mathrm{e}},\mathrm{e}^2\right]$；　　　　　　(4) $f(x)=2\tan x-\tan^2 x,[0,\dfrac{\pi}{2})$．

10. 求正数 a，使它与其倒数的和最小．

11. 有一边长分别为 8 与 5 的长方形，在各角剪去边长相同的小正方形，把四边折起做成一个无盖小盒，要使纸盒的容积最大，问剪去的小正方形的边长应为多少？

12. 中介公司有 50 套房屋要出租，如果月租金为 1 000 元，房屋能全部出租出去，当月租金每增加 50 元，就多一套房屋租不出去，可以租出去的房屋每月要花 100 元的维修费，求房屋租金为多少时可获收入最多？

4.4　曲线的凹凸性、拐点以及图形的描绘

曲线凹凸性及其判别·拐点·渐近线·函数图形的描绘

4.4.1　曲线的凹凸性与拐点

函数的单调性反映了函数图像的上升和下降，下面我们要讲的曲线的凹凸性则反映了曲线在上升或者下降过程中的弯曲方向．

【思考】　如图 4-8 所示，两条曲线都是上升的，为什么弯曲的方向不同呢？

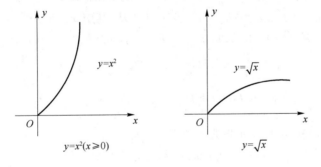

图 4-8　曲线的弯曲方向图示

如果曲线上任意两点间的弧段总在两点间连线的上方，称曲线是凸的；如果曲线上任意两点间的弧段总在两点连线的下方，称曲线是凹的，如图 4-9 所示．

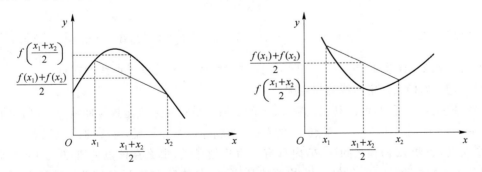

图 4-9　曲线的凹凸性图示

定义 4.4.1　若函数 $f(x)$ 在区间 I 上连续，对于 I 上任意两点 x_1,x_2 有如下结论：

(1) 如果恒有 $f(\frac{x_1+x_2}{2})>\frac{f(x_1)+f(x_2)}{2}$，那么称 $f(x)$ 在 I 上的图形是凸的；

(2) 如果恒有 $f(\frac{x_1+x_2}{2})<\frac{f(x_1)+f(x_2)}{2}$，那么称 $f(x)$ 在 I 上的图形是凹的.

一般来讲，直接运用定义来判定曲线的凹凸性是不方便的，如果函数 $f(x)$ 在 I 上具有二阶导数，就可以利用二阶导数的符号来判定曲线的凹凸性，下面以 I 为闭区间为例来讨论曲线凹凸性的判定方法.

定理 4.4.1 若函数 $f(x)$ 在 $[a,b]$ 上连续，在 (a,b) 内具有一、二阶导数，则

(1) 如果在 (a,b) 内有 $f''(x)<0$，那么 $f(x)$ 在 $[a,b]$ 上的图形是凸的；

(2) 如果在 (a,b) 内有 $f''(x)>0$，那么 $f(x)$ 在 $[a,b]$ 上的图形是凹的.

证 （只证明(1)，结论(2)可类似地证明.）

$\forall x_1,x_2 \in [a,b]$，且 $x_1<x_2$，令 $\frac{x_1+x_2}{2}=x_0$，则有 $x_2-x_0=x_0-x_1=h(h>0)$，

由拉格朗日中值公式，有

$$f(x_0+h)-f(x_0)=f'(x_0+\theta_1 h)h \ (0<\theta_1<1),$$
$$f(x_0)-f(x_0-h)=f'(x_0-\theta_2 h)h \ (0<\theta_2<1),$$

两式相减得

$$f(x_0+h)+f(x_0-h)-2f(x_0)=[f'(x_0+\theta_1 h)-f'(x_0-\theta_2 h)]h,$$

对 $f'(x)$ 在闭区间 $[x_0-\theta_2 h, x_0+\theta_1 h]$ 上再一次使用拉格朗日中值公式有

$$f'(x_0+\theta_1 h)-f'(x_0-\theta_2 h)=f''(\xi)(\theta_1+\theta_2)h，\text{其中} x_0-\theta_2 h<\xi<x_0+\theta_1 h.$$

由于 $f''(x)<0$，有 $f''(\xi)<0$，从而 $f(x_0+h)-2f(x_0)+f(x_0-h)<0$，即

$$\frac{f(x_0+h)+f(x_0-h)}{2}<f(x_0),$$

也就是

$$\frac{f(x_2)+f(x_1)}{2}<f(\frac{x_1+x_2}{2}).$$

所以，函数 $f(x)$ 在 $[a,b]$ 上的图形是凸的.

【小贴士】 函数在任意区间上凹凸性的判定方法与之类似.

例 1 判断函数 $f(x)=x^4-2x^2$ 的凹凸性.

解 由于 $f'(x)=4x^3-4x$，$f''(x)=12x^2-4=4(3x^2-1)$，

所以当 $|x|>\frac{1}{\sqrt{3}}$ 时，$f''(x)>0$；当 $|x|<\frac{1}{\sqrt{3}}$ 时，$f''(x)<0$.

由定理 4.4.1 知，$f(x)$ 在 $(-\infty,-\frac{1}{\sqrt{3}})$ 和 $(\frac{1}{\sqrt{3}},+\infty)$ 上是凹的，在 $[-\frac{1}{\sqrt{3}},\frac{1}{\sqrt{3}}]$ 上是凸的.

定义 4.4.2 连续曲线 $y=f(x)$ 凹弧与凸弧的分界点称为这条曲线的拐点.

【思考】 怎样来确定曲线的拐点呢？

由定理 4.4.1 可知，可以利用函数 $f(x)$ 的二阶导数符号来判定连续曲线 $y=f(x)$ 的凹凸性，如果 $f''(x)$ 在定义区间 I 上某点 x_0 的左、右两侧邻近符号相反，那么曲线上该点就是曲线的一个拐点，如果 $f(x)$ 在区间 (a,b) 内具有二阶连续导数，那么在该点处有 $f''(x)=0$. 此外，使函数 $f(x)$ 的二阶导数不存在的点，也可能是使 $f''(x)$ 符号改变的点，即曲线的拐点.

综上，确定区间 I 上连续曲线 $y=f(x)$ 的拐点可以按照下列步骤进行：

(1) 求 $f''(x)$；

（2）求出在区间 I 内使 $f''(x)=0$ 的点和使 $f''(x)$ 不存在的点；

（3）根据 $f''(x)$ 在上述点左、右两侧邻近的符号，确定曲线的凹凸区间和拐点.

例 2　求曲线 $y=\ln(x^2+1)$ 的凹凸区间及拐点.

解　函数 $y=\ln(x^2+1)$ 的定义域为 $(-\infty,+\infty)$，$y''=\dfrac{2(1+x^2)-2x(2x)}{(1+x^2)^2}=\dfrac{2(1-x^2)}{(1+x^2)^2}$，令 $y''=0$，得 $x=\pm 1$. 当 $x\in(-\infty,-1)$ 时，$y''<0$，曲线是凸的；当 $x\in(-1,1)$ 时，$y''>0$，曲线是凹的；当 $x\in(1,+\infty)$ 时，$y''<0$，曲线是凸的，拐点为 $(-1,\ln 2),(1,\ln 2)$.

例 3　讨论函数 $f(x)=(2x-5)\sqrt[3]{x^2}$ 的凹凸区间和拐点.

解　$f'(x)=\dfrac{10}{3}\cdot\dfrac{x-1}{\sqrt[3]{x}}(x\neq 0)$，当 $x\neq 0$ 时，$f''(x)=\dfrac{10}{9}\cdot\dfrac{2x+1}{x\sqrt[3]{x}}$；当 $x=0$ 时，导数不存在，二阶导数也不存在；当 $x=-\dfrac{1}{2}$ 时，$f''(x)=0$. 于是，$x=0$ 和 $x=-\dfrac{1}{2}$ 将函数的定义域 $(-\infty,+\infty)$ 划分成 $\left(-\infty,-\dfrac{1}{2}\right],\left[-\dfrac{1}{2},0\right),(0,+\infty)$ 3 个部分区间. 现将每个部分区间上二阶导数的符号与函数的凹凸性归纳如下，见表 4-2.

表 4-2　$f(x)$ 符号及凹凸性

x	$\left(-\infty,-\dfrac{1}{2}\right)$	$-\dfrac{1}{2}$	$\left(-\dfrac{1}{2},0\right)$	0	$(0,+\infty)$
$f''(x)$	$-$	0	$+$	不存在	$+$
$f(x)$	凸	$-\dfrac{6}{\sqrt[3]{4}}$	凹	0	凹

当 $x\in\left(-\infty,-\dfrac{1}{2}\right)$ 时，$f''(x)<0$，曲线是凸的；当 $x\in\left(-\dfrac{1}{2},0\right)$ 时，$f''(x)>0$，曲线是凹的；当 $x\in(0,+\infty)$ 时，曲线是凹的；拐点为 $\left(-\dfrac{1}{2},-\dfrac{6}{\sqrt[3]{4}}\right)$.

注意，此题中使函数的二阶导数不存在的点不是该曲线的拐点.

函数的凹凸性也可以用来证明一些不等式.

例 4　证明不等式 $\tan x+\tan y>2\tan\dfrac{x+y}{2}$，$0<x<y<\dfrac{\pi}{2}$.

证　令 $f(x)=\tan x$，那么 $f'(x)=\sec^2 x$，$f''(x)=2\sec^2 x\tan x>0$ $\left(0<x<\dfrac{\pi}{2}\right)$，

所以，$f(x)=\tan x$ 在 $\left(0,\dfrac{\pi}{2}\right)$ 内是凹函数，则有

$$\frac{1}{2}[f(x)+f(y)]>f\left(\frac{x+y}{2}\right)\ \left(0<x<y<\frac{\pi}{2}\right),$$

由此得 $\tan x+\tan y>2\tan\dfrac{x+y}{2}$ $\left(0<x<y<\dfrac{\pi}{2}\right)$.

【小贴士】　函数的单调性和凹凸性在数学理论和生产实践中有着重要的应用.

4.4.2　函数图形的描绘

在讨论函数作图之前，我们先介绍曲线的渐近线.

如果曲线 C 上的动点 P 沿着曲线无限远离原点时，点 P 与某一固定直线 L 的距离趋于

零,那么直线 L 叫作曲线 C 的渐近线,如图 4-10 所示.

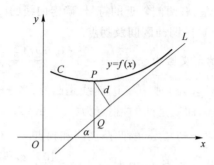

图 4-10　曲线的渐近线图示

曲线的渐近线有 3 种。

(1) 水平渐近线:如果 $\lim\limits_{x\to\infty} f(x)=A$,或 $\lim\limits_{x\to+\infty} f(x)=A$,或 $\lim\limits_{x\to-\infty} f(x)=A$,则称直线 $y=A$ 为曲线 $y=f(x)$ 的水平渐近线.

(2) 铅直渐近线:如果 $\lim\limits_{x\to x_0} f(x)=\infty$,或 $\lim\limits_{x\to x_0^+} f(x)=\infty$,或 $\lim\limits_{x\to x_0^-} f(x)=\infty$,则称直线 $x=x_0$ 为曲线 $y=f(x)$ 的铅直渐近线.

(3) 斜渐近线:如果 $\lim\limits_{x\to+\infty} \dfrac{f(x)}{x}=a\,(a\neq0)$ 且 $\lim\limits_{x\to+\infty} [f(x)-ax]=b$,或者上述两个极限式中 $x\to+\infty$ 都改为 $x\to-\infty$ 时依然成立,则称直线 $y=ax+b$ 为曲线 $y=f(x)$ 的斜渐近线.

水平渐近线和铅直渐近线的结论容易理解,我们在这里着重说明斜渐近线的结论.

设曲线 $C(y=f(x))$ 有斜渐近线 $y=ax+b$,要确定它,就必须求出常数 a 和 b. 观察图 4-10,曲线上动点 P 到渐近线 L 的距离

$$d=|PQ\cos\alpha|=\frac{1}{\sqrt{1+k^2}}|f(x)-(ax+b)|.$$

根据曲线渐近线的定义,当 $x\to+\infty$(或 $x\to-\infty$)时,有 $d\to0$,所以有

$$\lim\limits_{x\to+\infty}[f(x)-(ax+b)]=0,\text{即}\lim\limits_{x\to+\infty}[f(x)-ax]=b.$$

又由 $\lim\limits_{x\to+\infty}\left(\dfrac{f(x)}{x}-a\right)=\lim\limits_{x\to+\infty}\dfrac{1}{x}[f(x)-ax]=0\cdot b=0$,得

$$\lim\limits_{x\to+\infty}\frac{f(x)}{x}=a\ (a\neq0).$$

例 5　求曲线 $y=\dfrac{4(x-1)}{x^2}$ 的渐近线.

解　因为 $\lim\limits_{x\to\infty}\dfrac{4(x-1)}{x^2}=0$,所以 $y=0$ 是曲线的水平渐近线;因为 $\lim\limits_{x\to0}\dfrac{4(x-1)}{x^2}=\infty$,所以 $x=0$ 是曲线的铅直渐近线;又因为 $\lim\limits_{x\to\infty}\dfrac{f(x)}{x}=\lim\limits_{x\to\infty}\dfrac{4(x-1)}{x^3}=0$,所以曲线没有斜渐近线.

例 6　考察曲线 $f(x)=x+\dfrac{\sin x}{x}$ 的渐近线.

解　考察 $f(x)$ 的不连续点 $x=0$,由 $\lim\limits_{x\to0} f(x)=1$ 知,曲线无铅直渐近线;因为 $\lim\limits_{x\to\infty} f(x)=\infty$,所以曲线无水平渐近线;又因为 $\lim\limits_{x\to\infty}\dfrac{f(x)}{x}=\lim\limits_{x\to\infty}\left(1+\dfrac{1}{x^2}\sin x\right)=1$ 且 $\lim\limits_{x\to\infty}[f(x)-x]=0$,所以,曲线有斜渐近线 $y=x$.

例 7　考察曲线 $y=\dfrac{x^3}{x^2+2x-3}$ 的渐近线.

解　因为 $\lim\limits_{x\to\infty}\dfrac{x^3}{x^2+2x-3}=\infty$，所以曲线无水平渐近线. 又因为 $y=\dfrac{x^3}{x^2+2x-3}=$

$\dfrac{x^3}{(x+3)(x-1)}$，所以当 $x\to-3$ 和 $x\to1$ 时都有 $y\to\infty$，曲线有两条铅直渐近线 $x=-3$ 和 $x=$

1. 由于 $\lim\limits_{x\to+\infty}\dfrac{f(x)}{x}=\lim\limits_{x\to+\infty}\dfrac{x^3}{x^3+2x^2-3x}=1$，所以 $a=1$，$\lim\limits_{x\to+\infty}[f(x)-ax]=\lim\limits_{x\to+\infty}(\dfrac{x^3}{x^2+2x-3}-$

$x)=-2$，所以 $b=-2$.

因此，曲线有斜渐近线 $y=x-2$.

下面讨论怎样利用函数的导数工具描绘函数图形，其一般步骤如下：

（1）确定函数 $f(x)$ 的定义域以及基本性质（如奇偶性、周期性等），求出 $f(x)$ 的一阶导数和二阶导数；

（2）求出 $f(x)$ 的某些特殊点，如使一阶导数 $f'(x)$ 和二阶导数 $f''(x)$ 在函数定义域内为零的点；求出 $f(x)$ 的间断点，以及使一阶导数和二阶导数不存在的点；

（3）用以上各点把 $f(x)$ 的定义域划分成几个部分区间，确定每一个部分区间内 $f'(x)$ 和 $f''(x)$ 的符号，确定 $f(x)$ 在各部分区间的升降、凹凸以及极值点、拐点；

（4）确定渐近线；

（5）计算出曲线与坐标轴的交点以及特殊点所对应的函数值，然后连接这些点逐段描绘图形.

例 8　作出函数 $y=\dfrac{x}{1+x^2}$ 的图形.

解　（1）函数 $y=f(x)$ 的定义域为 $(-\infty,+\infty)$；由于 $f(-x)=-f(x)$，所以函数为奇函数，图形关于原点对称，故只需讨论 $x\geqslant0$ 时函数的性态.

$$y'=\dfrac{-(x-1)(x+1)}{(1+x^2)^2},\quad y''=\dfrac{2x(x-\sqrt3)(x+\sqrt3)}{(1+x^2)^3}.$$

（2）当 $x\geqslant0$ 时，令 $y'=0$，得 $x=1$；令 $y''=0$，得 $x=0$ 和 $x=\sqrt3$. 点 $x=0$，$x=1$，$x=\sqrt3$ 把 $x\geqslant0$ 的部分划分成 3 部分区间：$(0,1]$，$[1,\sqrt3]$，$[\sqrt3,+\infty)$.

（3）在各部分区间根据 y' 和 y'' 的符号，将曲线弧的升降、凹凸性，以及极值点和拐点归纳在表中，见表 4-3.

表 4-3　函数 $y=\dfrac{x}{1+x^2}$ 性态变化趋势表

x	0	$(0,1)$	1	$(1,\sqrt3)$	$\sqrt3$	$(\sqrt3,+\infty)$
y'	+	+	0	−	−	−
y''	0	−			0	+
$y=f(x)$	0	↗	$\dfrac12$	↘	$\dfrac{\sqrt3}{4}$	↘
	拐点	凸	极大值	凸	拐点	凹

（4）由于 $\lim\limits_{x\to\infty}y=0$，所以函数有水平渐近线 $y=0$.

（5）作图（如图 4-11 所示）.

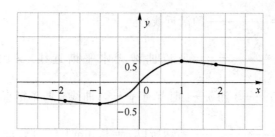

图 4-11 函数 $y=\dfrac{x}{1+x^2}$ 的图像

例 9 讨论函数 $y=x+\dfrac{x}{x^2-1}$ 的性态,并作出图像.

解 (1) 函数 $y=f(x)$ 的定义域为 $(-\infty,-1)\bigcup(-1,1)\bigcup(1,+\infty)$.

由于 $f(-x)=-x+\dfrac{-x}{x^2-1}=-f(x)$,所以 $f(x)$ 为奇函数,

$$y'=1-\frac{x^2+1}{(x^2-1)^2}=\frac{x^2(x^2-3)}{(x^2-1)^2},$$

$$y''=\frac{2x(x^2+3)}{(x^2-1)^3}=\frac{1}{(x-1)^3}+\frac{1}{(x+1)^3}.$$

(2) 令 $y'=0$,有 $x=\pm\sqrt{3},0$;令 $y''=0$,有 $x=0$;$x=\pm1$ 为函数的间断点.因此点 $x=-\sqrt{3},x=-1,x=0,x=1,x=\sqrt{3}$ 把定义域划分成 6 个部分区间:$(-\infty,-\sqrt{3}],[-\sqrt{3},-1],(-1,0],[0,1),(1,\sqrt{3}],[\sqrt{3},+\infty)$.

(3) 根据各个部分区间内 y' 和 y'' 的符号,将曲线弧的升降、凹凸以及极值点和拐点归纳在表中,见表 4-4.

表 4-4 函数 $y=x+\dfrac{x}{x^2-1}$ 的性态变化趋势表

x	$(-\infty,-\sqrt{3})$	$-\sqrt{3}$	$(-\sqrt{3},-1)$	-1	$(-1,0)$	0	$(0,1)$	1	$(1,\sqrt{3})$	$\sqrt{3}$	$(\sqrt{3},+\infty)$
y'	$+$	0	$-$			0	$-$		$-$	0	$+$
y''	$-$		$-$		$+$	0	$-$		$+$		$+$
y	↗	极大值	↘		↘	拐点	↘		↘	极小值	↗
	凸	$-\frac{3}{2}\sqrt{3}$	凸		凹		凸		凹	$\frac{3}{2}\sqrt{3}$	凹

(4) 由于 $\lim\limits_{x\to\infty}y=\infty$,所以曲线没有水平渐近线;又因为 $\lim\limits_{x\to1^-}y=-\infty$,$\lim\limits_{x\to1^+}y=+\infty$,所以 $x=1$ 为曲线 y 的一条铅直渐近线;又因为 $\lim\limits_{x\to-1^-}y=-\infty$,$\lim\limits_{x\to-1^+}y=+\infty$,因此 $x=-1$ 也为曲线 y 的一条铅直渐近线.

因为
$$a=\lim_{x\to\infty}\frac{y}{x}=\lim_{x\to\infty}\frac{1}{x}\left(x+\frac{x}{x^2-1}\right)=1,$$

$$b=\lim_{x\to\infty}(y-ax)=\lim_{x\to\infty}(y-x)=\lim_{x\to\infty}\frac{x}{x^2-1}=0,$$

所以直线 $y=x$ 为曲线 y 的斜渐近线.

(5) $f(-\sqrt{3})=-\dfrac{3}{2}\sqrt{3}$,$f(\sqrt{3})=\dfrac{3}{2}\sqrt{3}$,拐点为 $(0,0)$,结合以上讨论,画出函数 $y=x+$

$\dfrac{x}{x^2-1}$ 的图像,如图 4-12 所示.

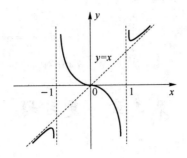

图 4-12　函数 $y=x+\dfrac{x}{x^2-1}$ 的图像

习题 4.4

1. 选择题.

(1) 设 $f(x)$ 在 $(-\infty,+\infty)$ 内存在二阶导数,且 $f(x)=-f(-x)$,当 $x<0$ 时,有 $f'(x)<0$, $f''(x)>0$,则当 $x>0$ 时,有(　).

A. $f'(x)<0,f''(x)>0$ B. $f'(x)>0,f''(x)<0$

C. $f'(x)>0,f''(x)>0$ D. $f'(x)<0,f''(x)<0$

(2) 曲线 $y=1-\dfrac{1}{x}$(　).

A. 有 1 条渐近线   B. 有 2 条渐近线

C. 有 3 条渐近线   D. 无渐近线

2. 填空题.

(1) $y=\dfrac{\pi}{2}$ 和 $y=-\dfrac{\pi}{2}$ 为曲线 $y=\arctan x$ 的_____渐近线.

(2) $x=0$ 为曲线 $y=\ln x$ 的_____渐近线.

(3) $y=\pm\dfrac{b}{a}x$ 为曲线 $\dfrac{x^2}{a^2}-\dfrac{y^2}{b^2}=1$ 的_____渐近线.

3. 求出下列函数的凹凸区间与拐点.

(1) $y=2x^3-3x^2-36x+25$;   (2) $y=x+\dfrac{1}{x}\ (x>0)$;

(3) $y=\ln(1+x^2)$;   (4) $y=\mathrm{e}^{\arctan x}$.

4. 利用函数图形的凹凸性证明:

(1) 对任何非负实数 a,b,有 $2\arctan\left(\dfrac{a+b}{2}\right)\geqslant\arctan a+\arctan b$;

(2) $x\ln x+y\ln y>(x+y)\ln\dfrac{x+y}{2}\ (x>0,y>0,x\neq y)$.

5. 求当 a,b 为何值时,点 $(1,3)$ 为曲线 $y=ax^3+bx^2$ 的拐点?

6. 讨论下列函数的渐近线.

(1) $y=\dfrac{\ln(1+x)}{x}$;   (2) $y=\sqrt{x^2+1}$;

(3) $y = \dfrac{x^2}{1+x}$；　　　　　　　　　　(4) $y = \dfrac{2(x-2)(x+3)}{x-1}$.

7. 绘出下列函数的图形.

(1) $f(x) = \ln(x^2+1)$；　　　　　　　　(2) $f(x) = x^2 + \dfrac{1}{x}$；

(3) $f(x) = x^3 - x^2 - x + 1$；　　　　　(4) $f(x) = e^{-x^2}$.

第 4 章　复习题

1. 选择题.

(1) 函数 $f(x) = (x-1)(x-2)(x-3)$，则方程有 $f'(x) = 0$ 有（　　　）.

A. 1 个实根　　　　　B. 2 个实根　　　　　C. 3 个实根　　　　　D. 无实根

(2) 极限 $\lim\limits_{x \to \frac{\pi}{2}} \dfrac{\cos 5x}{\cos 3x} = ($　　　$)$.

A. $\dfrac{5}{3}$　　　　　　　B. 1　　　　　　　C. -1　　　　　　　D. $-\dfrac{5}{3}$

(3) 设 $f'(x) = (x-1)(2x+1)$，则在区间 $(\dfrac{1}{2}, 1)$ 内（　　　）.

A. $y = f(x)$ 单调增加，曲线 $y = f(x)$ 为凹的

B. $y = f(x)$ 单调减少，曲线 $y = f(x)$ 为凹的

C. $y = f(x)$ 单调减少，曲线 $y = f(x)$ 为凸的

D. $y = f(x)$ 单调增加，曲线 $y = f(x)$ 为凸的

(4) 设 $\lim\limits_{x \to a} \dfrac{f(x) - f(a)}{(x-a)^2} = -1$，则在点 a 处（　　　）.

A. $f(x)$ 导数存在，且 $f'(a) \neq 0$　　　　　　B. $f(x)$ 取得极大值

C. $f(x)$ 取得极小值　　　　　　　　　　　　D. $f(x)$ 导数不存在

(5) 条件 $f''(x_0) = 0$ 是 $f(x)$ 的图形在点 $x = x_0$ 处有拐点的（　　　）.

A. 必要条件　　　　　　　　　　　　B. 充分条件

C. 充要条件　　　　　　　　　　　　D. 无关条件

(6) 曲线 $y = x + \dfrac{\ln x}{x}$（　　　）.

A. $x = 1$ 是铅直渐近线　　　　　　　　　B. $y = x$ 为斜渐近线

C. 单调减少　　　　　　　　　　　　　　D. 有 2 个拐点

2. 填空题.

(1) $f(x) = x^2$，$F(x) = x$ 在 $[1,2]$ 上满足柯西中值定理的 $\xi =$ _____.

(2) 若 $\lim\limits_{x \to 0} \dfrac{e^{ax} - b}{\sin 2x} = \dfrac{1}{2}$，则 $a =$ _____，$b =$ _____.

(3) $f(x) = \ln(2x+1) - x$ 的增区间是 _____.

(4) 使内接椭圆 $\dfrac{x^2}{a^2} + \dfrac{y^2}{b^2} = 1$ 的矩形面积最大，矩形的长为 _____，宽为 _____.

(5) 曲线 $y = \dfrac{x - 4\sin x}{5x - 2\cos x}$ 的水平渐近线方程为 _____.

3. 求下列极限.

(1) $\lim\limits_{x\to 0}\dfrac{e^x-e^{-x}-2x}{x^3}$;

(2) $\lim\limits_{x\to +\infty}\dfrac{\ln(x^2+1)}{\ln x}$;

(3) $\lim\limits_{x\to \infty}\left[x-x^2\ln(1+\dfrac{1}{x})\right]$;

(4) $\lim\limits_{x\to 1}(\dfrac{x}{x-1}-\dfrac{1}{\ln x})$;

(5) $\lim\limits_{x\to 0}(\dfrac{1+\tan x}{1+\sin x})^{\frac{1}{x^3}}$;

(6) $\lim\limits_{x\to +\infty}(x+\sqrt{1+x})^{\frac{1}{\ln x}}$.

4. 利用微分中值定理证明下列各题.

(1) 设 $f(x)$ 在 $[0,1]$ 上连续,在 $(0,1)$ 内可导,且 $f(1)=0$,证明至少存在一点 $\xi\in(0,1)$,使得 $f'(\xi)=-\dfrac{2f(\xi)}{\xi}$.

(2) 若方程 $a_0x^n+a_1x^{n-1}+\cdots+a_{n-1}x=0$ 有一个正根 x_0,则方程 $a_0nx^{n-1}+a_1(n-1)x^{n-2}+\cdots+a_{n-1}=0$ 必有一个小于 x_0 的正根.

(3) 设函数 $f(x)$ 在 $[a,b]$ 上二阶可导,且 $f(a)=f(b)=0$,并存在一点 $c\in(a,b)$ 使得 $f(c)>0$. 证明至少存在一点 $\xi\in(a,b)$,使得 $f''(\xi)<0$.

(4) 证明至少存在一点 $\xi\in(1,e)$,使 $\sin 1=\cos(\ln\xi)$.

5. 证明下列不等式.

(1) 设 $a>b>0,n>1$,证明:$nb^{n-1}(a-b)<a^n-b^n<na^{n-1}(a-b)$.

(2) 当 $x>1$ 时,证明:$e^x>ex$.

(3) 证明:$\dfrac{e^x+e^y}{2}>e^{\frac{x+y}{2}}\ (x\neq y)$.

6. 解答题.

(1) 求函数 $y=2x^2-\ln x$ 的单调区间.

(2) 求函数 $y=x^4(12\ln x-7)$ 的拐点.

(3) 设 $f(x)$ 在区间 $[a,+\infty)$ 上连续,$f''(x)$ 在区间 $(a,+\infty)$ 内存在且大于 0,$F(x)=\dfrac{f(x)-f(a)}{x-a}(x>a)$. 证明 $F(x)$ 在区间 $(a,+\infty)$ 内单调增加.

(4) 讨论函数 $y=\sqrt{3}\arctan x-2\arctan\dfrac{x}{\sqrt{3}}$ 的单调性,并求其极值.

(5) 设可导函数 $f(x)$ 由方程 $x^3-3xy^2+2y^3=32$ 所确定,求 $f(x)$ 的极值.

(6) 讨论方程 $x-\dfrac{\pi}{2}\sin x=k$(其中 k 为常数)在区间 $(0,\dfrac{\pi}{2})$ 内有几个实根.

(7) 在半径为 R 的圆内,作内接等腰三角形,当底边上高为多少时,它的面积最大?

 **课外阅读**

导数在经济中的应用

导数在工程、技术、科研、国防、医学、环保和经济管理等许多领域都有十分广泛的应用. 下面介绍导数在经济中的简单应用.

导数在经济中的应用

1. 边际函数

在经济学中，称导数值 $f'(x_0)$ 为相应的经济函数 $f(x)$ 在 x_0 处的边际值；称导函数 $f'(x)$ 为经济函数 $f(x)$ 的边际函数.

$f'(x_0)$ 的经济意义是：经济量 x 在某一水平 x_0 的基础上每改变 1 个单位时，对应的 y 将近似地改变 $f'(x_0)$ 个单位.（注：在实际应用中，往往略去"近似"二字.）

2. 边际成本

设成本函数 $C=C(Q)$，Q 为产量，其导数 $C'(Q)$ 称为边际成本函数，记为 MC.

$C'(Q_0)$ 的经济意义是：在 Q_0 水平的基础上，产量每改变（增加或减少）1 个单位所引起的总成本 $C(Q)$ 的改变量（增加或减少）为 $C'(Q_0)$ 个单位.

举例：已知某商品的成本函数为 $C(Q)=100+\dfrac{Q^2}{4}$，求当 $Q=10$ 时的总成本、平均成本和边际成本.

解：当 $Q=10$ 时，总成本 $C(10)=100+\dfrac{100}{4}=125$；

平均成本函数 $\overline{C}(Q)=\dfrac{C(Q)}{Q}=\dfrac{100}{Q}+\dfrac{Q}{4}$，则 $\overline{C}(10)=12.5$；

边际成本函数 $C'(Q)=\dfrac{Q}{2}$，则 $C'(10)=5$.

上例中边际成本的经济意义是：当产量在 10 个单位的基础上再多生产 1 个单位产品时，总成本将增加 5 个单位，即生产第 11 个单位产品时，所需的成本是 5 个单位.

3. 边际收益

总收益函数为 $R(Q)$，则其导数 $R'(Q)$ 称为边际收益函数，记为 MR.

$R'(Q_0)$ 的经济意义是：在销量为 Q_0 时，再多销售 1 个单位产品所引起总收益的改变量为 $R'(Q_0)$ 个单位.

举例：通过调查得知某种家具的需求函数为 $Q=1200-3P$，其中 P（单位：元）为家具的销售价格，Q（单位：件）为需求量. 求销售该家具的边际收益函数，以及销售量分别为 450 件、600 件、750 件时的边际收益.

解：由题设可知，总收益函数为

$$R(Q)=PQ=Q\left[\frac{1}{3}(1200-Q)\right]=400Q-\frac{1}{3}Q^2,$$

则边际收益函数为 $R'(Q)=400-\dfrac{2}{3}Q$，于是有

$$R'(450)=100,R'(600)=0,R'(750)=-100.$$

上例的经济意义是：当家具的销量为 450 件时，$R'(450)>0$，说明此时再增加销售量，总收益会增加，且每多销售一件家具，总收益会增加 100 元；当销量为 600 件时，$R'(600)=0$，说明此时的销量是最佳销量，它可使总收益达到最大，再增加销售量，总收益不会再增加；当销量为 750 件时，$R'(750)<0$，说明此时再增加销售量，总收益会减少，而且每多销售一件家具，总收益会减少 100 元.

4. 最大利润

总利润函数 $L(Q)$ 的导数 $L'(Q)$ 称为边际利润函数. $L'(Q_0)$ 经济意义是：在销量为 Q_0 时，再多销售 1 个单位产品所引起的总利润的改变量为 $L'(Q_0)$.

总利润函数等于总收益函数减去总成本函数,即 $L(Q)=R(Q)-C(Q)$. 于是 $L(Q)$ 取得最大值的必要条件为

$$L'(Q)=R'(Q)-C'(Q)=0, 即 R'(Q)=C'(Q);$$

$L(Q)$ 取得最大值的充分条件为

$$L''(Q)=R''(Q)-C''(Q)<0, 即 R''(Q)<C''(Q).$$

故最大利润的经济意义是:当销量 Q 满足 $R'(Q)=C'(Q)$ 且 $R''(Q)<C''(Q)$ 时,利润 $L(Q)$ 达到最大.

举例:已知某产品的需求函数为 $P=10-\dfrac{Q}{5}$,总成本函数为 $C(Q)=50+2Q$,求产量为多少时总利润最大?并验证是否符合最大利润原则.

解:由 $P=10-\dfrac{Q}{5}$,得总收益函数 $R(Q)=Q\cdot(10-\dfrac{Q}{5})=10Q-\dfrac{Q^2}{5}$. 于是,总利润函数 $L(Q)=R(Q)-C(Q)=8Q-\dfrac{Q^2}{5}-50$,有 $L'(Q)=8-\dfrac{2}{5}Q$;令 $L'(Q)=8-\dfrac{2}{5}Q=0$,得 $Q=20$, $L''(Q)=-\dfrac{2}{5}<0$. 所以,当销售量为 20 个单位时,总利润最大.

此时,$C'(20)=2,R'(20)=2$,有 $C'(20)=R'(20)$;$R''(20)=-\dfrac{2}{5},C''(20)=0$,有 $R''(20)<C''(20)$;所以符合最大利润原则.

参考答案

习题 4.1

1. $\xi=\dfrac{5}{2}$. 　　2. $\xi=\sqrt[3]{\dfrac{15}{4}}$. 　　3～8. 证明略.

习题 4.2

1. (1) 错误.正确解法:$\lim\limits_{x\to 1}\dfrac{x^3+3x^2-4}{2x^3-4x+2}=\lim\limits_{x\to 1}\dfrac{3x^2+6x}{6x^2-4}=\dfrac{9}{2}$.此题使用一次洛必达法则以后结果不再满足洛必达法则条件,不能继续使用.

(2) 错误.正确解法:$\lim\limits_{x\to\infty}\dfrac{2x+\cos x}{3x-\sin x}=\lim\limits_{x\to\infty}\dfrac{2+\dfrac{\cos x}{x}}{3-\dfrac{\sin x}{x}}=\dfrac{2}{3}$.不能由分子分母求导后的式子极限不存在来断定原式极限不存在.

2. (1) $\dfrac{\sqrt{3}}{3}$;　(2) $-\dfrac{3}{5}$;　　(3) 2;　　(4) 1;

(5) 0;　　(6) 0;　　(7) 0;　　(8) 1;　　(9) 1;

(10) $\dfrac{1}{e}$;　(11) e^a;　(12) $-\dfrac{1}{3}$.

3. 证明略.

习题 4.3

1. (1) ×;　(2) ×;　(3) ×;　(4) ×.

2. (1) B;　(2) D.

3. 单调增加.

4. (1) 在 $(-\infty,-1]\bigcup[3,+\infty)$ 内单调增加,在 $[-1,3]$ 上单调减少;

(2) 在 $[0,1]$ 上单调增加,在 $[1,2]$ 上单调减少;

(3) 在 $(-\infty,0)\bigcup(0,+\infty)$ 内单调增加;

(4) 在 $(-\infty,+\infty)$ 内单调增加.

5. 提示:(1),(2)均利用函数的单调性判别法进行证明.

6. 证明略.

7. (1) 极大值 $\dfrac{128}{3\,215}$,极小值 0;　　(2) 极大值 $4e^{-2}$,极小值 0;

(3) 极大值 $4e^{-2}$,极小值 0;　　(4) 极大值 $\dfrac{\sqrt{205}}{10}$.

8. $x=1$ 为极小值点.

9. (1) 最大值 142,最小值 7;　　(2) 最大值 $\dfrac{5}{4}$,最小值 $-5+\sqrt{6}$;

(3) 最大值 $\dfrac{1}{e}$,最小值 $-e$;　　(4) 最大值 1.

10. 1.

11. 1.

12. 1 800.

习题 4.4

1. (1) D;(2) B.

2. (1) 水平;(2) 铅直;(3) 斜.

3. (1) 在 $\left(-\infty,\dfrac{1}{2}\right)$ 上曲线为凸,在 $\left(\dfrac{1}{2},+\infty\right)$ 上曲线为凹,$\left(\dfrac{1}{2},\dfrac{13}{2}\right)$ 为拐点;

(2) 曲线为凹;

(3) 在 $(-\infty,-1)\bigcup(1,+\infty)$ 上曲线为凸,在 $(-1,1)$ 上曲线为凹,$(1,\ln 2),(-1,\ln 2)$ 为拐点;

(4) 在 $\left(-\infty,\dfrac{1}{2}\right]$ 上曲线为凹,在 $\left[\dfrac{1}{2},+\infty\right)$ 上曲线为凸,$\left(\dfrac{1}{2},e^{\arctan\frac{1}{2}}\right)$ 为拐点.

4. 证明略.

5. $a=-\dfrac{3}{2},b=\dfrac{9}{2}$.

6. (1) 水平渐近线 $y=0$;铅直渐近线 $x=-1$;

(2) 斜渐近线 $y=x$ 和 $y=-x$;

(3) 铅直渐近线 $x=-1$;斜渐近线 $y=x-1$;

(4) 铅直渐近线 $x=1$;斜渐近线 $y=2x+4$.

7. 略.

第 4 章复习题

1. (1) B;　(2) D;　(3) B;　(4) B;　(5) D;　(6) B.

2. (1) $\dfrac{3}{2}$;　(2) 1,1;　(3) $\left(-\dfrac{1}{2},\dfrac{1}{2}\right]$;　(4) $\sqrt{2}a,\sqrt{2}b$;　(5) $\dfrac{1}{5}$.

3. (1) $\dfrac{1}{3}$；　(2) 2；　(3) $\dfrac{1}{2}$；　(4) $\dfrac{1}{2}$；　(5) $\mathrm{e}^{\frac{1}{2}}$；　(6) e.

4. 证明略.

5. 证明略.

6. (1) 当 $x\in\left(0,\dfrac{1}{2}\right)$ 时，$f(x)$ 单调减少；当 $x\in\left(\dfrac{1}{2},+\infty\right)$ 时，$f(x)$ 单调增加；

   (2) $(1,-7)$；

   (3) 证明略；

   (4) 在 $(-\infty,-1]\cup[1,+\infty)$ 上单调减少，在 $[-1,1]$ 上单调增加；

   (5) 极小值 $f(-2)=2$；

   (6) 当 $k\geqslant 0$ 或 $k<\arccos\dfrac{2}{\pi}-\dfrac{\sqrt{\pi^2-4}}{2}$ 时，方程在 $\left(0,\dfrac{\pi}{2}\right)$ 内无实根；

      当 $\arccos\dfrac{2}{\pi}-\dfrac{\sqrt{\pi^2-4}}{2}<k<0$ 时，有两个实根；

      当 $k=\arccos\dfrac{2}{\pi}-\dfrac{\sqrt{\pi^2-4}}{2}$ 时，有唯一实根；

   (7) $\dfrac{3}{2}R$.

第5章 不定积分

学习内容

在前面的几章里,我们学习了对给定的函数 $y=f(x)$ 如何运用微分学的方法对它的某些性态进行研究和讨论.本章开始,我们要讨论对于未知函数 $F(x)$,如果知道它的导数是 $f(x)$,那么应该如何寻求这样的 $F(x)$.当导数 $f(x)$ 的表达形式比较简单的时候,我们可以利用导数的概念对 $F(x)$ 进行递推,但是当 $f(x)$ 的表达形式比较复杂的时候,这样处理就很困难,需要探索更适用的解题方法.除了介绍微分逆运算——不定积分的计算方法以外,本章还会讲解不定的应用——微分方程初步.

应用实例

假如现在是 0 时刻,火车开始刹车后的速度与时间的函数关系式为 $v(t)=1-\frac{1}{2}t$ km/min,其中 $t>0$.那么火车从 $t=0$ 时刻开始刹车直到速度减为 0 时,它会运行多长距离呢?

分析:当火车速度为 0 时,令 $1-\frac{1}{2}t=0$ 可求出火车停止下来的时间 $t=2$ min,也就是说刹车 2 min 后火车才会静止下来.显然如果我们知道路程函数 $s(t)$,就可以求出火车从 $t=0$ 到静止时所运行的路程.那么根据 $v(t)=1-\frac{1}{2}t$ km/min,我们怎样求出 $s(t)$ 并进而求出火车从开始刹车到静止的距离呢?

5.1 不定积分的概念和性质

原函数的概念・不定积分的概念・不定积分的几何意义・不定积分的性质

5.1.1 原函数和不定积分的概念

在第 3 章,我们学习了函数的导数运算.在本章开始的"应用实例"部分中,已知火车在刹车过程中的 t 时刻的瞬时速度为 $v(t)$,求质点的运动规律方程 $s(t)$,这个问题可归结为求一个可微函数 $s(t)$,使得 $s'(t)=v(t)$ 的问题.抽去问题的物理意义,从数学的角度来看,就是要进行求导的逆运算.这就引出了原函数的概念.

定义 5.1.1 设函数 $f(x)$ 在区间 I 上有定义,若在区间 I 上存在函数 $F(x)$,使得 $F'(x)=f(x),x\in I$ 或者 $\mathrm{d}F(x)=f(x)\mathrm{d}x(x\in I)$,则称 $F(x)$ 是 $f(x)$ 在区间 I 上的一个原函数.

例如,因为 $(x^3)'=3x^2$,所以 x^3 是 $3x^2$ 的一个原函数,当然 x^3+1 也是 $3x^2$ 的一个原函数.

因为 $(\ln x)'=\frac{1}{x}$,所以 $\ln x$ 是 $\frac{1}{x}$ 的一个原函数,当然 $\ln x+5$ 也是 $\frac{1}{x}$ 的一个原函数.又因

为 $(\arcsin x)'=\dfrac{1}{\sqrt{1-x^2}}(x\in(-1,1))$，所以，$\arcsin x$ 是 $\dfrac{1}{\sqrt{1-x^2}}$ 在 $(-1,1)$ 上的一个原函数，

同样 $\arcsin x+C$ 也是 $\dfrac{1}{\sqrt{1-x^2}}$ 在 $(-1,1)$ 上的一个原函数，其中 C 是任意的常数.

显然，如果函数 $F(x)$ 是 $f(x)$ 的一个原函数，则对任意常数 $C(C\in\mathbf{R})$ 来说，$F(x)+C$ 也是 $f(x)$ 的原函数. 如果函数 $F(x),G(x)$ 都是 $f(x)$ 的原函数，那么由 $F'(x)=f(x),G'(x)=f(x)$ 可以推导出 $[G(x)-F(x)]'=G'(x)-F'(x)=f(x)-f(x)=0$，则 $G(x)-F(x)=C$，即 $G(x)=F(x)+C$，也就证明了 $f(x)$ 的任意两个原函数之差为常数.

因此，函数 $f(x)$ 在区间 I 内的任意原函数，可记为 $F(x)+C$，其中 $F(x)$ 是 $f(x)$ 的一个原函数，$C\in\mathbf{R}$. 函数 $f(x)$ 的全体原函数所组成的集合，就是函数族 $\{F(x)+C|C\in\mathbf{R}\}$.

定义 5.1.2　设函数 $F(x)$ 是 $f(x)$ 在区间 I 的一个原函数，则称 $F(x)+C$ 为函数 $f(x)$ 在区间 I 的不定积分，记作 $\displaystyle\int f(x)\mathrm{d}x$，即 $\displaystyle\int f(x)\mathrm{d}x=F(x)+C$.

其中记号 $\displaystyle\int$ 称为积分号，$f(x)$ 称为被积函数，$f(x)\mathrm{d}x$ 称为被积表达式，x 称为积分变量，C 为任意常数，称为积分常数. 可以证明，若函数 $f(x)$ 在区间 I 上连续，则 $f(x)$ 在 I 上一定有原函数，因而函数 $f(x)$ 的不定积分也一定存在.

【总结】　只要有一个原函数存在，就意味着有无穷多个原函数存在. 不定积分是全体原函数的集合. 特别需要注意的是 $\displaystyle\int 0\mathrm{d}x\neq 0,\displaystyle\int 0\mathrm{d}x=C$.

例 1　求不定积分 $\displaystyle\int x^3\mathrm{d}x$.

解　因为 $\left(\dfrac{1}{4}x^4\right)'=x^3$，所以 $\dfrac{1}{4}x^4$ 是 x^3 的一个原函数，因此 $\displaystyle\int x^3\mathrm{d}x=\dfrac{1}{4}x^4+C$.

例 2　求不定积分 $\displaystyle\int\dfrac{1}{x}\mathrm{d}x$.

解　当 $x>0$ 时，因为 $(\ln x)'=\dfrac{1}{x}$，所以 $\displaystyle\int\dfrac{1}{x}\mathrm{d}x=\ln x+C$；

当 $x<0$ 时，因为 $[\ln(-x)]'=\dfrac{1}{-x}\cdot(-1)=\dfrac{1}{x}$，所以 $\displaystyle\int\dfrac{1}{x}\mathrm{d}x=\ln(-x)+C$.

合并上面两式，得

$$\int\dfrac{1}{x}\mathrm{d}x=\ln|x|+C\ (x\neq 0).$$

5.1.2　不定积分的几何意义

例 3　设曲线通过点 $(1,0)$，且曲线上任一点处的切线斜率都等于这点横坐标的两倍，求此曲线的方程.

解　设所求的曲线方程为 $y=f(x)$，由题设可知曲线上任一点 (x,y) 处的切线斜率为 $y'=f'(x)=2x$，即函数 $y=f(x)$ 是 $2x$ 的一个原函数.

又因为　　　　　　　　　　　$\displaystyle\int 2x\mathrm{d}x=x^2+C,$

所以　　　　　　　　　　　　　$f(x)=x^2+C,$

满足题目中斜率条件的曲线集为

$$y = x^2 + C.$$

又因为所求曲线通过点 $(1,0)$ ，故 $0 = 1 + C$，$C = -1$，于是所求曲线方程为

$$y = x^2 - 1.$$

这个例子体现了不定积分的几何意义，具体描述如下.

如果给定曲线在每一点的切线斜率为 $f(x)$，若 $F(x)$ 是 $f(x)$ 的一个原函数，即 $F'(x) = f(x)$，$\int f(x)dx = F(x) + C$，则称 $y = F(x)$ 为 $f(x)$ 的一条积分曲线. 显然，对任意常数 $C(C \in \mathbf{R})$，$y = F(x) + C$ 也是 $f(x)$ 的积分曲线，因此称 $y = F(x) + C$ 为 $f(x)$ 的积分曲线族. 它们是由 $y = F(x)$ 这条积分曲线沿 y 轴方向平行移动所得的一簇曲线，如图 5-1 所示.

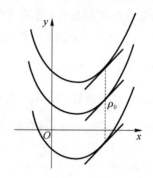

图 5-1 不定积分的几何意义

在这些曲线上，对应着点 x 的切线，都有相同的斜率 $F'(x) = f(x)$. 如果需要求出过定点 $P_0(x_0, y_0)$ 的积分曲线，则可由 $C = y_0 - F(x_0)$ 确定唯一的 C，即 $y = F(x) + y_0 - F(x_0)$ 就是满足初始条件 $y_0 = y(x_0)$ 的积分曲线.

5.1.3 不定积分的基本性质

由不定积分的定义，可以得到以下基本性质：

(1) 设函数 $f(x)$ 有原函数，则 $\dfrac{d}{dx}\left[\int f(x)dx\right] = f(x)$，或 $d\left[\int f(x)dx\right] = f(x)dx$.

(2) 设函数 $F(x)$ 可微，则 $\int F'(x)dx = F(x) + C$，或 $\int dF(x) = F(x) + C$.

(3) 函数的和的不定积分等于各个函数的不定积分的和，即 $\int [f(x) + g(x)]dx = \int f(x)dx + \int g(x)dx$.

(4) 求不定积分时，被积函数中不为零的常数因子可以提到积分号外面来，即 $\int kf(x)dx = k\int f(x)dx$，其中 k 为不等于零的常数，函数 $f(x)$，$g(x)$ 均为连续函数.

由性质(1)，(2)可见，微分运算（以记号 d 表示）与不定积分的运算（简称积分运算，以记号 $\int$ 表示）是互逆的. 当记号 $\int$ 与 d 连在一起时，能相互抵消，或者抵消后相差一个常数.

性质(3)，(4)称为不定积分的线性性质，可合写为 $\int [af(x) + bg(x)]dx = a\int f(x)dx + b\int g(x)dx (a, b$ 为不同时为零的常数)，不定积分运算是线性运算.

【思考】 该公式中常数 a 与 b 不同时为零有什么意义呢? 若 $a=b=0$,会得到什么结果?

解答:如果 $a=b=0$,那么左边 $=\int 0\mathrm{d}x=C$,而右边 $=0\times\int[f(x)+g(x)]\mathrm{d}x=0$,左边不等于右边.因此大家必须特别注意 a,b 不能同时为零.

5.1.4　基本积分公式表

把求导的公式反转过来,就得到以下的积分公式表.这些公式是进行积分运算的基础,同学们必须熟记.

基本积分表

(1) $\int k\mathrm{d}x=kx+C$ (k 是常数),特别地,$\int 0\mathrm{d}x=C$;

(2) $\int x^{\mu}\mathrm{d}x=\dfrac{x^{\mu+1}}{\mu+1}+C$ ($\mu\neq-1$),特别地,$\int 1\mathrm{d}x=\int \mathrm{d}x=x+C$;

(3) $\int \dfrac{1}{x}\mathrm{d}x=\ln|x|+C$;

(4) $\int a^{x}\mathrm{d}x=\dfrac{a^{x}}{\ln a}+C$ ($a>0,a\neq1$),特别地,$\int \mathrm{e}^{x}\mathrm{d}x=\mathrm{e}^{x}+C$;

(5) $\int \sin x\mathrm{d}x=-\cos x+C$;

(6) $\int \cos x\mathrm{d}x=\sin x+C$;

(7) $\int \sec^{2}x\mathrm{d}x=\int \dfrac{\mathrm{d}x}{\cos^{2}x}=\tan x+C$;

(8) $\int \csc^{2}x\mathrm{d}x=\int \dfrac{\mathrm{d}x}{\sin^{2}x}=-\cot x+C$;

(9) $\int \sec x\tan x\mathrm{d}x=\sec x+C$;

(10) $\int \csc x\cot x\mathrm{d}x=-\csc x+C$;

(11) $\int \dfrac{\mathrm{d}x}{\sqrt{1-x^{2}}}=\arcsin x+C$ 或 $\int \dfrac{\mathrm{d}x}{\sqrt{1-x^{2}}}=-\arccos x+C$;

(12) $\int \dfrac{\mathrm{d}x}{1+x^{2}}=\arctan x+C$ 或 $\int \dfrac{\mathrm{d}x}{1+x^{2}}=-\operatorname{arccot} x+C$.

【小贴士】 计算不定积分的主要思想是将不定积分转化为以上积分表中的形式,这样就可以直接代入积分表计算,或者将被积函数进行简单变形,利用不定积分的基本性质和积分表来计算.常用的积分方法有对分式中的分子加减常数、对三角函数进行三角恒等变形等.

例 4　求积分 $\int \dfrac{1}{\sqrt{x}}\mathrm{d}x$.

解　直接代入积分表计算 $\int \dfrac{1}{\sqrt{x}}\mathrm{d}x=\int x^{-\frac{1}{2}}\mathrm{d}x=\dfrac{x^{-\frac{1}{2}+1}}{-\frac{1}{2}+1}+C=2\sqrt{x}+C$.

例 5　求积分 $\int(1-2x)^{2}\sqrt{x}\mathrm{d}x$.

解　将被积函数进行简单的变形,利用积分的基本性质计算得

$$\int (1-2x)^2 \sqrt{x}\, dx = \int (x^{\frac{1}{2}} - 4x^{\frac{3}{2}} + 4x^{\frac{5}{2}})\, dx$$

$$= \int x^{\frac{1}{2}}\, dx - 4\int x^{\frac{3}{2}}\, dx + 4\int x^{\frac{5}{2}}\, dx$$

$$= \frac{2}{3}x^{\frac{3}{2}} - \frac{8}{5}x^{\frac{5}{2}} + \frac{8}{7}x^{\frac{7}{2}} + C$$

例 6 求积分 $\int 2^x e^x\, dx$.

解 $\int 2^x \cdot e^x\, dx = \int (2e)^x\, dx = \dfrac{(2e)^x}{\ln(2e)} + C$.

例 7 求积分 $\int \dfrac{1 + x + x^2}{x(1 + x^2)}\, dx$.

解 对被积函数中分式的分子进行整理, 得

$$\int \frac{1 + x + x^2}{x(1 + x^2)}\, dx = \int \frac{x + (1 + x^2)}{x(1 + x^2)}\, dx$$

$$= \int \frac{1}{1 + x^2}\, dx + \int \frac{1}{x}\, dx$$

$$= \arctan x + \ln|x| + C.$$

例 8 求积分 $\int \sin^2 \dfrac{x}{2}\, dx$.

解 被积函数中含有三角函数, 利用三角恒等式进行变形, 即

$$\int \sin^2 \frac{x}{2}\, dx = \int \frac{1}{2}(1 - \cos x)\, dx = \frac{1}{2}\int (1 - \cos x)\, dx = \frac{1}{2}(x - \sin x) + C.$$

例 9 求积分 $\int (10^x + \tan^2 x)\, dx$.

解 $\int (10^x + \tan^2 x)\, dx = \int 10^x\, dx + \int \tan^2 dx$

$$= \int 10^x\, dx + \int (\sec^2 x - 1)\, dx$$

$$= \frac{1}{\ln 10} 10^x + \tan x - x + C.$$

例 10 求积分 $\int \dfrac{dx}{\sin^2 x \cos^2 x}$.

解 $\int \dfrac{dx}{\sin^2 x \cos^2 x} = \int \dfrac{\sin^2 x + \cos^2 x}{\sin^2 x \cos^2 x}\, dx = \int \dfrac{dx}{\cos^2 x} + \int \dfrac{dx}{\sin^2 x} = \tan x - \cot x + C.$

【总结】 以上例题的不定积分都是经过简单的恒等变形, 运用积分的基本公式和性质进行计算的, 通常我们把这种积分方法称为直接积分法.

这一节中, 我们学习了原函数和不定积分的概念, 以及不定积分的基本性质和基本积分公式. 为了更好地进行后面的学习, 读者应该熟记积分公式表, 多做练习, 熟能生巧.

习题 5.1

1. 选择题.

(1) 若 $\int f(x)\, dx = x^2 e^{2x} + c$, 则 $f(x) = ($ $)$.

A. $2x\mathrm{e}^{2x}$　　　　B. $2x^2\mathrm{e}^{2x}$　　　　C. $x\mathrm{e}^{2x}$　　　　D. $2x\mathrm{e}^{2x}(1+x)$

(2) 下列哪一个不是 $\sin 2x$ 的原函数(　　　).

A. $-\dfrac{1}{2}\cos 2x+c$　　　　　　B. $\sin^2 x+c$

C. $-\cos^2 x+c$　　　　　　　　　D. $\dfrac{1}{2}\sin^2 x+c$

(3) 下列命题中错误的是(　　　).

A. 若 $f(x)$ 在 (a,b) 内的某个原函数是常数,则在 (a,b) 内 $f(x)\equiv 0$

B. 若 $f(x)$ 在 (a,b) 内不连续,则 $f(x)$ 在 (a,b) 内必无原函数

C. 若 $f(x)$ 的某个原函数为零,则 $f(x)$ 的所有原函数均为常数

D. 若 $F(x)$ 为 $f(x)$ 的原函数,则 $F(x)$ 为连续函数

(4) 设 a 是正数,函数 $f(x)=a^x$,$\varphi(x)=a^x\log_a\mathrm{e}$,则(　　　).

A. $f(x)$ 是 $\varphi(x)$ 的导数　　　　B. $\varphi(x)$ 是 $f(x)$ 的导数

C. $f(x)$ 是 $\varphi(x)$ 的原函数　　　D. $\varphi(x)$ 是 $f(x)$ 的不定积分

2. 填空题.

(1) 设 $f(x)$ 是连续函数,则 $\mathrm{d}\displaystyle\int f(x)\mathrm{d}x=$ _____;$\displaystyle\int \mathrm{d}f(x)=$ _____;$\displaystyle\int f'(x)\mathrm{d}x=$

_____.

(2) 经过点 $(1,2)$,且其切线的斜率为 $2x$ 的曲线方程为_____.

3. 判断对错,如果错误,请改正.

(1) $\displaystyle\int \sin x\mathrm{d}x=\cos x$;

(2) $\displaystyle\int kf(x)\mathrm{d}x=k\displaystyle\int f(x)\mathrm{d}x$,其中 $k\in \mathbf{R}$.

4. 计算下列不定积分.

(1) $\displaystyle\int 5\mathrm{d}x$;　　　　　　　　　(2) $\displaystyle\int \left(x^5+x^3-\dfrac{\sqrt{x}}{4}\right)\mathrm{d}x$;

(3) $\displaystyle\int (x^2-1)^2\mathrm{d}x$;　　　　　　(4) $\displaystyle\int (2\sin x-4\cos x)\mathrm{d}x$;

(5) $\displaystyle\int \mathrm{e}^x\left(1-\dfrac{\mathrm{e}^{-x}}{x}\right)\mathrm{d}x$;　　　　(6) $\displaystyle\int \dfrac{x^2+\sin^2 x}{x^2\sin^2 x}\mathrm{d}x$;

(7) $\displaystyle\int \dfrac{2-\sqrt{1-x^2}}{\sqrt{1-x^2}}\mathrm{d}x$;　　　　(8) $\displaystyle\int \dfrac{x^4}{1+x^2}\mathrm{d}x$;

(9) $\displaystyle\int \dfrac{1}{\sin^2\frac{x}{2}\cos^2\frac{x}{2}}\mathrm{d}x$;　　　(10) $\displaystyle\int \dfrac{\mathrm{d}x}{1+\cos 2x}$.

5. 设质点沿 x 轴运动,开始时位于点 $x=1$,运动速度为 $v(t)=\dfrac{t^3+t-2}{1+t^2}$,求质点的运动规律 $x=x(t)$.

6. 已知 $f(x)=\begin{cases}2x\cos\dfrac{1}{x^2}+\dfrac{2}{x}\sin\dfrac{1}{x^2}, & x\neq 0,\\ 0, & x=0,\end{cases}$ $F(x)=\begin{cases}x^2\cos\dfrac{1}{x^2}, & x\neq 0,\\ 0, & x=0.\end{cases}$

(1) 讨论 $f(x)$ 与 $F(x)$ 的连续性与可微性;

(2) 证明 $F(x)$ 为 $f(x)$ 的一个原函数.

5.2 换元积分

第一类换元积分法·凑微分·第二类换元积分法

计算函数的不定积分,能直接用基本积分公式进行计算的情况是很有限的,因此我们有必要进一步研究不定积分的解法.换元积分法是把复合函数的求导法则反演过来,用于计算不定积分的一种积分方法.其具体的做法是:在被积函数中,引进一个与旧变量具有一定函数关系的新变量,以代替旧变量,使得变形后的积分更容易转化为基本积分表中的形式,待求出不定积分后再把旧变量代换回来.在这一节中,我们将讲解用于计算不定积分的换元积分法.

5.2.1 第一类换元积分法

由复合函数的微分法,我们知道若 $F'(u) = f(u)$,而 $u = \varphi(x)$ 可导,有 $\dfrac{\mathrm{d}}{\mathrm{d}x}F[\varphi(x)] = F'[\varphi(x)]\varphi'(x) = f[\varphi(x)]\varphi'(x)$,这说明 $F[\varphi(x)]$ 是 $f[\varphi(x)]\varphi'(x)$ 关于积分变量 x 的一个原函数,则由不定积分的定义可得 $\displaystyle\int f[\varphi(x)]\varphi'(x)\mathrm{d}x = F[\varphi(x)] + C = [F(u) + C]\big|_{u=\varphi(x)}$.

加上适当的条件后,就有下述定理.

定理 5.2.1 设函数 $f(u)$ 有原函数 $F(u)$,函数 $u = \varphi(x)$ 可导,则有换元公式 $\displaystyle\int f[\varphi(x)] \cdot \varphi'(x)\mathrm{d}x = \left[\int f(u)\mathrm{d}u\right]\Big|_{u=\varphi(x)} = F[\varphi(x)] + C$.

在定理 5.2.1 中,虽然 $\displaystyle\int f[\varphi(x)] \cdot \varphi'(x)\mathrm{d}x$ 是一个整体记号,但是被积表达式中的 $\mathrm{d}x$ 可当作积分变量 x 的微分来对待,从而微分等式 $\varphi'(x)\mathrm{d}x = \mathrm{d}u$ 可以应用到被积表达式中.

求不定积分 $\displaystyle\int g(x)\mathrm{d}x$ 的方法是:将 $g(x)$ 视为 $\varphi(x)$ 的复合函数,留出导数因子 $\varphi'(x)$,即把被积函数 $g(x)$"拼凑"成 $f[\varphi(x)]\varphi'(x)$ 的形式,然后令 $u = \varphi(x)$,将其转化为 $\displaystyle\int f(u)\mathrm{d}u$ 来进行计算,接着用 $u = \varphi(x)$ 代回,即 $\displaystyle\int g(x)\mathrm{d}x = \int f[\varphi(x)]\varphi'(x)\mathrm{d}x \xrightarrow{\text{令}\varphi(x)=u} \int f(u)\mathrm{d}u = F(u) + C \xrightarrow{u=\varphi(x)} F[\varphi(x)] + C$.

这种"拼凑"的技巧运用很广,因此称为第一类换元法,也叫作凑微分法.

例 1 求积分 $\displaystyle\int \cos 2x\mathrm{d}x$.

解 $\displaystyle\int \cos 2x\mathrm{d}x = \int \cos 2x \cdot \frac{1}{2} \cdot 2\mathrm{d}x = \frac{1}{2}\int \cos 2x\mathrm{d}(2x)$,所以引进中间变量 $u = 2x$,则 $\mathrm{d}u = \mathrm{d}(2x)$,得到 $\displaystyle\int \cos 2x\mathrm{d}x = \frac{1}{2}\int \cos 2x\mathrm{d}(2x) = \frac{1}{2}\int \cos u\mathrm{d}u = \frac{1}{2}\sin u + C$. 最后将 $u = 2x$ 代回,便得到 $\displaystyle\int \cos 2x\mathrm{d}x = \frac{1}{2}\sin 2x + C$.

例 2 求积分 $\displaystyle\int \frac{1}{3 + 2x}\mathrm{d}x$.

解 引进变量 $u = 3 + 2x$，$du = d(3+2x) = 2dx$，即 $dx = \dfrac{1}{2}du$，代入得到 $\displaystyle\int \dfrac{1}{3+2x}dx =$

$\displaystyle\int \dfrac{1}{u} \cdot \dfrac{1}{2}du = \dfrac{1}{2}\int \dfrac{du}{u} = \dfrac{1}{2}\ln|u| + C$，最后将 $u = 3 + 2x$ 代回，便得到 $\displaystyle\int \dfrac{1}{3+2x}dx =$

$\dfrac{1}{2}\ln|3+2x| + C$.

例 3 求积分 $\displaystyle\int 3x^2 e^{x^3}dx$.

解 $\displaystyle\int 3x^2 e^{x^3}dx \xrightarrow[du=3x^2dx]{u=x^3} \int e^u du = e^u + C = e^{x^3} + C$.

对变量代换的方法比较熟悉后，我们可以省略写出中间变量 u 的步骤，即可直接计算如下：

$$\int 3x^2 e^{x^3}dx = \int e^{x^3} d(x^3) = e^{x^3} + C.$$

例 4 求积分 $\displaystyle\int 3x\sqrt{1-x^2}dx$.

解
$$\int 3x\sqrt{1-x^2}dx = -\dfrac{3}{2}\int \sqrt{1-x^2}d(1-x^2)$$
$$= -\dfrac{3}{2} \cdot \dfrac{2}{3}(1-x^2)^{\frac{3}{2}} + C$$
$$= -(1-x^2)^{\frac{3}{2}} + C.$$

【总结】 第一类换元法的关键是凑出微分，即与基本积分公式对照，找出适当的"拼凑"对象，因此，要快速准确进行运算的前提条件是要我们对基本积分公式非常熟悉.

例 5 求积分 $\displaystyle\int \dfrac{\sin\sqrt{x}}{\sqrt{x}}dx$.

解 $\displaystyle\int \dfrac{\sin\sqrt{x}}{\sqrt{x}}dx = 2\int \sin\sqrt{x}d(\sqrt{x}) = -2\cos\sqrt{x} + C$.

例 6 求积分 $\displaystyle\int \dfrac{dx}{x(1+2\ln x)}$.

解
$$\int \dfrac{dx}{x(1+2\ln x)} = \int \dfrac{1}{1+2\ln x}d(\ln x)$$
$$= \dfrac{1}{2}\int \dfrac{1}{1+2\ln x}d(1+2\ln x)$$
$$= \dfrac{1}{2}\ln|1+2\ln x| + C.$$

【小贴士】 在例 6 中，第一次凑微分后得到的 $\ln x$ 没有加绝对值符号，因为被积函数的定义域决定了 $x > 0$，最后结果 $\dfrac{1}{2}\ln|1+2\ln x| + C$ 中加了绝对值符号，这是因为被积函数的定义域不能保证 $(1+2\ln x) > 0$.

例 7 求积分 (1) $\displaystyle\int \dfrac{dx}{a^2+x^2}$ $(a \neq 0)$；   (2) $\displaystyle\int \dfrac{dx}{\sqrt{a^2-x^2}}$ $(a > 0)$.

解 (1) $\displaystyle\int \dfrac{dx}{a^2+x^2} = \dfrac{1}{a^2}\int \dfrac{dx}{1+(\frac{x}{a})^2} = \dfrac{1}{a}\int \dfrac{d(\frac{x}{a})}{1+(\frac{x}{a})^2} = \dfrac{1}{a}\arctan\dfrac{x}{a} + C$；

(2) $\int \dfrac{\mathrm{d}x}{\sqrt{a^2-x^2}} = \dfrac{1}{a}\int \dfrac{\mathrm{d}x}{\sqrt{1-\left(\frac{x}{a}\right)^2}} = \int \dfrac{\mathrm{d}\left(\frac{x}{a}\right)}{\sqrt{1-\left(\frac{x}{a}\right)^2}} = \arcsin\dfrac{x}{a} + C.$

例 8 求 $\int \dfrac{\mathrm{d}x}{a^2-x^2}(a \neq 0)$.

解 先将分式拆分开得 $\dfrac{1}{a^2-x^2} = \dfrac{1}{2a}\left(\dfrac{1}{a+x} + \dfrac{1}{a-x}\right)$, 再利用基本积分公式, 即

$$\int \frac{\mathrm{d}x}{a^2-x^2} = \frac{1}{2a}\int \frac{(a+x)+(a-x)}{(a+x)(a-x)}\mathrm{d}x$$

$$= \frac{1}{2a}\int \left(\frac{1}{a+x} + \frac{1}{a-x}\right)\mathrm{d}x$$

$$= \frac{1}{2a}\left[\int \frac{\mathrm{d}(a+x)}{a+x} - \int \frac{\mathrm{d}(a-x)}{a-x}\right]$$

$$= \frac{1}{2a}\left[\ln|a+x| - \ln|a-x|\right] + C = \frac{1}{2a}\ln\left|\frac{a+x}{a-x}\right| + C.$$

【小贴士】 下面的几个关于积分的例子中, 被积函数中都含有三角函数, 我们在计算积分时, 要注意先观察特征, 再利用相应的三角恒等式进行计算.

例 9 求下列积分.

(1) $\int \tan x \mathrm{d}x$; (2) $\int \csc x \mathrm{d}x$; (3) $\int \sec x \mathrm{d}x$.

解 (1) $\int \tan x \mathrm{d}x = \int \dfrac{\sin x}{\cos x}\mathrm{d}x = -\int \dfrac{1}{\cos x}\mathrm{d}(\cos x) = -\ln|\cos x| + C.$

(2)
$$\int \csc x \mathrm{d}x = \int \frac{1}{\sin x}\mathrm{d}x$$

$$= \int \frac{1}{2\sin\frac{x}{2}\cos\frac{x}{2}}\mathrm{d}x$$

$$= \int \frac{\mathrm{d}\frac{x}{2}}{\tan\frac{x}{2}\cos^2\frac{x}{2}} = \int \frac{\mathrm{d}\tan\frac{x}{2}}{\tan\frac{x}{2}} = \ln\left|\tan\frac{x}{2}\right| + C.$$

又因为 $\tan\dfrac{x}{2} = \csc x - \cot x$, 所以

$$\int \csc x \mathrm{d}x = \ln|\csc x - \cot x| + C.$$

(3) $\int \sec x \mathrm{d}x = \int \csc\left(x+\dfrac{\pi}{2}\right)\mathrm{d}\left(x+\dfrac{\pi}{2}\right)$

$$= \ln\left|\csc\left(x+\frac{\pi}{2}\right) - \cot\left(x+\frac{\pi}{2}\right)\right| + C$$

$$= \ln|\sec x + \tan x| + C.$$

例 10 求积分 $\int \sin^m x \cos^n x \mathrm{d}x(m,n \in \mathbf{N}^*)$.

解 (1) 当 $m=1, n=1$ 时, $\int \sin x\cos x \mathrm{d}x = \int \sin x \mathrm{d}(\sin x) = \dfrac{1}{2}\sin^2 x + C$;

或者 $\displaystyle\int \sin x\cos x\mathrm{d}x = -\int\cos x\mathrm{d}(\cos x) = -\frac{1}{2}\cos^2 x + C;$

或者 $\displaystyle\int \sin x\cos x\mathrm{d}x = \frac{1}{2}\int\sin 2x\mathrm{d}x = \frac{1}{4}\int\sin 2x\mathrm{d}(2x) = -\frac{1}{4}\cos 2x + C.$

【小贴士】　我们可以看出,用不同的积分方法,求出的原函数形式可以不同,但可以验证各个结果的导数都是 $\sin x\cos x$,经过三角函数的运算可知这些原函数之间只相差一个任意常数.

(2) 当 $m>1, n>1$ 时,分为两种情况.

情况 1:当 m,n 中有一个是奇数时,可以从奇数次项中拿出一个单因子来凑微分.

例如:$\displaystyle\int\sin^2 x\cos^3 x\mathrm{d}x = \int\sin^2 x\cos^2 x\cdot\cos x\mathrm{d}x = \int\sin^2 x(1-\sin^2 x)\mathrm{d}(\sin x)$

$$= \int(\sin^2 x - \sin^4 x)\mathrm{d}(\sin x) = \frac{1}{3}\sin^3 x - \frac{1}{5}\sin^5 x + C.$$

同理 $\displaystyle\int\sin^3 x\mathrm{d}x = \int\sin^2 x\cdot\sin x\mathrm{d}x = -\int(1-\cos^2 x)\mathrm{d}(\cos x) = -\cos x + \frac{1}{3}\cos^3 x + C.$

$$\int\sin^3 x\cos^5 x\mathrm{d}x = \int\sin^3 x\cos^4 x\mathrm{d}(\sin x)$$

$$= \int\sin^3 x(1-\sin^2 x)^2\mathrm{d}(\sin x) = \frac{1}{4}\sin^4 x - \frac{1}{3}\sin^6 x + \frac{1}{8}\sin^8 x + C.$$

情况 2:当 m,n 都为偶数时,可以通过降次的方法积分.

例如:$\displaystyle\int\cos^4 x\mathrm{d}x = \int(\cos^2 x)^2\mathrm{d}x = \int\left[\frac{1}{2}(1+\cos 2x)\right]^2\mathrm{d}x = \frac{1}{4}\int(1+2\cos 2x + \cos^2 2x)\mathrm{d}x$

$$= \frac{1}{4}\int\left(\frac{3}{2}+2\cos 2x + \frac{1}{2}\cos 4x\right)\mathrm{d}x = \frac{1}{4}\left(\frac{3}{2}x + \sin 2x + \frac{1}{8}\sin 4x\right) + C$$

$$= \frac{3}{8}x + \frac{1}{4}\sin 2x + \frac{1}{32}\sin 4x + C.$$

例 11　求下列积分.

(1) $\displaystyle\int\sec^4 x\mathrm{d}x$;　　(2) $\displaystyle\int\tan^3 x\sec^3 x\mathrm{d}x.$

解　对于含有三角函数 $\sec x, \tan x$ 的不定积分,我们可以利用"常用凑微分公式"中的⑥,⑨和⑩与三角公式 $1+\tan^2 x = \sec^2 x$ 相结合的方式进行求解.

$$\int\sec^4 x\mathrm{d}x = \int\sec^2 x\cdot\sec^2 x\mathrm{d}x = \int(1+\tan^2 x)\mathrm{d}(\tan x) = \tan x + \frac{1}{3}\tan^3 x + C.$$

(2) $\displaystyle\int\tan^3 x\sec^3 x\mathrm{d}x = \int\tan^2 x\sec^2 x\cdot\tan x\sec x\mathrm{d}x$

$$= \int(\sec^2 x - 1)\sec^2 x\mathrm{d}(\sec x) = \frac{1}{5}\sec^5 x - \frac{1}{3}\sec^3 x + C.$$

例 12　求积分 $\displaystyle\int\cos 3x\cos 2x\mathrm{d}x.$

解　利用三角函数的积化和差公式有

$$\int\cos 3x\cos 2x\mathrm{d}x = \frac{1}{2}\int(\cos x + \cos 5x)\mathrm{d}x = \frac{1}{2}\sin x + \frac{1}{10}\sin 5x + C.$$

例 13　求积分 $\displaystyle\int\frac{1+x}{x(1+x\mathrm{e}^x)}\mathrm{d}x.$

解 分子分母分别乘以 e^x 有

$$\int \frac{1+x}{x(1+xe^x)}dx = \int \frac{e^x(1+x)}{xe^x(1+xe^x)}dx = \int \frac{1}{xe^x(1+xe^x)}dxe^x = \int \left(\frac{1}{xe^x} - \frac{1}{1+xe^x}\right)dxe^x$$

$$= \ln|xe^x| - \ln|1+xe^x| + C = \ln\left|\frac{xe^x}{1+xe^x}\right| + C.$$

【小贴士】 对于分母包含 e^x 的积分表达式,考虑到 $(e^x)' = e^x$,因此分子必须也得有 e^x,一个常见的思路就是分子分母同时乘以 e^x.

习题 5.2.1

1. 选择题.

(1) 设 $f(x)$ 的一个原函数为 $F(x)$,则 $\int f(2x)dx = $ (   ).

A. $F(2x)+C$

B. $F\left(\dfrac{x}{2}\right)+C$

C. $\dfrac{1}{2}F(2x)+C$

D. $2F\left(\dfrac{x}{2}\right)+C$

(2) 设 $\int f(x)dx = F(x)+C$,则 $\int \sin x f(\cos x)dx = $ (   ).

A. $F(\sin x)+C$

B. $-F(\sin x)+C$

C. $-F(\cos x)+C$

D. $\sin x F(\cos x)+C$

(3) 设 $F(x)$ 是 $f(x)$ 在 $(-\infty, +\infty)$ 上的一个原函数,且 $F(x)$ 为奇函数,则 $f(x)$ 是(   ).

A. 偶函数   B. 奇函数   C. 非奇非偶函数   D. 不能确定

(4) 设 $f(x) = e^{-x}$,则 $\int \dfrac{f'(\ln x)}{x}dx = $ (   ).

A. $-\dfrac{1}{x}+c$

B. $-\ln x + c$

C. $\dfrac{1}{x}+c$

D. $\ln x + c$

(5) 设 $I = \int \sin x \cos x dx$,则 $I = $ (   ).

A. $-\dfrac{1}{2}\sin^2 x + C$

B. $\dfrac{1}{2}\cos^2 x + C$

C. $\dfrac{1}{4}\cos 2x + C$

D. $-\dfrac{1}{4}\cos 2x + C$

2. 判断对错,如果有误,请进行改正.

(1) 设 $\cos x$ 为 $f(x)$ 的一个原函数,那么 $\int f'(2x)dx = \dfrac{1}{2}f(2x)+C = \dfrac{1}{2}\cos 2x + C$.

(2) $\int f(x)dx = F(x)+C$,设 $x = at+b$,那么 $\int f(t)dt = F(t)+C$.

(3) $\int \dfrac{\arctan x}{x^2+1}dx = \int \dfrac{1}{x^2+1}d\dfrac{1}{x^2+1}$.

3. 计算下列积分.

(1) $\displaystyle\int \frac{2x-3}{x^2-3x+8}dx$;

(2) $\displaystyle\int \frac{dx}{x\ln x}$;

(3) $\displaystyle\int \sqrt{2x+3}\,\mathrm{d}x$;

(4) $\displaystyle\int x^2 \sqrt{1-x^3}\,\mathrm{d}x$;

(5) $\displaystyle\int (x^2-3x+1)^{100}(2x-3)\,\mathrm{d}x$;

(6) $\displaystyle\int \frac{(1+\sqrt{x})^3}{\sqrt{x}}\,\mathrm{d}x$;

(7) $\displaystyle\int \frac{\mathrm{e}^{2x}}{1+\mathrm{e}^{2x}}\,\mathrm{d}x$;

(8) $\displaystyle\int \frac{2^x}{1-4^x}\,\mathrm{d}x$;

(9) $\displaystyle\int \frac{2^x\cdot 3^x}{9^x-4^x}\,\mathrm{d}x$;

(10) $\displaystyle\int \frac{1}{1+\mathrm{e}^x}\,\mathrm{d}x$;

(11) $\displaystyle\int \frac{x^2}{(1-x)^{100}}\,\mathrm{d}x$;

(12) $\displaystyle\int \frac{1+\ln x}{\sqrt{x\ln x}}\,\mathrm{d}x$.

4. 观察下列积分的计算方法有何不同.

(1) $\displaystyle\int \frac{1}{9+x}\,\mathrm{d}x$;

(2) $\displaystyle\int \frac{1}{9+x^2}\,\mathrm{d}x$;

(3) $\displaystyle\int \frac{x}{9+x^2}\,\mathrm{d}x$;

(4) $\displaystyle\int \frac{x^2}{9+x^2}\,\mathrm{d}x$;

(5) $\displaystyle\int \frac{1}{9-x^2}\,\mathrm{d}x$;

(6) $\displaystyle\int \frac{1}{\sqrt{6x-x^2}}\,\mathrm{d}x$.

5. 计算下列积分.

(1) $\displaystyle\int \sin^3 x \cos^5 x\,\mathrm{d}x$;

(2) $\displaystyle\int \mathrm{e}^x \sin \mathrm{e}^x\,\mathrm{d}x$;

(3) $\displaystyle\int \sec^2 x \tan x\,\mathrm{d}x$;

(4) $\displaystyle\int \frac{\sin x+\cos x}{(\sin x-\cos x)^3}\,\mathrm{d}x$;

(5) $\displaystyle\int \frac{\mathrm{d}x}{\cos^2 x \sqrt{1-\tan^2 x}}$;

(6) $\displaystyle\int \frac{\cot x}{\ln\sin x}\,\mathrm{d}x$;

(7) $\displaystyle\int \frac{\arctan \sqrt{x}\,\mathrm{d}x}{\sqrt{x}(1+x)}$;

(8) $\displaystyle\int \frac{\sin x\cos x}{1+\sin^4 x}\,\mathrm{d}x$;

(9) $\displaystyle\int \frac{\cos \sqrt{x}\,\mathrm{d}x}{\sqrt{x}\,\sin^2 \sqrt{x}}$;

(10) $\displaystyle\int \frac{\sin x+x\cos x}{1+x\sin x}\,\mathrm{d}x$.

6. 设 $\dfrac{\sin x}{x}$ 为 $f(x)$ 的一个原函数, 求 $\displaystyle\int f'(ax)\,\mathrm{d}x(a\neq 0)$.

7. 求不定积分 $\displaystyle\int \frac{\cos x\,\mathrm{d}x}{\sin x+\cos x}$ 与 $\displaystyle\int \frac{\sin x\,\mathrm{d}x}{\sin x+\cos x}$.

5.2.2　第二类换元积分法

第一类换元积分法是在求积分 $\displaystyle\int g(x)\,\mathrm{d}x$ 时, 如果被积表达式 $g(x)\,\mathrm{d}x$ 可以化为 $f[\varphi(x)]\varphi'(x)\,\mathrm{d}x$ 的形式, 那么 $\displaystyle\int g(x)\,\mathrm{d}x=\int f[\varphi(x)]\varphi'(x)\,\mathrm{d}x=\int f[\varphi(x)]\,\mathrm{d}\varphi(x)\xlongequal{u=\varphi(x)}$ $\displaystyle\int f(u)\,\mathrm{d}u=F(u)+C$. 第一换元积分法体现了 "凑" 的思想, 把被积函数凑成形如 $f[\varphi(x)]\varphi'(x)\,\mathrm{d}x$ 的形式. 在第一类换元法中, 需要我们找到适当的 $u=\varphi(x)$ 进行换元, 然而对于某些函数的积分, 可能不容易找到适当的 $u=\varphi(x)$ 进行换元, 也有可能换元变形为 $\displaystyle\int f(u)\,\mathrm{d}u$ 后并不好积分, 因此, 我们介绍另外一种换元方法: 将变量 x 看作是另一变量 t 的函

数,这种方法称为第二类换元法. 从形式上来看,第二类换元法和第一类换元法是正好相反的,第一类换元法是把一个关于积分变量 x 的一个表达式设为新变量,第二类换元法是把积分变量 x 设为新变量的一个表达式.

第二类换元的基本思想是选择适当的变量代换 $x = \Psi(t)$, 将 $\int f(x)dx$ 化为有理式 $f[\Psi(t)]\Psi'(t)$ 的积分 $\int f[\Psi(t)]\Psi'(t)dt$, 即 $\int f(x)dx \overset{x=\Psi(t)}{=\!=\!=} \int f[\Psi(t)]d\psi(t) = \int f[\Psi(t)] \cdot \Psi'(t)dt$.

若上面的等式右端的被积函数 $f[\Psi(t)]\Psi'(t)$ 有原函数 $\Phi(t)$, 则 $\int f[\Psi(t)] \cdot \Psi'(t)dt = \Phi(t) + C$, 然后再把 $\Phi(t)$ 中的 t 还原成 $t = \Psi^{-1}(x)$, 所以变量代换 $x = \Psi(t)$ 应该有反函数.

定理 5.2.2 设函数 $x = \Psi(t)$ 在区间 I 上是单调的、可导的, 且 $\Psi'(t) \neq 0$, 若 $f[\Psi(t)]\Psi'(t)$ 在区间 I 上有原函数, 则有换元公式 $\int f(x)dx = \left[\int f[\Psi(t)]\Psi'(t)dt\right]\Big|_{t=\Psi^{-1}(x)}$, 其中 $t = \Psi^{-1}(x)$ 是 $x = \Psi(t)$ 的反函数.

证 设 $f[\Psi(t)]\psi'(t)$ 的原函数为 $\Phi(t)$, 利用复合函数及反函数求导法, 得

$$\frac{d}{dx}[\Phi(t)\big|_{t=\Psi^{-1}(x)}] = \frac{d\Phi}{dt} \cdot \frac{dt}{dx} = f[\Psi(t)]\Psi'(t)\frac{1}{\Psi'(t)} = f[\Psi(t)] = f(x),$$

即 $\Phi[\Psi^{-1}(x)]$ 是 $f(x)$ 的原函数, 所以

$$\int f(x)dx = \Phi[\Psi^{-1}(x)] + C = \Phi(t)\big|_{t=\Psi^{-1}(x)} + C = \left[\int f[\Psi(t)]\Psi'(t)dt\right]\Big|_{t=\Psi^{-1}(x)}.$$

在实际运算中只在必要时才对上述定理中的 $x = \Psi(t)$ 所需满足的条件进行验证, 一般情况只需按部就班地计算就行.

被积函数含有无理式(根号)是该类积分的障碍,因此无法直接利用基本积分公式进行积分,要先脱掉根号. 第二类换元法解题的基本思路就是先去掉根号,使得被积函数的表达式发生比较大的变化,从而能够求出积分,因此这个方法对于带根号的被积函数应用得比较多. 如果被积函数中含有下列类型的根式,可以通过三角函数去根号进行求解.

例 14 求积分 $\int \sqrt{a^2 - x^2}\,dx \ (a > 0)$.

解 为了去掉被积函数中的根号,可利用三角函数恒等式 $\sin^2 x + \cos^2 x = 1$, 引入新的积分变量 t, 令 $x = a\sin t \ (-\frac{\pi}{2} < t < \frac{\pi}{2})$, 那么

$$\sqrt{a^2 - x^2} = \sqrt{a^2 - a^2\sin^2 t} = a\cos t, \quad dx = a\cos t\,dt,$$

于是 $\int \sqrt{a^2 - x^2}\,dx = \int a^2\cos^2 t\,dt = a^2\int \frac{1 + \cos 2t}{2}dt$

$$= \frac{a^2}{2}t + \frac{a^2}{4}\sin 2t + C,$$

因为 $x = a\sin t(-\frac{\pi}{2} < t < \frac{\pi}{2})$,

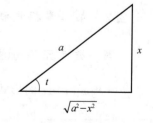

图 5-2 辅助三角形(1)

所以 $t = \arcsin\frac{x}{a}$, $\sin 2t = 2\sin t\cos t = 2\,\frac{x}{a} \cdot \sqrt{1 - (\frac{x}{a})^2} =$

$2\frac{x\sqrt{a^2 - x^2}}{a^2}$,

则原式 $=\dfrac{a^2}{2}\arcsin\dfrac{x}{a}+\dfrac{x}{2}\sqrt{a^2-x^2}+C$.

【小贴士】　为了更快速、清楚地变形,我们可以利用变数替换关系 $\sin t=\dfrac{x}{a}$ 作辅助直角三角形(如图 5-2 所示)来帮助变形,然后对积分结果进行必要的回代处理.

例 15　求积分 $\displaystyle\int\dfrac{\mathrm{d}x}{\sqrt{x^2+a^2}}$ $(a>0)$.

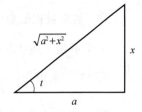

解　设 $x=a\tan t$ $\left(-\dfrac{\pi}{2}<t<\dfrac{\pi}{2}\right)$,则 $\mathrm{d}x=a\sec^2 t\mathrm{d}t$,

所以有 $\displaystyle\int\dfrac{\mathrm{d}x}{\sqrt{x^2+a^2}}=\int\sec t\mathrm{d}t=\ln|\sec t+\tan t|+C_1$

$$=\int\dfrac{a\sec^2 t}{\sqrt{a^2\tan^2 t+a^2}}\mathrm{d}t=\int\dfrac{a\sec^2 t}{a\sec t}\mathrm{d}t.$$

图 5-3　辅助三角形(2)

如图 5-3 所示,可得

$$\int\dfrac{\mathrm{d}x}{\sqrt{x^2+a^2}}=\ln\left|\dfrac{\sqrt{x^2+a^2}}{a}+\dfrac{x}{a}\right|+C_1=\ln\left|x+\sqrt{x^2+a^2}\right|-\ln a+C_1$$

$$=\ln\left|\sqrt{x^2+a^2}+x\right|+C$$

这里,我们可以看出 $\sqrt{x^2+a^2}>|x|$,所以可以去掉绝对值,即

$$\int\dfrac{\mathrm{d}x}{\sqrt{x^2+a^2}}=\ln(\sqrt{x^2+a^2}+x)+C \ (C=C_1-\ln a).$$

例 16　求积分 $\displaystyle\int\dfrac{\mathrm{d}x}{\sqrt{x^2-a^2}}$ $(a>0)$.

解　因为被积函数的定义域为 $|x|>a$,故需要分别在 $x>a$ 和 $x<-a$ 两个区间求不定积分.

(1) 当 $x>a$,设 $x=a\sec t$,取 $t\in\left(0,\dfrac{\pi}{2}\right)$,

这时 $\sqrt{x^2-a^2}=a|\tan t|=a\tan t$,$\mathrm{d}x=a\sec t\cdot\tan t\mathrm{d}t$,

$$\int\dfrac{\mathrm{d}x}{\sqrt{x^2-a^2}}=\int\dfrac{a\sec t\cdot\tan t}{a\tan t}\mathrm{d}t=\ln|\sec t+\tan t|+C$$

根据 $\sec t=\dfrac{x}{a}$,作辅助三角形,如图 5-4 所示,

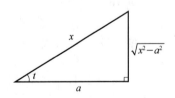

原式 $=\left(\dfrac{x}{a}+\dfrac{\sqrt{x^2-a^2}}{a}\right)+C_1=\ln(x+\sqrt{x^2-a^2})+C$.

图 5-4　辅助三角形(3)

(2) 当 $x<-a$ 时,设 $x=-u$,有 $u>a$,可用(1)的结论,得

$$\int\dfrac{\mathrm{d}x}{\sqrt{x^2-a^2}}=\int\dfrac{-\mathrm{d}u}{\sqrt{u^2-a^2}}=-\ln(u+\sqrt{u^2-a^2})+C_2=-\ln(-x+\sqrt{x^2-a^2})+C_2$$

$$=\ln\dfrac{-x-\sqrt{x^2-a^2}}{a^2}+C_2=\ln(-x-\sqrt{x^2-a^2})+C.$$

最后,把 $x>a$ 和 $x<-a$ 的结果合写成一个式子,有

$$\int\dfrac{\mathrm{d}x}{\sqrt{x^2-a^2}}=\ln\left|x+\sqrt{x^2-a^2}\right|+C \ (a>0).$$

注：(1) 如果被积函数含有 $\sqrt{a^2-b^2x^2}$ $(a>0,b>0)$，则设 $x=\dfrac{a}{b}\sin t$ 或 $x=\dfrac{a}{b}\cos t$ 进行换元；

(2) 如果被积函数含有 $\sqrt{a^2+b^2x^2}$ $(a>0,b>0)$，则设 $x=\dfrac{a}{b}\tan t$ 或 $x=\dfrac{a}{b}\cot t$ 进行换元；

(3) 如果被积函数含有 $\sqrt{b^2x^2-a^2}$ $(a>0,b>0)$，则设 $x=\dfrac{a}{b}\sec t$ 或 $x=\dfrac{a}{b}\csc t$ 进行换元.

如果不是上述 3 种类型，我们也可直接令无理式为一个新的变量.

例 17　求积分 $\displaystyle\int\dfrac{x}{\sqrt{x-2}}\mathrm{d}x$.

解　令 $\sqrt{x-2}=t$，即 $x=t^2+2$，$\mathrm{d}x=2t\mathrm{d}t$，

所以 $\displaystyle\int\dfrac{x}{\sqrt{x-2}}\mathrm{d}x=\int\dfrac{t^2+2}{t}\cdot 2t\mathrm{d}t=2\int(t^2+2)\mathrm{d}t$

$$=2\left(\dfrac{1}{3}t^3+2t\right)+C=\dfrac{2}{3}\left(\sqrt{x-2}\right)^3+4\sqrt{x-2}+C.$$

例 18　求积分 $\displaystyle\int\sqrt{\mathrm{e}^x+1}\mathrm{d}x$.

解　令 $\sqrt{\mathrm{e}^x+1}=t$，则 $x=\ln(t^2-1)$，$\mathrm{d}x=\dfrac{2t}{t^2-1}\mathrm{d}t$，

原式 $=\displaystyle\int t\cdot\dfrac{2t}{t^2-1}\mathrm{d}t=2\int\left(1+\dfrac{1}{t^2-1}\right)\mathrm{d}t$

$$=2t+\ln\dfrac{t-1}{t+1}+C=2\sqrt{\mathrm{e}^x+1}+\ln(\sqrt{\mathrm{e}^x+1}-1)-\ln(\sqrt{\mathrm{e}^x+1}+1)+C.$$

注：如果被积函数中含有根式 $\sqrt[n]{ax+b}$ 时，一般设 $\sqrt[n]{ax+b}=t$ 进行换元，即 $x=\dfrac{1}{a}(t^n-b)$；

如果被积函数中有两个根式 $x^{\frac{1}{n}}$ 和 $x^{\frac{1}{m}}$，则一般设 $x=t^k$，其中 k 是 n,m 的最小公倍数 $(a\neq 0,m$，n 是正整数$)$.

例 19　求积分 $\displaystyle\int\dfrac{\mathrm{d}x}{x^4(x^2+1)}$.

解　设 $x=\dfrac{1}{t}$，则 $\mathrm{d}x=-\dfrac{1}{t^2}\mathrm{d}t$，代入积分中得

$$\int\dfrac{\mathrm{d}x}{x^4(x^2+1)}=\int\dfrac{-t^4}{1+t^2}\mathrm{d}t=-\int(t^2-1)\mathrm{d}t-\int\dfrac{1}{1+t^2}\mathrm{d}t$$

$$=t-\dfrac{t^3}{3}-\arctan t+C=\dfrac{1}{x}-\dfrac{1}{3x^3}-\arctan\dfrac{1}{x}+C.$$

【**小贴士**】　这个例子中的换元也是很有用处的，称为倒代换，即设 $x=\dfrac{1}{t}$，用倒数来代换.

这个方法主要用来消去被积函数分母中的变量 x. 一般来说，在有理分式的不定积分计算中，当分母的次数高于分子次数时，都可以考虑采用倒代换.

以上例子中的一些结果是可以直接用来求解较复杂的积分题的，总结为以下的补充积分表.

补充积分表

(13) $\displaystyle\int\tan x\mathrm{d}x=-\ln|\cos x|+C$;　　　　　(14) $\displaystyle\int\cot x\mathrm{d}x=\ln|\sin x|+C$;

(15) $\displaystyle\int \sec x \mathrm{d}x = \ln \mid \sec x + \tan x \mid + C$;　　(16) $\displaystyle\int \csc x \mathrm{d}x = \ln \mid \csc x - \cot x \mid + C$;

(17) $\displaystyle\int \frac{1}{a^2 + x^2}\mathrm{d}x = \frac{1}{a}\arctan \frac{x}{a} + C$;　　(18) $\displaystyle\int \frac{1}{x^2 - a^2}\mathrm{d}x = \frac{1}{2a}\ln \mid \frac{x-a}{x+a} \mid + C$;

(19) $\displaystyle\int \frac{1}{\sqrt{a^2 - x^2}}\mathrm{d}x = \arcsin \frac{x}{a} + C$;　　(20) $\displaystyle\int \frac{\mathrm{d}x}{\sqrt{x^2 + a^2}} = \ln(x + \sqrt{x^2 + a^2}) + C$;

(21) $\displaystyle\int \frac{\mathrm{d}x}{\sqrt{x^2 - a^2}} = \ln \mid x + \sqrt{x^2 - a^2} \mid + C$.

我们遇到的很多不定积分,不仅可以用第二类换元积分解答,也可以用第一类换元积分的方法来解答.

例 20　求 $\displaystyle\int \frac{x^5}{\sqrt{1+x^2}}\mathrm{d}x$

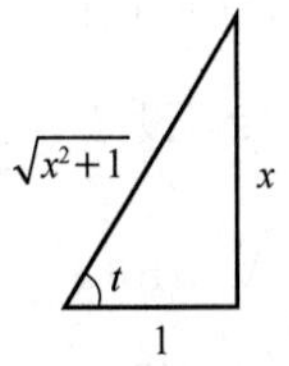

图 5-5　辅助三角形(4)

解　方法 1:令 $x = \tan t \Rightarrow \mathrm{d}x = \sec^2 t \mathrm{d}t, t \in \left(-\dfrac{\pi}{2}, \dfrac{\pi}{2}\right).$

$$\int \frac{x^5}{\sqrt{1+x^2}}\mathrm{d}x = \int \tan^5 x \sec x \mathrm{d}x = \int \tan^4 x \mathrm{d}(\sec x)$$

$$= \int (\sec^2 x - 1)^2 \mathrm{d}\sec x = \int (\sec^4 x - 2\sec^2 x + 1)\mathrm{d}(\sec x)$$

$$= \frac{1}{5}\sec^5 x - \frac{2}{3}\sec^3 x + \sec x + C = \frac{1}{15}(8 - 4x^2 + 3x^4)\sqrt{1+x^2} + C.$$

方法 2: $\displaystyle\int \frac{x^5}{\sqrt{1+x^2}}\mathrm{d}x = \frac{1}{2}\int \frac{x^4}{\sqrt{1+x^2}}\mathrm{d}(x^2 + 1)\int \frac{x^5}{\sqrt{1+x^2}}\mathrm{d}x \xrightarrow{\text{令} t = x^2 + 1} \frac{1}{2}\int \frac{(t-1)^2}{t^{\frac{1}{2}}}\mathrm{d}t$

$$= \frac{1}{2}\int \frac{t^2 - 2t + 1}{t^{\frac{1}{2}}}\mathrm{d}t = \frac{1}{2}\int (t^{\frac{3}{2}} - t^{\frac{1}{2}} + t^{-\frac{1}{2}})\mathrm{d}t = \frac{1}{5}t^{\frac{5}{2}} - \frac{2}{3}t^{\frac{3}{2}} + t^{\frac{1}{2}} + C$$

$$= \frac{1}{5}(1+x^2)^{\frac{5}{2}} - \frac{2}{3}(1+x^2)^{\frac{3}{2}} + (1+x^2)^{\frac{1}{2}} + C.$$

当然,除了以上讨论的不定积分,抽象函数的积分也可以用到换元法.

例 21　设函数 $f(x)$ 的定义域为 $(0,1)$,且满足 $f'(\cos^2 x) = \cos 2x + \tan^2 x$,求 $f(x)$ 的表达式.

解　$f'(\cos^2 x)$ 表示对 $(\cos^2 x)$ 作为一个整体求导,而不是对变量 x 求导,因此我们可以将 $(\cos^2 x)$ 整个换元.

因为　　　　　　$f'(\cos^2 x) = \cos^2 x - \sin^2 x + \dfrac{\sin^2 x}{\cos^2 x} = 2\cos^2 x - 1 + \dfrac{1 - \cos^2 x}{\cos^2 x}$,

令 $\cos^2 x = t$,则得

$$f'(t) = 2t - 2 + \frac{1}{t}\ (0 < t < 1),$$

于是 $f(t) = \displaystyle\int (2t - 2 + \frac{1}{t})\mathrm{d}t = t^2 - 2t + \ln t + C$,从而 $f(x) = x^2 - 2x + \ln x + C, x \in (0,1).$

【总结】　无论利用第一类,还是第二类换元积分法,选择适当的变量代换是个关键.读者们除了熟悉一些典型类型外,还需多做练习,从中总结经验,摸索规律,提高演算技能.

习题 5.2.2

1. 选择题.

(1) 不定积分 $\int \dfrac{\mathrm{d}x}{\sqrt{x^2-a^2}}$ 的结果错误的是(　　).

A. $\ln\left|\dfrac{x}{a}+\dfrac{\sqrt{x^2-a^2}}{a}\right|+C$ 　　　　B. $\ln|x+\sqrt{x^2-a^2}|+C$

C. $-\ln|x+\sqrt{x^2-a^2}|+C$ 　　　　D. $\ln|x+\sqrt{x^2-a^2}|-C$

(2) 设 $I=\int\dfrac{a+x}{\sqrt{a^2+x^2}}\mathrm{d}x$,则 $I=$ (　　).

A. $a\ln(x+\sqrt{a^2+x^2})+\sqrt{a^2+x^2}+C$ 　　B. $a\ln(x+\sqrt{a^2+x^2})-\sqrt{a^2+x^2}+C$

C. $a\ln(x+\sqrt{a^2+x^2})-x\sqrt{a^2+x^2}+C$ 　　D. $\ln(x+\sqrt{a^2+x^2})-\sqrt{a^2+x^2}+C$

2. 判断对错,如果有误,请进行改正.

$$\int\dfrac{\mathrm{d}x}{x^2\sqrt{x^2-1}}\xlongequal{\text{令}\,x=\sec t}\int\dfrac{\sec t\tan t}{\sec^3 t}\mathrm{d}t=\int\sin t\cos t\mathrm{d}t=\dfrac{1}{2}\sin^2 t+C$$

$$=\dfrac{x^2-1}{2x^2}+C=\dfrac{1}{2}-\dfrac{1}{2x^2}+C.$$

3. 计算下列积分.

(1) $\int\dfrac{\mathrm{d}x}{x^2\sqrt{x^2-1}}$;

(2) $\int\dfrac{\mathrm{d}x}{x^2\sqrt{x^2+1}}$;

(3) $\int\dfrac{x^2}{\sqrt{a^2-x^2}}\mathrm{d}x\ (a>0)$;

(4) $\int\dfrac{\mathrm{d}x}{\sqrt{(x^2+a^2)^3}}$;

(5) $\int\dfrac{(1-x^2)^{\frac{3}{2}}}{x^6}\mathrm{d}x$;

(6) $\int\dfrac{\mathrm{d}x}{(x^2-1)^{\frac{3}{2}}}$;

(7) $\int\dfrac{x^3\mathrm{d}x}{\sqrt{x^2+4}}$;

(8) $\int\dfrac{\mathrm{d}x}{x\sqrt{4-x^2}}$;

(9) $\int\dfrac{1}{x(x^7+1)}\mathrm{d}x$;

(10) $\int\dfrac{1}{x^2(1+x^2)}\mathrm{d}x$.

5.3 分部积分法

分部积分法·u 和 v 的选择方法

前面我们在复合函数求导法则的基础上,得到了换元积分法,现在利用两个函数乘积的求导法则,来推导另一个求解积分的方法——分部积分法.

设函数 $u=u(x)$,$v=v(x)$ 具有连续导数,由乘积的求导法则,有 $\mathrm{d}(uv)=u\mathrm{d}v+v\mathrm{d}u$,移项可以得到 $u\mathrm{d}v=\mathrm{d}(uv)-v\mathrm{d}u$,对等式两边求不定积分,则有 $\int u\mathrm{d}v=\int\mathrm{d}(uv)-\int v\mathrm{d}u$,即 $\int u\mathrm{d}v=uv-\int v\mathrm{d}u$,这个公式称为分部积分公式.

【小贴士】 一般来说,分部积分解决的是两种不同类型函数乘积的不定积分问题,这里提出的不同类型函数指的是基本初等函数中的幂函数、指数函数、对数函数、三角函数和反三角函数.当我们遇到不同类型函数乘积的情况,通常可以考虑分部积分.

下面我们通过例子来说明这个公式的用法和相关注意事项.

例 1　求积分 $\int x\cos x\,\mathrm{d}x$.

解　设 $u=x,\mathrm{d}v=\cos\,\mathrm{d}x$,则 $v=\sin x$,代入分部积分公式中得

$$\int x\cos x\,\mathrm{d}x=\int x\mathrm{d}\,(\sin x)=x\cdot\sin x-\int\sin x\,\mathrm{d}x=x\sin x+\cos x+C,$$

但是,如果设 $u=\cos x$,那么 $\mathrm{d}v=x\mathrm{d}x$,即 $v=\dfrac{x^2}{2}$,代入公式得

$$\int x\cos x\,\mathrm{d}x=\frac{x^2}{2}\cos x-\int\frac{1}{2}x^2(-\sin x)\mathrm{d}x=\frac{x^2}{2}\cos x+\int\frac{1}{2}x^2\sin x\,\mathrm{d}x.$$

我们发现,右端的积分比原积分更不容易求出,因此这种设法不够巧妙.

【小贴士】　由上面的例题可见,恰当地选取 u,v 是很重要的,一般应该注意以下两点:

(1) 选取的 v 要容易求出;

(2) $\int v\mathrm{d}u$ 要比 $\int u\mathrm{d}v$ 容易积出,或者继续分部积分后容易得出结果.

例 2　求积分 $\int x\mathrm{e}^{-x}\mathrm{d}x$.

解　设 $u=x,v=\mathrm{e}^{-x}$,则 $\mathrm{d}v=-\mathrm{e}^{-x}\mathrm{d}x$,

所以　　　　$\int x\mathrm{e}^{-x}\mathrm{d}x=-\int x\mathrm{d}\mathrm{e}^{-x}=-\left(x\mathrm{e}^{-x}-\int\mathrm{e}^{-x}\mathrm{d}x\right)=-\mathrm{e}^{-x}-x\mathrm{e}^{-x}+C.$

【小贴士】　如果被积函数是 $\int x^n\sin ax\,\mathrm{d}x,\int x^n\cos ax\,\mathrm{d}x$,或者 $\int x^n\mathrm{e}^{ax}\mathrm{d}x(n$ 为正整数$,a\neq0)$ 的形式,一般可以设 $u=x^n$.

例 3　求积分 $\int x^2\ln x\,\mathrm{d}x$.

解　设 $u=\ln x,v=\dfrac{1}{3}x^3$,则

$$\int x^2\ln x\,\mathrm{d}x=\frac{1}{3}\int\ln x\mathrm{d}(x^3)=\frac{1}{3}\left(x^3\ln x-\int x^3\frac{1}{x}\mathrm{d}x\right)$$

$$=\frac{1}{3}\left(x^3\ln x-\int x^2\mathrm{d}x\right)=\frac{1}{3}x^3\ln x-\frac{1}{9}x^3+C.$$

同学们刚开始学习时,可以写出 u,v 代换,熟悉之后,可以省略这些步骤.

例 4　求积分 $\int\arctan x\,\mathrm{d}x$.

解　$\int\arctan x\,\mathrm{d}x=x\arctan x-\int x\cdot\dfrac{1}{1+x^2}\mathrm{d}x=x\arctan x-\dfrac{1}{2}\int\dfrac{\mathrm{d}(1+x^2)}{1+x^2}$

$$=x\arctan x-\frac{1}{2}\ln(1+x^2)+C.$$

【小贴士】　如果被积函数是 $\int x^n\ln(ax)\mathrm{d}x,\int x^n\arcsin(ax)\mathrm{d}x,\int x^n\arccos(ax)\mathrm{d}x,\int x^n\arctan(ax)\mathrm{d}x$ 等的形式,一般可以设 $\mathrm{d}v=x^n\mathrm{d}x$,这里 n 可以取零.之所以这样处理的一个重要原因是对数函数和反三角函数是不容易凑成微分的.

例 5　求积分 $\int\mathrm{e}^x\cos x\,\mathrm{d}x$.

解 $\int e^x \cos x \, dx = \int e^x d(\sin x) = e^x \sin x - \int \sin x \cdot e^x dx = e^x \sin x + \int e^x d(\cos x)$

$$= e^x \sin x + (e^x \cdot \cos x - \int \cos x \cdot e^x dx) = e^x \sin x + e^x \cos x - \int e^x \cos x \, dx.$$

最后一个式子中又出现了所求积分 $\int e^x \cos x \, dx$，将它移到等式的左端，要记得去掉了积分符号，就需要添加上任意常数 C，即

$$2\int e^x \cos x \, dx = e^x \sin x + e^x \cos x + C_1,$$

整理得 $\int e^x \cos x \, dx = \frac{1}{2}(e^x \sin x + e^x \cos x) + C = \frac{1}{2} e^x (\sin x + \cos x) + C.$

【小贴士】 如果需要多次用到分部积分法，则要求每一次积分都是对同一类型的函数凑成微分. 如果用不同的函数凑成微分，则是求不出积分的，例如：

$$\int e^x \cos x \, dx = \int e^x d(\sin x) = e^x \sin x - \int \sin x \, de^x$$

$$= e^x \sin x - e^x \sin x + \int e^x \cos x \, dx = \int e^x \cos x \, dx.$$

例 6 求积分 $\int \sin(2\ln x) dx.$

解 分部积分，取 $dv = dx$，有

$$\int \sin(2\ln x) dx = x\sin(2\ln x) - \int 2\cos(2\ln x) dx,$$

等式右边与等式左边的积分是同一种类型的，继续分部积分，仍取 $dv = dx$，有

$$\int \sin(2\ln x) dx = x\sin(2\ln x) - 2\left[x\cos(2\ln x) - \int 2\sin(2\ln x) dx \right],$$

移项整理，得到 $\int \sin(2\ln x) dx = \frac{1}{5}[x\sin(2\ln x) - 2x\cos(2\ln x)] + C.$

例 7 求 $I_n = \int \dfrac{dx}{(x^2 + a^2)^n}$ $(a > 0, n$ 为正整数$).$

解 用分部积分法，取 $u = \dfrac{1}{(x^2+a^2)^n}, v = x$，有

$$I_n = \frac{x}{(x^2 + a^2)^n} + 2n\int \frac{x^2}{(x^2 + a^2)^{n+1}} dx$$

$$= \frac{x}{(x^2 + a^2)^n} + 2n\int \frac{(x^2 + a^2) - a^2}{(x^2 + a^2)^{n+1}} dx$$

$$= \frac{x}{(x^2 + a^2)^n} + 2nI_n - 2na^2 I_{n+1}$$

即

$$I_{n+1} = \frac{1}{2na^2}\left[\frac{x}{(x^2 + a^2)^n} + (2n-1) I_n \right] (n = 1, 2, \cdots).$$

将上式中的 n 换成 $n-1$，得到递推公式：

$$I_n = \frac{1}{2a^2(n-1)}\left[\frac{x}{(x^2 + a^2)^{n-1}} + (2n-3) I_{n-1} \right] (n = 2, 3, \cdots).$$

再由 $I_1 = \dfrac{1}{a}\arctan\dfrac{x}{a} + C$，可得 $I_n.$

上述例题结果成为递推公式，这一递推公式是由 I_n 来推算 I_{n+1} 的，称为一步递推. 有时递

推公式为二步递推,一般来说,一步递推需要一个初值,二步递推需要两个初值.

在计算某些积分时,要同时使用换元积分法与分部积分法才能完成计算.

例 8　求积分 $\int e^{\sqrt[3]{x}}\mathrm{d}x$.

解　令 $\sqrt[3]{x}=t$,则 $\mathrm{d}x=3t^2\mathrm{d}t$,

$$\int e^{\sqrt[3]{x}}\mathrm{d}x = 3\int t^2 e^t \mathrm{d}t = 3t^2 e^t - 6\int t e^t \mathrm{d}t = 3t^2 e^t - 6\int t \mathrm{d}e^t = 3t^2 e^t - 6t e^t + 6\int e^t \mathrm{d}t$$

$$= 3t^2 e^t - 6t e^t + 6e^t + C = 3e^{\sqrt[3]{x}}(\sqrt[3]{x^2} - 2\sqrt[3]{x} + 2) + C.$$

例 9　求积分 $\int \dfrac{x e^x}{(x+1)^2}\mathrm{d}x$.

解　
$$\int \frac{x e^x}{(x+1)^2}\mathrm{d}x = \int \frac{x e^x + e^x - e^x}{(x+1)^2}\mathrm{d}x = \int \frac{(x+1)e^x - e^x}{(x+1)^2}\mathrm{d}x = \int \frac{e^x}{x+1}\mathrm{d}x - \int \frac{e^x}{(x+1)^2}\mathrm{d}x$$

$$= \int \frac{e^x}{x+1}\mathrm{d}x + \int e^x \mathrm{d}\left(\frac{1}{x+1}\right) = \int \frac{e^x}{x+1}\mathrm{d}x + \frac{e^x}{x+1} - \int \frac{e^x}{x+1}\mathrm{d}x$$

$$= \frac{e^x}{x+1} + C.$$

【总结】　在这一节中,我们学习了计算不定积分的两种基本的方法:换元积分法和分部积分法.读者应该在不断练习的过程中,熟悉两种方法的典型类型以及典型手法,在计算中,要学会选择合适的方法来解题.

习题 5.3

1. 下述运算错在哪里? 应如何改正?
$$\int \frac{\cos x}{\sin x}\mathrm{d}x = \int \frac{\mathrm{d}(\sin x)}{\sin x} = \frac{\sin x}{\sin x} - \int \sin x \mathrm{d}\left(\frac{1}{\sin x}\right) = 1 - \int \frac{-\cos x}{\sin^2 x}\sin x \mathrm{d}x$$

$$= 1 + \int \frac{\cos x}{\sin x}\mathrm{d}x \Rightarrow$$

$$\int \frac{\cos x}{\sin x}\mathrm{d}x - \int \frac{\cos x}{\sin x}\mathrm{d}x = 1 \Rightarrow 0 = 1.$$

2. 计算下列积分.

(1) $\int x\sin 2x\mathrm{d}x$;
(2) $\int x e^{-x}\mathrm{d}x$;

(3) $\int x^2 \ln(1+x)\mathrm{d}x$;
(4) $\int \arctan\sqrt{x}\mathrm{d}x$;

(5) $\int \ln x\mathrm{d}x$;
(6) $\int x\sec^2 x\mathrm{d}x$;

(7) $\int \dfrac{x}{\sin^2 x}\mathrm{d}x$;
(8) $\int \cos(\ln x)\mathrm{d}x$.

3. 计算下列积分.

(1) $\int x^3 e^x\mathrm{d}x$;
(2) $\int e^{\sqrt{x}}\mathrm{d}x$;

(3) $\int \ln^2 x\mathrm{d}x$;
(4) $\int e^x \sin^2 x\mathrm{d}x$;

(5) $\int (\arcsin x)^2 \,\mathrm{d}x$；

(6) $\int \sqrt{x}\,\mathrm{e}^{\sqrt{x}}\,\mathrm{d}x$；

(7) $\int \dfrac{\arcsin x}{\sqrt{1-x}}\,\mathrm{d}x$；

(8) $\int \ln(x + \sqrt{1+x^2})\,\mathrm{d}x$．

4．已知 $f(x)$ 的一个原函数是 e^{-x^2}，求证：$\int xf'(x)\,\mathrm{d}x = -2x^2\,\mathrm{e}^{-x^2} - \mathrm{e}^{-x^2} + C$．

5.4 有理函数的积分

有理分式·有理分式的分解·有理分式的不定积分·简单根式的积分

5.4.1 有理函数的积分

1. 有理函数的分解

大家知道，最简单的形式莫过于多项式，而比多项式稍微复杂的就是多项式的比值所表达的函数——有理函数．

$$R(x) = \frac{P(x)}{Q(x)} = \frac{a_0 x^n + a_1 x^{n-1} + \cdots + a_{n-1}x + a_n}{b_0 x^m + b_1 x^{m-1} + \cdots + b_{m-1}x + b_m},$$

其中，m,n 是非负整数，$a_0, a_1, \cdots, a_n$ 和 $b_0, b_1, \cdots, b_m$ 是实数，并且 $a_0 \neq 0, b_0 \neq 0$．

若 $P(x)$ 的次数大于或等于 $Q(x)$ 的次数，则 $R(x)$ 称为有理假分式；

若 $P(x)$ 的次数小于 $Q(x)$ 的次数，则 $R(x)$ 称为有理真分式．

如果 $R(x)$ 是有理假分式，可用多项式除法，将它化为一个多项式与一个有理真分式之和．例如：

$$\frac{x^3}{x+3} = \frac{x^3 + 27 - 27}{x+3} = x^2 - 3x + 9 - \frac{27}{x+3};$$

$$\frac{x^4 - 3}{x^2 + 2x + 1} = x^2 - 2x + 3 - \frac{4x + 6}{x^2 + 2x + 1}.$$

我们可以看出，多项式的不定积分是很容易求得的，因此我们只需研究 $R(x)$ 为有理真分式的不定积分．根据代数学基本定理，任意多项式 $Q(x)$ 在实数范围内总能分解为一个常数与形如 $(x-a)^n$ 和 $(x^2+px+q)^m$ 等因式的乘积，即

$$Q(x) = b_0\,(x-a)^\alpha \cdots (x-b)^\beta\,(x^2+px+q)^\lambda \cdots (x^2+rx+s)^\mu,$$

其中 $p^2 - 4q < 0, \cdots, r^2 - 4s < 0, \alpha, \cdots, \beta, \cdots, \lambda, \cdots, \mu$ 是正整数．

那么有理真分式 $\dfrac{P(x)}{Q(x)}$ 可以分解成下面的部分分式之和：

$$\frac{P(x)}{Q(x)} = \frac{A_1}{(x-a)^\alpha} + \frac{A_2}{(x-a)^{\alpha-1}} + \cdots + \frac{A_\alpha}{x-a} + \cdots + \frac{B_1}{(x-b)^\beta} + \frac{B_2}{(x-b)^{\beta-1}} + \cdots + \frac{B_\beta}{x-b} +$$

$$\frac{M_1 x + N_1}{(x^2+px+q)^\lambda} + \frac{M_2 x + N_2}{(x^2+px+q)^{\lambda-1}} + \cdots + \frac{M_\lambda x + N_\lambda}{x^2+px+q} + \cdots + \frac{U_1 x + V_1}{(x^2+rx+s)^\mu} +$$

$$\frac{U_2 x + V_2}{(x^2+rx+s)^{\mu-1}} + \cdots + \frac{U_u x + V_\mu}{x^2+rx+s}$$

其中 $A_i, B_j, M_r, N_k, U_m, V_n$ 都是待定常数．它们可以通过待定系数法，由经等式右端通分，消去分母后的恒等式确定．

归纳为以下两种情况．

（1）当分母为 $(x-a)^n$ 时，分子的形式可以设为待定常数 A，即

$$\frac{P(x)}{(x-a)^n} = \frac{A_1}{x-a} + \frac{A_2}{(x-a)^2} + \cdots + \frac{A_{n-1}}{(x-a)^{n-1}} + \frac{A_n}{(x-a)^n};$$

（2）当分母为 $(x^2+px+q)^m$ 时（x^2+px+q 为二次因式，其中 $p^2-4q<0$），分子形式可以设为待定的一次因式 $Mx+N$，即

$$\frac{P(x)}{(x^2+px+q)^m} = \frac{M_1 x + N_1}{x^2+px+q} + \frac{M_2 x + N_2}{(x^2+px+q)^2} + \cdots + \frac{M_{m-1} x + N_{m-1}}{(x^2+px+q)^{m-1}} + \frac{M_m x + N_m}{(x^2+px+q)^m}.$$

【小贴士】　若二次因式 x^2+px+q 满足 $p^2-4q \geqslant 0$，则二次因式可进一步分解为一次因式的情况.

例 1　将有理真分式 $\dfrac{1}{x\,(x-1)^2}$ 分解为部分分式.

解　方法 1（比较系数法）：令 $\dfrac{1}{x\,(x-1)^2} = \dfrac{A}{x} + \dfrac{B}{(x-1)^2} + \dfrac{C}{x-1}$，

两端去分母得 $1 = A\,(x-1)^2 + Bx + Cx(x-1) = (A+C)x^2 + (B-2A-C)x + A$，

比较两端同次项的系数，有 $\begin{cases} A+C=0, \\ B-2A-C=0, \\ A=1, \end{cases}$

从而得 $A=1, B=1, C=-1$，

即
$$\frac{1}{x\,(x-1)^2} = \frac{1}{x} + \frac{1}{(x-1)^2} - \frac{1}{x-1}.$$

方法 2（特殊值法）：令 $\dfrac{1}{x\,(x-1)^2} = \dfrac{A}{x} + \dfrac{B}{(x-1)^2} + \dfrac{C}{x-1}$，

两端去分母得 $1 = A\,(x-1)^2 + Bx + Cx(x-1)$，

然后代入一些容易求出结果的特殊值，令 $x=0$，得 $A=1$，令 $x=1$，得 $B=1$，再比较 x^2 项，得 $C=-1$.

2. 简单有理真分式的积分

对于有理真分式 $R(x)$ 的积分，$\displaystyle\int R(x)\mathrm{d}x$ 的计算可以归结为以下 3 种简单有理分式的不定积分.

（1）$\displaystyle\int \frac{A\mathrm{d}x}{x-a}$ 可以直接求得结果：$\displaystyle\int \frac{A\mathrm{d}x}{x-a} = A\ln|x-a| + C.$

（2）$\displaystyle\int \frac{A}{(x-a)^n}\mathrm{d}x\,(n\neq 1)$ 可以直接求得结果：$\displaystyle\int \frac{A}{(x-a)^n}\mathrm{d}x = \frac{A}{1-n}(x-a)^{1-n} + C.$

（3）$\displaystyle\int \frac{Mx+N}{x^2+px+q}\mathrm{d}x$（其中 $p^2-4q<0$），特别地，$p=0$ 时，$\displaystyle\int \frac{Mx+N}{x^2+q}\mathrm{d}x$（其中 $q>0$）.

例 2　求积分 $\displaystyle\int \frac{x-1}{x^2+2x+3}\mathrm{d}x.$

解　将分子的一部分拼凑成分母的微分，即

$$\int \frac{x-1}{x^2+2x+3}\mathrm{d}x = \int \frac{\frac{1}{2}(2x+2)-2}{x^2+2x+3}\mathrm{d}x = \frac{1}{2}\int \frac{2x+2}{x^2+2x+3}\mathrm{d}x - 2\int \frac{1}{x^2+2x+3}\mathrm{d}x$$

$$= \frac{1}{2}\int \frac{\mathrm{d}(x^2+2x+3)}{x^2+2x+3} - 2\int \frac{\mathrm{d}(x+1)}{(x+1)^2+(\sqrt{2})^2}$$

$$= \frac{1}{2}\ln|x^2+2x+3| - \sqrt{2}\arctan\frac{x+1}{\sqrt{2}} + C.$$

【总结】 一般来说，$\int \dfrac{Mx+N}{x^2+px+q}\mathrm{d}x$ 的解题思路要考虑套用 $\int \dfrac{2x}{x^2+a^2}\mathrm{d}x = \ln(x^2+a^2)+C$ 和 $\int \dfrac{1}{x^2+a^2}\mathrm{d}x = \dfrac{1}{a}\arctan\dfrac{x}{a}+C$ 两个公式.

仿照例 2 的方法，可以得到求解 $\int \dfrac{Mx+N}{x^2+px+q}\mathrm{d}x$ 的一般公式：

$$\int \frac{Mx+N}{x^2+px+q}\mathrm{d}x = \frac{M}{2}\int \frac{2x+p}{x^2+px+q}\mathrm{d}x + \left(N-\frac{Mp}{2}\right)\int \frac{1}{\left(x+\frac{p}{2}\right)^2 + \left(q-\frac{p}{4}\right)^2}\mathrm{d}x$$

$$= \frac{M}{2}\int \frac{\mathrm{d}(x^2+px+q)}{x^2+px+q} + \left(N-\frac{Mp}{2}\right)\int \frac{\mathrm{d}\left(x+\frac{p}{2}\right)}{\left(x+\frac{p}{2}\right)^2+\left(q-\frac{p}{4}\right)^2}$$

$$= \frac{M}{2}\ln|x^2+px+q| + \frac{b}{a}\arctan\frac{x+\frac{p}{2}}{a} + C,$$

其中 $a=\sqrt{q-\dfrac{p^2}{4}}, b=N-\dfrac{Mp}{2}$.

(4) $\displaystyle\int \dfrac{Mx+N}{(x^2+px+q)^n}\mathrm{d}x$.（这里只写出分析思路.）

思路：$\displaystyle\int \dfrac{Mx+N}{(x^2+px+q)^n}\mathrm{d}x = \dfrac{M}{2}\int \dfrac{\mathrm{d}(x^2+px+q)}{(x^2+px+q)^n} + \left(N-\dfrac{Mp}{2}\right)\int \dfrac{1}{(x^2+px+q)^n}\mathrm{d}x$

$$= \frac{M}{2(1-n)}\cdot\frac{1}{(x^2+px+q)^{n-1}} +$$

$$\left(N-\frac{MP}{2}\right)\int \frac{\mathrm{d}\left(x+\frac{p}{2}\right)}{\left[\frac{4q-p^2}{4}+\left(x+\frac{p}{2}\right)^2\right]^n} \quad (n=2,3,\cdots, p^2-4q<0)$$

其中第 2 项化为 $\displaystyle\int \dfrac{\mathrm{d}x}{(x^2+a^2)^n}$ 的形式，然后利用递推公式，求得结果.

例 3 求积分 $\displaystyle\int \dfrac{2x^2+2x+13}{(x-2)(x^2+1)^2}\mathrm{d}x$.

解 设 $\dfrac{2x^2+2x+13}{(x-2)(x^2+1)^2} = \dfrac{A}{x-2} + \dfrac{Bx+C}{(x^2+1)^2} + \dfrac{Dx+E}{x^2+1}$.

解得 $A=1, B=-3, C=-4, D=-1, E=-2$,

于是 $\dfrac{2x^2+2x+13}{(x-2)(x^2+1)^2} = \dfrac{1}{x-2} - \dfrac{x+2}{x^2+1} - \dfrac{3x+4}{(x^2+1)^2}$

对 3 项分别求积分，得

$$\int \frac{\mathrm{d}x}{x-2} = \ln|x-2|+C_1;$$

$$\int \frac{x+2}{x^2+1}\mathrm{d}x = \frac{1}{2}\int \frac{2x\,\mathrm{d}x}{x^2+1} + 2\int \frac{\mathrm{d}x}{x^2+1} = \frac{1}{2}\ln(x^2+1) + 2\arctan x + C_2;$$

$$\int \frac{3x+4}{(x^2+1)^2}\mathrm{d}x = 3\int \frac{x\,\mathrm{d}x}{(x^2+1)^2} + 4\int \frac{\mathrm{d}x}{(x^2+1)^2}$$

$$= \frac{3}{2}\int \frac{\mathrm{d}(x^2+1)}{(x^2+1)^2} + 4\int \frac{\mathrm{d}x}{(x^2+1)^2} = -\frac{3}{2(x^2+1)} + 4\int \frac{\mathrm{d}x}{(x^2+1)^2}.$$

由递推公式$(n=2,a=1)$,有

$$I_2 = \int \frac{\mathrm{d}x}{(x^2+1)^2} = \frac{x}{2(x^2+1)} + \frac{1}{2}\arctan x + C_3 ;$$

综合在一起,得

$$\int \frac{2x^2+2x+13}{(x-2)\,(x^2+1)^2}\mathrm{d}x = \ln(x-2) - \frac{1}{2}\ln(x^2+1) - 4\arctan x - \frac{4x-3}{2(x^2+1)} + C$$

$$= \frac{1}{2}\ln\frac{(x-2)^2}{x^2+1} - 4\arctan x - \frac{4x-3}{2(x^2+1)} + C.$$

【总结】　由以上分析可知,有理函数都可以找到原函数,而且有理函数的原函数都是初等函数.当然,并不是所有的有理函数的积分都需要像这样分解成部分分式再计算,对具体的题目,可以有更简便的方法.

例 4　求积分$\int \frac{x^5}{x^3+1}\mathrm{d}x.$

解　方法 1:分解为部分分式,即

$$\frac{x^5}{x^3+1} = x^2 - \frac{x^2}{x^3+1} = x^2 - \frac{1}{3(x+1)} + \frac{-2x+1}{3(x^2-x+1)},$$

则$\int \frac{x^5}{x^3+1}\mathrm{d}x = \int x^2\mathrm{d}x - \frac{1}{3}\int \frac{\mathrm{d}x}{x+1} - \frac{1}{3}\int \frac{(2x-1)}{x^2-2x+1}\mathrm{d}x$

$$= \frac{x^3}{3} - \frac{1}{3}\ln\mid x+1\mid - \frac{1}{3}\ln\mid x^2-2x+1\mid + C.$$

方法 2:先将被积函数进行整理,再令$u=x^3$,即

$$\int \frac{x^5}{x^3+1}\mathrm{d}x = \frac{1}{3}\int \frac{x^3\mathrm{d}(x^3)}{x^3+1} = \frac{1}{3}\int \frac{u+1-1}{u+1}\mathrm{d}u$$

$$= \frac{1}{3}\left[u - \ln\mid u+1\mid\right] + C = \frac{1}{3}x^3 - \frac{1}{3}\ln\mid x^3+1\mid + C.$$

5.4.2　简单根式的积分

解决这类问题的基本思路是:去掉根式,将根式代换出去,利用变量置换使其化为有理函数的积分.

例 5　$\int \frac{\sqrt{x-2}}{x}\mathrm{d}x.$

解　设$\sqrt{x-2}=u$,则$\mathrm{d}x=2u\mathrm{d}u$,代入得

$$\int \frac{\sqrt{x-2}}{x}\mathrm{d}x = \int \frac{u}{u^2+2} \cdot 2u\mathrm{d}u = 2\int \frac{u^2+2-2}{u^2+2}\mathrm{d}u = 2\int \mathrm{d}u - 2\int \frac{\mathrm{d}u}{u^2+2}$$

$$= 2u - \sqrt{2}\arctan \frac{u}{\sqrt{2}} + C = 2\sqrt{x-2} - \sqrt{2}\arctan \sqrt{\frac{x}{2}-1} + C.$$

例 6　求积分$\int \frac{\sqrt[3]{x}}{x(\sqrt{x}+\sqrt[3]{x})}\mathrm{d}x.$

解　为了去掉根式,可以设$\sqrt[6]{x}=t$,

$$\int \frac{\sqrt[3]{x}}{x(\sqrt{x}+\sqrt[3]{x})}\mathrm{d}x = \int \frac{t^2}{t^6(t^3+t^2)} \cdot 6t^5\mathrm{d}t = 6\int \left(\frac{1}{t} - \frac{1}{t+1}\right)\mathrm{d}t$$

$$= 6\ln\frac{t}{t+1} + C = \ln\frac{x}{(\sqrt[6]{x}+1)^6} + C.$$

例 7 求积分 $\displaystyle\int \frac{\mathrm{d}x}{x\sqrt{x^2+x+1}}$.

解 为了去掉根式,可以设 $\sqrt{x^2+x+1}=t-x$,得到 $x=\dfrac{t^2-1}{2t+1}$,

则 $\sqrt{x^2+x+1}=\dfrac{t^2+t+1}{2t+1}$,$\mathrm{d}x=\dfrac{2(t^2+t+1)}{(2t+1)^2}\mathrm{d}t$,

所以 $\displaystyle\int \frac{\mathrm{d}x}{x\sqrt{x^2+x+1}}=\int\frac{2\mathrm{d}t}{t^2-1}=\ln\left|\frac{t-1}{t+1}\right|+C=\ln\left|\frac{\sqrt{x^2+x+1}+x-1}{\sqrt{x^2+x+1}+x+1}\right|+C.$

【小贴士】 一般地,在二次三项式 ax^2+bx+c 中,若 $a>0$,则可令 $\sqrt{ax^2+bx+c}=\sqrt{a}x\pm t$;若 $c>0$,还可令 $\sqrt{ax^2+bx+c}=xt\pm\sqrt{c}$. 这类变换称为欧拉变换.

这一节中,我们主要学习了某些特殊类型的有理函数的积分,以及可以通过换元转化为有理函数的三角有理式和根式的积分.

至此,我们已经学过两种求不定积分的基本方法,以及某些特殊类型不定积分的求法,读者应该通过多做练习、观察、分析、总结各种解题方法和技巧,掌握不同类型问题的特点以及它们彼此之间的联系,从而达到融会贯通的目的.

需要指出的是,通常所说的"求出不定积分",是指用初等函数的形式把这个不定积分表示出来,在这个意义下,并不是任何初等函数的不定积分都是能"求出"来的,比如,$\displaystyle\int e^{x^2}\mathrm{d}x$,$\displaystyle\int\frac{\sin x}{x}\mathrm{d}x$,$\displaystyle\int\frac{\mathrm{d}x}{\ln x}$ 等. 虽然这些函数的积分都是存在的,但是却无法用初等函数的形式来表示,因此,初等函数的原函数不一定是初等函数.

习题 5.4

1. 计算下列积分.

(1) $\displaystyle\int \frac{\mathrm{d}x}{4-x^2}$;

(2) $\displaystyle\int \frac{\mathrm{d}x}{x^2+x-6}$;

(3) $\displaystyle\int \frac{x+4}{x^2+5x-6}\mathrm{d}x$;

(4) $\displaystyle\int \frac{\mathrm{d}x}{(x+1)(x^2+1)}$;

(5) $\displaystyle\int \frac{x^3}{x^2+2x+1}\mathrm{d}x$;

(6) $\displaystyle\int \frac{x^3+1}{x^3-5x^2+6x}\mathrm{d}x$;

(7) $\displaystyle\int \frac{3x^4+x^3+4x^2+1}{x^5+2x^3+x}\mathrm{d}x$;

(8) $\displaystyle\int \frac{2x+3}{(x-2)(x+5)}\mathrm{d}x$.

2. 计算下列积分.

(1) $\displaystyle\int \frac{1}{1+\sqrt{2x}}\mathrm{d}x$;

(2) $\displaystyle\int x\sqrt{x-6}\mathrm{d}x$;

(3) $\displaystyle\int \frac{\mathrm{d}x}{1+\sqrt[3]{x+2}}$;

(4) $\displaystyle\int \frac{\mathrm{d}x}{\sqrt{1+x}+\sqrt[3]{1+x}}$;

(5) $\displaystyle\int \frac{\sqrt{x+1}-1}{\sqrt{x+1}+1}\mathrm{d}x$;

(6) $\displaystyle\int \frac{1}{x}\sqrt{\frac{1+x}{x}}\mathrm{d}x$.

5.5　不定积分的应用——微分方程初步

微分方程的定义 · 可分离变量的微分方程 · 一阶线性微分方程 · 可降阶的微分方程

微分方程是伴随着微积分 200 多年发展历史所形成的一门数学学科. 它源于人们对物体运动方程,以及天体运动轨迹的研究. 物质在一定条件下运动变化,要寻求它运动、变化的规律;某个物体在重力作用下自由下落,要寻求下落距离随时间变化的规律;火箭在发动机推动下在空间飞行,要寻求它飞行的轨道……

客观世界中的大量运动和变化的规律在数学上是用函数关系来描述的,不能简单地去求一个或者几个固定不变的数值,而且往往不可或不易直接列出变量之间的依存关系,但却可以列出未知变量及其导数与因变量之间的关系,这就形成了微分方程,因此,凡是表示未知函数的导数以及自变量之间关系的方程,就叫作微分方程. 微分方程是求解不定积分的延续和发展.

5.5.1　微分方程的定义

凡是含有未知函数及其导数或微分的等式都是微分方程. 例如,

$$y' = xy, y'' + 2y' + 6y = e^x, (t^2 + x)dt + 5xdx = 0, \frac{\partial z}{\partial x} = x + y.$$

值得注意的是方程 $\frac{\partial z}{\partial x} = x + y$ 中出现了偏微分,那么这类含有偏微分的方程被称为偏微分方程. 也就是说,如果未知函数是多元函数,那么该方程叫作偏微分方程.

定义 5.5.1　如果微分方程中的未知函数是一元函数,那么该微分方程称为常微分方程. 设 $y = y(x)$ 是在某区间上有定义的未知函数,则将含有 $y = y(x)$ 及其导数 $y', y'', \cdots, y^{(n)}$ 或微分的等式称为常微分方程($y(x)$ 可缺省). 常微分方程的一般形式可以记为

$$F(x, y, y', \cdots, y^{(n)}) = 0, \tag{5.5.1}$$

这里将式(5.5.1)理解成含有 $x, y, y', y'', \cdots, y^{(n)}$ 的等式.

其中,方程中未知函数导数的最高阶次,称为方程的阶. 假设微分方程中未知函数导数的最高阶次为 n,则我们可称该微分方程为 n 阶微分方程.

例如,$y'' + 2y' + 6y = e^x$ 是二阶微分方程,而 $y' = xy$ 是一阶微分方程.

本书中,我们仅仅讨论常微分方程,因此在本书范围内我们也将常微分方程简称为微分方程.

建立微分方程以后,我们希望能找出满足微分方程的函数,也就是解微分方程. 找到这样的函数,把这个函数代入微分方程能使该方程成为恒等式. 这个函数就叫作该微分方程的解.

比如,

$$y_1 = \sin x, y_2 = \cos x \text{ 及 } y_3 = 2\sin x$$

都是二阶微分方程

$$y'' + y = 0 \tag{5.5.2}$$

的解. 求解微分方程的过程将会用到求解不定积分的方法. 求解一个形如上述方程的解,意味着进行两次积分,因此会出现两个任意积分常数 C_1 与 C_2.

比如,

$$y = C_1 \sin x + C_2 \cos x$$

也是方程(5.5.2)的解.

定义 5.5.2 如果微分方程的解中含有任意常数,且任意常数的个数与微分方程的阶数相同,即这些任意常数相互独立,这样的解叫作微分方程的通解,而不含任意常数的解称为特解.

对于满足一阶微分方程

$$\begin{cases} y' = f(x, y), \\ y(x_0) = y_0 \end{cases} \tag{5.5.3}$$

的解 $y = y(x)$ 被称为初值问题(5.5.3)的特解. 这里的特解可以理解为通解中的常数被初值 $y(x_0) = y_0$ 确定为一个定数. 我们将求微分方程满足初始条件的特解这样的问题,叫作微分方程的初值问题.

例 1 考虑一阶微分方程初值问题 $\begin{cases} y' - 4y = 0, \\ y(0) = 1 \end{cases}$ 的特解与 $y' - 4y = 0$ 的一般解.

解 由导数运算可猜想到 $y = \mathrm{e}^{4x}$ 是该定解问题的特解. 事实上,该方程的一般解可以通过将方程变形为 $y' = 4y$ 来求解.

将上述两端分别取积分,则有

$$\ln|y| + \ln C_0 = 4x,$$
$$C_0|y| = \mathrm{e}^{4x},$$

或记为

$$y = C\mathrm{e}^{4x},$$

其中 C 为任意常数,即上式为一般解,再由初值(初始条件)$y(0) = 1$,可确定 $C = 1$.

在上述例题中,不同常数 C 构成曲线族 $y = C\mathrm{e}^{4x}$,我们常常称之为微分方程的积分曲线族,某一曲线即为满足特定初始值 $y(x_0) = y_0$ 的积分曲线,或特解曲线(如图 5-6 所示). 例 1 的特解为积分曲线中通过点 $(0, 1)$ 的那条曲线.

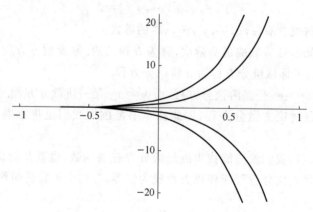

图 5-6 积分曲线族

应该指出,一个微分方程有解时,它的解未必可以用初等函数表示出来. 当一个方程的解可以用初等函数表示出来的时候,我们常称该微分方程为可求积类型,否则称之为不可求积类型.

例 2 验证 $y = \sin(x + C)$ 是微分方程 $y'^2 + y^2 - 1 = 0$ 的通解,并验证 $y = \pm 1$ 也是解.

解　因 $y=\sin(x+C)$，$y'=\cos(x+C)$，故

$$y'^2+y^2-1=\cos^2(x+C)+\sin^2(x+C)-1=0,$$

即 $y=\sin(x+C)$ 是原方程的解，又因解中含有任意常数，所以它是通解.

$y=\pm1$，$y'=0$，显然适合 $y'^2+y^2-1=0$，故 $y=\pm1$ 也是原方程的解.

值得注意的是，在例 2 中微分方程的通解没有包含微分方程所有的解. 无论通解 $y=\sin(x+C)$ 中 C 取什么定值，都不可能得到 $y=\pm1$.

$y=\pm1$ 称作奇解. 奇解的特性：奇解的曲线与通解的所有积分曲线相切（如图 5-7 所示）.

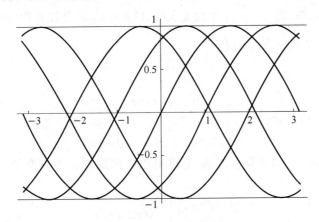

图 5-7　奇解与通解的积分曲线

例 3　函数 $y=\arccos\dfrac{1}{x}+C$ 与 $y=\arcsin\dfrac{1}{x}+C$ 哪一个是微分方程 $y'=\dfrac{1}{x\sqrt{x^2-1}}$ 的通解？

解　因为　$y=\arccos\dfrac{1}{x}+C$，$y'=-\dfrac{1}{\sqrt{1-\dfrac{1}{x^2}}}\cdot\left(-\dfrac{1}{x^2}\right)=\dfrac{1}{x^2\sqrt{1-\dfrac{1}{x^2}}}$，

当 $x>0$ 时，$y'=\dfrac{1}{x^2\sqrt{1-\dfrac{1}{x^2}}}=\dfrac{1}{x\sqrt{x^2-1}}$，故 $y=\arccos\dfrac{1}{x}+C$ 是原方程在区间 $(0,+\infty)$ 内的通解.

同样，对于 $y=\arcsin\dfrac{1}{x}+C$ 关于 x 求导，当 $x<0$ 时，有 $y'=\dfrac{1}{x\sqrt{x^2-1}}$，即 $y=\arcsin\dfrac{1}{x}+C$ 是原方程在区间 $(-\infty,0)$ 内的通解.

【思考】　为什么两个通解在形式上不统一？这是因为通解是函数族，表象可能不太一样，但是二者的结果在理论上只是差了一个常数.

定义 5.5.3　若在某区间 I 上存在 $y=y(x)$，代入 (5.5.1) 式之后能使该方程成为恒等式，则称 $y=y(x)$ 为微分方程 (5.5.1) 的解.

【小贴士】　通过不同途径计算出来的通解在形式上可能差异很大，但经过验证，将算出来的通解代回到原方程里面，只要能使方程成立的就是通解，相反则不是通解，所以不必刻意去追求与参考答案一致.

例 4　设 y_1，y_2 是二阶微分方程 $y''+p(x)y'+q(x)y=0$ 的两个解，C_1 和 C_2 是两个任意常数，试问 $C_1y_1+C_2y_2$ 是否是该方程的解？是否是该方程的通解？

解 因为 y_1, y_2 是方程的解,所以 y_1, y_2 满足

$$y''_1 + p(x)y'_1 + q(x)y_1 = 0, \quad y''_2 + p(x)y'_2 + q(x)y_2 = 0.$$

则
$$(C_1 y_1 + C_2 y_2)'' + p(x)(C_1 y_1 + C_2 y_2)' + q(x)(C_1 y_1 + C_2 y_2)$$
$$= C_1 y_1'' + C_2 y_2'' + C_1 p(x)y_1' + C_2 p(x)y_2' + C_1 q(x)y_1 + C_2 q(x)y_2$$
$$= C_1 [y''_1 + p(x)y'_1 + q(x)y_1] + C_2 [y''_2 + p(x)y'_2 + q(x)y_2] = 0.$$

因此 $C_1 y_1 + C_2 y_2$ 是原方程的解,但是 $C_1 y_1 + C_2 y_2$ 不一定是原方程的通解,这里虽然有两个任意常数,当 y_1 与 y_2 线性相关时,两常数就会加在一起表示一个任意常数,因而 $C_1 y_1 + C_2 y_2$ 不是原方程的通解;当 y_1 与 y_2 线性无关时,$C_1 y_1 + C_2 y_2$ 是原方程的通解.

5.5.2 可分离变量的微分方程

一阶微分方程

$$y' = f(x, y), \tag{5.5.4}$$

也可以写成如下的对称形式:

$$P(x, y)dx + Q(x, y)dy = 0. \tag{5.5.5}$$

在方程(5.5.5)中,变量 x 与变量 y 对称,它既可以看作是以 x 为自变量,以 y 为未知函数的方程

$$\frac{dx}{dy} = -\frac{P(x, y)}{Q(x, y)} \quad (Q(x, y) \neq 0),$$

也可以看成是以 y 为自变量,以 x 为未知函数的方程

$$\frac{dy}{dx} = -\frac{Q(x, y)}{P(x, y)} \quad (P(x, y) \neq 0).$$

一般地,如果一个一阶微分方程能写成

$$g(y)dy = f(x)dx \tag{5.5.6}$$

的形式,即一端只含 y 的函数和 dy,另一端只含 x 的函数和 dx,那么原方程就称为可分离变量的微分方程.

假定方程(5.5.6)中的函数 $g(y)$ 和 $f(x)$ 是连续的. 设 $y = \varphi(x)$ 是方程(5.5.6)的解,将它代入(5.5.6)中得到恒等式

$$g[\varphi(x)]\varphi'(x)dx = f(x)dx,$$

将上式两端积分,并由 $y = \varphi(x)$ 引进变量 y,得

$$\int g(y)dy = \int f(x)dx.$$

设 $G(y)$ 及 $F(x)$ 依次为 $g(y)$ 和 $f(x)$ 的原函数,于是有 $G(y) = F(x) + C$,则 $G(y) = F(x) + C$ 为方程(5.5.6)的解.

例 5 求解 $\dfrac{dy}{dx} = x\cot y$ 的通解.

解 原方程可改写为

$$\tan y dy = x dx.$$

两端取不定积分则有

$$-\ln|\cos y| = \frac{1}{2}x^2 + C_0,$$

或记为

$$\cos y = e^{-(\frac{1}{2}x^2 + C_0)},$$

也可记为
$$\cos y = Ce^{-\frac{1}{2}x^2} \quad (C>0).$$

在该例题中，$\tan y\mathrm{d}y = x\mathrm{d}x$ 即为变量已分离的方程，利用微分不变性即有 $\mathrm{d}(-\ln|\cos y|) = \frac{1}{2}\mathrm{d}x^2$，取积分求解是很自然的做法.

例 6　求方程 $x(y^2-1)\mathrm{d}x + y(x^2-1)\mathrm{d}y = 0$ 的通解.

解　用 $(x^2-1)(y^2-1)$ 除方程两边，分离变量得
$$\frac{x\mathrm{d}x}{x^2-1} = -\frac{y\mathrm{d}y}{y^2-1},$$

两边积分，得 $\ln|x^2-1| = -\ln|y^2-1| + \ln|C|$（$C$ 是不为零的任意常数），
即
$$(x^2-1)(y^2-1) = C.$$

当 $C=0$ 时，得 4 条直线 $x=1,x=-1,y=1,y=-1$，它们显然是原方程的 4 个特解，是在用 $(x^2-1)(y^2-1)$ 除方程时失去的解，因此，应去掉 $C\neq 0$ 的限制，注意这是和解代数方程类似的遗根和增根现象.

【思考】　想一想例 6 的解题过程中是如何出现遗根现象的？

解答：由方程 $x(y^2-1)\mathrm{d}x + y(x^2-1)\mathrm{d}y = 0$ 变换到 $\frac{x\mathrm{d}x}{x^2-1} = -\frac{y\mathrm{d}y}{y^2-1}$ 后改变了变量的取值范围.

定义 5.5.4　如果一阶微分方程 $\frac{\mathrm{d}y}{\mathrm{d}x} = f(x,y)$ 中的函数 $f(x,y)$ 可写成 $\frac{y}{x}$ 的函数，即 $f(x,y) = \varphi(\frac{y}{x})$，则称该方程为齐次方程.

在齐次方程
$$\frac{\mathrm{d}y}{\mathrm{d}x} = \varphi(\frac{y}{x}) \tag{5.5.7}$$

中，作变量代换引进新的未知函数
$$u = \frac{y}{x}, \tag{5.5.8}$$

即 $y=xu$，可得 $\frac{\mathrm{d}y}{\mathrm{d}x} = u + x\frac{\mathrm{d}u}{\mathrm{d}x}$，代入 (5.5.7) 式，便得方程 $u + x\frac{\mathrm{d}u}{\mathrm{d}x} = f(u)$，即 $\frac{\mathrm{d}u}{f(u)-u} = \frac{\mathrm{d}x}{x}$.
由此方程 (5.5.7) 就可化为可分离变量的方程.

当 $f(u)-u \neq 0$ 时，有
$$\int \frac{\mathrm{d}u}{f(u)-u} = \ln|C_1 x|，即 x = Ce^{\varphi(u)}(\varphi(u) = \int \frac{\mathrm{d}u}{f(u)-u}),$$

再将 $u=\frac{y}{x}$ 带回上式，便得到所求齐次方程的通解：$x = Ce^{\varphi(\frac{y}{x})}$.

例 7　解方程 $(x-y\cos\frac{y}{x})\mathrm{d}x + x\cos\frac{y}{x}\mathrm{d}y = 0$.

解　原方程可写成
$$\frac{\mathrm{d}y}{\mathrm{d}x} = \frac{y\cos\frac{y}{x} - x}{x\cos\frac{y}{x}} = \frac{\frac{y}{x}\cos\frac{y}{x} - 1}{\cos\frac{y}{x}},$$

因此该方程是齐次方程. 令 $\frac{y}{x}=u$，则 $y=xu$，$\frac{\mathrm{d}y}{\mathrm{d}x} = u + x\frac{\mathrm{d}u}{\mathrm{d}x}$，于是原方程变为
$$u + x\frac{\mathrm{d}u}{\mathrm{d}x} = \frac{u\cos u - 1}{\cos u}，即 x\frac{\mathrm{d}u}{\mathrm{d}x} = -\frac{1}{\cos u},$$

分离变量得
$$\cos u \, du = -\frac{dx}{x}.$$

两端积分,得
$$\sin u = -\ln|x| + C,$$

再将 $u = \frac{y}{x}$ 带回上式,便得所求方程的通解为
$$\sin \frac{y}{x} = -\ln|x| + C.$$

例 8 求微分方程 $(x^2 + 2xy - y^2)dx + (y^2 + 2xy - x^2)dy = 0$ 满足初始条件 $y|_{x=1} = 1$ 的特解.

解 原方程可写成
$$\frac{dy}{dx} = -\frac{x^2 + 2xy - y^2}{y^2 + 2xy - x^2} = \frac{\left(\frac{y}{x}\right)^2 - 2\frac{y}{x} - 1}{\left(\frac{y}{x}\right)^2 + 2\frac{y}{x} - 1},$$

因此原方程是齐次方程. 令 $\frac{y}{x} = u$,则
$$y = xu, \frac{dy}{dx} = u + x\frac{du}{dx},$$

于是原方程变为 $u + x\dfrac{du}{dx} = \dfrac{u^2 - 2u - 1}{u^2 + 2u - 1}$,即 $x\dfrac{du}{dx} = -\dfrac{u^3 + u^2 + u + 1}{u^2 + 2u - 1}$,

分离变量得
$$\frac{dx}{x} = -\frac{u^2 + 2u - 1}{u^3 + u^2 + u + 1}du.$$

两端积分,得
$$\ln|x| + C = -\int \frac{u^2 + 2u - 1}{u^3 + u^2 + u + 1}du = -\int \left(\frac{-1}{u+1} + \frac{2u}{u^2 + 1}\right)du = \ln(u + 1) - \ln(u^2 + 1),$$

即
$$\frac{x(1 + u^2)}{1 + u} = C,$$

再将 $u = \frac{y}{x}$ 带回上式,便得所求方程的通解为
$$\frac{x^2 + y^2}{x + y} = C.$$

由初始条件 $y|_{x=1} = 1$,得 $C = 1$.

因此原方程满足初始条件的特解为 $\dfrac{x^2 + y^2}{x + y} = 1$.

5.5.3 一阶线性微分方程

定义 5.5.5 形如
$$\frac{dy}{dx} + P(x)y = Q(x) \tag{5.5.9}$$

的微分方程称为一阶线性微分方程. 如果 $Q(x) \equiv 0$ 则方程(5.5.7)称为齐次的;如果 $Q(x)$ 不恒等于零,则方程(5.5.9)称为非齐次的. 一阶线性微分方程中未知函数及其导数均以一次方幂出现,否则统称为非线性微分方程.

设(5.5.9)为非齐次线性方程,即 $Q(x)$ 不恒等于零. 要求非齐次线性方程(5.5.9)的解,我们先求对应于方程(5.5.9)的齐次线性方程

$$\frac{\mathrm{d}y}{\mathrm{d}x}+P(x)y=0 \tag{5.5.10}$$

的通解.

方程(5.5.10)是可分离变量的微分方程,分离变量后得

$$\frac{\mathrm{d}y}{y}=-P(x)\mathrm{d}x,$$

两端积分,得

$$\ln|y|=-\int P(x)\mathrm{d}x+C_1,$$

即

$$y=C\mathrm{e}^{-\int P(x)\mathrm{d}x} \quad (C=\pm\mathrm{e}^{C_1}).$$

下面我们使用常数变易法来求非齐次线性方程(5.5.9)的通解. 这方法是将(5.5.10)的通解中的 C 换成 x 的未知函数 $u(x)$,即作变换

$$y=u\mathrm{e}^{-\int P(x)\mathrm{d}x}, \tag{5.5.11}$$

于是

$$\frac{\mathrm{d}y}{\mathrm{d}x}=u'\mathrm{e}^{-\int P(x)\mathrm{d}x}-uP(x)\mathrm{e}^{-\int P(x)\mathrm{d}x}. \tag{5.5.12}$$

将(5.5.11)式和(5.5.12)式代入方程(5.5.9)中得

$$u'\mathrm{e}^{-\int P(x)\mathrm{d}x}-uP(x)\mathrm{e}^{-\int P(x)\mathrm{d}x}+P(x)u\mathrm{e}^{-\int P(x)\mathrm{d}x}=Q(x),$$

即

$$u'\mathrm{e}^{-\int P(x)\mathrm{d}x}=Q(x), u'=Q(x)\mathrm{e}^{\int P(x)\mathrm{d}x}.$$

两端积分,得

$$u=\int Q(x)\mathrm{e}^{\int P(x)\mathrm{d}x}\mathrm{d}x+C.$$

把上式代入(5.5.11)式,便得非齐次线性方程(5.5.9)的通解

$$y=\mathrm{e}^{-\int P(x)\mathrm{d}x}\left(\int Q(x)\mathrm{e}^{\int P(x)\mathrm{d}x}\mathrm{d}x+C\right), \tag{5.5.13}$$

即

$$y=C\mathrm{e}^{-\int P(x)\mathrm{d}x}+\mathrm{e}^{-\int P(x)\mathrm{d}x}\int Q(x)\mathrm{e}^{\int P(x)\mathrm{d}x}\mathrm{d}x.$$

上式中右端第 1 项 $C\mathrm{e}^{-\int P(x)\mathrm{d}x}$ 对应的是齐次线性方程(5.5.10)的通解,第 2 项 $\mathrm{e}^{-\int P(x)\mathrm{d}x}\int Q(x)\mathrm{e}^{\int P(x)\mathrm{d}x}\mathrm{d}x$ 是非齐次线性方程(5.5.9)的一个特解(在(5.5.9)的通解(5.5.13)中取 $C=0$ 便可得到这个特解). 由此可知,非齐次线性方程的通解是对应的齐次线性方程的通解和非齐次线性方程的一个特解之和.

例 9　求方程 $y'+\frac{1}{x}y=\frac{\sin x}{x}$ 的通解.

解　方法 1:这是一个非齐次线性方程,接下来,我们先求对应齐次方程的通解.

$$y'+\frac{1}{x}y=0,$$
$$\frac{\mathrm{d}y}{y}=-\frac{\mathrm{d}x}{x},$$
$$\ln y=-\ln x+\ln C,$$
$$y=\frac{C}{x}.$$

用常数变易法,把 C 换成 u,即令 $y=\dfrac{u}{x}$,那么

$$\frac{xu'-u}{x^2}\frac{\mathrm{d}y}{\mathrm{d}x}=u'x+u,$$

代入所求非齐次线性方程,得

$$\frac{xu'(x)-u(x)}{x^2}+\frac{1}{x}\frac{u(x)}{x}=\frac{\sin x}{x},\text{即 } u'=\sin x.$$

两边积分,得

$$u=-\cos x+C.$$

再把上式代入 $y=\dfrac{u}{x}$ 中,即得所求非齐次线性方程的通解为

$$y=\frac{1}{x}(-\cos x+C).$$

方法 2:也可直接通过本节的(5.5.11)式,利用公式直接求解.

因 $P(x)=\dfrac{1}{x}$,$Q(x)=\dfrac{\sin x}{x}$,代入(5.5.11)式可得

$$y=\mathrm{e}^{-\int\frac{1}{x}\mathrm{d}x}\left(\int\frac{\sin x}{x}\cdot\mathrm{e}^{\int\frac{1}{x}\mathrm{d}x}\mathrm{d}x+C\right)=\mathrm{e}^{-\ln x}\left(\int\frac{\sin x}{x}\cdot\mathrm{e}^{\ln x}\mathrm{d}x+C\right)$$

$$=\frac{1}{x}(\int\sin x\mathrm{d}x+C)=\frac{1}{x}(-\cos x+C).$$

例 10 设 $f(x)$ 在 $(0,+\infty)$ 内可导,且 $\lim\limits_{x\to0^+}f(x)=1$,求解微分方程

$$xf'(x)+f(x)-xf(x)-\mathrm{e}^{2x}=0.$$

解 将原方程化为标准一阶线性微分方程则有 $f'(x)+(\dfrac{1}{x}-1)f(x)=\dfrac{1}{x}\mathrm{e}^{2x}$,

由公式(5.5.11)可得方程的通解为

$$y=\mathrm{e}^{\int(1-\frac{1}{x})\mathrm{d}x}\left(\int\frac{1}{x}\mathrm{e}^{2x}\mathrm{e}^{\int(\frac{1}{x}-1)\mathrm{d}x}\mathrm{d}x+C\right)$$

$$=\frac{\mathrm{e}^x}{x}(\int\frac{1}{x}\mathrm{e}^{2x}x\mathrm{e}^{-x}\mathrm{d}x+C)=\frac{\mathrm{e}^x}{x}(\mathrm{e}^x+C).$$

由已知条件 $\lim\limits_{x\to0^+}f(x)=1$,有

$$\lim_{x\to0^+}\frac{\mathrm{e}^x}{x}(\mathrm{e}^x+C)=\lim_{x\to0^+}\frac{\mathrm{e}^{2x}+C\mathrm{e}^x}{x}=1,$$

于是必有 $\lim\limits_{x\to0^+}(\mathrm{e}^{2x}+C\mathrm{e}^x)=0$.这意味着 $1+C=0$,因此 $C=-1$,所以原方程的特解为

$$f(x)=\frac{\mathrm{e}^x}{x}(\mathrm{e}^x-1).$$

5.5.4 可降阶的微分方程

下面将介绍 3 种可降阶类型的方程,我们应注意,这 3 种可降阶方程的处理方法是有差别的,并且,更要注意每一类方法中自变量与因变量的记号.

1. $y^{(n)}=f(x)$ 型的方程

形如 $y^{(n)}=f(x)$ 的微分方程,其通解可以经过 n 次积分来求得,而特解一般在每次积分后确定一个常数.

例 11 求解方程 $y^{(3)}=x\cos x$.

解　方程两边积分可得
$$y'' = \int x\cos x\,\mathrm{d}x = x\sin x + \cos x + C_1,$$
所得等式等号两边继续求积分得
$$y' = -x\cos x + 2\sin x + C_1 x + C_2,$$
最后等号两遍再求一次积分,可得所求微分方程的通解
$$y = -x\sin x - 3\cos x + \frac{1}{2}C_1 x^2 + C_2 x + C_3.$$

2. 不显含 y 的方程

形如
$$F(x, y^{(k)}, y^{(k+1)}, \cdots, y^{(n)}) = 0 \quad (1 \leqslant k \leqslant n) \tag{5.5.14}$$
的微分方程称为不显含 y 的方程. 也就是说,除了方程中含有未知变量记号 y 的某些阶次导数以外,y 本身不出现在方程中.

从求解的角度,显然可以将方程(5.5.1)中的 $y^{(k)}$ 视为新变量,比如令 $u = u(x) = y^{(k)}$,那么方程(5.5.1)即变形为 $F(x, u, u', \cdots, u^{(n-k)}) = 0$,于是原方程从 n 阶降到了 $n - k$ 阶.

【小贴士】　降阶是一类求微分方程的方法,至于降阶以后能否求解,则是另一类问题.

例 12　求微分方程 $(1 + x^2)y'' = 2xy'$,满足初始条件 $y|_{x=0} = 1$,$y'|_{x=0} = 3$ 的特解.

解　原方程不显含因变量 y,设 $y' = p$,代入方程并分离变量为
$$\frac{\mathrm{d}p}{p} = \frac{2x}{1 + x^2}\mathrm{d}x,$$
等号两边积分得
$$\ln|p| = \ln(1 + x^2) + C, \quad \text{即} \quad p = y' = C_1(1 + x^2) \quad (C_1 = \pm e^C),$$
由初始条件 $y'|_{x=0} = 3$,可得 $C_1 = 3$,所以有
$$p = y' = 3(1 + x^2).$$

两边再同时积分,则可以得
$$y = x^3 + 3x + C_2.$$
由初始条件 $y|_{x=0} = 1$,可得 $C_2 = 1$,则原方程在初始条件下的特解为
$$y = x^3 + 3x + 1.$$

例 13　求解方程 $y^{(5)} - \dfrac{1}{x}y^{(4)} = 0$ 的通解.

解　原方程不显含因变量 y,令 $y^{(4)} = u(x)$,则原方程化为
$$u' - \frac{1}{x}u = 0.$$
该方程的解为 $u = C_1 x = y^{(4)}$,于是
$$y''' = \frac{1}{2}C_1 x^2 + C_2,$$
$$y'' = \frac{1}{6}C_1 x^3 + C_2 x + C_3,$$
$$y' = \frac{1}{24}C_1 x^4 + \frac{1}{2}C_2 x^2 + C_3 x + C_4,$$
$$y = \frac{1}{120}C_1 x^5 + \frac{1}{6}C_2 x^3 + \frac{1}{2}C_3 x^2 + C_4 x + C_5.$$

3. 不显含 x 的方程

形如
$$F(y, y^{(k)}, y^{(k+1)}, \cdots, y^{(n)}) = 0 \quad (1 \leqslant k \leqslant n) \tag{5.5.15}$$

的微分方程称为不显含 x 的方程. 也就是说, 除了方程中作为自变量的 x 本身没有明显出现在方程中. 本节我们只讨论不显含自变量 x 的二阶微分方程 $y''=f(y,y')$.

令 $y'=p$, 利用复合函数的求导法则, 把 y'' 化为关于 y 的导数, 即

$$y''=\frac{\mathrm{d}p}{\mathrm{d}x}=\frac{\mathrm{d}p}{\mathrm{d}y}\cdot\frac{\mathrm{d}y}{\mathrm{d}x}=p\cdot\frac{\mathrm{d}p}{\mathrm{d}y},$$

这时原方程 $y''=f(y,y')$ 降为一阶微分方程

$$p\cdot\frac{\mathrm{d}p}{\mathrm{d}y}=f(y,p).$$

【小贴士】 应该特别注意的是, 降阶后的方程是 p 对 y 的微分方程. 设它的通解为 $y'=p=\varphi(y,C_1)$, 分离变量并积分, 便得原方程的通解为 $\displaystyle\int\frac{\mathrm{d}y}{\varphi(y,C_1)}=x+C_2$.

例 14 求方程 $yy''-y'^2=0$ 的通解.

解 原方程不显含自变量 x, 设 $y'=p(y)$, 则

$$y''=p\frac{\mathrm{d}p}{\mathrm{d}y},$$

代入原方程, 得

$$yp\frac{\mathrm{d}p}{\mathrm{d}y}-p^2=0,即 \ p\left(y\frac{\mathrm{d}p}{\mathrm{d}y}-p\right)=0.$$

在 $y\neq0$ 且 $p\neq0$ 时, 约去 p 并分离变量, 得

$$\frac{\mathrm{d}p}{p}=\frac{\mathrm{d}y}{y}.$$

两端积分, 得 $\qquad\qquad\qquad \ln|p|=\ln|y|+C,$

即 $\qquad\qquad\qquad\qquad p=C_1y \ 或 \ y'=C_1y \ (C_1=\pm\mathrm{e}^C),$

再分离变量并两端积分, 可以求得原方程的通解为

$$\ln|y|=C_1x+C'_2 \ 或 \ y=C_2\mathrm{e}^{C_1x} \ (C_2=\pm\mathrm{e}^{C'_2}).$$

例 15 求方程 $yy''=2(y'^2-y')$ 满足初始条件 $y(0)=1,y'(0)=2$ 的特解.

解 原方程不显含自变量 x, 设 $y'=p(y)$, 则

$$y''=p\frac{\mathrm{d}p}{\mathrm{d}y},$$

代入原方程, 得

$$yp\frac{\mathrm{d}p}{\mathrm{d}y}=2(p^2-p), \ 即 \ \frac{\mathrm{d}p}{p-1}=\frac{2\mathrm{d}y}{y},$$

两边积分, 得

$$p=1+Cy^2 \ 或 \ y'=1+Cy^2,$$

根据初始条件 $y'(0)=2$, 可求得 $C=1$, 故

$$y'=1+y^2, \ 即 \ \frac{\mathrm{d}y}{1+y^2}=\mathrm{d}x,$$

两边积分得

$$y=\tan(x+C_1),$$

根据初始条件 $y(0)=1$, 可求得 $C_1=\dfrac{\pi}{4}$. 故原方程满足初始条件的特解为

$$y=\tan\left(x+\frac{\pi}{4}\right).$$

习题 5.5

1. 指出下列微分方程的阶数（y 为未知函数）.

(1) $y'' + 7y' = 3x^2 - 1$；

(2) $y' + e^y = x^2$；

(3) $x\mathrm{d}x + y^2\mathrm{d}y = 0$；

(4) $\mathrm{d}y = -\dfrac{2y}{100+x}\mathrm{d}x$.

2. 验证 $x = 2(\sin 2t - \sin 3t)$ 为 $\dfrac{\mathrm{d}^2x}{\mathrm{d}t^2} + 4x = 10\sin 3t$ 满足初始条件 $x\big|_{t=0} = 0,\ \dfrac{\mathrm{d}x}{\mathrm{d}t}\big|_{t=0} = -2$ 时的特解.

3. 设 $y_1(x)$ 与 $y_2(x)$ 分别为微分方程 $y'' + a_1(x)y' + a_2(x)y = f(x)$ 与 $y'' + a_1(x)y' + a_2(x)y = g(x)$ 的解，证明 $y = y_1(x) + y_2(x)$ 是方程 $y'' + a_1(x)y' + a_2(x)y = f(x) + g(x)$ 的解.

4. 求下列一阶微分方程的通解.

(1) $\dfrac{\mathrm{d}y}{\mathrm{d}x} = 2\sqrt{y}$；

(2) $\dfrac{\mathrm{d}y}{\mathrm{d}x} = 1 + x + y^2 + xy^2$；

(3) $xy' = y + x\cos\dfrac{y}{x}$；

(4) $(x^2 + y^2)\mathrm{d}x = 2xy\mathrm{d}y$；

(5) $\dfrac{\mathrm{d}y}{\mathrm{d}x} - y = e^x$；

(6) $(x+1)\dfrac{\mathrm{d}y}{\mathrm{d}x} + y = \ln(x+1)$.

5. 求下列高阶微分方程的通解.

(1) $y'' = \cos x$；

(2) $y'' = \dfrac{1}{1+x^2}$；

(3) $y^{(5)} - \dfrac{1}{x}y^{(4)} = 0$；

(4) $y'' = 2y'$.

6. 求初值问题的解 $\begin{cases} y'' = x, \\ y(0) = a_0, y'(0) = a_1. \end{cases}$

7. 求以 $y = C_1 e^x + C_2 e^{-x} - x$（$C_1, C_2$ 为任意常数）为通解的微分方程.

8. 已知曲线通过点 $(2,3)$，它在两坐标轴间的任意切线线段均被切点所平分，求这曲线方程.

第 5 章　复习题

1. 选择题.

(1) 若 $F_1(x), F_2(x)$ 是函数 $f(x)$ 的两个原函数，则 $F_1(x) - F_2(x) = ($　　$)$.

A. 0　　　　B. $f(x)$　　　　C. $f'(x)$　　　　D. 任意常数

(2) 已知 $\int f(x)\mathrm{d}x = \cos x + C$，则 $\int xf(x)\mathrm{d}x = ($　　$)$.

A. $x\cos x - \sin x + C$　　　　B. $x\cos x + \sin x + C$

C. $x\cos x + x + C$　　　　D. $x\sin x - \cos x + C$

(3) $\int \dfrac{1}{x}f'(\ln x)\mathrm{d}x = ($　　$)$.

A. $f(\ln x)$ B. $f(\ln x)+C$ C. $-f(\ln x)+C$ D. $xf(\ln x)+C$

(4) 下列式子正确的是(   ).

A. $\int \sec x \cdot \tan x \mathrm{d}x = \sec x + C$ B. $\int \dfrac{1}{\sqrt{x}} \mathrm{d}x = \sqrt{x} + C$

C. $\int \arcsin x \mathrm{d}x = \dfrac{1}{\sqrt{1-x^2}} + C$ D. $\int \dfrac{1}{x^2} \mathrm{d}x = \dfrac{1}{x} + C$

(5) 若 $\int f(x)\mathrm{d}x = x^2 + C$, 则 $\int xf(1-x^2)\mathrm{d}x = ($ $)$.

A. $2(1-x^2)^2 + C$ B. $-2(1-x^2)^2 + C$

C. $\dfrac{1}{2}(1-x^2)^2 + C$ D. $-\dfrac{1}{2}(1-x^2)^2 + C$

2. 判断题.

(1) 如果函数 $f(x)$ 有原函数, 则其个数一定是无穷多个.(   )

(2) 所有连续函数都有原函数.(   )

(3) 若 $\int f(x)\mathrm{d}x = F_1(x) + C_1$, 以及 $\int f(x)\mathrm{d}x = F_2(x) + C_2$, 其中 C_1 和 C_2 均为任意常数, 则一定存在常数 k, 使得 $C_1 - C_2 = k$.(   )

(4) 初等函数的原函数一定是初等函数.(   )

(5) 设 $F(x)$ 是 $f(x)$ 的一个原函数, 若 $f(x)$ 是偶函数, 那么 $F(x)$ 一定是奇函数.(   )

3. 计算下列不定积分.

(1) $\int (\sqrt{x} - 1)(x + \dfrac{1}{\sqrt{x}})\mathrm{d}x$;   (2) $\int (2^x + 3^x)^2 \mathrm{d}x$;

(3) $\int \dfrac{\cos 2x}{\cos x - \sin x}\mathrm{d}x$;   (4) $\int \dfrac{2\mathrm{d}x}{(1+x^2)x^2}$;

(5) $\int \dfrac{\mathrm{d}x}{\mathrm{e}^x + \mathrm{e}^{-x}}$;   (6) $\int \dfrac{\mathrm{d}x}{\cos^2 x \sqrt{1 - \tan^2 x}}$;

(7) $\int \dfrac{\mathrm{d}x}{\sqrt{(1-x^2)}\arcsin x}$;   (8) $\int \dfrac{x^2}{\sqrt{2-x}}\mathrm{d}x$;

(9) $\int \dfrac{x}{x - \sqrt{x^2-1}}\mathrm{d}x$;   (10) $\int x^2 \mathrm{e}^x \mathrm{d}x$;

(11) $\int x^2 \sin 3x \mathrm{d}x$;   (12) $\int x(1 + \cot^2 x)\mathrm{d}x$;

(13) $\int \dfrac{1}{x^4 \sqrt{1+x^2}}\mathrm{d}x$;   (14) $\int \dfrac{\sqrt{x^2-9}}{x}\mathrm{d}x$;

(15) $\int \dfrac{1}{1+\sqrt{x}}\mathrm{d}x$;   (16) $\int \dfrac{1}{1 + \sqrt{1-x^2}}\mathrm{d}x$;

(17) $\int \dfrac{2x+3}{x^2+x+1}\mathrm{d}x$;   (18) $\int \dfrac{x^3 + x^2 + 2}{(x^2+2)^2}\mathrm{d}x$;

(19) $\int \dfrac{\mathrm{d}x}{(x^2+x)(x^2+1)}$;   (20) $\int \dfrac{\sqrt{x(x+1)}\mathrm{d}x}{\sqrt{x} + \sqrt{x+1}}$.

4. 设 $F(x)$ 是 $f(x)$ 的一个原函数, $G(x)$ 是 $\dfrac{1}{f(x)}$ 的一个原函数, 且 $F(x)G(x) = -1$,

$f(0)=1$，求 $f(x)$.

5. 求下列微分方程的解.

(1) $\dfrac{\mathrm{d}y}{\mathrm{d}x}=1+x+y^2+xy^2$；

(2) $xy'\ln x+y=ax(\ln x+1)$；

(3) $y'''=\sin x-\cos x$；

(4) $y''+\dfrac{1}{1-y}(y')^2=0$.

课外阅读

阿贝尔——英年早逝的数学家

尼耳期·亨利克·阿贝尔(N. H. Abel,1802—1829 年)于 1802 年 8 月出生于挪威西南城市斯塔万格附近的芬岛的一个农村. 他很早便显示了数学方面的才华. 16 岁那年,他遇到了一个能赏识其才能的老师霍姆伯(Holmboe)介绍他阅读牛顿、欧拉、拉格朗日、高斯的著作. 大师们不同凡响的创造性的方法和成果开阔了阿贝尔的视野,他很快被推进到当时数学研究的前沿阵地. 后来他感慨地在笔记中写下这样的话:"要想在数学上取得进展,就应该阅读大师的而不是他们的门徒的著作".

阿贝尔——
英年早逝的数学家

1821 年,由于霍姆伯和另几位好友的慷慨资助,阿贝尔得以进入奥斯陆大学学习. 两年以后,他在一本不出名的杂志上发表了他的第一篇研究论文,其内容是用积分方程解古典的等时线问题. 这篇论文表明他是第一个直接应用并解出积分方程的人. 接着,他研究一般五次方程问题. 开始,他曾错误地认为自己得到了一个解. 霍姆伯建议他寄给丹麦的一位著名数学家审阅,审阅者要求提供进一步的细节,这使阿贝尔自己发现并修正了错误,他开始怀疑,一般五次方程究竟是否可解? 问题的转换开拓了新的探索方向,他终于成功地证明了要像较低次方程那样用根式解一般五次方程是不可能的.

这个青年人的数学思想已经远远超越了挪威国界,他需要与有同等水平的人交流思想和经验. 由于阿贝尔的教授们和朋友们强烈地意识到了这一点,他们决定说服学校当局向政府申请一笔公费,以便他能做一次到欧洲大陆的数学旅行. 阿贝尔于 1825 年 8 月获得公费,开始其历时两年的大陆之行.

踌躇满志的阿贝尔相信高斯将能认识到他工作的价值. 但高斯并未重视这篇论文,人们在高斯死后的遗物中发现阿贝尔寄给他的论文小册子还没有裁开.

柏林是阿贝尔旅行的第一站. 他在那里滞留了将近一年时间. 虽然等候高斯召见的期望终于落空,这却是他一生中最幸运、成果最丰硕的一年. 在柏林,阿贝尔遇到并熟识了他的第二个伯乐——克雷勒(Crelle). 克雷勒是一个铁路工程师,一个热心数学的业余爱好者,他以自己所创办的世界上最早专门发表创造性数学研究论文的期刊《纯粹和应用数学杂志》而在数学史上占有一席之地,后来人们习惯称这本期刊为"克雷勒杂志". 与该刊的名称所标榜的宗旨不同,实际上它根本没有应用数学的论文,所以有人又戏称它为"纯粹非应用数学杂志". 阿贝尔是促成克雷勒将办刊拟议付诸实施的一个人. 初次见面,两人就给彼此留下了良好而深刻的印象. 阿贝尔说他拜读过克雷勒的所有数学论文,并且说他发现在这些论文中有一些错误. 克雷勒非常谦虚,他已经意识到眼前这位脸带稚气的年轻人具有非凡的数学才能. 他翻阅了阿贝尔赠送的论五次方程的小册子,坦率地承认看不懂. 但此时他已决定立即实行拟议中的办刊计划,并将阿贝尔的论文载入第 1 期. 也是由于阿贝尔的研究论文,克雷勒杂志才能逐渐提高声誉和扩大影响.

阿贝尔一生中最重要的工作——关于椭圆函数理论的广泛研究就完成于这一时期. 相反,过去横遭冷遇,历经艰难,长期得不到公正评价的,也正是这一工作. 现在公认,在被称为"函数论世纪"的 19 世纪的上半叶,阿贝尔的工作〔后来还有雅可比(K. G. Jacobi,1804—1851年)发展了这一理论〕,是函数论的两个较高成果之一.

椭圆函数是从椭圆积分来的. 早在 18 世纪,从物理、天文、几何学的许多问题中经常导出一些不能用初等函数表示的积分,这些积分与计算椭圆弧长的积分往往具有某种形式上的共同性,椭圆积分就是如此得名的. 19 世纪初,椭圆积分领域的权威是法国科学院德高望重的勒让得(A. M. Legen-dre,1752—1833). 他研究椭圆积分长达 40 年之久,他从前辈工作中引出许多新的推断,组织了许多常规的数学论题,但他并没有增进任何基本思想,他把这项研究引到了"山重水复疑无路"的境地. 也正是阿贝尔,使勒让得在这方面的研究成果黯然失色,开拓了"柳暗花明"的前景.

关键来自一个简单的类比. 微积分中有一条众所周知的公式:

$$u = \int_0^x \frac{\mathrm{d}x}{\sqrt{1-x^2}} = \arcsin x$$

上式左边那个不定积分的反函数就是三角函数. 不难看出,椭圆积分与上述不定积分具有某种形式的对应性,因此,如果考虑椭圆积分的反函数,则它就应与三角函数也具有某种形式的对应性. 既然研究三角函数要比表示为不定积分的反三角函数容易得多,那么对应地研究椭圆积分的反函数(后来就称为椭圆函数)不也应该比椭圆积分本身容易得多吗?

"倒过来",这一思想非常优美,也的确非常简单、平凡. 但勒让得苦苦思索 40 年,却从来没有想到过它. 科学史上并不乏这样的例证,深刻、富有成果的思想,需要的并不是知识和经验的单纯积累,不是深思熟虑的推理,不是对研究题材的反复咀嚼,而是一种能够穿透一切障碍深入问题根底的非凡的洞察力. 凭借"倒过来"这一思想,阿贝尔高屋建瓴,势如破竹地推进他的研究. 他得出了椭圆函数的基本性质,找到了与三角函数中的 π 有相似作用的常数 K,证明了椭圆函数的周期性. 他建立了椭圆函数的加法定理,借助于这一定理,又将椭圆函数拓广到整个复域,并从而发现这些函数是双周期的,这是别开生面的新发现;他进一步提出一种更普遍更困难类型的积分——阿贝尔积分,并获得了一个关键性定理,即著名的阿贝尔基本定理,它是椭圆积分加法定理的一个很重要的推广. 至于阿贝尔积分的反演——阿贝尔函数,则是不久后由黎曼(B. Riemann,1826—1866 年)首先提出并加以深入研究的. 事实上,阿贝尔发现了一片广袤的沃土,他个人不可能在短时间内把这片沃土全部开垦完毕,用埃尔米特(Hermite)的话来说,阿贝尔留下的后继工作,"够数学家们忙上 500 年". 阿贝尔把这些丰富的成果整理成一长篇论文《论一类极广泛的超越函数的一般性质》. 此时他已经把高斯置之脑后,放弃了访问哥廷根的打算,而把希望寄托在法国的数学家身上. 他婉辞了克雷勒劝其定居柏林的建议后,便启程前往巴黎. 在这世界最繁华的大都会里,荟萃着像柯西(A. L. Cauchy,1789—1857 年)、勒让得、拉普拉斯 P. S. LapLace,1749—1827 年)、傅里叶(I. Fourier,1768—1830 年)、泊松(S. D. Poisson,1781—1840 年)这样一些久负盛名的数学家,阿贝尔相信他将在那里将找到知音.

1826 年 7 月,阿贝尔抵达巴黎. 他见到了那里所有出名的数学家,他们全都彬彬有礼地接待他,然而却没有一个人愿意仔细倾听他谈论自己的工作.在这些社会名流的高贵天平上,这个外表腼腆、衣着寒酸、来自偏远落后国家的年轻人能有多少分量呢?尽管阿贝尔非常自信,但对这一工作能否得到合理评价已经深有疑虑了.他通过正常渠道将论文提交法国科学院.科学院秘书傅里叶读了论文的引言,然后委托勒让得和柯西负责审查.柯西把稿件带回家中,究竟放在什么地方,竟记不起来了.直到两年以后阿贝尔已经去世,失踪的论文原稿才重新找到,而论文的正式发表,则迁延了 12 年之久.

从满怀希望到渐生疑虑终至完全失望,阿贝尔在巴黎空等了将近一年.他寄居的那家房东又特别吝啬刻薄,每天只供给他两顿饭,却收取昂贵的租金.一天他感到身体很不舒畅,经医生检查,诊断为肺病,尽管他顽强地不相信,但是他确已心力交瘁.阿贝尔只好拖着病弱的身体,怀着一颗饱尝冷遇而孤寂的心告别巴黎回国.当他重到柏林时,已经囊空如洗.幸亏霍姆伯及时汇到一些钱,才使他能在柏林稍事休整后返回家园.

但阿贝尔最终还是幸运的,他回挪威后一年里,欧洲大陆的数学界渐渐了解了他.继失踪的那篇主要论文之后,阿贝尔又写过若干篇类似的论文,都在"克雷勒杂志"上发表.这些论文将阿贝尔的名字传遍欧洲所有重要的数学中心,他成为万众瞩目的优秀数学家之一.遗憾的是,他处境闭塞,孤陋寡闻,对此情况竟无所知.甚至连他想在自己的国家谋一个普通的大学教职也不可得.1829 年 1 月,阿贝尔的病情恶化.他的最后日子是在一家英国人的家里度过的.他的未婚妻凯姆普(Kemp)是那个家庭的私人教师.临终的几天,凯姆普坚持只要自己一个人照看阿贝尔,她要"独占这最后的时刻".1829 年 4 月 6 日晨,这颗耀眼的数学新星陨落了.两天后,克雷勒的一封信寄到,告知柏林大学已决定聘请阿贝尔担任数学教授.

通过阿贝尔的遭遇,我们认识到,建立一个客观而公正的科学评价体制是至关重要的.科学界不仅担负着探索自然奥秘的任务,也担负着发现从事这种探索的人才的任务.科学是人的事业,问题是要靠人去解决的.科学评价中的权威主义倾向不利于发现和栽培新的科学人才.科学家的权威意味着他在科学的某一领域里曾做过些先进工作,他是科学发现方面的权威,却不一定是评价、发现、培养科学人才的权威,尤其当科学新分支不断涌现时,情况更是如此.

为了纪念挪威天才数学家阿贝尔 200 周年诞辰,挪威政府于 2003 年设立了一项数学奖——阿贝尔奖.这项每年颁发一次的奖项,奖金高达 80 万美元,相当于诺贝尔奖的奖金,是世界上奖金最高的数学奖.

参考答案

习题 5.1

1. (1) D;　(2) D;　(3) B;　(4) C.

2. (1) $f(x)\mathrm{d}x, f(x)+C, f(x)+C$;　(2) $y=x^2+1$.

3. (1) 错,$\int \sin x \mathrm{d}x = -\cos x + C$;(2) 错,$k \neq 0$.

4. (1) $5x+C$;　(2) $\dfrac{x^6}{6}+\dfrac{x^4}{4}-\dfrac{1}{6}x^{\frac{3}{2}}+C$;　(3) $\dfrac{x^5}{5}-\dfrac{2x^3}{3}+x+C$;

(4) $-2\cos x-4\sin x+C$;　(5) $\mathrm{e}^x-\ln|x|+C$;　(6) $-\cot x-\dfrac{1}{x}+C$;

(7) $2\arcsin x - x + C$;　　(8) $\dfrac{x^3}{3} - x + \arctan x + C$;　　(9) $-4\cot x + C$;

(10) $\dfrac{1}{2}\tan x + C$.

6. 证明略.

7. $x(t) = \dfrac{1}{2}t^2 - 2\arctan t + 1$.

习题 5.2.1

1. (1) C;　(2) C;　(3) A;　(4) C;　(5) D.

2. (1) 错, $\displaystyle\int f'(2x)\,\mathrm{d}x = \dfrac{1}{2}f(2x) + C = -\dfrac{1}{2}\sin 2x + C$;

(2) 对;

(3) 错, $\displaystyle\int \dfrac{\arctan x}{x^2+1}\,\mathrm{d}x = \int \arctan x \,\mathrm{d}(\arctan x)$.

3. (1) $\ln|x^2 - 3x + 8| + C$;　　(2) $\ln|\ln x| + C$;　(3) $\dfrac{1}{3}(2x+3)^{\frac{3}{2}} + C$;

(4) $-\dfrac{2}{9}(1-x^3)^{\frac{3}{2}} + C$;　　(5) $\dfrac{1}{101}(x^2 - 3x + 1)^{101} + C$;　　(6) $\dfrac{1}{2}(1 + \sqrt{x})^4 + C$;

(7) $\dfrac{1}{2}\ln(e^{2x} + 1) + C$;　　(8) $-\dfrac{1}{2\ln 2}\ln\left|\dfrac{1-2^x}{1+2^x}\right| + C$;

(9) $\dfrac{1}{2(\ln 3 - \ln 2)}\ln\left|\dfrac{3^x - 2^x}{3^x + 2^x}\right| + C$;　　(10) $x - \ln(1 + e^x) + C$;

(11) $-\dfrac{1}{97}(x-1)^{-97} - \dfrac{1}{49}(x-1)^{-98} - \dfrac{1}{99}(x-1)^{-99} + C$;　　(12) $2\sqrt{x\ln x} + C$.

4. (1) $\ln|x+9| + C$;　(2) $\dfrac{1}{3}\arctan\dfrac{x}{3} + C$;　(3) $\dfrac{1}{2}\ln(x^2 + 9) + C$;

(4) $x - 3\arctan\dfrac{x}{3} + C$;　(5) $-\dfrac{1}{6}\ln\left|\dfrac{x-3}{x+3}\right| + C$;　(6) $\arcsin\dfrac{x-3}{3} + C$.

5. (1) $\dfrac{1}{3}\sin^3 x - \dfrac{2}{5}\sin^5 x + \dfrac{1}{7}\sin^7 x + C$;　(2) $-\cos e^x + C$;

(3) $\dfrac{1}{2}\sec^2 x + C$;　(4) $-\dfrac{1}{2}\dfrac{1}{(\sin x - \cos x)^2} + C$;　(5) $\arcsin(\tan x) + C$;

(6) $\ln|\ln\sin x| + C$;　(7) $(\arctan\sqrt{x})^2 + C$;　(8) $\dfrac{1}{2}\arctan(\sin^2 x) + C$;

(9) $-2\dfrac{1}{\sin\sqrt{x}} + C$;　(10) $\ln|1 + x\sin x| + C$.

6. $\dfrac{ax\cos ax - \sin ax}{a^3 x^2} + C$.

7. $\dfrac{1}{2}(x + \ln|\sin x + \cos x|) + C, \dfrac{1}{2}(x - \ln|\sin x + \cos x|) + C$.

习题 5.2.2

1. (1) C;　(2) A.

2. 错, $\displaystyle\int \dfrac{\mathrm{d}x}{x^2\sqrt{x^2-1}} \xlongequal{\text{令 } x = \sec t} \int \dfrac{\sec t \tan t}{\sec^2 t \tan t}\,\mathrm{d}t = \int \cos t\,\mathrm{d}t = \sin t + C$.

3. (1) $\dfrac{\sqrt{x^2-1}}{x}+C$;　(2) $-\dfrac{\sqrt{x^2+1}}{x}+C$;　(3) $\dfrac{a^2}{2}\arcsin\dfrac{x}{a}-\dfrac{x\sqrt{a^2-x^2}}{2}+C$;

(4) $\dfrac{1}{a\sqrt{x^2+a^2}}+C$;　(5) $-\dfrac{1}{5}\left(\dfrac{\sqrt{1-x^2}}{x}\right)^5+C$;　(6) $-\dfrac{x}{\sqrt{x^2-1}}+C$;

(7) $\dfrac{(\sqrt{x^2+4})^3}{3}-4\sqrt{x^2+4}+C$;　(8) $\ln|2-\sqrt{4-x^2}|-\ln|x|+C$;

(9) $\ln|x|-\dfrac{1}{7}\ln|x^7+1|+C$;　(10) $-\dfrac{1}{x}-\arctan x+C$.

习题 5.3

1. 错,因为不定积分是积分曲线族,而不是某一个具体的函数,因此该等式不正确,

$$\int\dfrac{\cos x}{\sin x}\mathrm{d}x=\int\dfrac{\mathrm{d}\sin x}{\sin x}=\ln|\sin x|+C.$$

2. (1) $-\dfrac{1}{2}x\cos 2x+\dfrac{1}{4}\sin 2x+C$;　(2) $-xe^{-x}-e^{-x}+C$;

(3) $\dfrac{1}{3}x^3\ln(1+x)-\dfrac{x^3}{9}+\dfrac{x^2}{6}-\dfrac{1}{3}x+\dfrac{1}{3}\ln|x+1|+C$;　(4) $(x+1)\arctan\sqrt{x}-\sqrt{x}+C$;

(5) $x\ln x-x+C$;　　　　　　　　(6) $x\tan x+\ln|\cos x|+C$;

(7) $-x\cot x+\ln|\sin x|+C$;　　　　　(8) $\dfrac{x}{2}(\cos(\ln x)+\sin(\ln x))+C$.

3. (1) $x^3e^x-3x^2e^x+6xe^x-6e^x+C$;　(2) $2e^{\sqrt{x}}(\sqrt{x}-1)+C$;　(3) $x\ln^2 x-2x\ln x+2x+C$;

(4) $\dfrac{1}{2}e^x-\dfrac{1}{10}e^x(\cos 2x+2\sin 2x)+C$;　(5) $x(\arcsin x)^2+2\sqrt{1-x^2}\arcsin x-2x+C$;

(6) $2e^{\sqrt{x}}(x-2\sqrt{x}+2)+C$;　(7) $-2\sqrt{1-x}\arcsin x+4\sqrt{1+x}+C$;

(8) $x\ln(x+\sqrt{1+x^2})-\sqrt{1+x^2}+C$.

4. 证明略.

习题 5.4

1. (1) $\dfrac{\sqrt{x^2-1}}{x}+C$;　(2) $-\dfrac{\sqrt{x^2+1}}{x}+C$;　(3) $\dfrac{a^2}{2}\arcsin\dfrac{x}{a}-\dfrac{x\sqrt{a^2-x^2}}{2}+C$;

(4) $\dfrac{1}{a\sqrt{x^2+a^2}}+C$;　(5) $-\dfrac{1}{5}\cot^5 t+C$;　(6) $-\dfrac{x}{\sqrt{x^2-1}}+C$;

(7) $-\dfrac{(x^2+2)^{\frac{3}{2}}}{3}-4\sqrt{x^2+2}+C$;　(8) $\ln|2-\sqrt{4-x^2}|-\ln|x|+C$.

2. (1) $\sqrt{2x}-\ln|1+\sqrt{2x}|+C$;　　　(2) $\dfrac{2}{5}(x-6)^{\frac{5}{2}}+4(x-6)^{\frac{3}{2}}+C$;

(3) $\ln|x|-\dfrac{1}{7}\ln|x^7+1|+C$;　　(4) $-\dfrac{1}{x}-\arctan x+C$;

(5) $\dfrac{x}{\sqrt{x^2+1}}+C$;　　　　　(6) $-\dfrac{\sqrt{x^2+1}}{x}+C$.

习题 5.5

1. (1) 2;　(2) 1;　(3) 1;　(4) 1.

2~3 略.

4. (1) $\sqrt{y}=x+C$；　(2) $2\arctan y=(1+x)^2+C$；　　(3) $\sec\dfrac{y}{x}+\tan\dfrac{y}{x}=Cx$；

(4) $\dfrac{x}{x^2-y^2}=C$；　(5) $y=(x+C)\mathrm{e}^x$；　(6) $y=x\ln(1+x)-x+\ln(1+x)+C$.

5. (1) $y=-\cos x+C_1x+C_2$；　(2) $y=x\arctan x-\dfrac{1}{2}\ln(1+x^2)+C_1x+C_2$；

(3) $y=\dfrac{1}{120}C_1x^5+\dfrac{1}{6}C_2x^3+\dfrac{1}{2}C_3x^2+C_4x+C_5$；　(4) $y=C_1\mathrm{e}^{2x}+C_2$.

6. $y=\dfrac{1}{6}x^3+a_1x+a_0$.　　7. $y''-y=x$.　　　8. $y=\dfrac{6}{x}$.

第 5 章　复习题

1. (1) D；　(2) A；　(3) B；　(4) A；　(5) D.

2. (1) 对；　(2) 对；　(3) 对；　(4) 错；　(5) 错.

3. (1) $\dfrac{2}{5}x^{\frac{5}{2}}+x-\dfrac{1}{2}x^2-2\sqrt{x}+C$；　　　　(2) $\dfrac{4^x}{\ln 4}+\dfrac{9^x}{\ln 9}+\dfrac{2\cdot 6^x}{\ln 6}+C$；

(3) $\sin x-\cos x+C$；　　　　　　　　(4) $-2\left(\dfrac{1}{x}+\arctan x\right)+C$；

(5) $\arctan \mathrm{e}^x+C$；　　　　　　　　　(6) $\arcsin(\tan x)+C$；

(7) $2\sqrt{\arcsin x}+C$；　　　　　　　　(8) $-\dfrac{3}{15}(32+8x+3x^2)\sqrt{2-x}+C$；

(9) $\dfrac{1}{3}x^3+\dfrac{1}{3}(x^2-1)^{\frac{3}{2}}+C$；　　　　(10) $(x^2-2x+2)\mathrm{e}^x+C$；

(11) $\left(\dfrac{2}{27}-\dfrac{1}{3}x^2\right)\cos 3x+\dfrac{2}{9}x\sin 3x+C$；　(12) $-x\cot x+\ln|\sin x|+C$；

(13) $-\dfrac{1}{3}\left(\dfrac{\sqrt{1+x^2}}{x}\right)^3+\dfrac{\sqrt{1+x^2}}{x}+C$；　　(14) $\sqrt{x^2-9}-3\arccos\dfrac{3}{x}+C$；

(15) $2\sqrt{x}-2\ln\left|1+\sqrt{x}\right|+C$；　　(16) $-\dfrac{1}{x}+\dfrac{\sqrt{1-x^2}}{x}+\arcsin x+C$；

(17) $\ln|x^2+x+1|+\dfrac{4}{\sqrt{3}}\arctan\dfrac{2x+1}{\sqrt{3}}+C$；

(18) 分解为 $\dfrac{x+1}{x^2+2}-\dfrac{2x}{(x^2+2)^2}$，$\dfrac{1}{2}\ln(x^2+2)+\dfrac{1}{\sqrt{2}}\arctan\dfrac{x}{\sqrt{2}}+\dfrac{1}{x^2+1}+C$；

(19) $\ln|x|-\dfrac{1}{2}\ln|x+1|-\dfrac{1}{4}\ln(x^2+1)-\dfrac{1}{2}\arctan x+C$；

(20) $-\dfrac{2}{5}(1+x)^{\frac{5}{2}}+\dfrac{2}{3}(1+x)^{\frac{3}{2}}+\dfrac{2}{3}x^{\frac{3}{2}}+\dfrac{2}{5}x^{\frac{5}{2}}+C$.

4. $f(x)=\mathrm{e}^x$ 或 e^{-x}.

5. (1) $\arctan y=x+\dfrac{1}{2}x^2+C$；　　(2) $y=ax+\dfrac{C}{\ln x}$；

(3) $y=\cos x+\sin x+C_1x^2+C_2x+C_3$；　(4) $\ln|y-1|=C_1x+C_2$.

第6章 定积分及其应用

🎸 **学习内容**

定积分的概念起源于计算诸如平面图形的面积、变速直线运动的路程、变力做功、非均匀物体的质量等几何、物理及工程技术领域中的一大类问题. 本章将从实际例子出发,先引出定积分的概念,然后讲述定积分的性质和基本定理. 作为微积分基本公式的牛顿-莱布尼茨公式,揭示了定积分与被积函数的原函数或者不定积分之间的联系,使定积分的计算转化为不定积分的计算,即转化为求原函数的问题,大大简化了定积分的计算过程. 与不定积分类似,定积分的计算方法也有换元法和分部积分法. 本章还将定积分的计算推广到广义积分,给出了两类广义积分的计算方法——无穷区间上的广义积分和无界函数的广义积分. 本章的最后一节介绍了定积分在数学、物理学上的典型应用,正是定积分在实际应用中的巨大价值,决定了该理论在数学中的重要地位.

应用实例

由抛物线 $y=x^2+1, y=0, x=1$ 所围成的图形形状称为曲边梯形,如图 6-1 阴影部分所示,如何计算出此图形的面积 A?

在中学,我们学过规则图形的面积计算方法,如矩形、三角形、梯形、圆、椭圆等,那么对于本章实例所述的不规则图形面积又该如何计算呢? 本章将介绍定积分的理论和方法加以解决这类问题. 定积分就是为了满足实际的需要而产生、发展起来的,这一方法在现实中具有非常高的应用价值.

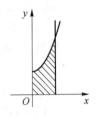

图 6-1 曲边梯形

6.1 定积分的概念

定积分的定义·可积条件·几何意义·应用几何意义计算定积分

魏晋时期的刘徽(约 225 年—约 295 年),在他提出的"割圆术"中说道:"割之弥细,所失弥少,割之又割,以至于不可割,则与圆合体,而无所失矣. "其理论基础是极限,定积分就是在这种"化整为零→近似代替→累加求和→取极限"的思想上建立起来的. 这种"和的极限"的思想,在高等数学、物理、工程技术等知识领域及人们的生产、生活实践中具有普遍意义. 其中的几何量或物理量可以由许多微小量累积而成,而这些微小量很容易计算出其近似值. 在这些变量微小化的过程中尽可能使误差减少从而逼近真实值. 通过大量的研究分析,人们得出了一个统一的数学方法,这就是定积分的计算方法.

虽然我们以前学习了一些关于面积和路程的计算公式,但实际中的图形不会那么规整,速度也不会严格均匀变化. 下面我们以求曲边梯形的面积及变速直线运动的路程为实例,引出定积分的原理和定义.

6.1.1 两个典型实例

例1 求曲边梯形的面积.

设 $y=f(x)$ 是区间 $[a,b]$ 上的连续函数,且 $f(x)\geqslant 0$,那么由曲线 $y=f(x)$,x 轴及直线 $x=a$, $x=b(a<b)$ 所围成的平面图形,称为曲边梯形(如图 6-2 所示).如何计算曲边梯形的面积呢?

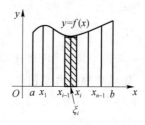

图 6-2 曲边梯形

在初等数学中,我们学过直边梯形的面积 $A=\dfrac{1}{2}$(上底+下底)×高.而计算此图形的困难是图形有一边是"曲"的.为了克服此困难,我们自然想到用矩形去逼近它.由于 $f(x)$ 在区间 $[a,b]$ 上连续变化,仅用一个矩形去逼近一个曲边梯形显然误差太大,但当区间很小时,$f(x)$ 的变化也会很小,可近似看成常量,这就使得近似值与实际值的误差变小了,并且区间越小,$f(x)$ 的变化也越小,于是,我们可以通过"化整为零"的求和方法.将区间 $[a,b]$ 细分为若干个小区间,用平行于 y 轴的直线将曲边梯形划分成若干个小曲边梯形,在每个小区间上任选一点 ξ,用 $f(\xi)$ 去代替该区间上变化的高 $f(x)$,求得小矩形的面积.用小矩形面积近似地代替小曲边梯形面积,然后求和,从而得到整个梯形面积的近似值.显然,曲边梯形分割得越细,总误差会越小,若将分割无限加细,则总误差会趋于零.

具体的计算步骤如下.

(1)分割:在区间 $[a,b]$ 内任意插入 $n-1$ 个分点

$$a=x_0<x_1<\cdots<x_i<\cdots<x_{n-1}<x_n=b.$$

把 $[a,b]$ 分成 n 个小区间 $[x_{i-1},x_i](i=1,2,\cdots,n)$,各小区间 $[x_{i-1},x_i]$ 的长度记作 Δx_i,在各分点处作 y 轴的平行线,如此一来,就把曲边梯形分成 n 个小曲边梯形.

(2)近似(代替):在每个小区间 $[x_{i-1},x_i]$ 上任取一点 ξ_i,用以 $f(\xi_i)$ 为高,以 Δx_i 为底的矩形的面积近似代替该区间上小曲边梯形的面积 ΔA_i,即

$$\Delta A_i\approx f(\xi_i)\Delta x_i \quad (i=1,2,\cdots,n).$$

(3)求和:整个大曲边梯形的面积近似等于各小矩形的面积之和,即

$$A=\sum_{i=1}^{n}\Delta A_i\approx\sum_{i=1}^{n}f(\xi_i)\Delta x_i.$$

(4)取极限:记 $\lambda=\max\{\Delta x_1,\Delta x_2,\cdots,\Delta x_n\}$,当 $\lambda\to 0$ 时,每个小区间的长度都趋近于 0,这时如果极限 $\lim\limits_{\lambda\to 0}\sum\limits_{i=1}^{n}f(\xi_i)\Delta x_i$ 存在,则它就是曲边梯形的面积,即

$$A=\lim_{\lambda\to 0}\sum_{i=1}^{n}f(\xi_i)\Delta x_i.$$

对于 $f(x)<0$ 的部分,所计算出的结果为负数,我们可将其理解为 x 轴下方曲边梯形面

积的负值.

例 2　求变速直线运动的路程.

设某物体做直线运动,已知速度 $v=v(t)$ 是时间间隔 $[T_a,T_b]$ 上 t 的连续函数,且 $v(t)\geqslant 0$,计算在这段时间内物体所经过的路程 s.

在中学我们学过,对于匀速直线运动,有公式:

$$路程＝速度×时间.$$

但是,在变速直线运动中,速度不是常量,而是随时间变化的变量.由于速度 $v(t)$ 是随时间连续变化的,因此,在很短的一段时间内,速度的变化很小,近似于匀速.我们可以仿照例 1 的方法进行计算,具体的计算步骤如下.

(1) 分割:在时间间隔 $[T_a,T_b]$ 内任意插入 $n-1$ 个分点

$$T_a=t_0<t_1<\cdots<t_i<\cdots<t_{n-1}<t_n=T_b.$$

把 $[T_a,T_b]$ 分成 n 个小区间 $[t_{i-1},t_i]$ $(i=1,2,3,\cdots,n)$,各小时间段 $[t_{i-1},t_i]$ 的间隔记作 Δt_i.

(2) 近似(代替):在每个小时间段 $[t_{i-1},t_i]$ 上任取一点 τ_i,在时间间隔 Δt_i 内物体运动的路程 Δs_i 的近似值为

$$\Delta s_i\approx v(\tau_i)\Delta t_i\quad(i=1,2,\cdots,n).$$

(3) 求和:对各小时间段内运动的路程求和,则物体在时间 $[T_a,T_b]$ 内运动的路程近似为

$$s=\sum_{i=1}^{n}\Delta s_i\approx\sum_{i=1}^{n}v(\tau_i)\Delta t_i.$$

(4) 取极限:记 $\lambda=\max\{\Delta\tau_1,\Delta\tau_2,\cdots,\Delta\tau_n\}$,当 $\lambda\to0$ 时,每个小时间段的间隔都趋近于 0,这时如果极限 $\lim\limits_{\lambda\to0}\sum\limits_{i=1}^{n}v(\tau_i)\Delta t_i$ 存在,则它就是物体在 $[T_a,T_b]$ 内运动的路程,即 $s=\lim\limits_{\lambda\to0}\sum\limits_{i=1}^{n}v(\tau_i)\Delta t_i$.

例 1 和例 2 都以"无限分割减小误差,累加求和取极限"的思想为指导.对比两者,

$$面积:A=\lim_{\lambda\to0}\sum_{i=1}^{n}f(\xi_i)\Delta x_i.$$

$$路程:s=\lim_{\lambda\to0}\sum_{i=1}^{n}v(\tau_i)\Delta t_i.$$

【总结】　尽管这两个问题的来源不同,前者是几何量,后者是物理量,但其计算方法都可归结为同一种和式的极限,其值决定于一个函数及其自变量的变化区间,即曲线弯曲情况和速度变化情况,以及曲边梯形的宽度和物体运动的时间间隔.抛开这些问题的具体含义,抓住它们在方法、数量关系上共同的本质与特征并加以概括,就能得出定积分的定义.

6.1.2　定积分的定义

定义 6.1.1　设函数 $f(x)$ 在 $[a,b]$ 上有定义,在 $[a,b]$ 内任意插入 $n-1$ 个分点

$$a=x_0<x_1<x_2<\cdots<x_{n-1}<x_n=b.$$

把 $[a,b]$ 分成 n 个小区间 $[x_{i-1},x_i]$ $(i=1,2,\cdots,n)$,各小区间 $[x_{i-1},x_i]$ 的长度记做 Δx_i,在每个小区间上任取一点 $\xi_i\in[x_{i-1},x_i]$,作函数值 $f(\xi_i)$ 与小区间 Δx_i 的乘积 $f(\xi_i)\Delta x_i(i=1,2,\cdots,n)$,其和式为 $\sum\limits_{i=1}^{n}f(\xi_i)\Delta x_i$.记 $\lambda=\max\{\Delta x_1,\Delta x_2,\cdots,\Delta x_n\}$,如果不论对 $[a,b]$ 如何分割,也不论 ξ_i 在小区间 $[x_{i-1},x_i]$ 如何选取,只要当 $\lambda\to0$ 时,该和式总趋于确定的极限 I,这时就称这个

极限 I 为函数 $f(x)$ 在 $[a,b]$ 上的定积分,记作 $\int_a^b f(x)\mathrm{d}x$,即

$$\int_a^b f(x)\mathrm{d}x = I = \lim_{\lambda \to 0} \sum_{i=1}^n f(\xi_i)\Delta x_i.$$

在这个表达式中,$f(x)$ 称为被积函数,$f(x)\mathrm{d}x$ 称为被积表达式,x 称为积分变量,a 称为积分下限,b 称为积分上限,$[a,b]$ 称为积分区间.

定积分的定义是以极限的形式给出的,因此该定义还可以用"$\varepsilon - \delta$"的方法来叙述:设 $f(x)$ 在 $[a,b]$ 上有定义,若存在数 I,对于任意 $\varepsilon > 0$,总存在 $\delta > 0$,对于区间 $[a,b]$ 的任意分割方法,无论 ξ_i 在分割后的小区间 $[x_{i-1},x_i]$ 上如何选取,只要 $\lambda = \max\{\Delta x_1, \Delta x_2, \cdots, \Delta x_n\} < \delta$,恒有 $|\sum_{i=1}^n f(\xi_i)\Delta x_i - I| < \varepsilon$,数 I 称为 $f(x)$ 在 $[a,b]$ 上的定积分,记作 $\int_a^b f(x)\mathrm{d}x$.

有了定积分的定义,前面讨论的两个实际问题可以分别表示如下.

曲线 $y = f(x)$($f(x) \geqslant 0$)、x 轴及两条直线 $x = a$、$x = b$ 所围成的曲边梯形的面积 A 等于函数 $f(x)$ 在区间 $[a,b]$ 上的定积分,即

$$A = \int_a^b f(x)\mathrm{d}x.$$

物体以速度 $v = v(t)$($v(t) \geqslant 0$)作变速直线运动,从 T_a 时刻到 T_b 时刻,物体经过的路程 s 等于函数 $v(t)$ 在区间 $[T_a, T_b]$ 上的定积分,即

$$s = \int_{T_a}^{T_b} f(x)\mathrm{d}x.$$

【小贴士】当积分 $\int_a^b f(x)\mathrm{d}x$ 存在时,若 a,b 是定值,$\int_a^b f(x)\mathrm{d}x$ 是确定的常数,它的大小仅与被积函数 $f(x)$ 和区间 $[a,b]$ 有关,而与用什么符号表示积分变量无关,即

$$\int_a^b f(x)\mathrm{d}x = \int_a^b f(t)\mathrm{d}t = \int_a^b f(u)\mathrm{d}u.$$

既然上述前提是积分 $\int_a^b f(x)\mathrm{d}x$ 存在,那么函数 $f(x)$ 在区间 $[a,b]$ 上应满足什么条件,"和式"的极限才存在?即满足什么条件函数 $f(x)$ 在区间 $[a,b]$ 上可积?对于这个问题,这里不做深入探讨,只给出以下两个充分条件.

定理 6.1.1 若 $f(x)$ 在区间 $[a,b]$ 上连续,则 $f(x)$ 在区间 $[a,b]$ 上可积.

定理 6.1.2 若 $f(x)$ 在区间 $[a,b]$ 上有界,且只有有限个间断点,则 $f(x)$ 在区间 $[a,b]$ 上可积.

有定积分的定义,原理上可以应用定积分的定义解决定积分的计算问题,但其计算过程是相当复杂的,下面我们通过两个例子加以说明.

例 3 利用定义求定积分 $\int_a^b 1\mathrm{d}x$ 的值.

解 由于常数函数 $y = f(x) = 1$ 在区间 $[a,b]$ 上是连续的,根据定理 6.1.1 可知该函数在区间 $[a,b]$ 上是可积的,又因为积分与区间的分割方法以及 ξ_i 的取法无关,因此我们不妨把区间 $[a,b]$ n 等分,分点为 $x_i = a + \dfrac{b-a}{n}i$($i = 1, 2, \cdots, n-1$).这样,每个小区间 $[x_{i-1}, x_i]$ 的长度 $\Delta x_i = x_i - x_{i-1} = \dfrac{b-a}{n}$($i = 1, 2, \cdots, n$).在各小区间上任取 ξ_i,由于 $y = 1$ 是常函数,因此对于任意 ξ_i,都有 $f(\xi_i) = 1$.于是,由定义得

$$\int_a^b 1 \mathrm{d}x \approx \sum_{i=1}^n f(\xi_i) \Delta x_i = \sum_{i=1}^n 1 \cdot \frac{b-a}{n} = b-a.$$

当 $\lambda = \dfrac{b-a}{n} \rightarrow 0$ 时,$n \rightarrow \infty$,从而有

$$\int_a^b 1 \mathrm{d}x = \lim_{\lambda \to 0} \sum_{i=1}^n f(\xi_i) \Delta x_i = \lim_{n \to \infty} \sum_{i=1}^n f(\xi_i) \Delta x_i = \lim_{n \to \infty}(b-a) = b-a.$$

例 4 利用定义计算定积分 $\displaystyle\int_0^1 x^2 \mathrm{d}x$.

解 由于被积函数 $f(x) = x^2$ 在区间 $[0,1]$ 上是连续的,根据定理 6.1.1 可知该函数在区间 $[0,1]$ 上是可积的,又因为积分与区间的分割方法及 ξ_i 的取法无关,因此我们不妨把区间 $[0,1]$ n 等分,分点为 $x_i = \dfrac{i}{n}(i=1,2,\cdots,n-1)$. 这样,每个小区间 $[x_{i-1}, x_i]$ 的长度 $\Delta x_i = \dfrac{1}{n}$, 取 $\xi_i = x_i$. 于是,由定义得

$$\int_0^1 x^2 \mathrm{d}x \approx \sum_{i=1}^n f(\xi_i) \Delta x_i = \sum_{i=1}^n \xi_i^2 \Delta x_i = \sum_{i=1}^n x_i^2 \Delta x_i = \sum_{i=1}^n \left(\frac{i}{n}\right)^2 \frac{1}{n}$$

$$= \frac{1}{n} \sum_{i=1}^n \left(\frac{i}{n}\right)^2 = \frac{1}{n^3} \sum_{i=1}^n (i)^2 = \frac{1}{n^3} \cdot \frac{1}{6} n(n+1)(2n+1).$$

【小贴士】 这里应用了公式 $1^2 + 2^2 + \cdots + n^2 = \dfrac{1}{6} n(n+1)(2n+1)$.

当 $\lambda = \dfrac{1}{n} \rightarrow 0$ 时,$n \rightarrow \infty$,对上式右端取极限,由定积分的定义,即得所要计算的积分为

$$\int_0^1 x^2 \mathrm{d}x = \lim_{n \to \infty} \sum_{i=1}^n f(\xi_i) \Delta x_i = \lim_{n \to \infty} \frac{1}{n^3} \cdot \frac{1}{6} n(n+1)(2n+1) = \frac{1}{3}.$$

【小贴士】 由以上两个例子看出,通过定义计算定积分是相当烦琐的事情. 而随着被积函数的变更,有些计算很难得出结果,所以我们必须探索新的计算方法,这个问题将在后续小节中展开说明.

【思考】 如何将和式的极限 $\displaystyle\lim_{n \to \infty} \frac{1^p + 2^p + \cdots + n^p}{n^{p+1}}(p>0)$ 表示为定积分的形式?

解答:参考定积分的表达式 $\displaystyle\lim_{\lambda \to 0} \sum_{i=1}^n f(\xi_i) \Delta x_i = \int_a^b f(x) \mathrm{d}x$,本题中

$$\lim_{n \to \infty} \frac{1^p + 2^p + \cdots + n^p}{n^{p+1}} = \lim_{n \to \infty} \sum_{i=1}^n \left(\frac{i}{n}\right)^p \cdot \frac{1}{n}.$$

将和式中的变量(对应 ξ_i)选定为 $\dfrac{i}{n}$,$f(\xi_i) = (\xi_i)^p$;若区间 $[a,b]$ 采用平均分割的办法,则 $\Delta x_i = \dfrac{b-a}{n}$.

积分下限(对应 ξ_1 的极限):$a = \lim\limits_{n \to \infty} \dfrac{1}{n} = 0$.

积分上限(对应 ξ_n 的极限):$b = \lim\limits_{n \to \infty} \dfrac{n}{n} = 1$.

$$\Delta x_i = \frac{b-a}{n} = \frac{1-0}{n} = \frac{1}{n}.$$

所以
$$\lim_{n \to \infty} \frac{1^p + 2^p + \cdots + n^p}{n^{p+1}} = \lim_{n \to \infty} \sum_{i=1}^n \left(\frac{i}{n}\right)^p \cdot \frac{1}{n} = \int_0^1 x^p \mathrm{d}x.$$

6.1.3 定积分的几何意义

结合 6.1.1 小节中的例 1, $\int_a^b f(x)\mathrm{d}x$ 是在微小区间 $\mathrm{d}x$ 上 $f(x)$ 与 $\mathrm{d}x$ 的乘积在区间 $[a,b]$ 上的求和. 下面分 3 种情况讨论定积分 $\int_a^b f(x)\mathrm{d}x$ 表示的几何意义.

(1) 在区间 $[a,b]$ 上, $f(x) \geqslant 0$ 时,积分 $\int_a^b f(x)\mathrm{d}x$ 在几何上表示曲线 $y = f(x)(f(x) \geqslant 0)$、$x$ 轴及两条直线 $x = a, x = b$ 所围成的曲边梯形的面积(如图 6-3 所示).

(2) 在区间 $[a,b]$ 上, $f(x) \leqslant 0$ 时,此时 $f(x)$ 与 $\mathrm{d}x$ 的乘积小于等于 0,由曲线 $y = f(x)(f(x) \leqslant 0)$、$x$ 轴及两条直线 $x = a, x = b$ 围成的曲边梯形位于 x 轴的下方(如图 6-4 所示),定积分 $\int_a^b f(x)\mathrm{d}x$ 在几何上表示上述曲边梯形面积的负值.

(3) 在区间 $[a,b]$ 上, $f(x)$ 既取正值又取负值时,函数 $y = f(x)$ 所表示的图形某些部分在 x 轴上方,其他部分在 x 轴下方(如图 6-5 所示),如果对面积赋以正负号,即对 x 轴上方的图形面积赋以正号,对 x 轴下方的图形面积赋以负号,则在一般情形下,定积分 $\int_a^b f(x)\mathrm{d}x$ 的几何意义为:它是介于 x 轴、函数 $f(x)$ 表示的图形,以及两直线 $x = a$、$x = b$ 之间各部分面积的代数和. 图 6-5 中,令 x 轴下方的面积为 A_1, x 轴上方的面积为 A_2,则 $\int_a^b f(x)\mathrm{d}x = A_2 - A_1$. 通过定积分的几何意义做计算时通常将正负部分分开考虑.

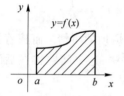 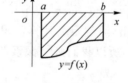 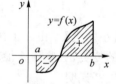

图 6-3 定积分几何意义(1)　　图 6-4 定积分几何意义(2)　　图 6-5 定积分几何意义(3)

【小贴士】 代数和与矢量和的区分:代数和是将一切加法与减法运算,都统一成加法运算,即只考虑正、负数的数值和;矢量和也称"几何和",除了要考虑数值的大小,还要考虑数值的方向.

例 5 利用定积分的几何意义计算 $\int_a^b 1\mathrm{d}x(a < b)$.

解 由定积分的几何意义可知, $\int_a^b 1\mathrm{d}x$ 等于由直线 $y = 1$, x 轴及直线 $x = a, x = b$ 所围成的矩形的面积,如图 6-6 所示.

由矩形面积计算公式可知,图 6-6 所示阴影部分的面积为 $S = 1 \cdot (b - a) = b - a$,所以 $\int_a^b 1\mathrm{d}x = S = b - a$.

例 6 利用定积分的几何意义计算 $\int_0^1 x\mathrm{d}x$.

解 由定积分的几何意义可知, $\int_0^1 x\mathrm{d}x$ 等于由直线 $y = x$, x 轴及直线 $x = 0(y$ 轴), $x =$

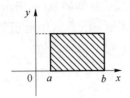

图 6-6　例 5 定积分的几何含义

1 所围成的三角形的面积,如图 6-7 所示.

由三角形面积公式可知图 6-7 所示的三角形阴影区域的面积

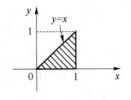

$S = \dfrac{1}{2} \times 1 \times 1 = \dfrac{1}{2}$,所以 $\displaystyle\int_0^1 x \mathrm{d}x = S = \dfrac{1}{2} \times 1 \times 1 = \dfrac{1}{2}$.

例 7　利用定积分的几何意义计算 $\displaystyle\int_{-1}^1 (x^3 - x) \mathrm{d}x$.

图 6-7　例 6 定积分几何含义

解　由于函数 $f(x) = x^3 - x$ 是奇函数,积分区间关于原点对称,因此 $\displaystyle\int_{-1}^1 (x^3 - x) \mathrm{d}x = 0$.

【小贴士】　根据目前所学知识,例 7 中的定积分使用定义法去计算难度很大,使用几何意义法,其图形也很难轻松地绘制出来,很多同学在初学时往往无从下手. 本题通过对几何图形性质的分析,能很容易地得出结果,因此做题前的分析十分重要.

【总结】　本节通过两个典型应用,引出了定积分的定义. 从 6.1.2 小节我们可以看出直接利用定积分的定义进行求解往往十分复杂. 利用定积分的几何意义在有些情况下可以直观地计算出结果,简化计算过程,而对于 $\displaystyle\int_0^\pi \sin x \mathrm{d}x$ 这类的计算就显得力不从心. 接下来的学习会逐渐帮助我们解决定积分的计算问题.

习题 6.1

1. 判断对错,如果错误,请改正.

(1) 定积分的值与积分变量、积分区间以及被积函数有关.

(2) 已知 $y = f(x)$ 在区间 $[a,b]$ 上连续,定积分 $\displaystyle\int_a^b f(x) \mathrm{d}x$ 在几何上表示由曲线 $y = f(x)$,x 轴及两条直线 $x = a, x = b$ 所围成的曲边梯形的面积.

(3) 在定积分定义中 $\lambda \to 0$ 不可以改为 $n \to \infty$.

2. 利用定义求下列定积分的值.

(1) $\displaystyle\int_a^b C \mathrm{d}x$,其中 C 为任意常数;　(2) $\displaystyle\int_1^2 (2x + 3) \mathrm{d}x$.

3. 利用定积分的几何意义计算下列定积分的值.

(1) $\displaystyle\int_{-1}^1 |x| \mathrm{d}x$;　(2) $\displaystyle\int_0^{2\pi} \sin x \mathrm{d}x$.

4. 用定积分表示下列极限.

(1) $\displaystyle\lim_{n \to \infty} \frac{1}{n} \sum_{i=1}^n \sqrt{1 + \frac{i}{n}}$;　(2) $\displaystyle\lim_{n \to \infty} \sum_{k=1}^n \frac{n}{n^2 + 4k^2}$.

5. 已知做自由落体运动的物体的速度函数为 $v(t) = gt$,其中 g 是重力加速度(常数),从物体由静止状态下落的瞬间开始计时,求时间间隔$[0,T]$内物体下落的距离 h.

6. 设细棒的线密度是长度 x 的函数 $\rho(x)$,试用定积分表示长为 l 的细棒的质量.

7. 利用定积分的几何意义计算下列定积分的值.

(1) $\int_1^2 2\mathrm{d}x$;   (2) $\int_0^1 (1-x)\mathrm{d}x$;   (3) $\int_0^1 \sqrt{1-x^2}\,\mathrm{d}x$.

8. 利用定积分的几何意义证明下列等式.

(1) $\int_0^2 \sqrt{1-(x-1)^2}\,\mathrm{d}x = 2\int_0^1 \sqrt{1-(x-1)^2}\,\mathrm{d}x$;   (2) $\int_{-\pi}^{\pi} \sin x\,\mathrm{d}x = 0$.

9. 设 $f(x)$ 在 $[a,b]$ 上连续,用定积分几何意义证明若在 $[a,b]$ 上 $f(x) \geqslant 0$,且 $\int_a^b f(x)\mathrm{d}x = 0$,则在 $[a,b]$ 上 $f(x) \equiv 0$.

10. 已知某物体的速度 $v(t) = t^2 - 4t + 3$,请用定积分分别表示该物体在 0 到 5 秒内的位移 x 和路程 s.

6.2 定积分的性质

两条规定·定积分的性质·应用定积分性质解题

本节讨论定积分的一些基本性质,这些性质在定积分的计算和应用中起着重要作用.为了讨论和计算方便,先对定积分作以下两条规定:

(1) 当 $a = b$ 时,$\int_a^b f(x)\mathrm{d}x = 0$;

(2) 当 $a > b$ 时,$\int_a^b f(x)\mathrm{d}x = -\int_b^a f(x)\mathrm{d}x$.

(2) 式说明,交换定积分的上下限,绝对值不变,符号相反.该式还对定积分的定义做了推广,即取消了最初定积分定义中要求下限 a 不大于上限 b 的限制.在接下来的讨论中,如果不特别指明,各性质中积分上下限的大小,均不加限制,并假定各性质中所列出的定积分都是存在的.

性质 6.2.1 函数之和(差)的定积分等于各函数的定积分之和(差),即

$$\int_a^b [f(x) \pm g(x)]\mathrm{d}x = \int_a^b f(x)\mathrm{d}x \pm \int_a^b g(x)\mathrm{d}x.$$

证 根据乘法分配律有

$$\int_a^b [f(x) \pm g(x)]\mathrm{d}x = \lim_{\lambda \to 0} \sum_{i=1}^n [f(\xi_i) \pm g(\xi_i)]\Delta x_i$$

$$= \lim_{\lambda \to 0} \sum_{i=1}^n f(\xi_i)\Delta x_i + \lim_{\lambda \to 0} \sum_{i=1}^n g(\xi_i)\Delta x_i = \int_a^b f(x)\mathrm{d}x \pm \int_a^b g(x)\mathrm{d}x.$$

性质 6.2.2 被积函数的常数因子可以提到积分号的外面,即

$$\int_a^b kf(x)\mathrm{d}x = k\int_a^b f(x)\mathrm{d}x.$$

证明方法与性质 6.2.1 类似.

注:性质 6.2.1 和性质 6.2.2 可以合并起来,写成

$$\int_a^b [k_1 f(x) + k_2 g(x)]\mathrm{d}x = k_1 \int_a^b f(x)\mathrm{d}x + k_2 \int_a^b g(x)\mathrm{d}x$$

上式称为定积分的线性性质.

性质 6.2.1 和性质 6.2.2 都可推广到多个函数的情况.

【思考】　定积分性质 $\int_a^b kf(x)\mathrm{d}x = k\int_a^b f(x)\mathrm{d}x$ 中，常数 k 任取，而不定积分性质 $\int kf(x)\mathrm{d}x = k\int f(x)\mathrm{d}x$ 中要求 $k\neq 0$，这是为什么？

性质 6.2.3（积分区间可加性）　将积分区间分成两个区间，则函数在整个区间上的积分等于这两个区间上积分的和，即设 $a<c<b$，则

$$\int_a^b f(x)\mathrm{d}x = \int_a^c f(x)\mathrm{d}x + \int_c^b f(x)\mathrm{d}x.$$

证　因为函数 $f(x)$ 在区间 $[a,b]$ 上可积，所以不论把 $[a,b]$ 怎样分，积分和的极限总是不变的，因此，我们在分区间时，可以使 c 是个分点. 那么 $[a,b]$ 上的积分和等于 $[a,c]$ 上的积分加上 $[c,b]$ 上的积分，记为

$$\sum_{[a,b]} f(\xi_i)\Delta x_i = \sum_{[a,c]} f(\xi_{1i})\Delta x_i + \sum_{[c,b]} f(\xi_{2i})\Delta x_i.$$

令 $\lambda\to 0$，上式两端同时取极限，即得

$$\int_a^b f(x)\mathrm{d}x = \int_a^c f(x)\mathrm{d}x + \int_c^b f(x)\mathrm{d}x.$$

推广：性质 6.2.3 中，当 c 在 $[a,b]$ 之外时也是成立的.

证　不妨设 $a<b<c$，由性质 6.2.3 知，

$$\int_a^c f(x)\mathrm{d}x = \int_a^b f(x)\mathrm{d}x + \int_b^c f(x)\mathrm{d}x,$$

即　　$$\int_a^b f(x)\mathrm{d}x = \int_a^c f(x)\mathrm{d}x - \int_b^c f(x)\mathrm{d}x = \int_a^c f(x)\mathrm{d}x + \int_c^b f(x)\mathrm{d}x.$$

例 1　试求定积分 $\int_0^1 (3x-2)\mathrm{d}x$ 的值.

解　方法 1：根据定积分的几何意义可知 $S=S_- + S_+$.
因此

$$\int_0^1 (3x-2)\mathrm{d}x = -\frac{1}{2}\times 2\times\frac{2}{3} + \frac{1}{2}\times 1\times(1-\frac{2}{3})$$

$$= -\frac{1}{2}$$

方法 2：上一节我们已经求过 $\int_0^1 x\mathrm{d}x = \frac{1}{2}$，$\int_0^1 1\mathrm{d}x = 1$，利用性质 6.2.2 可得

$$\int_0^1 (3x-2)\mathrm{d}x = 3\int_0^1 x\mathrm{d}x - 2\int_0^1 1\cdot\mathrm{d}x = \frac{3}{2} - 2 = -\frac{1}{2}.$$

由此可见，两种方法所得结果一致. 读者们在计算中可根据实际情况进行适当的拆分.

【小贴士】　定积分的积分区间可加性常用于被积函数带绝对值的情况或者分段函数的定积分的求解.

例 2　求定积分 $\int_0^2 f(x)\mathrm{d}x$，其中 $f(x) = \begin{cases} x, 0\leqslant x<1, \\ 1, x\geqslant 1. \end{cases}$

解　根据性质 6.2.3（积分区间可加性），得

$$\int_0^2 f(x)\mathrm{d}x = \int_0^1 f(x)\mathrm{d}x + \int_1^2 f(x)\mathrm{d}x = \int_0^1 x\mathrm{d}x + \int_1^2 1\cdot\mathrm{d}x$$

$$= \frac{1}{2} + 1\times(2-1) = \frac{3}{2}.$$

性质 6.2.4(保号性) 如果在区间 $[a,b]$ 上,有 $f(x) \geqslant 0$,则

$$\int_a^b f(x)\mathrm{d}x \geqslant 0.$$

证 根据前述定积分定义

$$\int_a^b f(x)\mathrm{d}x = \lim_{\lambda \to 0} \sum_{i=1}^n f(\xi_i)\Delta x_i,$$

因为 $f(x) \geqslant 0$,所以 $f(\xi_i) \geqslant 0(i=1,2,\cdots,n)$,又因为 $b > a \Rightarrow \Delta x_i \geqslant 0$,所以

$$\sum_{i=1}^n f(\xi_i)\Delta x_i \geqslant 0,$$

所以

$$\lim_{\lambda \to 0} \sum_{i=1}^n f(\xi_i)\Delta x_i = \int_a^b f(x)\mathrm{d}x \geqslant 0.$$

推论 6.2.1(保序性) 在区间 $[a,b]$ 上,总有 $f(x) \geqslant g(x)$,则

$$\int_a^b f(x)\mathrm{d}x \geqslant \int_a^b g(x)\mathrm{d}x.$$

证 因为 $f(x) \geqslant g(x)$,所以 $f(x) - g(x) \geqslant 0$,由性质 6.2.4 可知,

$$\int_a^b [f(x) - g(x)]\mathrm{d}x \geqslant 0,$$

所以

$$\int_a^b f(x)\mathrm{d}x \geqslant \int_a^b g(x)\mathrm{d}x.$$

例 3 已知 $a > 1$,试比较 $\int_3^5 \ln^a x\mathrm{d}x$ 与 $\int_3^5 \ln^{a+1} x\mathrm{d}x$ 的大小.

解 由于在区间 $[3,5]$ 上,$\ln x > 1$,且 $a > 1$,所以 $\ln^{a+1} x > \ln^a x$,因此根据性质 6.2.4 的推论 1 可知,

$$\int_3^5 \ln^{a+1} x\mathrm{d}x > \int_3^5 \ln^a x\mathrm{d}x.$$

推论 6.2.2 函数绝对值的积分大于等于积分的绝对值,即

$$\left| \int_a^b f(x)\mathrm{d}x \right| \leqslant \int_a^b |f(x)|\mathrm{d}x.$$

证 因为 $-|f(x)| \leqslant f(x) \leqslant |f(x)|$,由性质 6.2.4 的推论 6.2.1 可知,

$$-\int_a^b |f(x)|\mathrm{d}x \leqslant \int_a^b f(x)\mathrm{d}x \leqslant \int_a^b |f(x)|\mathrm{d}x,$$

即

$$\left| \int_a^b f(x)\mathrm{d}x \right| \leqslant \int_a^b |f(x)|\mathrm{d}x.$$

推论 6.2.3(积分估值定理) 若对任意 $x \in [a,b]$,有 $m \leqslant f(x) \leqslant M$,则

$$m(b-a) \leqslant \int_a^b f(x)\mathrm{d}x \leqslant M(b-a).$$

例 4 证明不等式 $\dfrac{2}{\sqrt[4]{e}} \leqslant \int_0^2 e^{x^2-x}\mathrm{d}x \leqslant 2e^2$.

证 根据推论 6.2.3,只需求得 $f(x) = e^{x^2-x}$ 在区间 $[0,2]$ 上的最大、最小值即可.

$$f'(x) = e^{x^2-x}(2x-1),$$

令 $f'(x) = 0$,解得 $x = \dfrac{1}{2}$. 而

$$f(0) = 1, f\left(\frac{1}{2}\right) = \frac{1}{\sqrt[4]{e}}, f(2) = e^2,$$

所以在区间 $[0,2]$ 上 $f(x)$ 的最小值是 $\frac{1}{\sqrt[4]{e}}$, 最大值是 e^2.

根据推论 6.2.3, 可知不等式 $\frac{1}{\sqrt[4]{e}} \cdot (2-1) \leqslant \int_0^2 e^{x^2-x} dx \leqslant e^2 \cdot (2-1)$ 成立, 即 $\frac{2}{\sqrt[4]{e}} \leqslant \int_0^2 e^{x^2-x} \cdot$

$dx \leqslant 2e^2$.

性质 6.2.5(定积分中值定理) 如果函数 $f(x)$ 在闭区间 $[a,b]$ 上连续, 则至少有一点 $\xi \in$ $[a,b]$, 满足 $\int_a^b f(x)dx = f(\xi)(b-a)$, 这个公式叫作定积分中值公式.

证 把推论 6.2.3 中的不等式两端各除以 $b-a$, 得

$$m \leqslant \frac{1}{b-a} \int_a^b f(x)dx \leqslant M.$$

该式说明, 确定的数值 $\frac{1}{b-a} \int_a^b f(x)dx$ 介于函数 $f(x)$ 的最小值 m 及最大值 M 之间, 根据闭区间上连续函数的介值定理, 在 $[a,b]$ 上至少存在一点 ξ, 使得

$$f(\xi) = \frac{1}{b-a} \int_a^b f(x)dx, \quad 即 \int_a^b f(x)dx = f(\xi)(b-a).$$

显然, 不论 $a>b$ 还是 $a<b$ 定积分中值定理都是成立的.

定积分中值定理的几何解释: 在区间 $[a,b]$ 上至少存在一点 ξ, 使得由曲线 $y=f(x)$, x 轴及直线 $x=a$, $x=b(a<b)$ 所围成的曲边梯形的面积等于以区间 $[a,b]$ 的长度为底, 以 $f(\xi)$ 为高的矩形的面积, 如图 6-8 所示.

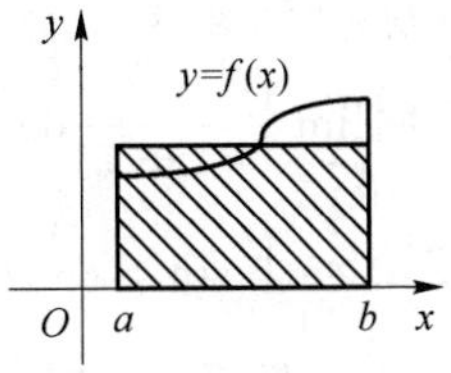

通常称 $\frac{1}{b-a} \int_a^b f(x)dx$ 为函数 $f(x)$ 在 $[a,b]$ 上的平均值, 由于定积分的本质是无限多项和的极限, 因此它是有限个数平均值的推广.

图 6-8　定积分中值定理的几何解释

例 5 求极限 $\lim\limits_{x \to +\infty} \int_x^{x+a} \frac{\ln^n t}{t} dt$ ($a>0$, n 为自然数).

解 由题意知, $f(x) = \frac{\ln^n t}{t}$ 在区间 $[x, x+a]$ 上 $t \neq 0$, 因而连续, 由定积分中值定理有 $\exists \xi \in$ $[a,b]$,

$$\int_x^{x+a} \frac{\ln^n t}{t} dt = \frac{\ln^n \xi}{\xi}(x+a-x) = \frac{a \ln^n \xi}{\xi} \quad (\xi \in [x, x+a]).$$

两边取极限, 得

$$\lim_{x \to +\infty} \int_x^{x+a} \frac{\ln^n t}{t} dt = \lim_{\xi \to +\infty} \frac{a \ln^n \xi}{\xi} \underline{\text{洛必达法则}} a \lim_{\xi \to +\infty} \frac{n \ln^{n-1} \xi}{\xi}$$

$$\underline{\text{洛必达法则}} \cdots \underline{\text{洛必达法则}} a \lim_{\xi \to +\infty} \frac{n!}{\xi} = 0.$$

【总结】 本节讲述了定积分的 5 个基本性质和 3 个推论, 这些性质在定积分的计算中具有重要的作用, 读者应熟练掌握、灵活应用.

习题 6.2

1. 判断对错, 如果错误, 请指正.

(1) 若 $\int_a^b [f(x) - g(x)]\mathrm{d}x \geqslant 0$，则 $f(x) \geqslant g(x)$.

(2) 在区间 $[a,b]$ 上，有 $\dfrac{f(x)}{g(x)} = c \geqslant 1$，则 $\int_a^b [f(x) - g(x)]\mathrm{d}x \geqslant 0$.

2. 证明定积分数乘性质：$\int_a^b kf(x)\mathrm{d}x = k\int_a^b f(x)\mathrm{d}x$.

3. 证明定积分的线性性质：$\int_a^b [k_1 f(x) + k_2 g(x)]\mathrm{d}x = k_1\int_a^b f(x)\mathrm{d}x + k_2\int_a^b g(x)\mathrm{d}x$.

4. 试比较下列积分的大小.

(1) $\int_0^1 x^2\mathrm{d}x$ 与 $\int_0^1 x^3\mathrm{d}x$；　(2) $\int_2^1 x^4\mathrm{d}x$ 与 $\int_2^1 x^2\mathrm{d}x$；　(3) $\int_0^1 \mathrm{e}^x\mathrm{d}x$ 与 $\int_0^1 (1+x)\mathrm{d}x$.

5. $f(x)$ 在 $[0,1]$ 上连续，$f(x) = x + 2\int_0^1 f(t)\mathrm{d}t$. 求 $f(x)$ 的表达式.

6. 估计下列各积分的取值范围.

(1) $\int_1^4 (x^2+1)\mathrm{d}x$；　(2) $\int_{\frac{\pi}{4}}^{\frac{5\pi}{4}} (1+\sin^2 x)\mathrm{d}x$；　(3) $\int_2^0 \mathrm{e}^{x^2-x}\mathrm{d}x$.

7. 证明若在 $[a,b]$ 上，$f(x)$ 和 $g(x)$ 连续，$f(x) \leqslant g(x)$，且 $\int_a^b f(x)\mathrm{d}x = \int_a^b g(x)\mathrm{d}x$，则在 $[a,b]$ 上，$f(x) \equiv g(x)$.

8. 证明 $\lim\limits_{n\to\infty}\int_0^1 \dfrac{x^n}{1+x^2}\mathrm{d}x = 0$.

9. 设 $a_n = \int_0^1 \sin x^n\mathrm{d}x, b_n = \int_0^1 \sin^n x\mathrm{d}x$，试证：

(1) n 为有限正整数时，$0 < a_n < 1, 0 < b_n < 1$；(2) 当 $n \to +\infty$ 时，$a_n \to 0, b_n \to 0$.

10. 求 $f(x) = \sqrt{1-x^2}$ 在 $[-1,1]$ 上的平均值.

11. 已知 $\int_1^4 3f(x)\mathrm{d}x = 21, \int_1^4 2g(x)\mathrm{d}x = 8$，求 $\int_1^4 [2f(x) + 3g(x) + 4]\mathrm{d}x$.

6.3　微积分基本定理

积分上限函数·牛顿-莱布尼茨公式·定积分积分公式表

到现在，我们只学习了通过定积分的定义计算和式极限的方法来求定积分的值，但是从 6.1.2 节的例子可以看出，即使对简单的二次幂函数 $f(x) = x^2$，直接通过定义去计算它的定积分也是相当复杂的. 如果被积函数是其他复杂的函数的时候，其计算过程将会更加复杂，因此，我们必须寻找计算定积分的新方法.

本节要介绍的微积分基本定理，不仅揭示了定积分与不定积分的内在联系，还为定积分的计算提供了行之有效的方法. 为了引出微积分基本定理，我们首先学习一下积分上限函数.

6.3.1　积分上限函数及其导数

设函数 $f(x)$ 在区间 $[a,b]$ 上连续，任取一点 $x \in [a,b]$，现在考察 $f(x)$ 在子区间 $[a,x]$ 上的定积分，即 $\int_a^x f(x)\mathrm{d}x$. 当 $f(x)$ 在 $[a,b]$ 上连续时，它在子区间 $[a,x]$ 上必然也连续，因此可积. 在该表达式中，应注意积分上限中的 x 与积分变量 x 的含义不同，积分上限表示积分区间

$[a,x]$ 的右端点,而积分变量是积分区间 $[a,x]$ 内的任意值. 通过前面的学习,我们知道定积分的值与积分变量选取什么符号是没有关系的,因此,为了避免混淆,我们把积分变量改为 t,这时定积分的表达式变为 $\int_a^x f(t)\mathrm{d}t$.

【小贴士】　对比定积分 $\int_a^x f(t)\mathrm{d}t$ 和微分 $f(t)\mathrm{d}t$,微分是用来反映局部性质的,而定积分则是这些局部量在 a 到 x 上的"累积".

定义 6.3.1(积分上限函数)　设 $f(x)$ 在 $[a,b]$ 上连续,对于区间 $[a,b]$ 上的每一个值 x,都对应着唯一一个定积分 $\int_a^x f(t)\mathrm{d}t$ 的值,根据函数的概念,表达式 $\int_a^x f(t)\mathrm{d}t$ 是定义在 $[a,b]$ 上的关于 x 的函数,记作 $\Phi(x)$,即

$$\Phi(x) = \int_a^x f(t)\mathrm{d}t \ (a \leqslant x \leqslant b).$$

由于自变量 x 位于定积分的上限位置,故称为积分上限函数,也叫作变上限积分.

积分上限函数 $\Phi(x)$ 具有如下重要性质.

定理 6.3.1(积分上限函数求导定理)　如果函数 $f(x)$ 在区间 $[a,b]$ 上连续,则积分上限函数 $\Phi(x) = \int_a^x f(t)\mathrm{d}t$ 在 $[a,b]$ 上可导,且它的导数是

$$\Phi'(x) = \frac{\mathrm{d}}{\mathrm{d}x}\int_a^x f(t)\mathrm{d}t = f(x) \ (a \leqslant x \leqslant b).$$

证　应用导数定义式进行证明.

设 $x \in [a,b]$,使 x 获得足够小的增量 Δx,使得 $x + \Delta x \in [a,b]$,此时函数增量

$$\Delta\Phi(x) = \Phi(x + \Delta x) - \Phi(x) = \int_a^{x+\Delta x} f(t)\mathrm{d}t - \int_a^x f(t)\mathrm{d}t$$

$$= \int_a^x f(t)\mathrm{d}t + \int_x^{x+\Delta x} f(t)\mathrm{d}t - \int_a^x f(t)\mathrm{d}t = \int_x^{x+\Delta x} f(t)\mathrm{d}t \ (\text{积分区间可加性}).$$

由定积分中值定理得

$$\Delta\Phi(x) = f(\xi)\Delta x, \xi \in [x, x+\Delta x].$$

两端同时除以 Δx,得函数增量与自变量增量的比值

$$\frac{\Delta\Phi(x)}{\Delta x} = f(\xi).$$

当 $\Delta x \to 0$ 时,$\xi \to x$,对上式两端取极限

$$\lim_{\Delta x \to 0}\frac{\Delta\Phi(x)}{\Delta x} = \lim_{\xi \to x} f(\xi) = f(x),$$

即 $\Phi'(x) = f(x)$.

这个定理具有以下重要含义:

(1) 连续函数 $f(x)$ 的积分上限函数 $\int_a^x f(t)\mathrm{d}t$ 的导数等于函数 $f(x)$ 本身;

(2) 连续函数 $f(x)$ 的原函数存在,且它的积分上限函数就是它的一个原函数.

由此,我们可以得出如下定理.

定理 6.3.2　如果函数 $f(x)$ 在区间 $[a,b]$ 连续,$a \leqslant x \leqslant b$,则函数 $\Phi(x) = \int_a^x f(t)\mathrm{d}t$ 就是 $f(x)$ 在 $[a,b]$ 上的一个原函数.

定理 6.3.3(原函数存在定理)　若函数 $f(x)$ 在区间 $[a,b]$ 连续,则在该区间上,$f(x)$ 存在

原函数.

【总结】 积分上限函数求导定理具有重要意义,它揭示了积分学中的定积分与原函数之间的联系,为通过原函数计算定积分提供了可能.

例 1 计算下列函数的导数.

(1) $\int_1^x (t+1)\sin t\,dt$; (2) $\int_x^1 e^{\frac{t^2}{2}}\,dt$; (3) $\int_1^x xf(t)\,dt$.

解 (1) 这道题目可以直接用定理 6.3.1 进行计算.

$$\frac{d}{dx}\int_1^x (t+1)\sin t\,dt = (x+1)\sin x.$$

(2) 利用 6.2 节的规定(2),首先对 $\int_x^1 e^{\frac{t^2}{2}}\,dt$ 进行一个变换

$$\int_x^1 e^{\frac{t^2}{2}}\,dt = -\int_1^x e^{\frac{t^2}{2}}\,dt,$$

所以

$$\frac{d}{dx}\int_x^1 e^{\frac{t^2}{2}}\,dt = -\frac{d}{dx}\int_1^x e^{\frac{t^2}{2}}\,dt = -e^{\frac{x^2}{2}}.$$

(3) 本小题积分变量为 t,所以可以将 x 移动到积分符号之外,令

$$\Phi(x) = \int_1^x xf(t)\,dt = x\int_1^x f(t)\,dt,$$

根据两个函数相乘的求导公式,得

$$\Phi'(x) = \int_1^x f(t)\,dt + xf(x).$$

补充公式:如果函数 $f(t)$ 连续,$a(x)$ 和 $b(x)$ 可导,则 $F(x) = \int_{a(x)}^{b(x)} f(t)\,dt$ 的导函数

$$F'(x) = \frac{d}{dx}\int_{a(x)}^{b(x)} f(t)\,dt = f[b(x)]b'(x) - f[a(x)]a'(x).$$

证 根据定积分区间可加性,$F(x) = \int_{a(x)}^0 f(t)\,dt + \int_0^{b(x)} f(t)\,dt = \int_0^{b(x)} f(t)\,dt - \int_0^{a(x)} f(t)\,dt$

利用复合函数求导法则求导:$F'(x) = f[b(x)]b'(x) - f[a(x)]a'(x)$.

例 2 计算下列函数的导数.

(1) $\int_0^{2x-3} \ln(1+t^2)\,dt$; (2) $\int_0^{x+1} 1\,dt$; (3) $\int_{\sin x}^{x^2} \cos t\,dt$.

解 本题中积分的上下限是 x 的函数形式,因此可以应用上述补充公式解题.

(1) $\dfrac{d}{dx}\int_0^{2x-3} \ln(1+t^2)\,dt = \ln[1+(2x-3)^2]\cdot(2x-3)' = 2\ln(4x^2-12x+10)$.

(2) $\dfrac{d}{dx}\int_0^{x+1} 1\,dt = 1\cdot(x+1)' = 1$.

(3) $\int_{\sin x}^{x^2} \cos t\,dt = \int_{\sin x}^0 \cos t\,dt + \int_0^{x^2} \cos t\,dt = \int_0^{x^2} \cos t\,dt - \int_0^{\sin x} \cos t\,dt$.

所以

$$\frac{d}{dx}\int_{\sin x}^{x^2} \cos t\,dt = \frac{d}{dx}\int_0^{x^2} \cos t\,dt - \frac{d}{dx}\int_0^{\sin x} \cos t\,dt$$

$$= \cos x^2 (x^2)' - \cos(\sin x)(\sin x)'$$

$$= 2x\cos x^2 - \cos x\cos(\sin x).$$

例 3 计算极限 $\lim\limits_{x\to 0}\dfrac{\displaystyle\int_1^{\cos x}e^{-t^2}dt}{\dfrac{x^2}{2}}$.

解 $x\to 0$ 时，$\cos x\to 1$（积分下限），所以这是一个 $\dfrac{0}{0}$ 型的未定式，应使用洛必达法则来计算.

$$\lim_{x\to 0}\frac{\displaystyle\int_1^{\cos x}e^{-t^2}dt}{\dfrac{x^2}{2}}=\lim_{x\to 0}\frac{\dfrac{d}{dx}\displaystyle\int_1^{\cos x}e^{-t^2}dt}{\dfrac{d}{dx}\left(\dfrac{x^2}{2}\right)}=\lim_{x\to 0}\frac{e^{-(\cos x)^2}\cdot(\cos x)'}{x}$$

$$=-\lim_{x\to 0}\frac{\sin x\,e^{-\cos^2 x}}{x}=-\frac{1}{e}.$$

例 4 试证方程 $\displaystyle\int_0^x\sqrt{1+t^4}dt+\int_{\cos x}^0 e^{-t^2}dt=0$ 有且仅有一个实根.

解 令 $f(x)=\displaystyle\int_0^x\sqrt{1+t^4}dt+\int_{\cos x}^0 e^{-t^2}dt=\int_0^x\sqrt{1+t^4}dt-\int_0^{\cos x}e^{-t^2}dt$，

则 $f(x)$ 连续可导，且有

$$f'(x)=\sqrt{1+x^4}-e^{-\cos^2 x}\cdot(-\sin x)=\sqrt{1+x^4}+e^{-\cos^2 x}\sin x,$$

由于 $\sqrt{1+x^4}\geqslant 1$，且等号仅在 $x=0$ 时成立，而 $0<e^{-\cos^2 x}\leqslant 1$，$-1\leqslant\sin x\leqslant 1$，

所以 $$-1\leqslant e^{-\cos^2 x}\sin x\leqslant 1,$$

又因为

$x=0$ 时，$\sqrt{1+x^4}+e^{-\cos^2 x}\sin x>0$，

所以 $f'(x)>0$，即函数 $f(x)$ 在 $(-\infty,+\infty)$ 单调增加，而

$$f(0)=\int_1^0 e^{-t^2}dt<0,\quad f\left(\frac{\pi}{2}\right)=\int_0^{\frac{\pi}{2}}\sqrt{1+t^4}dt>0,$$

由连续函数的性质可知，$f(x)$ 在 $\left(0,\dfrac{\pi}{2}\right)$ 内至少有一个零点，又因 $f(x)$ 单调增加，故零点唯一，所以原方程有唯一实根.

6.3.2 牛顿-莱布尼茨公式

利用定理 6.3.2，可以推导出微积分基本定理，该定理给出了利用原函数计算定积分的公式，从而得到求定积分的一个有效方法.

定理 6.3.4 设 $f(x)$ 是 $[a,b]$ 上的连续函数，$F(x)$ 是 $f(x)$ 在区间 $[a,b]$ 上的任意一个原函数，则

$$\int_a^b f(x)dx=F(b)-F(a).$$

证 已知 $F(x)$ 是连续函数 $f(x)$ 的一个原函数，根据定理 6.3.2 可知，积分上限的函数

$$\Phi(x)=\int_a^x f(t)dt$$

也是 $f(x)$ 的一个原函数. 于是这两个原函数之差 $F(x)-\Phi(x)$ 在 $[a,b]$ 上必定是某一个常数 C，所以

$$F(x)=\int_a^x f(t)dt+C.$$

上式中分别令 $x=a$, $x=b$, 得

$$F(a) = C + \int_a^a f(t)\mathrm{d}t = C, \quad F(b) = C + \int_a^b f(t)\mathrm{d}t,$$

常数项得以消去, 因此

$$F(b) - F(a) = \int_a^b f(t)\mathrm{d}t = \int_a^b f(x)\mathrm{d}x.$$

这个公式就叫作牛顿-莱布尼茨公式, 为了方便起见, 可以把 $F(b) - F(a)$ 记为 $[F(x)]_a^b$, 即

$$\int_a^b f(x)\mathrm{d}x = F(b) - F(a) = [F(x)]_a^b.$$

有些教材也把牛顿-莱布尼茨公式中的 $[F(x)]_a^b$ 记为 $F(x)\big|_a^b$.

牛顿-莱布尼茨公式被称为微积分的基本公式, 它将定积分的计算由一个复杂和式的极限问题转化为求原函数的问题. 可见该公式在微积分学中的重要地位, 这个公式揭示了定积分与被积函数原函数或不定积分之间的联系, 一个连续函数在区间 $[a,b]$ 上的定积分等于它的任一个原函数在区间 $[a,b]$ 上的增量, 这就给定积分的计算提供了一个方便可行的方法.

【小贴士】 牛顿-莱布尼茨公式是联系微分学与积分学的桥梁, 它是微积分中的基本公式之一. 它证明了微分与积分是可逆运算, 同时在理论上标志着微积分完整体系的形成, 从此微积分成为一门真正的学科. 积分符号来自英文单词"Summa"首写字母"S"的拉长.

6.3.3 定积分积分公式表

将牛顿-莱布尼茨公式和第 5 章中不定积分公式表结合起来, 可得到如下的定积分公式表.

(A) 基本积分公式表

(1) $\displaystyle\int_a^b k\,\mathrm{d}x = [kx]_a^b = k(b-a)$ (k 为常数), 特别地, $\displaystyle\int_a^b 0\,\mathrm{d}x = [0]_a^b = 0$;

(2) $\displaystyle\int_a^b x^\mu\,\mathrm{d}x = \left[\frac{x^{\mu+1}}{\mu+1}\right]_a^b = \frac{b^{\mu+1} - a^{\mu+1}}{\mu+1}$ ($\mu \neq -1$), 特别地, $\displaystyle\int_a^b 1\,\mathrm{d}x = [x]_a^b = b-a$;

(3) $\displaystyle\int_a^b \frac{1}{x}\,\mathrm{d}x = [\ln|x|]_a^b = \ln\left|\frac{b}{a}\right|$;

(4) $\displaystyle\int_a^b c^x\,\mathrm{d}x = \left[\frac{c^x}{\ln c}\right]_a^b$ ($c > 0, c \neq 1$), 特别地, $\displaystyle\int_a^b \mathrm{e}^x\,\mathrm{d}x = [\mathrm{e}^x]_a^b = \mathrm{e}^b - \mathrm{e}^a$;

(5) $\displaystyle\int_a^b \sin x\,\mathrm{d}x = [-\cos x]_a^b = \cos a - \cos b$;

(6) $\displaystyle\int_a^b \cos x\,\mathrm{d}x = [\sin x]_a^b = \sin b - \sin a$;

(7) $\displaystyle\int_a^b \sec^2 x\,\mathrm{d}x = [\tan x]_a^b = \tan b - \tan a$;

(8) $\displaystyle\int_a^b \csc^2 x\,\mathrm{d}x = [-\cot x]_a^b = \cot a - \cot b$;

(9) $\displaystyle\int_a^b \sec x \cdot \tan x\,\mathrm{d}x = [\sec x]_a^b = \sec b - \sec a$;

(10) $\displaystyle\int_a^b \csc x \cdot \cot x\,\mathrm{d}x = [-\csc x]_a^b = \csc a - \csc b$;

(11) $\int_a^b \dfrac{\mathrm{d}x}{\sqrt{1-x^2}} = [\arcsin x]_a^b = \arcsin b - \arcsin a$,或 $\int_a^b \dfrac{\mathrm{d}x}{\sqrt{1-x^2}} = [-\arccos x]_a^b =$ arccos $a -$ arccos b;

(12) $\int_a^b \dfrac{\mathrm{d}x}{1+x^2} = [\arctan x]_a^b = \arctan b - \arctan a$,或 $\int_a^b \dfrac{\mathrm{d}x}{1+x^2} = [-\operatorname{arccot} x]_a^b = \operatorname{arccot} a -$ arccot b;

(13) $\int_a^b \operatorname{sh} x \mathrm{d}x = [\operatorname{ch} x]_a^b = \operatorname{ch} b - \operatorname{ch} a$;

(14) $\int_a^b \operatorname{ch} x \mathrm{d}x = [\operatorname{sh} x]_a^b = \operatorname{sh} b - \operatorname{sh} a$.

(B) 补充积分公式表

(15) $\int_a^b \tan x \mathrm{d}x = [-\ln|\cos x|]_a^b = \ln|\cos a| - \ln|\cos b|$;

(16) $\int_a^b \cot x \mathrm{d}x = [\ln|\sin x|]_a^b = \ln|\sin b| - \ln|\sin a|$;

(17) $\int_a^b \sec x \mathrm{d}x = [\ln|\sec x + \tan x|]_a^b = \ln|\sec b + \tan b| - \ln|\sec a + \tan a|$;

(18) $\int_a^b \csc x \mathrm{d}x = [\ln|\csc x - \cot x|]_a^b = \ln|\csc b - \cot b| - \ln|\csc a + \cot a|$;

(19) $\int_a^b \dfrac{1}{c^2+x^2}\mathrm{d}x = \left[\dfrac{1}{c}\arctan\dfrac{x}{c}\right]_a^b = \dfrac{1}{c}\arctan\dfrac{b}{c} - \dfrac{1}{c}\arctan\dfrac{a}{c}$;

(20) $\int_a^b \dfrac{1}{x^2-c^2}\mathrm{d}x = \left[\dfrac{1}{2c}\ln\left|\dfrac{x-c}{x+c}\right|\right]_a^b = \dfrac{1}{2c}\ln\left|\dfrac{b-c}{b+c}\right| - \dfrac{1}{2c}\ln\left|\dfrac{a-c}{a+c}\right|$;

(21) $\int_a^b \dfrac{1}{\sqrt{c^2-x^2}}\mathrm{d}x = \left[\arcsin\dfrac{x}{c}\right]_a^b = \arcsin\dfrac{b}{c} - \arcsin\dfrac{a}{c}$;

(22) $\int_a^b \dfrac{\mathrm{d}x}{\sqrt{x^2+c^2}}\mathrm{d}x = \left[\ln(x+\sqrt{x^2+c^2})\right]_a^b = \ln(b+\sqrt{b^2+c^2}) - \ln(a+\sqrt{a^2+c^2})$;

(23) $\int_a^b \dfrac{\mathrm{d}x}{\sqrt{x^2-c^2}}\mathrm{d}x = \left[\ln\left|x+\sqrt{x^2-c^2}\right|\right]_a^b = \ln\left|b+\sqrt{b^2-c^2}\right| - \ln\left|a+\sqrt{a^2-c^2}\right|$.

接下来应用牛顿-莱布尼茨进行解题.

例 5 计算定积分 $\int_0^1 x^c \mathrm{d}x$ $(c \neq -1)$.

解 由上表可知,$\dfrac{x^{c+1}}{c+1}$ 是 x^c 的一个原函数,所以应用牛顿-莱布尼茨公式,有

$$\int_0^1 x^c \mathrm{d}x = \left[\dfrac{x^{c+1}}{c+1}\right]_0^1 = \dfrac{1}{c+1}.$$

例 6 计算 $\int_{-1}^{\sqrt{3}} \dfrac{\mathrm{d}x}{1+x^2}$.

解 $\int_{-1}^{\sqrt{3}} \dfrac{\mathrm{d}x}{1+x^2} = [\arctan x]_{-1}^{\sqrt{3}} = \arctan\sqrt{3} - \arctan(-1) = \dfrac{\pi}{3} - \left(-\dfrac{\pi}{4}\right) = \dfrac{7\pi}{12}$.

例 7 计算 $\int_0^\pi \sqrt{1-\sin^2 x}\,\mathrm{d}x$.

解 $\int_0^\pi \sqrt{1-\sin^2 x}\,\mathrm{d}x = \int_0^\pi |\cos x|\,\mathrm{d}x = \int_0^{\frac{\pi}{2}} \cos x \mathrm{d}x + \int_{\frac{\pi}{2}}^\pi (-\cos x)\,\mathrm{d}x$

$$= \left[\sin x\right]_0^{\frac{\pi}{2}} - \left[\sin x\right]_{\frac{\pi}{2}}^{\pi} = (1-0)-(0-1) = 2.$$

例 8 计算 $\int_0^1 |x(x-1)| \, dx$.

解 原式 $= \int_0^1 x(1-x)\,dx = \int_0^1 (x-x^2)\,dx = \dfrac{1}{2} - \dfrac{1}{3} = \dfrac{1}{6}$.

例 9 计算 $\int_{-1}^2 |1-x| \, dx$.

原式 $= \int_{-1}^1 (1-x)\,dx + \int_1^2 (x-1)\,dx = \left[x - \dfrac{x^2}{2}\right]_{-1}^1 + \left[\dfrac{x^2}{2} - x\right]_1^2 = \dfrac{5}{2}$.

【小贴士】 遇到被积函数是绝对值形式的定积分,常常根据积分区间可加性,将积分区间分成若干部分消去绝对值分别计算定积分,然后求和得出结果.

【思考】 读者可以试着讨论 $\int_0^1 |x^2 - cx| \, dx$ 的结果. 提示:$\int_0^1 |x^2 - cx| \, dx = \int_0^1 x|x-c| \, dx$,将常数 c 分成 $c \leqslant 0$、$0 < c < 1$、$c \geqslant 1$ 这 3 种情况进行讨论.

【总结】 本节讨论了微积分基本定理——牛顿-莱布尼茨公式,这一公式为定积分和不定积分建立了桥梁,使定积分的求解转化为原函数的求解问题.

习题 6.3

1. 判断下列计算过程是否有误? 若有错,错在哪里?

$$\int_0^\pi \sqrt{\dfrac{1+\cos 2x}{2}} \, dx = \int_0^\pi \sqrt{\cos^2 x} \, dx = \int_0^\pi \cos x \, dx = \left[\sin x\right]_0^\pi = 0.$$

2. 试求函数 $y = \int_0^x \sin t \, dt$ 在 $x = 0$ 及 $x = \dfrac{\pi}{4}$ 处的导数值.

3. 计算下列导数.

(1) $\dfrac{d}{dx} \int_0^{x^2} \sqrt{1+t^2} \, dt$;

(2) $\dfrac{d}{dx} \int_{x^2}^0 \dfrac{dt}{\sqrt{1+t^2}}$;

(3) $\dfrac{d}{dx} \int_{\sin x}^{\cos x} \cos(\pi t^2) \, dt$;

(4) $\dfrac{d}{dx} \int_a^{\sin x} t f(x) \, dt$.

4. 求由参数表示式 $\begin{cases} x = \int_0^t \sin u \, du, \\ y = \int_0^t \cos u \, du \end{cases}$ 所给定的函数 y 对 x 的导数.

5. 计算极限.

(1) $\lim\limits_{x \to 0} \dfrac{\int_0^x \sin t \, dt}{x^2}$

(2) $\lim\limits_{x \to \infty} \dfrac{\int_a^x \left(1 + \dfrac{1}{t}\right)^t dt}{x}$ ($a > 0$ 为常数).

6. 计算下列定积分.

(1) $\int_0^1 (3x^2 + x + 1) \, dx$;

(2) $\int_0^1 (2 - 3\cos x) \, dx$;

(3) $\int_0^{\sqrt{3}a} \dfrac{1}{a^2 + x^2} \, dx$;

(4) $\int_0^{\frac{\pi}{4}} \tan^2 \theta \, d\theta$;

(5) $\int_{-e-1}^{-2} \dfrac{\mathrm{d}x}{1+x}$;　　　　　　(6) $\int_{0}^{1} \dfrac{\mathrm{d}x}{\sqrt{4-x^2}}$;

(7) $\int_{0}^{2\pi} |\sin x| \mathrm{d}x$;　　　　　　(8) $\int_{-2}^{2} \min\{x, x^2\} \mathrm{d}x$.

7. 设 k,l 为正整数,且 $k \neq l$,证明下面各式.

(1) $\int_{-\pi}^{\pi} \sin kx \,\mathrm{d}x = 0$; (2) $\int_{-\pi}^{\pi} \cos^2 kx \,\mathrm{d}x = \pi$;

(3) $\int_{-\pi}^{\pi} \cos kx \cos lx \,\mathrm{d}x = 0$.

8. 设
$$f(x) = \begin{cases} \dfrac{1}{2}\sin x, 0 \leqslant x \leqslant \pi, \\ 0, x < 0 \text{ 或 } x > \pi. \end{cases}$$

求 $\Phi(x) = \int_{0}^{x} f(t)\mathrm{d}t$ 在 $(-\infty, +\infty)$ 内的表达式.

9. 设 $b > 0$,且 $f(x)$ 在 $[0,b]$ 上连续,单调增加,求证:$2\int_{0}^{b} x f(x)\mathrm{d}x \geqslant b\int_{0}^{b} f(x)\mathrm{d}x$.

10. 求极限:$\lim\limits_{n \to +\infty} \dfrac{(\sqrt{n} + \sqrt{2n} + \cdots + \sqrt{n^2})}{n^2}$.

11. 求曲线 $y = \int_{\frac{\pi}{2}}^{x} \dfrac{\sin t}{t}\mathrm{d}t$ 在 $x = \dfrac{\pi}{2}$ 处的切线方程.

12. 若 $f(x)$ 是一次函数,且 $\int_{0}^{1} f(x)\mathrm{d}x = 5$,$\int_{0}^{1} x f(x)\mathrm{d}x = \dfrac{17}{6}$,那么 $\int_{1}^{2} \dfrac{f(x)}{x}\mathrm{d}x$ 的值是多少?

13. 设 $f(x)$ 在 $[a,b]$ 连续,且 $f(x) > 0$,又 $F(x) = \int_{a}^{x} f(t)\mathrm{d}t + \int_{b}^{x} \dfrac{1}{f(t)}\mathrm{d}t$,证明:

(1) $F'(x) \geqslant 2$; (2) $F(x) = 0$ 在 (a,b) 内有且仅有一个根.

6.4　定积分的计算

换元积分法・分部积分法・应用换元法和分部积分法解题

由微积分基本定理可知,定积分的求解可以归为求原函数的问题,因而,不定积分的换元积分法和分部积分法也同样可以借鉴到定积分的计算中来. 牛顿-莱布尼茨公式建立起不定积分与定积分之间的桥梁,但当被积函数的原函数难以求解的时候,我们同样可以借助换元法和分部积分法来帮助我们完成运算.

6.4.1　定积分的换元积分法

定理 6.4.1(换元积分法)　若函数 $f(x)$ 在区间 $[a,b]$ 上连续,函数 $x = \varphi(t)$ 满足:

(1) $\varphi(\alpha) = a, \varphi(\beta) = b$,且当 $t \in [\alpha, \beta]$(或 $t \in [\beta, \alpha]$)时,$\varphi(t) \in [a,b]$;

(2) $\varphi(t)$ 在 $[\alpha, \beta]$(或 $[\beta, \alpha]$)上单调且具有连续导数 $\varphi'(t)$,则有
$$\int_{a}^{b} f(x)\mathrm{d}x = \int_{\alpha}^{\beta} f[\varphi(t)]\varphi'(t)\mathrm{d}t.$$

证　由 $f(x)$ 在 $[a,b]$ 连续、$f[\varphi(t)]\varphi'(t)$ 在 $[\alpha,\beta]$(或 $[\beta,\alpha]$)连续可知,公式两端的定积分都有意义. 根据连续函数都存在原函数定理,设 $f(x)$ 在 $[a,b]$ 上的一个原函数是 $F(x)$. 由牛

顿-莱布尼茨公式可知

$$公式左端 = \int_a^b f(x)\mathrm{d}x = F(b) - F(a).$$

同时

$$\frac{\mathrm{d}F[\varphi(t)]}{\mathrm{d}t} = F'[\varphi(t)]\varphi'(t) = f[\varphi(t)]\varphi'(t),$$

所以 $F[\varphi(t)]$ 是 $f[\varphi(t)]\varphi'(t)$ 在 $[\alpha,\beta]$(或 $[\beta,\alpha]$)上的一个原函数,由牛顿-莱布尼茨公式可知

$$公式右端 = \int_\alpha^\beta f[\varphi(t)]\varphi'(t)\mathrm{d}t = F[\varphi(\beta)] - F[\varphi(\alpha)] = F(b) - F(a).$$

左端＝右端,公式成立.

【小贴士】 应用换元法时要注意的两点.

(1) 由于定积分的结果只与被积函数和积分上下限有关,因此通过 $x = \varphi(t)$ 把原来的变量 x 代换成新变量 t 时,积分限也要换成新变量 t 的积分限,简记为"换元必换限".

(2) 求出 $f[\varphi(t)]\varphi'(t)$ 的一个原函数 $F(\varphi(t))$ 后,不必像计算不定积分那样最后还要把 $F(\varphi(t))$ 变换回原来变量 x 的函数,只要把新变量 t 的上下限分别代入 $F(\varphi(t))$ 中,然后相减就可以了,简记为"换元不回代".

例 1 计算 $\int_0^1 \sqrt{1-x^2}\,\mathrm{d}x$.

解 设 $x = \sin t$, $\mathrm{d}x = \mathrm{d}\sin t = \cos t\,\mathrm{d}t$. 当 $x = 0$ 时, $t = 0$;当 $x = 1$ 时, $t = \dfrac{\pi}{2}$.

因此

$$\int_0^1 \sqrt{1-x^2}\,\mathrm{d}x = \int_0^{\frac{\pi}{2}} \sqrt{1-\sin^2 t}\cos t\,\mathrm{d}t = \int_0^{\frac{\pi}{2}} |\cos t|\cos t\,\mathrm{d}t = \int_0^{\frac{\pi}{2}} \cos^2 t\,\mathrm{d}t$$

$$= \int_0^{\frac{\pi}{2}} \frac{1}{2}(1 + \cos 2t)\,\mathrm{d}t = \left[\left(\frac{t}{2} + \frac{\sin 2t}{4} \right) \right]_0^{\frac{\pi}{2}} = \frac{\pi}{4}.$$

例 2 若 $f(x)$ 是定义在 $[-a,a]$($a > 0$)上的连续的奇函数,则 $\int_{-a}^a f(x)\mathrm{d}x = 0$.

证 由定积分的区间可加性,

$$\int_{-a}^a f(x)\mathrm{d}x = \int_{-a}^0 f(x)\mathrm{d}x + \int_0^a f(x)\mathrm{d}x.$$

对 $\int_{-a}^0 f(x)\mathrm{d}x$ 进行换元,设 $x = -t$,则 $\mathrm{d}x = -\mathrm{d}t$,且 $x = -a$, $t = a$, $x = 0$ 时, $t = 0$,又因为 $f(x)$ 是奇函数,所以

$$\int_{-a}^0 f(x)\mathrm{d}x = -\int_a^0 f(-t)\mathrm{d}t = \int_a^0 f(t)\mathrm{d}t = -\int_0^a f(t)\mathrm{d}t = -\int_0^a f(x)\mathrm{d}x.$$

从而

$$\int_{-a}^a f(x)\mathrm{d}x = \int_{-a}^0 f(x)\mathrm{d}x + \int_0^a f(x)\mathrm{d}x = -\int_0^a f(x)\mathrm{d}x + \int_0^a f(x)\mathrm{d}x = 0.$$

【思考】 本题中,若 $f(x)$ 是定义在 $[-a,a]$($a > 0$)上的连续的偶函数,则 $\int_{-a}^a f(x)\mathrm{d}x = 2\int_0^a f(x)\mathrm{d}x$,读者可以尝试证明.

【小贴士】 定义在 $[-a,a]$($a > 0$)上的连续函数 $f(x)$ 在 $[-a,a]$ 上的定积分

$$\int_{-a}^a f(x)\mathrm{d}x = \begin{cases} 0, & f(x) \text{ 为奇函数,} \\ 2\displaystyle\int_0^a f(x)\mathrm{d}x, & f(x) \text{ 为偶函数} \end{cases}$$

可作为结论使用,简化奇函数或偶函数在关于原点对称的区间上的定积分的计算.

例 3 计算定积分 $\int_{-1}^{1} \dfrac{x^5 + x^2}{1 + x^2} \mathrm{d}x$.

解 根据奇函数、偶函数在对称区间上积分的性质可得

$$\int_{-1}^{1} \frac{x^5 + x^2}{1 + x^2}\mathrm{d}x = \int_{-1}^{1} \frac{x^5}{1 + x^2}\mathrm{d}x + \int_{-1}^{1} \frac{x^2}{1 + x^2}\mathrm{d}x = 0 + 2\int_{0}^{1} \frac{x^2}{1 + x^2}\mathrm{d}x = 2\int_{0}^{1} \frac{(x^2 + 1) - 1}{1 + x^2}\mathrm{d}x$$

$$= 2\int_{0}^{1} 1 \mathrm{d}x - 2\int_{0}^{1} \frac{1}{1 + x^2}\mathrm{d}x = 2 - 2[\arctan x]_{0}^{1} = 2 - \frac{\pi}{2}.$$

【小贴士】 有时候为了书写简便起见,可以不明显地写出新变量 t,或者成为配元,不要变更定积分的上、下限,如例 4 中的解 1,而例 4 中的解 2 则需要改变积分上、下限. 请读者思考它们之间的区别.

例 4 计算 $\int_{0}^{\frac{\pi}{2}} (\cos^5 x - \cos x)\sin x \mathrm{d}x$.

解 方法 1:$\int_{0}^{\frac{\pi}{2}} (\cos^5 x - \cos x)\sin x \mathrm{d}x = -\int_{0}^{\frac{\pi}{2}} (\cos^5 x - \cos x)\mathrm{d}\cos x$

$$= \left[\frac{\cos^6 x}{6}\right]_{0}^{\frac{\pi}{2}} - \left[\frac{\cos^2 x}{2}\right]_{0}^{\frac{\pi}{2}} = -\frac{1}{3}$$

方法 2:$\int_{0}^{\frac{\pi}{2}} (\cos^5 x - \cos x)\sin x \mathrm{d}x = -\int_{0}^{\frac{\pi}{2}} (\cos^5 x - \cos x)\mathrm{d}\cos x$,

设 $t = \cos x$,则 $\mathrm{d}t = -\sin x \mathrm{d}x$,且当 $x = 0$ 时,$t = 1$;当 $x = \frac{\pi}{2}$ 时,$t = 0$. 于是

$$原式 = -\int_{0}^{\frac{\pi}{2}} (\cos^5 x - \cos x)\mathrm{d}\cos x = -\int_{1}^{0} (t^5 - t)\mathrm{d}t$$

$$= \int_{0}^{1} (t^5 - t)\mathrm{d}t = \left[\frac{t^6}{6}\right]_{0}^{1} - \left[\frac{t^2}{2}\right]_{0}^{1} = -\frac{1}{3}.$$

例 5 计算 $\int_{0}^{4} \dfrac{x + 2}{\sqrt{2x + 1}}\mathrm{d}x$.

解 设 $\sqrt{2x + 1} = t$,则 $x = \dfrac{t^2 - 1}{2}$,$\mathrm{d}x = t\mathrm{d}t$. 当 $x = 0$ 时,$t = 1$;$x = 4$ 时,$t = 3$. 于是

$$\int_{0}^{4} \frac{x + 2}{\sqrt{2x + 1}}\mathrm{d}x = \int_{1}^{3} \frac{\frac{t^2 - 1}{2} + 2}{t} t \mathrm{d}t = \frac{1}{2}\int_{1}^{3} (t^2 + 3)\mathrm{d}t = \left[\frac{1}{2}\left(\frac{t^3}{3} + 3t\right)\right]_{1}^{3}$$

$$= \frac{1}{2}\left[\left(\frac{27}{3} + 9\right) - \left(\frac{1}{3} + 3\right)\right] = \frac{22}{3}.$$

例 6 设 $f(x)$ 在 $(-\infty, +\infty)$ 内连续,且 $F(x) = \int_{0}^{x} (x - 2t)f(t)\mathrm{d}t$. 证明当 $f(x)$ 是偶函数时,$F(x)$ 也是偶函数.

证 $F(x)$ 的表达式是一个积分上限函数,证明 $F(x)$ 是偶函数,即证明 $F(-x) = F(x)$.

$$F(-x) = \int_{0}^{-x} (-x - 2t)f(t)\mathrm{d}t,$$

令 $t = -u$. 当 $t = 0$ 时,$u = 0$;当 $t = -x$ 时,$u = x$. 又因为 $f(-x) = f(x)$,所以

$$F(-x) = \int_{0}^{x} (-x + 2u)f(-u)\mathrm{d}(-u) = -\int_{0}^{x} (-x + 2u)f(u)\mathrm{d}u$$

$$= \int_{0}^{x} (x - 2u)f(u)\mathrm{d}u = F(x).$$

即 $F(x)$ 是偶函数.

6.4.2　定积分的分部积分法

定理 6.4.2(分部积分法)　若函数 $u(x),v(x)$ 在 $[a,b]$ 上有连续导数,则

$$\int_a^b u(x)v'(x)\mathrm{d}x = [u(x)v(x)]_a^b - \int_a^b u'(x)v(x)\mathrm{d}x.$$

证　从两个函数相乘的求导公式 $(uv)' = u'v + uv'$ 入手,分别求等式两端在区间 $[a,b]$ 上的定积分,应用牛顿-莱布尼茨公式,得

$$左端 = \int_a^b [u(x)v(x)]'\mathrm{d}x = [u(x)v(x)]_a^b,$$

$$右端 = \int_a^b u(x)v'(x)\mathrm{d}x + \int_a^b u'(x)v(x)\mathrm{d}x,$$

所以

$$[u(x)v(x)]_a^b = \int_a^b u(x)v'(x)\mathrm{d}x + \int_a^b u'(x)v(x)\mathrm{d}x,$$

整理即得

$$\int_a^b u(x)v'(x)\mathrm{d}x = [u(x)v(x)]_a^b - \int_a^b u'(x)v(x)\mathrm{d}x.$$

例 7　计算 $\displaystyle\int_{\frac{1}{e}}^{e} \ln x\,\mathrm{d}x$.

解　设 $u = \ln x, \mathrm{d}v = \mathrm{d}x$,则 $\mathrm{d}u = \dfrac{\mathrm{d}x}{x}, v = x$. 代入分部积分公式,得

$$\int_{\frac{1}{e}}^{e} \ln x\,\mathrm{d}x = [x\ln x]_{\frac{1}{e}}^{e} - \int_{\frac{1}{e}}^{e} x\mathrm{d}\ln x = [x\ln x]_{\frac{1}{e}}^{e} - \int_{\frac{1}{e}}^{e} 1\mathrm{d}x = e - \frac{1}{e} - \left(e - \frac{1}{e}\right) = 0.$$

例 8　计算 $\displaystyle\int_0^{\sqrt{3}} x\arctan x\,\mathrm{d}x$.

解

$$\int_0^{\sqrt{3}} x\arctan x\,\mathrm{d}x = \frac{1}{2}\int_0^{\sqrt{3}} \arctan x\,\mathrm{d}(x^2) = \frac{1}{2}[x^2\arctan x]_0^{\sqrt{3}} - \frac{1}{2}\int_0^{\sqrt{3}} \frac{x^2}{1+x^2}\mathrm{d}x$$

$$= \frac{\pi}{2} - \frac{1}{2}\int_0^{\sqrt{3}} \frac{x^2+1-1}{1+x^2}\mathrm{d}x = \frac{2\pi}{3} - \frac{\sqrt{3}}{2}.$$

【小贴士】　在有些定积分计算中,换元法和分部积分法经常结合起来用,如下面例题.

例 9　计算 $\displaystyle\int_0^1 e^{\sqrt{x+1}}\,\mathrm{d}x$.

解　使用换元法,可先令 $t = x+1$,则原式 $= \displaystyle\int_1^2 e^{\sqrt{t}}\,\mathrm{d}t$.

再次使用换元法,令 $u = \sqrt{t}$,则原式 $= \displaystyle\int_1^{\sqrt{2}} e^u\,\mathrm{d}u^2$.

然后使用分部积分法,得

$$\int_1^{\sqrt{2}} e^u\,\mathrm{d}u^2 = 2\int_1^{\sqrt{2}} ue^u\,\mathrm{d}u = 2\int_1^{\sqrt{2}} u\mathrm{d}e^u = 2[ue^u]_1^{\sqrt{2}} - 2\int_1^{\sqrt{2}} e^u\,\mathrm{d}u = (2\sqrt{2}-2)e^{\sqrt{2}}.$$

【小贴士】　在应用定积分分部积分法公式 $\displaystyle\int_a^b u(x)v'(x)\mathrm{d}x = [u(x)v(x)]_a^b - \int_a^b u'(x)v(x)\mathrm{d}x$ 时,要注意一定要将从积分符号内分离出来的表达式 $u(x)v(x)$ 代入定积分的上、下限,可以简记为"边分部边代入".

习题 6.4

(A) 换元积分法

1. 判断下列计算过程是否有误？若有错，错在哪里？

(1) $\int_0^{\frac{\pi}{2}} \sin^n x \, dx \xlongequal{x=\frac{\pi}{2}-t} \int_0^{\frac{\pi}{2}} \sin^n\left(\frac{\pi}{2}-t\right)(-dt) = -\int_0^{\frac{\pi}{2}} \cos^n x \, dx$;

(2) $\int_1^{-1} x^2 \sin x \, dx = 0$.

2. 计算下列积分.

(1) $\int_{\frac{\pi}{3}}^{\pi} \sin(x+\frac{\pi}{3}) \, dx$;

(2) $\int_{-2}^{1} \frac{dx}{(11+5x)^3}$;

(3) $\int_0^{\frac{\pi}{2}} \sin\varphi \cos^3\varphi \, d\varphi$;

(4) $\int_{-\pi}^{\pi} x^3 \cos x \, dx$;

(5) $\int_1^{\sqrt{3}} \frac{dx}{x^2\sqrt{1+x^2}}$;

(6) $\int_1^{e^2} \frac{dx}{x\sqrt{1+\ln x}}$;

(7) $\int_0^{\pi} \sqrt{\sin^3 x - \sin^5 x} \, dx$;

(8) $\int_{-2}^{0} \frac{dx}{(x+4)\sqrt{x+3}}$;

(9) $\int_{\ln 3}^{\ln 4} \frac{dx}{e^x - e^{-x}}$;

(10) $\int_{\frac{1}{2}}^{\frac{\sqrt{2}}{2}} \sqrt{1-x^2} \, dx$.

3. 设函数 $f(x) = \begin{cases} xe^{-x^2}, & x \geqslant 0, \\ \dfrac{1}{1+\cos x}, & -1 < x < 0, \end{cases}$ 求 $\int_1^4 f(x-2) \, dx$.

4. 证明下列命题.

(1) $\int_0^{\frac{\pi}{2}} f(\sin x) \, dx = \int_0^{\frac{\pi}{2}} f(\cos x) \, dx$;

(2) $\int_0^{\pi} f(\sin x) \, dx = 2\int_0^{\frac{\pi}{2}} f(\sin x) \, dx$.

5. 设 $f(x)$ 在 $[-b,b]$ 上连续，证明：$\int_{-b}^{b} f(x) \, dx = \int_{-b}^{b} f(-x) \, dx$.

6. 证明：$\int_x^1 \frac{dx}{1+x^2} = \int_1^{\frac{1}{x}} \frac{dx}{1+x^2} (x > 0)$.

7. 设 $f(x)$ 是以 l 为周期的连续函数，证明 $\int_a^{a+l} f(x) \, dx$ 的值与 a 无关.

(B) 分部积分法

8. 计算下列积分.

(1) $\int_0^{\ln 3} xe^{-x} \, dx$;

(2) $\int_1^{e} x\ln x \, dx$;

(3) $\int_0^{2\pi} t\sin t \, dt$;

(4) $\int_{\frac{\pi}{4}}^{\frac{\pi}{2}} \frac{x}{\sin^2 x} \, dx$;

(5) $\int_0^1 x\arctan x \, dx$;

(6) $\int_0^{\frac{\pi}{2}} e^{2x}\cos x \, dx$;

(7) $\displaystyle\int_1^e \sin(\ln x)\mathrm{d}x$; 　　　　(8) $\displaystyle\int_{\frac{1}{e}}^e |\ln x|\mathrm{d}x$;

(9) $\displaystyle\int_0^1 \arcsin x\mathrm{d}x$. 　　　　(10) $\displaystyle\int_0^1 x^2 \mathrm{e}^x\mathrm{d}x$.

9. 设 $f(-3)=1, f(-1)=3, f'(-1)=5$, 且 $f''(x)$ 连续, 求 $\displaystyle\int_0^1 xf''(2x-3)\mathrm{d}x$.

10. 设 $f(x)=x-\displaystyle\int_0^\pi f(x)\cos x\mathrm{d}x$, 求 $f(x)$.

6.5　广义积分

无穷区间上的广义积分·无界函数的广义积分

前面计算的定积分 $\displaystyle\int_a^b f(x)\mathrm{d}x$ 存在两点明显的局限性:其一,积分区间 $[a,b]$ 是有限区间;其二,积分函数 $f(x)$ 在积分区间有界. 这两点局限性限制了定积分的应用,因为在许多实际问题和理论问题中有时候需要去掉这两个限制,因此,我们需要对定积分做如下两种形式的推广:

(1) 无限区间上的积分;

(2) 无界函数的积分.

这就是本节要介绍的广义积分的类型和计算方法. 和本节广义积分概念相区别,本节之前介绍的定积分通常称为常义积分.

6.5.1　无穷区间上的广义积分

1. 无穷区间上广义积分的概念和计算

例1　求由曲线 $y=\mathrm{e}^{-x}$, x 轴以及 y 轴右侧所围成的"开口曲边梯形"的面积,如图 6-9 所示.

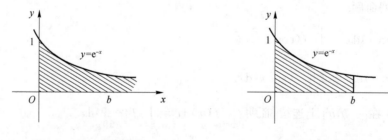

图 6-9　开口曲边梯形　　　　图 6-10　曲边梯形

解　由于 $x\to+\infty$, 所以积分区间应当是 $[0,+\infty)$, 这是一个无限区间,如果把上限暂时固定,即任取一个大于下限 0 的正数 b 作为上限,如图 $6-10$ 所示,那么在区间 $[0,b]$ 上以曲线 $y=\mathrm{e}^{-x}$ 为曲边的图形的面积为

$$\int_0^b \mathrm{e}^{-x}\mathrm{d}x = -\left[\mathrm{e}^{-x}\right]_0^b = -(\mathrm{e}^{-b}-1) = 1-\frac{1}{\mathrm{e}^b}.$$

可以看出,随着 b 的增大,曲边梯形的面积就越接近于所要求的"开口曲边梯形"的面积,因此,令 $b\to+\infty$, 得

$$\lim_{b\to+\infty}\int_0^b \mathrm{e}^{-x}\mathrm{d}x = \lim_{b\to+\infty}\left(1-\frac{1}{\mathrm{e}^b}\right) = 1.$$

定义 6.5.1　设函数 $f(x)$ 在区间 $[a,+\infty)$ 上连续,且对任意的 $b>a$, $f(x)$ 在 $[a,b]$ 上

可积,当极限 $\lim\limits_{b\to+\infty}\int_a^b f(x)\mathrm{d}x$ 存在时,称这极限值 I 为 $f(x)$ 在 $[a,+\infty)$ 上的广义积分. 记作 $\int_a^{+\infty} f(x)\mathrm{d}x$,即

$$\int_a^{+\infty} f(x)\mathrm{d}x = \lim_{b\to+\infty}\int_a^b f(x)\mathrm{d}x.$$

如果上述极限不存在,函数 $f(x)$ 在无穷区间 $[a,+\infty)$ 上的广义积分 $\int_a^{+\infty} f(x)\mathrm{d}x$ 就没有意义,这时称广义积分 $\int_a^{+\infty} f(x)\mathrm{d}x$ 发散.

类似的,定义 $f(x)$ 在无穷区间 $(-\infty,b]$ 上的广义积分为 $\int_{-\infty}^b f(x)\mathrm{d}x$,

则 $\int_{-\infty}^b f(x)\mathrm{d}x = \lim\limits_{a\to-\infty}\int_a^b f(x)\mathrm{d}x$,若上式等号右端的极限存在,则称之收敛,否则称之发散.

函数 $f(x)$ 在无穷区间 $(-\infty,+\infty)$ 上的广义积分定义为

$$\int_{-\infty}^{+\infty} f(x)\mathrm{d}x = \int_{-\infty}^c f(x)\mathrm{d}x + \int_c^{+\infty} f(x)\mathrm{d}x.$$

其中 c 为任意实数. 当上式右端两个积分都收敛时,则称之收敛,否则称之发散.

无穷区间上的广义积分也简称为无穷积分.

【小贴士】 广义积分的收敛性及所收敛的值与常数 c 的取值无关,因此 c 的选取应便于计算.

例 2 计算无穷积分 $\int_{-\infty}^{+\infty}\dfrac{\mathrm{d}x}{1+x^2}$.

解 由定义 6.5.1 可知

$$\int_{-\infty}^{+\infty}\frac{\mathrm{d}x}{1+x^2} = \int_{-\infty}^0\frac{\mathrm{d}x}{1+x^2} + \int_0^{+\infty}\frac{\mathrm{d}x}{1+x^2} = \lim_{a\to-\infty}\int_a^0\frac{\mathrm{d}x}{1+x^2} + \lim_{b\to+\infty}\int_0^b\frac{\mathrm{d}x}{1+x^2}$$

$$= \lim_{a\to-\infty}\left[\arctan x\right]_a^0 + \lim_{b\to+\infty}\left[\arctan x\right]_0^b$$

$$= -\lim_{a\to-\infty}\arctan a + \lim_{b\to+\infty}\arctan b$$

$$= -\left(-\frac{\pi}{2}\right) + \frac{\pi}{2} = \pi.$$

本例中广义积分值的几何意义是:当 $a\to-\infty$, $b\to+\infty$ 时,如图 6-11 所示,它是位于曲线 $y=\dfrac{1}{1+x^2}$

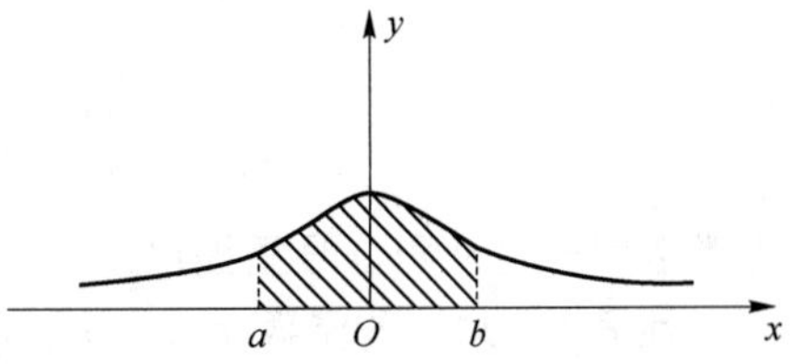

图 6-11 广义积分的几何意义

下方,以及 x 轴上方的图形面积的极限值.

【小贴士】 为了书写简便,我们在实际运算过程中常常省去极限的记号,而形式地把 ∞ 当成一个"数",直接利用牛顿-莱布尼兹公式的计算方法.

$$\int_a^{+\infty} f(x)\mathrm{d}x = \left[F(x)\right]_a^{+\infty} = F(+\infty) - F(a),$$

$$\int_{-\infty}^b f(x)\mathrm{d}x = \left[F(x)\right]_{-\infty}^b = F(b) - F(-\infty),$$

$$\int_{-\infty}^{+\infty} f(x)\mathrm{d}x = \left[F(x)\right]_{-\infty}^{+\infty} = F(+\infty) - F(-\infty).$$

其中 $F(x)$ 为 $f(x)$ 的原函数，记号 $F(\pm\infty)$ 应理解为极限运算 $F(\pm\infty)=\lim\limits_{x\to\pm\infty}F(x)$.

按照这种写法，上述例 2 的计算过程可以写为

$$\lim_{a\to-\infty}\int_a^0\frac{\mathrm{d}x}{1+x^2}+\lim_{b\to+\infty}\int_0^b\frac{\mathrm{d}x}{1+x^2}=[\arctan x]_{-\infty}^0+[\arctan x]_0^{+\infty}=-\left(-\frac{\pi}{2}\right)+\frac{\pi}{2}=\pi,$$

或写为

$$\int_{-\infty}^{+\infty}\frac{1}{1+x^2}\mathrm{d}x=[\arctan x]_{-\infty}^{+\infty}=\frac{\pi}{2}-\left(-\frac{\pi}{2}\right)=\pi.$$

其中

$$[\arctan x]_{-\infty}^{+\infty}=\lim_{x\to+\infty}\arctan x-\lim_{x\to-\infty}\arctan x.$$

例 3　计算无穷积分 $\displaystyle\int_0^{+\infty}x\mathrm{e}^{-px}\mathrm{d}x$（$p$ 是常数，且 $p>0$）.

解　$\displaystyle\int_0^{+\infty}x\mathrm{e}^{-px}\mathrm{d}t=-\frac{1}{p}\int_0^{+\infty}x\mathrm{d}(\mathrm{e}^{-px})=\left[-\frac{1}{p}x\mathrm{e}^{-px}\right]_0^{+\infty}-\left[\frac{1}{p^2}\mathrm{e}^{-px}\right]_0^{+\infty}$

$$=-\frac{1}{p}(\lim_{x\to+\infty}x\mathrm{e}^{-px}-0)-\frac{1}{p^2}(0-1)=\frac{1}{p^2}.$$

注：上式中极限 $\lim\limits_{x\to+\infty}x\mathrm{e}^{-px}=\lim\limits_{x\to+\infty}\dfrac{x}{\mathrm{e}^{px}}$ 是未定式，可用洛必达法则解出该极限为 0.

例 4　讨论无穷积分 $\displaystyle\int_1^{+\infty}\frac{1}{x^p}\mathrm{d}x$ 的收敛性.

解　（1）当 $p=1$ 时，$\displaystyle\int_1^{+\infty}\frac{1}{x}\mathrm{d}x=[\ln|x|]_1^{+\infty}=+\infty$；

（2）当 $p\neq 1$ 时，$\displaystyle\int_1^{+\infty}\frac{1}{x^p}\mathrm{d}x=\left[\frac{x^{1-p}}{1-p}\right]_1^{+\infty}=\begin{cases}+\infty,&p<1,\\\dfrac{1}{p-1},&p>1.\end{cases}$

由上讨论可知，当 $p>1$ 时，广义积分 $\displaystyle\int_a^{+\infty}\frac{\mathrm{d}x}{x^p}$ 收敛于 $\dfrac{1}{p-1}$，当 $p\leqslant 1$ 时发散.

2. 无穷区间上的广义积分的性质

作为定积分的推广，以下定积分的有关性质在广义积分中仍然适用.

性质 6.5.1　若函数 $f(x)$ 在 $[a,+\infty)$ 上可积，k 为常数，则 $kf(x)$ 在 $[a,+\infty)$ 上也可积，且

$$\int_a^{+\infty}kf(x)\mathrm{d}x=k\int_a^{+\infty}f(x)\mathrm{d}x.$$

即常数因子可从积分号里提出.

性质 6.5.2　若函数 $f(x)$、$g(x)$ 都在 $[a,+\infty)$ 上可积，则 $f(x)\pm g(x)$ 在 $[a,+\infty)$ 上也可积，且有

$$\int_a^{+\infty}[f(x)\pm g(x)]\mathrm{d}x=\int_a^{+\infty}f(x)\mathrm{d}x\pm\int_a^{+\infty}g(x)\mathrm{d}x.$$

性质 6.5.3　对无穷限积分，换元积分法和分部积分法也成立.

例 5　讨论 $\displaystyle\int_2^{+\infty}\frac{1}{x\ln x}\mathrm{d}x$ 的敛散性.

解　$\displaystyle\int_2^{+\infty}\frac{1}{x\ln x}\mathrm{d}x=\int_2^{+\infty}\frac{1}{\ln x}\mathrm{d}(\ln x)=[\ln|\ln x|]_2^{+\infty}=\ln[\ln(+\infty)]-\ln(\ln 2)=+\infty.$

【小贴士】此处的 $\ln[\ln(+\infty)]$ 应理解为极限表达式.

性质 6.5.4　若 $f(x),g(x)$ 为定义在 $[a,+\infty)$ 上的非负函数，且在任何有限区间 $[a,u]$ 上均可积，并满足 $f(x)\leqslant g(x)$，$x\in[a,+\infty)$，则当 $\displaystyle\int_a^{+\infty}g(x)\mathrm{d}x$ 收敛时，$\displaystyle\int_a^{+\infty}f(x)\mathrm{d}x$ 也

收敛(或当 $\int_a^{+\infty} f(x)\mathrm{d}x$ 发散时, $\int_a^{+\infty} g(x)\mathrm{d}x$ 也发散).

例 6　证明广义积分 $\int_2^{+\infty} \dfrac{\arctan x}{x\ln x}\mathrm{d}x$ 发散.

证　由例 5 的讨论可知 $\int_2^{+\infty} \dfrac{1}{x\ln x}\mathrm{d}x$ 发散,而当 $x \geqslant 2$ 时, $\arctan x > 1$.

所以在积分区间上 $\int_2^{+\infty} \dfrac{\arctan x}{x\ln x}\mathrm{d}x > \int_2^{+\infty} \dfrac{1}{x\ln x}\mathrm{d}x$,应用性质 6.5.4,推出 $\int_2^{+\infty} \dfrac{\arctan x}{x\ln x}\mathrm{d}x$ 发散.

6.5.2　无界函数的广义积分

定义 6.5.2　设函数 $f(x)$ 在区间 $(a,b]$ 上连续,且 $\lim\limits_{x\to a^+} f(x) = \infty$ (即 $x = a$ 为函数 $f(x)$ 的无穷间断点),对于任意小的常数 $\varepsilon > 0$, $f(x)$ 在 $[a+\varepsilon,b]$ 上可积,极限 $\lim\limits_{\varepsilon\to 0^+}\int_{a+\varepsilon}^b f(x)\mathrm{d}x$ 称为无界函数 $f(x)$ 在 $(a,b]$ 上的广义积分,仍然记为 $\int_a^b f(x)\mathrm{d}x$,

$$\int_a^b f(x)\mathrm{d}x = \lim_{\varepsilon\to 0^+}\int_{a+\varepsilon}^b f(x)\mathrm{d}x.$$

若上式右端极限存在,则称此无界函数的广义积分收敛;否则,称之发散.

类似的,若函数 $f(x)$ 在区间 $[a,b)$ 上连续,且 $\lim\limits_{x\to b^-} f(x) = \infty$ (即 $x=b$ 为函数 $f(x)$ 的无穷间断点),而对任意小的 $\varepsilon > 0$, $f(x)$ 在 $[a,b-\varepsilon]$ 上可积,定义无界函数 $f(x)$ 在 $[a,b)$ 上的广义积分为

$$\int_a^b f(x)\mathrm{d}x = \lim_{\varepsilon\to 0^+}\int_a^{b-\varepsilon} f(x)\mathrm{d}x,$$

若上式右端极限存在,则称之收敛;否则,称之发散.

若对任意小的 $\varepsilon > 0$, $f(x)$ 在 $[a,c-\varepsilon]$ 和 $[c+\varepsilon,b]$ 上可积,而 $\lim\limits_{x\to c} f(x) = \infty$,则定义 $f(x)$ 在区间 $[a,b]$ 上的广义积分为

$$\int_a^b f(x)\mathrm{d}x = \int_a^c f(x)\mathrm{d}x + \int_c^b f(x)\mathrm{d}x = \lim_{\varepsilon_1\to 0^+}\int_a^{c-\varepsilon_1} f(x)\mathrm{d}x + \lim_{\varepsilon_2\to 0^+}\int_{c+\varepsilon_2}^b f(x)\mathrm{d}x,$$

当上式右端两个极限都存在时,则称广义积分 $\int_a^b f(x)\mathrm{d}x$ 收敛;否则,称之发散.

此外,如果 $x=a$, $x=b$ 均为 $f(x)$ 的无穷间断点,则 $f(x)$ 在 $[a,b]$ 上的无界函数的积分定义为

$$\int_a^b f(x)\mathrm{d}x = \int_a^c f(x)\mathrm{d}x + \int_c^b f(x)\mathrm{d}x = \lim_{\varepsilon_1\to 0^+}\int_{a+\varepsilon_1}^c f(x)\mathrm{d}x + \lim_{\varepsilon_2\to 0^+}\int_c^{b-\varepsilon_2} f(x)\mathrm{d}x.$$

上式中 c 为 a 与 b 之间的任意实数,当右端的两个极限都存在时,则称之收敛;否则,称之发散.

相应的,若 $f(x)$, $g(x)$ 为定义在 $(a,b]$ 上的函数,无穷间断点均为 a ,且在任何有限区间 $[u,b] \subset (a,b]$ 上可积,并满足 $|f(x)| \leqslant g(x)$ $(x \in (a,b])$,则当 $\int_a^b g(x)\mathrm{d}x$ 收敛时, $\int_a^b |f(x)|\mathrm{d}x$ 也收敛(或当 $\int_a^b |f(x)|\mathrm{d}x$ 发散时, $\int_a^b g(x)\mathrm{d}x$ 也发散).

注:定义中涉及的无穷间断点称作被积函数的瑕点,故无界函数的广义积分又常称为瑕

积分.

【小贴士】 无界函数的广义积分与一般定积分(亦称常义积分)的含义不同,但形式一样,容易被忽视,因此,我们在计算定积分时,应该首先考察其是常义积分还是广义积分,若是无界函数的广义积分,则要按广义积分的计算方法处理.

例 7 讨论无界函数积分 $\int_0^a \dfrac{\mathrm{d}x}{\sqrt{a^2-x^2}}$ 的收敛性.

解 在 $x=a$ 点的左邻域,被积函数的极限 $\lim\limits_{x \to a^-} \dfrac{1}{\sqrt{a^2-x^2}} = +\infty$,

此积分属于无界函数的广义积分,按照定义 6.5.2 中的计算方法,可得

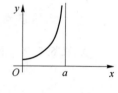

$$\int_0^a \frac{1}{\sqrt{a^2-x^2}}\mathrm{d}x = \lim_{\varepsilon \to 0^+} \int_0^{a-\varepsilon} \frac{1}{\sqrt{a^2-x^2}}\mathrm{d}x = \left[\lim_{\varepsilon \to 0^+} \arcsin \frac{x}{a}\right]_0^{a-\varepsilon}$$

$$= \lim_{\varepsilon \to 0^+}(\arcsin \frac{a-\varepsilon}{a} - 0) = \arcsin 1 = \frac{\pi}{2}.$$

图 6-12　几何意义

【小贴士】 这个广义积分值的几何意义:由曲线 $y = \dfrac{1}{\sqrt{a^2-x^2}}$,$x$ 轴,以及直线 $x=0$ 和 $x=a$ 所围成的图形的面积(如图 6-12 所示).

例 8 讨论 $\int_0^2 \dfrac{\mathrm{d}x}{(x-1)^2}$ 的收敛性.

解 在 $[0,2]$ 内部有瑕点 $x=1$,利用定积分区间可加性,让瑕点出现在小区间的端点处,所以有

$$\int_0^2 \frac{\mathrm{d}x}{(x-1)^2} = \int_0^1 \frac{\mathrm{d}x}{(x-1)^2} + \int_1^2 \frac{\mathrm{d}x}{(x-1)^2} = \lim_{\varepsilon_1 \to 0^+} \int_0^{1-\varepsilon_1} \frac{\mathrm{d}x}{(x-1)^2} + \lim_{\varepsilon_2 \to 0^+} \int_{1+\varepsilon_2}^2 \frac{\mathrm{d}x}{(x-1)^2}$$

$$= \lim_{\varepsilon_1 \to 0^+}\left[-\frac{1}{x-1}\right]_0^{1-\varepsilon_1} + \lim_{\varepsilon_2 \to 0^+}\left[-\frac{1}{x-1}\right]_{1+\varepsilon_2}^2 = \infty.$$

因此 $\int_0^2 \dfrac{\mathrm{d}x}{(x-1)^2}$ 发散.

【总结】 例 8 不是常义积分,不能按常义积分处理. 常义积分与瑕积分外表上没什么区别,如 $\int_2^3 \dfrac{\mathrm{d}x}{(x-1)^2}$ 就是普通定积分,而 $\int_0^2 \dfrac{\mathrm{d}x}{(x-1)^2}$ 就成了广义积分,所以计算积分 $\int_a^b f(x)\mathrm{d}x$ 时要特别小心,一定要首先检查一下 $f(x)$ 在 $[a,b]$ 上有无瑕点,有瑕点时,要按广义积分来对待,否则就可能出错. 如果本例按常义积分的方法计算,则

$$\int_0^2 \frac{\mathrm{d}x}{(x-1)^2} = -\left[\frac{1}{x-1}\right]_0^2 = -2.$$

出现上述错误的原因是未发现 $x=1$ 是瑕点.

例 9 讨论广义积分 $\int_0^1 \dfrac{1}{x^q}\mathrm{d}x$ 的收敛性.

解 (1) 当 $q=1$ 时,

$$\int_0^1 \frac{1}{x}\mathrm{d}x = \lim_{\varepsilon \to 0^+} \int_{0+\varepsilon}^1 \frac{1}{x}\mathrm{d}x = \lim_{\varepsilon \to 0^+}[\ln|x|]_\varepsilon^1$$

$$= \lim_{\varepsilon \to 0^+}(0 - \ln \varepsilon) = +\infty;$$

(2) 当 $q \neq 1$ 时，$\int_0^1 \frac{1}{x^q}\mathrm{d}x = \lim\limits_{\varepsilon \to 0^+} \int_{0+\varepsilon}^1 \frac{1}{x^q}\mathrm{d}x = \lim\limits_{\varepsilon \to 0^+} \left[\frac{x^{1-q}}{1-q}\right]_\varepsilon^1 = \lim\limits_{\varepsilon \to 0^+}\left(\frac{1}{1-q} - \frac{\varepsilon^{1-q}}{1-q}\right)$

$$= \begin{cases} \dfrac{1}{1-q}, & q < 1, \\ +\infty, & q > 1, \end{cases}$$

所以，当 $q<1$ 时，该广义积分收敛，其值为 $\dfrac{1}{1-q}$；当 $q \geqslant 1$ 时，该积分发散.

习题 6.5

1. 判断下列说法是否正确，如错误，请改正.

(1) 已知 $a < b$，$\int_b^{+\infty} f(x)\mathrm{d}x$ 收敛，则 $\int_a^{+\infty} f(x)\mathrm{d}x$ 收敛.

(2) 在 $[a,b]$ 上，非负函数 $f(x),g(x)$ 均以 a 为瑕点，若 $\lim\limits_{x \to a}\dfrac{f(x)}{g(x)} = 0$，$\int_a^b g(x)\mathrm{d}x$ 收敛，则 $\int_a^b f(x)\mathrm{d}x$ 也收敛.

2. $\int_{-\infty}^a f(x)\mathrm{d}x$ 与 $\int_a^{+\infty} f(x)\mathrm{d}x$ 都收敛是 $\int_{-\infty}^{+\infty} f(x)\mathrm{d}x$ 收敛的（ ）.

A. 无关条件   B. 充要条件   C. 充分条件   D. 必要条件

3. 已知广义积分 $\int_5^{+\infty} x^{3+2p}\mathrm{d}x$ 收敛，则 p 满足的条件是_____.

4. $\int_{-\infty}^{+\infty} \dfrac{\mathrm{d}x}{1+x^2} = $ _____.

5. 判断下列广义积分的收敛性.

(1) $\int_e^{+\infty} \dfrac{\ln x}{x}\mathrm{d}x$；   (2) $\int_e^{+\infty} \dfrac{1}{x\ln x}\mathrm{d}x$；

(3) $\int_e^{+\infty} \dfrac{1}{x(\ln x)^2}\mathrm{d}x$；   (4) $\int_e^{+\infty} \dfrac{1}{x\sqrt[3]{\ln x}}\mathrm{d}x$.

6. 判断下列广义积分的收敛性.

(1) $\int_{-\infty}^0 \dfrac{1}{1+x^2}\mathrm{d}x$；   (2) $\int_0^{+\infty} \mathrm{e}^x \sin x\mathrm{d}x$；

(3) $\int_0^1 \dfrac{\mathrm{d}x}{\sqrt{1-x^2}}$；   (4) $\int_0^1 \dfrac{\mathrm{d}x}{\sqrt{1-x}}$.

7. 判断下列各广义积分的收敛性，如果收敛，计算广义积分的值.

(1) $\int_0^{\frac{\pi}{2}} \dfrac{1}{(\sin 2x)^2}\mathrm{d}x$； (2) $\int_1^{+\infty} \dfrac{\mathrm{d}x}{\sqrt{x}}$； (3) $\int_0^{+\infty} \mathrm{e}^{-px}\sin \omega x\mathrm{d}x \ (p>0, \omega>0)$；

(4) $\int_{-\infty}^{+\infty} \dfrac{\mathrm{d}x}{x^2+2x+2}$； (5) $\int_{-\infty}^0 x\mathrm{e}^{-x^2}\mathrm{d}x$； (6) $\int_{-\infty}^{+\infty} x^3 \mathrm{e}^{-\frac{x^4}{2}}\mathrm{d}x$.

8. 判断下列各广义积分的收敛性，如果收敛，计算广义积分的值.

(1) $\int_0^1 \dfrac{t\mathrm{d}t}{2\sqrt{1-t^2}}$； (2) $\int_0^2 \dfrac{\mathrm{d}x}{(1-x)^2}$； (3) $\int_1^2 \dfrac{x\mathrm{d}x}{\sqrt{x-1}}$； (4) $\int_1^e \dfrac{\mathrm{d}x}{x\sqrt{1-(\ln x)^2}}$.

9. 对于参数为 k 的广义积分 $\int_2^{+\infty} \dfrac{1}{x(\ln x)^k}\mathrm{d}x$，求：

（1）k 取何值时，广义积分收敛，收敛于何值？

（2）k 取何值时，广义积分发散？

（3）k 取何值时，广义积分取得最小值？

6.6　定积分的应用

微元法·定积分在几何上的应用·定积分在物理上的应用

定积分的理论来源于实践，即用一个函数的定积分形式来表示实际问题中待求的量，然后进行计算，问题便得以解决。本节应用前面学习过的定积分理论来分析和解决一些几何、物理等方面的实际问题，通过这些例子，我们不仅可以建立用于计算这些几何量、物理量的公式，更为重要的是可以通过实际解题过程，掌握运用微元法把所要求的量表达为定积分的分析方法。

6.6.1　定积分的微元法

为了说明微元法，我们首先回顾一下 6.1 节中讨论过的计算曲边梯形面积的问题。

曲线 $y=f(x)(f(x)\geqslant 0)$，x 轴及两条直线 $x=a$、$x=b$ 所围成的曲边梯形的面积 A 等于函数 $f(x)$ 在区间 $[a,b]$ 上的定积分，即 $A=\int_a^b f(x)\mathrm{d}x$。

其计算步骤如下。

（1）分割：在区间 $[a,b]$ 内任意插入 $n-1$ 个分点把 $[a,b]$ 分成 n 个小区间，各小区间 $[x_{i-1}, x_i]$ 的长度记作 Δx_i，在各分点处作 y 轴的平行线，如此一来，就把曲边梯形分成 n 个小曲边梯形。

（2）近似（代替）：设第 i 个小曲边梯形的面积 ΔA_i，则

$$\Delta A_i \approx f(\xi_i)\Delta x_i \quad (i=1,2,\cdots,n,x_{i-1}\leqslant\xi_i\leqslant x_i).$$

（3）求和：整个大曲边梯形的面积近似等于各小矩形的面积之和，即

$$A=\sum_{i=1}^n \Delta A_i \approx \sum_{i=1}^n f(\xi_i)\Delta x_i.$$

（4）取极限：记 $\lambda=\max\{\Delta x_1,\Delta x_2,\cdots,\Delta x_n\}$，曲边梯形的面积为

$$A=\lim_{\lambda\to 0}\sum_{i=1}^n f(\xi_i)\Delta x_i=\int_a^b f(x)\mathrm{d}x.$$

【小贴士】　在上述问题中，所求量（即面积 A）与区间 $[a,b]$ 有关，如果把区间 $[a,b]$ 分成许多部分区间，则所求量相应地被分成许多部分量（即 ΔA_i），所求量等于所有部分之和（即 $A=\sum_{i=1}^n \Delta A_i$），这一性质称为所求量对于区间 $[a,b]$ 具有可加性。

【思考】　在第（2）步中，为什么可以用 $f(\xi_i)\Delta x_i$ 近似的代替 ΔA_i？

解答：因为它们只相差一个比 Δx_i 高阶的无穷小，这样和式 $\sum_{i=1}^n f(\xi_i)\Delta x_i$ 的极限值即是面积 A 的精确值。

在以上 4 个步骤中，关键是第（2）步，这一步确定 ΔA_i 的近似值 $f(\xi_i)\Delta x_i$，之后就可以据此得到所求量（即面积 A）的表达式

$$A = \lim_{\lambda \to 0} \sum_{i=1}^{n} f(\xi_i) \Delta x_i = \int_a^b f(x) \mathrm{d}x.$$

实际应用中,常常省略 ΔA_i 的下标 i,用 ΔA 表示任一小区间 $[x, x+\mathrm{d}x]$ 上的窄曲边梯形的面积,这样,

$$A = \sum \Delta A.$$

如图 6-13 所示,取小区间 $[x, x+\mathrm{d}x]$ 的左端点 x 为 ξ,以 x 处的函数值 $f(x)$ 为高,以区间长度 $\mathrm{d}x$ 为底的矩形面积 $f(x)\mathrm{d}x$ 为 ΔA 的近似值(如图 6-13 的阴影部分所示),即

$$\Delta A \approx f(x)\mathrm{d}x.$$

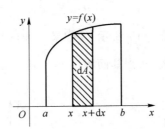

图 6-13　面积微元图示

上式右端 $f(x)\mathrm{d}x$ 称作面积微元,记为 $\mathrm{d}A = f(x)\mathrm{d}x$. 这样,

$$A \approx \sum f(x)\mathrm{d}x, A = \lim \sum f(x)\mathrm{d}x = \int_a^b f(x)\mathrm{d}x.$$

一般的,在实际应用中,如果所求量 U 符合下列条件:

(1) 量 U 是与一个变量 x 的变化区间 $[a, b]$ 有关的量;

(2) 量 U 对于区间 $[a, b]$ 具有"可加性". 也就是说,如果把区间 $[a, b]$ 分成若干个部分区间 $[x_{i-1}, x_i](i=1, 2, \cdots, n)$,那么 U 的值就等于那些对应于各部分区间的部分量 $\Delta U_i(i=1, 2, \cdots, n)$ 的总和,即

$$U = \sum_{i=1}^{n} \Delta U_i.$$

(3) 部分量 ΔU 的近似值可表示为 $\Delta U_i \approx f(\xi_i)\Delta x_i$.

那么,就可以考虑用定积分来表达这个量 U. 通常求出这个量的积分表达式的步骤是如下.

① 根据具体情况,选取一个与所求量 U 相关联的自变量 x,并确定 x 的变化区间 $[a, b]$;

② 任取 $x \in [a, b]$,设想把 $[a, b]$ 分成若干个小区间,并把其中的一个具代表性的小区间并记作 $[x, x+\mathrm{d}x]$,求出这个小区间的部分量 ΔU 相应的形如 $f(x)\mathrm{d}x$ 的近似表达式,即 $\mathrm{d}U = f(x)\mathrm{d}x$,这里的近似指的是 $\Delta U - f(x)\Delta x = o(\Delta x)$,即在作近似时所忽略的是 Δx 的高阶无穷小,$\mathrm{d}U = f(x)\mathrm{d}x$ 称为量 U 的微元;

③ 将 U 在 $[x, x+\mathrm{d}x]$ 上的微元 $\mathrm{d}U = f(x)\mathrm{d}x$ 作为被积表达式,在 x 的变化区间 $[a, b]$ 上进行积分,就得到所求量 U 的定积分表达式:

$$U = \int_a^b f(x)\mathrm{d}x.$$

这个方法通常称作微元法,本节接下来的内容将应用这个问题来讨论几何、物理等方面实际应用中的一些问题.

6.6.2 定积分在几何上的应用

1. 平面图形的面积

1) 直角坐标情形

（1）一条曲线与坐标轴所围成的面积（如图 6-14 所示）. 设 $f(x)$ 在 $[a,b]$ 上连续,当 $f(x) \geqslant 0$ 时,由定义得到曲线 $y = f(x)$ 与直线 $x = a, x = b, x$ 轴所围成的平面图形的面积 $A = \int_a^b f(x)\mathrm{d}x$. 当 $f(x) < 0$ 时,由于面积总是非负的,因此 $A = -\int_a^b f(x)\mathrm{d}x$, 两者合并即得面积为

$$A = \int_a^b |f(x)| \, \mathrm{d}x.$$

（2）两曲线围成的面积（如图 6-15 所示）. 如果平面图形是由连续曲线 $y = f(x), y = g(x)$ 及直线 $x = a, x = b$ 所围成的,则其面积 $A = \int_a^b |f(x) - g(x)| \, \mathrm{d}x$.

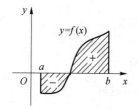

图 6-14 平面图形的面积(1)

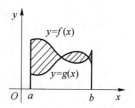

图 6-15 平面图形的面积(2)

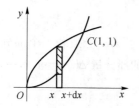

图 6-16 两条抛物线围成的面积(1)

例 1 计算由 $y^2 = x, y = x^2$ 两条抛物线所围成的图形的面积.

解 方法 1(以 x 为积分变量)：(1) 首先根据题意作图,这两条抛物线所围成的图形如图 6-16 所示.

（2）为了具体确定图形所在的范围,通过求解方程组求出这两条抛物线的交点.

解
$$\begin{cases} y^2 = x, \\ y = x^2, \end{cases}$$

得到抛物线的两个交点 $O(0,0)$ 和 $C(1,1)$.

（3）选择积分变量为 x, 通过交点得到这两条抛物线所围成的图形在 $x = 0$ 和 $x = 1$ 之间,所以积分区间为 $[0,1]$.

（4）求面积微元. 在区间 $[0,1]$ 上,任一小区间 $[x, x + \mathrm{d}x]$ 上的窄矩形面积微元的高为 $\sqrt{x} - x^2$, 宽为 $\mathrm{d}x$, 从而面积微元的大小为

$$\mathrm{d}A = (\sqrt{x} - x^2)\mathrm{d}x.$$

（5）作定积分求面积. 以 $\mathrm{d}A$ 为被积表达式,以 x 为积分变量,以区间 $[0,1]$ 为积分区间,得到面积为

$$A = \int_0^1 (\sqrt{x} - x^2)\mathrm{d}x = \left[\frac{2}{3}x^{\frac{3}{2}} - \frac{x^3}{3}\right]_0^1 = \frac{1}{3}.$$

方法 2(以 y 为积分变量)：(1)首先根据题意作图,这两条抛物线所围成的图形如图 6-17 所示.

（2）为了具体确定图形所在的范围,通过求解方程组求出这两条抛物线的交点.

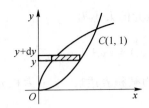

图 6-17 两条抛物线围成的面积(2)

解

$$\begin{cases} y^2 = x, \\ y = x^2, \end{cases}$$

得到抛物线的两个交点 $O(0,0)$ 和 $C(1,1)$.

(3) 选择积分变量为 y,通过交点得到这两条抛物线所围成的图形在 $y=0$ 和 $y=1$ 之间,所以积分区间为 $[0,1]$.

(4) 求面积微元. 在区间 $[0,1]$ 上,任一小区间 $[y, y+\mathrm{d}y]$ 上的窄矩形面积微元的高为 $\mathrm{d}y$,宽为 $\sqrt{y}-y^2$,从而面积微元的大小为

$$\mathrm{d}A = (\sqrt{y}-y^2)\mathrm{d}y.$$

(5) 作定积分求面积. 以 $\mathrm{d}A$ 为被积表达式,以 y 为积分变量,以区间 $[0,1]$ 为积分区间,得到面积为

$$A = \int_0^1 (\sqrt{y}-y^2)\mathrm{d}y = \left[\frac{2}{3}y^{\frac{3}{2}} - \frac{y^3}{3} \right]_0^1 = \frac{1}{3}.$$

【**总结**】 本例中,从计算过程来看,积分变量选取 x 或 y,其计算过程的繁简度基本一样,但在有些情况下,积分变量的选取对计算过程的难易有较大影响,在该种情况下,要注意积分变量选取的技巧.

例 2 计算抛物线 $y^2 = 2x$ 与直线 $y = x-4$ 所围成的图形的面积.

解 (1) 依照题意作图,如图 6-18 所示.

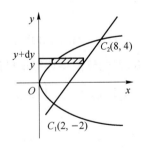

图 6-18 抛物线与直线围成的面积

(2) 为了求出图形所在的范围,先通过解方程组求出题中所给抛物线和直线的交点.

解

$$\begin{cases} y^2 = 2x, \\ y = x-4, \end{cases}$$

从而确定两图形的交点为 $C_1(2,-2)$,$C_2(8,4)$.

(3) 选择积分变量为 y,通过交点得到这两条抛物线所围成的图形在 $y=-2$ 和 $y=4$ 之间,所以积分区间为 $[-2,4]$.

(4) 求面积微元. 在区间 $[-2,4]$ 上,任一小区间 $[y, y+\mathrm{d}y]$ 上的窄矩形面积微元的高为

dy,宽为$(y+4)-\dfrac{1}{2}y^2$,从而面积微元的大小为

$$dA = (y+4-\frac{1}{2}y^2)dy.$$

（5）作定积分求面积. 以 dA 为被积表达式,以 y 为积分变量,以区间$[0,1]$为积分区间,得到面积为

$$A = \int_{-2}^{4} (y+4-\frac{1}{2}y^2)dy = \left[\frac{y^2}{2}+4y-\frac{y^3}{6}\right]_{-2}^{4} = 18.$$

【思考】 本题中,如果选取 x 作积分变量,将会增加解题的复杂度,读者可以思考一下原因.

2）参数表示的情形

若曲边梯形的曲边 $y=f(x)(f(x)\geqslant 0,x\in[a,b])$ 以参数方程的形式 $\begin{cases} x=\varphi(t), \\ y=\Psi(t) \end{cases}$ 给出时,并且 $x=\varphi(t)$ 满足:$\varphi(\alpha)=a,\varphi(\beta)=b,\varphi(t)$ 在$[\alpha,\beta]$(或$[\beta,\alpha]$)上单值且具有连续导数,$y=\Psi(t)$ 连续,则由曲边梯形的面积公式及定积分的换元公式可知,曲边梯形的面积为

$$A = \int_{a}^{b} f(x)dx = \int_{\alpha}^{\beta} \Psi(t)\Phi'(t)dt.$$

例 3 求由椭圆$\dfrac{x^2}{a^2}+\dfrac{y^2}{b^2}=1(a>0,b>0)$围成的平面图形的面积.

解 根据题意画出图形,如图 6-19 所示.

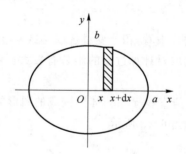

图 6-19 计算椭圆的面积

由于椭圆关于 x 轴、y 轴都对称,因此只需要计算出椭圆在第一象限中的面积 A_1,就可根据

$$A = 4A_1 = 4\int_{0}^{a} y dx \tag{6.6.1}$$

计算出椭圆的面积 A.

椭圆的参数方程为

$$\begin{cases} x=a\cos t, \\ y=b\sin t. \end{cases}$$

当 $x=0$ 时,$t=\dfrac{\pi}{2}$;当 $x=a$ 时,$t=0$,利用定积分的换元法,将

$$\begin{cases} x=a\cos t, \\ y=b\sin t \end{cases}$$

代入$(6.6.1)$式,并将$\left[\dfrac{\pi}{2},0\right]$作为积分区间,则椭圆的面积为

$$A = 4 \int_{\frac{\pi}{2}}^{0} b \sin t \, (a \cos t)' \mathrm{d}t = -4ab \int_{\frac{\pi}{2}}^{0} \sin^2 t \mathrm{d}t$$

$$= -4ab \int_{\frac{\pi}{2}}^{0} \frac{1 - \cos 2t}{2} \mathrm{d}t = \pi ab.$$

这就是椭圆的面积公式,特别地,当 $a=b$ 时,即得到圆的面积公式 πa^2.

2. 体积

1) 旋转体的体积

一个平面图形绕该平面内一条直线旋转一周而成的立体,称作旋转体,这条直线称作旋转轴. 我们常见的圆柱、圆锥、圆台、球体可以分别看成是由矩形绕着它的一条边、直角三角形绕着它的直角边、直角梯形绕着它的直角腰,或是半圆绕着它的直径旋转一周而成的立体,所以它们都是旋转体.

(1) 若旋转体是由 $[a,b]$ 上的连续曲线 $f(x)$,直线 $x=a$,$x=b$ 及 x 轴所围成的平面图形绕 x 轴旋转一周所得到,如图 6-20 所示,现在我们来计算它的体积.

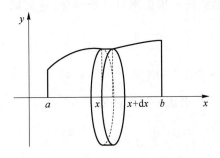

图 6-20　旋转体的体积

以横坐标 x 为积分变量,它的变化区间 $[a,b]$ 为积分区间,任取 $[a,b]$ 上一微小区间 $[x,x+\mathrm{d}x]$ 上的窄曲边梯形绕 x 轴旋转一周得到的薄片的体积,可近似看成以 $|f(x)|$ 为底半径、以 $\mathrm{d}x$ 为高的扁圆柱体的体积,体积微元为

$$\mathrm{d}V = \pi [f(x)]^2 \mathrm{d}x.$$

以 $\mathrm{d}V = \pi [f(x)]^2 \mathrm{d}x$ 为被积表达式,在区间 $[a,b]$ 上作定积分,就可得到旋转体的体积

$$V = \int_a^b \pi f^2(x) \mathrm{d}x.$$

(2) 若旋转体是由 $[c,d]$ 上的连续曲线 $x=\varphi(y)$,直线 $y=c$,$y=d$ 及 y 轴所围成的平面图形绕 y 轴旋转一周所得到的,同理可得到旋转体的体积

$$V = \int_c^d \pi \varphi^2(y) \mathrm{d}y.$$

例 4　求由曲线 $y=\mathrm{e}^{-x}$ 和直线 $x=1$,直线 $x=2$ 和 x 轴所围成的图形分别绕 x 轴、y 轴旋转而成的旋转体的体积.

解　依题意画出图形,如图 6-21 所示.

(1) 当曲线绕 x 旋转时,取 x 为积分变量,它的变化区间为 $[1,2]$,薄片在 $[1,2]$ 上任取一微小区间 $[x,x+\mathrm{d}x]$,薄片的体积近似等于底面半径为 e^{-x},高为 $\mathrm{d}x$ 的扁圆柱体的体积,所以面积微元为

$$\mathrm{d}V_x = \pi \mathrm{e}^{-2x} \mathrm{d}x,$$

以 $\mathrm{d}V = \pi \mathrm{e}^{-2x} \mathrm{d}x$ 为被积表达式,以 $[1,2]$ 为积分区间作定积分,即可得到旋转体的体积

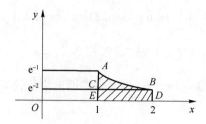

图 6-21　计算旋转体的体积

$$V_x = \int_1^2 \pi e^{-2x} dx = \left[-\frac{\pi}{2} e^{-2x} \right]_1^2 = \frac{\pi}{2} (e^{-2} - e^{-4}).$$

（2）围成的图形绕着 y 轴旋转时，取 y 为积分变量，且当 $x=1$ 时，$y=e^{-1}$，当 $x=2$ 时，$y=e^{-2}$. 将函数表达式 $y=e^{-x}$ 变换为 $x=-\ln y$. 曲线绕 y 轴旋转一周而形成的旋转体的体积由两部分组成，如图 6-21 所示，一部分是矩形 $CBDE$ 绕 y 轴旋转一周而形成的圆柱体，一部分是由曲边三角形 ABC 绕 y 轴旋转一周而形成的旋转体. 这两部分的体积均可通过定积分计算而得.

圆柱体的体积为

$$V_{y1} = \int_0^{e^{-2}} \pi \cdot 2^2 dy - \int_0^{e^{-2}} \pi \cdot 1^2 dy = 4\pi e^{-2} - \pi e^{-2} = 3\pi e^{-2}.$$

曲边三角形绕 y 轴旋转一周形成的旋转体体积为

$$\begin{aligned}
V_{y2} &= \int_{e^{-2}}^{e^{-1}} \pi \cdot (-\ln y)^2 dy - \int_{e^{-2}}^{e^{-1}} \pi \cdot 1^2 dy \\
&= \pi \left([y \ln^2 y]_{e^{-2}}^{e^{-1}} - \int_{e^{-2}}^{e^{-1}} 2y \ln y \cdot \frac{1}{y} dy \right) - \pi (e^{-1} - e^{-2}) \\
&= \pi \left[e^{-1} - 4e^{-2} - 2 \left([y \ln y]_{e^{-2}}^{e^{-1}} - \int_{e^{-2}}^{e^{-1}} y \cdot \frac{1}{y} dy \right) \right] - \pi (e^{-1} - e^{-2}) \\
&= 4\pi e^{-1} - 9\pi e^{-2}.
\end{aligned}$$

所以，$V_y = V_{y1} + V_{y2} = 3\pi e^{-2} + (4\pi e^{-1} - 9\pi e^{-2}) = 4\pi e^{-1} - 6\pi e^{-2}$.

2）平行截面面积为已知的立体体积

如果一个立体不是旋转体，但知道该立体垂直于某定轴的各个截面的面积，那么这个立体的体积也可以用定积分来计算.

设有一立体位于过直线 $x=a$ 和直线 $x=b(a<b)$ 且垂直于 x 轴的两个平面之间，且对每一个 $x \in [a, b]$，都可以得到过点 x 且垂直于 x 轴的平面截立体所得到的截面面积 $A(x)$，由微元法很容易求得此立体的体积微元 $dV = A(x)dx$，从而利用定积分求得其体积为 $V = \int_a^b A(x) dx$.

例 5　一底面半径为 R 的圆柱体，被一与底面成 α 角（$0 < \alpha < \frac{\pi}{2}$）且过底面直径的平面所截，求所截得的楔形体（如图 6-22 所示）的体积.

解　方法 1（以 x 为积分变量）：建立如图 6-22 所示的坐标系，取底面为坐标平面 Oxy，斜面与水平面的交线为 x 轴，则楔形体底面半圆周的边界方程为 $y = \sqrt{R^2 - x^2}$（$-R \leq x \leq R$）.

选 x 为积分变量，其变化范围是 $[-R, R]$. 任取 $x \in [-R, R]$，则过点 x 且垂直于 x 轴的平面截楔形体所形成的截面是一个直角三角形，x 点处的底角为 α，底角的邻边长为

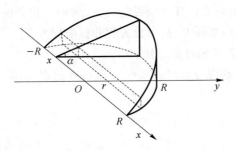

图 6-22　计算楔形体的体积

$\sqrt{R^2-x^2}$, 所以截面面积为

$$A(x)=\frac{1}{2}\sqrt{R^2-x^2}\cdot\sqrt{R^2-x^2}\cdot\tan\alpha=\frac{1}{2}(R^2-x^2)\tan\alpha,$$

于是, 楔形体的体积 $V=\int_{-R}^{R}A(x)\mathrm{d}x=\frac{1}{2}\tan\alpha\int_{-R}^{R}(R^2-x^2)\mathrm{d}x=\frac{2}{3}R^3\tan\alpha.$

方法 2(以 y 为积分变量): 坐标系的建立和方法 1 相同.

选取 y 为积分变量, 其变换范围是 $[0,R]$. 任取 $y\in[0,R]$, 则过点 y 且垂直于 y 轴的平面截楔形体所形成的截面是一矩形, 其底为 $2\sqrt{R^2-y^2}$, 高为 $y\tan\alpha$, 所以截面面积为

$$A(y)=2\sqrt{R^2-y^2}\cdot y\tan\alpha,$$

于是, 楔形体的体积 $V=\int_{0}^{R}A(y)\mathrm{d}y=2\tan\alpha\int_{0}^{R}y\sqrt{R^2-y^2}\mathrm{d}y=\left[-\frac{2}{3}\tan\alpha\cdot(R^2-y^2)^{\frac{3}{2}}\right]_{0}^{R}=$

$\frac{2}{3}R^3\tan\alpha.$

3. 平面曲线的弧长

1) 平面曲线弧长的概念

从极限的学习中我们知道, 圆的周长可以通过圆的内接正多边形的周长在边数无限增多时的极限来确定, 这里用类似的方法建立平面曲线弧长的概念, 然后利用定积分的方法计算曲线弧长.

如图 6-23 所示, 设 A,B 是曲线弧的两个端点, 在弧 $\overset{\frown}{AB}$ 上任意插入 $n-1$ 个分点, $A=M_0$, $M_1,M_2,\cdots,M_{i-1},M_i,\cdots,M_{n-1},M_n=B$, 依次连接相邻分点得到 n 条内接折线, 当分点数目无限增加且每个小段 $\overline{M_{i-1}M_i}$ 都趋于一点时, 如果折线长度和的极限 $\lim\sum\limits_{i=1}^{n}|M_{i-1}M_i|$ 存在, 则称这个极限为曲线弧 $\overset{\frown}{AB}$ 的弧长, 并称曲线弧 $\overset{\frown}{AB}$ 是可求长的.

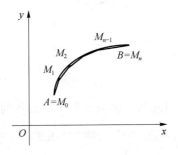

图 6-23　平面曲线弧长的计算

下面讨论如何应用定积分来计算曲线弧的弧长,利用定积分的微元法并依据曲线弧的方程分 3 种情况来讨论,即直角坐标方程、参数方程和极坐标方程.

2）不同坐标系下曲线弧长的计算方法

（1）直角坐标系. 设曲线弧 $y=f(x)(a \leqslant x \leqslant b)$, $f(x)$ 在 $[a,b]$ 上有一阶连续导数,则弧长微元

$$ds=\sqrt{(dx)^2+(dy)^2}=\sqrt{1+y'^2}dx,$$

以 $\sqrt{1+y'^2}dx$ 为被积表达式,在闭区间 $[a,b]$ 上作定积分,便可求得曲线弧长

$$s=\int_a^b \sqrt{1+y'^2}dx=\int_a^b \sqrt{1+f'^2(x)}dx.$$

（2）参数方程. 设曲线弧由参数方程

$$\begin{cases} x=\varphi(t), \\ y=\Psi(t) \end{cases} (\alpha \leqslant t \leqslant \beta)$$

的形式给出,且 $\varphi(t)$, $\Psi(t)$ 在 $[\alpha,\beta]$ 上具有连续导数,则弧长微元

$$ds=\sqrt{(dx)^2+(dy)^2}=\sqrt{\varphi'^2(t)+\Psi'^2(t)}dt.$$

以 $\sqrt{\varphi'^2(t)+\psi'^2(t)}dt$ 为被积表达式,在闭区间 $[\alpha,\beta]$ 上作定积分,便可求得曲线弧长

$$s=\int_\alpha^\beta \sqrt{\varphi'^2(t)+\Psi'^2(t)}dt.$$

需要注意的是,这里的积分上限应大于积分下限.

例 6 求曲线 $y=\dfrac{2}{3}x^{\frac{3}{2}}$ 上 $x \in [0,3]$ 一段的弧长.

解 $y'=\left(\dfrac{2}{3}x^{\frac{3}{2}}\right)'=\sqrt{x}$, $ds=[1+(y')^2]dx=\sqrt{1+x}dx$

所求弧长为 $s=\int_0^3 \sqrt{1+x}dx=\int_0^3 (1+x)^{\frac{1}{2}}d(1+x)=\dfrac{2}{3}(1+x)^{\frac{3}{2}}\Big|_0^3=\dfrac{14}{3}.$

例 7 两根电线杆之间的电线,由于其本身的重量,下垂成曲线形,这样的曲线称作悬链线. 适当选取坐标系后,悬链线的方程为 $y=c \cdot \text{ch} \dfrac{x}{c}$ ($\text{ch } x=\dfrac{e^x+e^{-x}}{2}$),其中 c 为常数,计算悬链线上介于 $x=-b$ 和 $x=b$ 之间的一段弧长（如图 6-24 所示）.

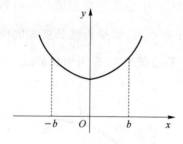

图 6-24　悬链线

解 该曲线关于 y 轴对称,因此曲线的弧长等于 x 在区间 $[0,b]$ 上弧长 s_1 的两倍. 将

$$y'=(c \cdot \text{ch} \dfrac{x}{c})'=\text{sh} \dfrac{x}{c} \quad (\text{sh } x=\dfrac{e^x-e^{-x}}{2})$$

代入弧长微元 $ds=\sqrt{1+y'^2}dx$ 中,得

$$\mathrm{d}s=\sqrt{1+\mathrm{sh}^2\frac{x}{c}}\,\mathrm{d}x=\mathrm{ch}\frac{x}{c}\,\mathrm{d}x.$$

于是,所求弧长 $s=2\int_0^b\mathrm{ch}\frac{x}{c}\,\mathrm{d}x=2c\left[\mathrm{sh}\frac{x}{c}\right]_a^b=2c\,\mathrm{sh}\frac{b}{c}.$

例 8　计算摆线

$$\begin{cases}x=a(t-\sin t),\\y=a(1-\cos t)\end{cases}(0\leqslant t\leqslant 2\pi,a>0)$$

的长度.

解　分别对 x,y 求导,

$$x'(t)=a(t-\cos t),y'(t)=a\sin t,$$

从而,面积微元

$$\mathrm{d}s=\sqrt{x'^2(t)+y'^2(t)}\,\mathrm{d}t=\sqrt{a^2(1-\cos t)^2+a^2\sin^2 t}\,\mathrm{d}t$$
$$=a\sqrt{2(1-\cos t)}\,\mathrm{d}t=2a\sin\frac{t}{2}\,\mathrm{d}t$$

于是,所求弧长

$$s=\int_0^{2\pi}2a\sin\frac{t}{2}\,\mathrm{d}t=2a\left[-2\cos\frac{t}{2}\right]_0^{2\pi}=8a.$$

6.6.3　定积分在物理上的应用

定积分在物理上有着很广泛的应用,下面通过几个方面的例子来说明.

1. 功

由中学物理知识可知,一个做直线运动的物体,在运动过程受到与运动位移方向一致的常力 F 的作用,从 a 移动到 b,力 F 对物体所做的功 W 为

$$W=F(b-a).$$

如果力 F 是变力,即 F 随物体的位置变化而变化,那么,物体从 $x=a$ 处沿直线移动到 $x=b$ 处,力 $F(x)$ 所做的功又该如何计算呢? 设 $F(x)$ 是连续函数,在 $[a,b]$ 上任取一微小区间 $[x,x+\mathrm{d}x]$,则该小区间上力 $F(x)$ 的变化很小,可近似看成常量,则功微元为

$$\mathrm{d}W=F(x)\mathrm{d}x,$$

于是,将此式作为被积表达式,在 $[a,b]$ 上作定积分,即可得到变力 $F(x)$ 在 $[a,b]$ 上所做的功为

$$W=\int_a^b F(x)\mathrm{d}x.$$

例 9　设 40 N 的力使弹簧从自然长度 10 cm 拉长到 15 cm,问需要做多大功才能克服弹性恢复力将已经拉长到 15 cm 的弹簧再拉长 3 cm?

解　根据胡克定律,当弹簧受拉力而被拉长,弹簧的恢复力 F 与伸长长度 x 成正比,设 k 为弹性系数,则

$$F(x)=kx,$$

当弹簧从自然长度 10 cm 拉长到 15 cm,弹簧被拉长了 0.05 m,代入胡克定律,有

$$F(0.05)=0.05k=40\Rightarrow k=800,$$

于是,该弹簧的弹性恢复力的表达式为 $F(x)=800x$,所以将弹簧从 15 cm 处拉长到 $15+3=18$ cm 处时,克服弹性恢复力所做的功为

$$W = \int_{0.05}^{0.08} 800x\mathrm{d}x = \left[400x^2\right]_{0.05}^{0.08} = 400(0.006\,4 - 0.002\,5) = 1.56\,\mathrm{J}.$$

例 10　将由半径为 R 的半球面做成的容器盛满水,现将里面的水抽净,需要做多少功(设水的密度为 ρ)？

解　根据题意,建立如图 6-25 所示的坐标系,坐标原点选在球心位置,水平面方向为 y 轴,水深方向为 x 轴.

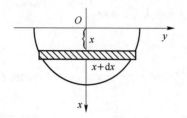

图 6-25　计算半球面容器中功的微元

取 x 为积分变量,则 x 的变化范围是 $[0,R]$,在该区间上任取一微小区间 $[x,x+\mathrm{d}x]$,功微元是抽取这一薄层水克服重力所做的功. 薄层水的体积为底面半径为 y,高为 $\mathrm{d}x$ 的薄圆柱形水柱的体积,外力要克服这部分水的重力所施加的力的大小为

$$F(x) = \pi y^2 g\rho\mathrm{d}x.$$

于是这部分功微元的值为

$$\mathrm{d}W = F(x) \cdot x = \pi g\rho y^2 x\mathrm{d}x,$$

式中 $y = \sqrt{R^2 - x^2}$,所以

$$\mathrm{d}W = \pi g\rho(R^2 - x^2)x\mathrm{d}x,$$

将容器中的水抽净需克服重力做的功为

$$W = \int_0^R \pi g\rho(R^2 - x^2)x\mathrm{d}x = \pi g\rho\frac{R^2}{4}\,\mathrm{J}.$$

2. 液体的静压力

由物理学知识可知,液体深为 h 处的压强为

$$p = \rho gh,$$

其中 ρ 为液体的密度,g 为重力加速度. 如果有一面积为 A 的平板水平地放置在水深 h 处,那么,平板一侧所受的水压力为

$$P = pA = \rho ghA.$$

如果平板铅直放置在水中,由于水深不同处的压强不相等,平板一侧所受的水压力就不能用上述方法来计算,但可以采用定积分来计算.

如图 6-26 所示,设一曲边梯形薄板铅直置于水中,其上、下缘($\overline{AD}$ 和 $\overline{BC}$)都平行于水面,且距离水面的距离分别是 a 和 b. 在液面上取一点作为坐标原点 O,选取水平向右的方向为 y 轴,竖直向下的方向为 x 轴并建立坐标系,使得曲边梯形的一直边位于 x 轴上,在该坐标系下,梯形的曲边方程为 $y = f(x)$.

在 $[a,b]$ 上任取一微小区间 $[x,x+\mathrm{d}x]$,对应的面积微元 $\mathrm{d}A = f(x)\mathrm{d}x$,由于在该微小区间内,薄板各处的压强可近似看成是相等的,因此静压力微元为

$$\mathrm{d}P = \rho gx\mathrm{d}A = \rho gxf(x)\mathrm{d}x.$$

以 $\rho gxf(x)\mathrm{d}x$ 作为被积表达式,在 $[a,b]$ 上作定积分即可得薄板一侧所受到的静压力

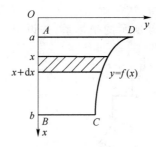

图 6-26　薄板的静压力

$$P = \int_a^b \rho g x f(x) \mathrm{d}x.$$

例 11　一三角形闸门竖直放在水中,上底长为 a,高为 h,上底与水面平齐,求闸门所受到的水压力(水密度为 ρ,重力加速度为 g).

解　根据题意,建立如图 6-27 所示的坐标系,取 x 轴正向垂直向下,y 轴正向水平向右.

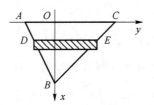

图 6-27　闸门所受到的水压力

在区间 $[0,h]$ 上任一微小子区间 $[x,x+\mathrm{d}x]$ 所对应的面积微元 $\mathrm{d}A = |DE|\mathrm{d}x$. 由于 ΔABC 与 ΔDBE 相似,从而 $\dfrac{|DE|}{|AC|} = \dfrac{h-x}{h}$,而 $|AC| = a$,所以 $|DE| = \dfrac{a}{h}(h-x)$,于是

$$\mathrm{d}A = |DE| \cdot \mathrm{d}x = \frac{a}{h}(h-x)\mathrm{d}x.$$

从而压力微元为

$$\mathrm{d}P = \rho g x \mathrm{d}A = \rho g x \frac{a}{h}(h-x)\mathrm{d}x.$$

以 $\rho g x \dfrac{a}{h}(h-x)\mathrm{d}x$ 为被积表达式,在 $[0,h]$ 上积分,得到整个三角形闸门所受的水压力为

$$P = \int_0^h \frac{a}{h}\rho g(h-x)x\mathrm{d}x = \frac{\rho g a h^2}{6}.$$

3. 引力

由物理学知识可知,质量分别为 m_1,m_2,相距为 r 的两质点间的引力大小为

$$F = G\frac{m_1 m_2}{r^2},$$

其中,G 为引力系数,引力的方向沿着两质点的连线方向.

如果要计算一根细棒对一个质点的引力,由于细棒的长度不能忽略,细棒上各点与该质点的距离是变化的,且各点对该质点的引力方向也是变化的,因此,就不能应用上述公式来计算,下面我们通过一个例子来说明计算方法.

例 12　有一长为 l,质量为 m 的均匀直棒,在它的一端垂直线上离该端点 a 处有质量为

M 的质点,求棒对质点的引力.

解 根据题意,建立如图 6-28 所示的坐标系,并设引力为 F,水平分力为 F_x,铅直分力为 F_y.

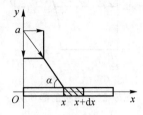

图 6-28 均匀棒对质点的引力

取 x 为积分变量,设 $[x,x+\mathrm{d}x]$ 为 $[0,l]$ 上任一微小区间,这一小段直棒可近似看成质点,其质量为 $\dfrac{m}{l}\mathrm{d}x$,与 M 相距 $r=\sqrt{a^2+x^2}$. 依照两质点间的引力计算公式可求出这段直棒对质点 M 的引力为

$$\mathrm{d}F=G\frac{M}{a^2+x^2}\cdot\frac{m}{l}\mathrm{d}x=G\frac{Mm}{l(a^2+x^2)}\mathrm{d}x.$$

因为引力是矢量,它在 x 方向与 y 方向的引力微元的大小分别是

$$\mathrm{d}F_x=G\frac{Mm}{l(a^2+x^2)}\cos\alpha\,\mathrm{d}x=G\frac{Mm}{l(a^2+x^2)}\cdot\frac{x}{\sqrt{a^2+x^2}}\mathrm{d}x=G\frac{Mmx}{l\,(a^2+x^2)^{\frac{3}{2}}}\mathrm{d}x,$$

$$\mathrm{d}F_y=G\frac{Mm}{l(a^2+x^2)}\sin\alpha\,\mathrm{d}x=G\frac{Mm}{l(a^2+x^2)}\cdot\frac{a}{\sqrt{a^2+x^2}}\mathrm{d}x=G\frac{Mma}{l\,(a^2+x^2)^{\frac{3}{2}}}\mathrm{d}x.$$

所以,水平方向(x 轴正向)和铅直方向(y 轴负向)的引力大小分别是

$$F_x=\int_0^l G\frac{Mmx}{l\,(a^2+x^2)^{\frac{3}{2}}}\mathrm{d}x=\frac{GMm}{al\,\sqrt{a^2+l^2}}(\sqrt{a^2+l^2}-a),$$

$$F_y=\int_0^l G\frac{Mma}{l\,(a^2+x^2)^{\frac{3}{2}}}\mathrm{d}x=\frac{GMm}{a\,\sqrt{a^2+l^2}}.$$

习题 6.6

1. 求抛物线 $x^2-4x-y=0$ 与直线 $x+y=0$ 所围成的图形的面积.

2. 求图 6-29 中所示的各画线部分的面积.

3. 求由曲线 $y=x^2,4y=x^2$ 及 $y=4$ 所围成的图形的面积.

4. 求抛物线 $y=-x^2+4x-3$ 及其在点 $(0,-3)$ 和 $(3,0)$ 处的切线所围成的图形的面积.

5. 计算由抛物线 $y=x^2-1$ 和两直线 $x=a,x=b(b>a>1)$ 及横轴所围成的图形的面积.

6. 一个正圆台,上底半径为 1,下底半径为 2,高为 3,用定积分求此正圆台的体积.

7. 连接坐标原点 O 及点 $P(h,r)$ 的直线、直线 $x=h$ 及 x 轴围成一个直角三角形.将它绕 x 轴旋转一周构成一个底半径为 r,高为 h 的圆锥体.计算这圆锥体的体积.

8. 由 $x-y^2=0,x=0$ 及 $y=1$ 所围成的图形绕分别绕 x 轴、y 轴旋转一周,求旋转体的体积.

9. 如图 6-30 所示,求以半径为 R 的圆为底,以平行且等于该圆直径的线段为顶,高为 h 的正劈锥的体积.

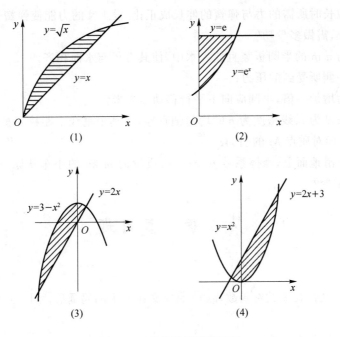

图 6-29　求曲线所围的面积

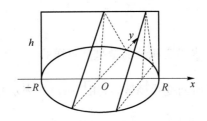

图 6-30　正劈锥

10. 计算底面是半径为 R 的圆,而垂直于底面上一条固定直径的所有截面都是等边三角形的立体的体积(如图 6-31 所示).

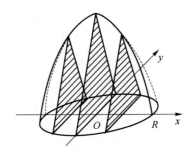

图 6-31　题中立体示意图

11. 计算曲线 $y = \dfrac{1}{4}x^2 - \dfrac{1}{2}\ln x + 4$ 上相应于 x 从 1 到 2 的一段弧的长度.

12. 求参数方程 $\begin{cases} x = a(t\sin t + \cos t), \\ y = a(\sin t - t\cos t) \end{cases}$ 在 $0 \leqslant t \leqslant 2\pi$ 时的弧长.

13. 一圆柱形的贮水桶高为 5 m,底圆半径为 3 m,桶内盛满了水.试问要把桶内的水全部吸出需做多少功?

14. 把弹簧拉长时所需的力与弹簧的伸长成正比. 设 $1\,\mathrm{N}$ 的力能使弹簧伸长 $0.01\,\mathrm{m}$,现要使弹簧伸长 $0.1\,\mathrm{m}$,需做多少功?

15. 将半径为 $a\,\mathrm{m}$ 的半圆板竖直放入水中,使其直径与水面相齐.

(1) 求该板一侧所受到的压力;

(2) 欲使压力增加一倍,半圆应向下平行移动多少米?

16. 设有一长度为 l、线密度为 ρ 的均匀细直棒,在其中垂线上距棒 a 处有一质量为 m 的质点 M.试计算该棒对质点 M 的引力.

17. 在某不平滑地面上,摩擦系数 $\mu(x)=x$,质量为 $m\,\mathrm{kg}$ 的小车从原点运动到 $6\,\mathrm{m}$ 处需克服摩擦力做功多少?

第 6 章　复习题

1. 判断题.

(1) $f(x)$ 是定义在 R 上的奇函数,$g(x)$ 是定义在 R 上的偶函数,则 $\int_{-a}^{a} f(x)\cdot g(x)\mathrm{d}x = 0$.

(2) $\int_{0}^{\frac{\pi}{4}} 5^{\sin x}\mathrm{d}x < \int_{0}^{\frac{\pi}{4}} 5^{\cos x}\mathrm{d}x$.

(3) $\dfrac{\mathrm{d}}{\mathrm{d}x} \int_{a}^{t} \mathrm{d}t = 1$.

(4) $\int_{a}^{x} f(x)\mathrm{d}x$ 与对 $f(x)$ 求不定积分的结果是一样的.

(5) $v(t)$ 为某物体速度随时间变化函数,可用 $\int_{0}^{T} v(t)\mathrm{d}t$ 表示其 T 秒内运动的路程.

(6) 若 $\int_{a}^{+\infty} f(x)\mathrm{d}x$ 收敛,那么 $\int_{a+1}^{+\infty} f(x)\mathrm{d}x$ 也收敛.

2. 选择题.

(1) 将和式的极限 $\lim\limits_{n\to\infty}\dfrac{1^p+2^p+3^p+\cdots+n^p}{n^{P+1}}\ (p>0)$ 表示成定积分(　　).

A. $\int_{0}^{1} \dfrac{1}{x}\mathrm{d}x$　　　　B. $\int_{0}^{1} x^p\mathrm{d}x$　　　　C. $\int_{0}^{1} \left(\dfrac{1}{x}\right)^p\mathrm{d}x$　　　　D. $\int_{0}^{1} \left(\dfrac{x}{n}\right)^p\mathrm{d}x$

(2) 已知自由落体运动的速率 $v=gt$,则物体从 $t=0$ 到 $t=t_0$ 所经过的路程为(　　).

A. $\dfrac{gt_0^{\ 2}}{3}$　　　　B. $gt_0^{\ 2}$　　　　C. $\dfrac{gt_0^{\ 2}}{2}$　　　　D. $\dfrac{gt_0^{\ 2}}{6}$

(3) $\int_{0}^{3} |x^2-4|\mathrm{d}x$ 等于(　　).

A. $\dfrac{21}{3}$　　　　B. $\dfrac{22}{3}$　　　　C. $\dfrac{23}{3}$　　　　D. $\dfrac{25}{3}$

(4) 曲线 $y=\cos x,x\in\left[0,\dfrac{3}{2}\pi\right]$ 与坐标轴所围成的图形的面积为(　　).

A. 4　　　　B. 2　　　　C. $\dfrac{5}{2}$　　　　D. 3

(5) $\int_{0}^{1} (\mathrm{e}^x+\mathrm{e}^{-x})\mathrm{d}x = ($　　$).$

A. $e+\dfrac{1}{e}$ B. $2e$ C. $\dfrac{2}{e}$ D. $e-\dfrac{1}{e}$

(6) 在求由 $y=e^x,x=2,y=1$ 所围成的曲边梯形的面积时,若选择 x 为积分变量,则积分区间为( ).

A. $[0,e^2]$ B. $[0,2]$ C. $[1,2]$ D. $[0,1]$

(7) 由曲线 $y=x^2-1$ 和 x 轴所围成的图形的面积等于 S. 给出下列结果:

① $\displaystyle\int_{-1}^{1}(x^2-1)\mathrm{d}x$;② $\displaystyle\int_{-1}^{1}(1-x^2)\mathrm{d}x$;③ $2\displaystyle\int_{0}^{1}(x^2-1)\mathrm{d}x$;④ $2\displaystyle\int_{-1}^{0}(1-x^2)\mathrm{d}x$,

则 S 等于( ).

A. ①③   B. ③④   C. ②③   D. ②④

(8) 若 $m=\displaystyle\int_{0}^{1}e^x\mathrm{d}x,n=\displaystyle\int_{1}^{e}\dfrac{1}{x}\mathrm{d}x$,则 m 与 n 的大小关系是( ).

A. $m>n$ B. $m<n$ C. $m=n$ D. 无法确定

3. 填空题.

(1) $\dfrac{\mathrm{d}}{\mathrm{d}x}\displaystyle\int_{a}^{b}\cos x^2\mathrm{d}x=$ _____,$\dfrac{\mathrm{d}}{\mathrm{d}t}\displaystyle\int_{t}^{b}\cos x^2\mathrm{d}x=$ _____,$\dfrac{\mathrm{d}}{\mathrm{d}t}\displaystyle\int_{a}^{t}\cos x^2\mathrm{d}x=$ _____.

(2) 设 $F(x)=\displaystyle\int_{1}^{x}t^3\mathrm{d}t$,则 $F(1)=$ _____;$F(-1)=$ _____.

(3) $\displaystyle\lim_{x\to\infty}\dfrac{2\displaystyle\int_{0}^{x}xe^{t^2}\mathrm{d}t}{e^{x^2}}=$ _____.

(4) $\dfrac{\mathrm{d}}{\mathrm{d}x}\displaystyle\int_{0}^{x^2}e^{-t}\mathrm{d}t=$ _____.

(5) $\dfrac{\mathrm{d}}{\mathrm{d}x}\displaystyle\int_{a}^{b}\arctan x\mathrm{d}x=$ _____.

(6) $\displaystyle\int_{1}^{9}\dfrac{x\sqrt[3]{1-x}}{6}\mathrm{d}x=$ _____.

(7) 若 $f(x)=\dfrac{1}{1+x^2}+x^3\displaystyle\int_{0}^{1}f(x)\mathrm{d}x$,则 $\displaystyle\int_{0}^{1}f(x)\mathrm{d}x=$ _____.

(8) $\displaystyle\int_{1}^{2}x(2-x^2)^7\mathrm{d}x$ _____.

(9) $f(x)=\dfrac{e^x}{1+e^x}$ 在 $[0,1]$ 上的平均值是_____.

(10) 设 $f(x)$ 连续,且对 $a\neq0$ 有 $3\displaystyle\int_{0}^{1}f(ax)\mathrm{d}x=2\displaystyle\int_{0}^{a}f(x)\mathrm{d}x$,则 $a=$ _____.

(11) $\displaystyle\int_{-a}^{a}(x-a)\sqrt{a^2-x^2}\mathrm{d}x=$ _____.

(12) 设 $\displaystyle\int_{0}^{x}f(t-x)\mathrm{d}t=\sin(x^3+1)$,则 $f(x)=$ _____.

(13) 位于第一象限内,在 $y=6-2x^2$ 上方且在点 $(1,4)$ 处切线下方的面积为_____.

(14) 设 $\displaystyle\int_{0}^{1}\dfrac{e^t}{t+1}\mathrm{d}t=a$,则 $\displaystyle\int_{0}^{1}\dfrac{e^t}{(1+t)^2}\mathrm{d}t=$ _____.

(15) 广义积分 $\displaystyle\int_{-1}^{1}\dfrac{1}{\sqrt{1-x^2}}\mathrm{d}x=$ _____.

(16) 已知广义积分 $\int_0^{+\infty} \pi x^{1+2p} \mathrm{d}x$ 收敛,则 p 满足的条件是_____.

4. 计算题.

(1) $\lim\limits_{x\to 0} \dfrac{\int_0^{x^2} \arctan t \mathrm{d}t}{\ln(1+x^4)}$;

(2) $\int_0^1 (\dfrac{x+\arctan x}{1+x^2} + \dfrac{\sin x - \cos x}{\sin x + \cos x}) \mathrm{d}x$;

(3) $\int_{\frac{1}{e}}^e |x\ln x| \mathrm{d}x$;

(4) $\int_0^{\frac{\pi}{2}} \dfrac{\cos x}{1+\sin x} \mathrm{d}x$;

(5) $\int_1^e (x-1)\ln x \mathrm{d}x$;

(6) $\int_0^1 x^2 \mathrm{e}^{-x} \mathrm{d}x$.

(7) 设 $\int_0^x tf(t)\mathrm{d}t = \sqrt{x^2+9} - 3$,求 $\int_0^3 x^3 f(x^2)\mathrm{d}x$.

(8) 已知 $f(x) = \begin{cases} x\mathrm{e}^{-x}, & x \leqslant 0, \\ \sqrt{2x-x^2}, & x \in (0,1], \end{cases}$ 求 $\int_{-1}^3 f(x-2)\mathrm{d}x$.

(9) 求 $y = \int_1^x (1-t)\arctan(1+t^2)\mathrm{d}t$ 的极值.

(10) 设 $f(x) = \begin{cases} -\dfrac{1}{x}, & x < -1, \\ x^2, & -1 \leqslant x \leqslant 1, \\ \dfrac{1}{x}, & x > 1, \end{cases}$ 求 $F(x) = \int_0^x f(x)\mathrm{d}x$.

(11) 求由 $\int_0^y \mathrm{e}^t \mathrm{d}t + \int_0^x \cos t \mathrm{d}t = 0$ 所决定的隐函数 y 对 x 的导数 $\dfrac{\mathrm{d}y}{\mathrm{d}x}$.

(12) $\int_2^{+\infty} \dfrac{\mathrm{d}x}{(x+7)\sqrt{x-2}}$.

(13) 讨论广义积分 $\int_a^b \dfrac{1}{(x-a)^q}\mathrm{d}x$ 的收敛性.

5. 应用题.

(1) 设平面区域 D 由 $y=\sin x\ (0\leqslant x\leqslant\pi)$ 与 x 轴围成,求

① 区域 D 的面积;

② 区域 D 分别绕 x 轴和 y 轴旋转所成旋转体的体积.

(2) 设由 $y=1-x^2(0\leqslant x\leqslant 1)$ 与两坐标轴所围成的平面区域 D 被曲线 $y=ax^2(a>0)$ 分成面积相等的两部分,试求出 a 的值.

(3) 曲线 $f(x)=2\sqrt{x}$ 与 $g(x)=ax^2+bx+c(a>0)$ 相切于点 $(1,2)$,它们与 y 轴所围成的面积为 $\dfrac{5}{6}$,求 a,b,c 的值.

(4) 求曲线 $y=\mathrm{e}^{-x}$ 及直线 $y=0$ 之间位于第一象限内的平面图形的面积及此平面图形绕 x 轴旋转而成的旋转体的体积.

(5) 计算曲线 $y = \int_0^x \sqrt{2t}\mathrm{d}t$ 在 $[0,1]$ 上的弧长.

(6) 如图 6-32 所示,在区间 $[0,1]$ 上给定曲线 $y=x^2$,试在此区间内确定点 t 的值,使图中的阴影部分的面积 S_1 与 S_2 之和最小.

(7) 求由 $y=x^3, x=1$ 及 x 轴所围成的图形分别绕 x 轴、y 轴旋转一周而成的旋转体的

体积.

(8) 求由 $y=x^2$，$y^2=8x$ 所围成的图形绕 y 轴旋转而成的旋转体体积.

(9) 求 $y=\ln x$ 对应于 $\sqrt{3}\leqslant x\leqslant\sqrt{8}$ 的一段弧长.

(10) 由直线 $x=0$，$x=2$，$y=0$ 和抛物线 $x=\sqrt{1-y}$ 所围成的平面图形为 D，求 D 绕 x 轴旋转所得的旋转体的体积.

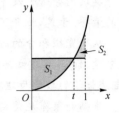

图 6-32 复习题 5(6)图示

(11) 升降机匀速将一质量为 M kg 的沙袋地面抬起. 由于密封不严，每上升 1 m，沙袋减少 1 kg，试求将该沙袋抬到 X m 处需做功多少？

(12) 一底为 8 cm，高为 6 cm 的等腰三角形片，垂直地沉没在水中，顶在上，底在下且与水面平行，而顶离水面 3 cm，求它每面所受的压力.

(13) 设有一半径为 R，中心角为 φ 的圆弧形细棒，其线密度为 ρ，在圆心处有一质量为 m 的质点 M，求细棒对质点 M 的引力.

6. 证明题.

(1) 设 $f(x)$ 为 $(-\infty,+\infty)$ 内连续的偶函数，试证 $F(x)=\displaystyle\int_0^x(x-2t)f(t)\mathrm{d}t$ 也是偶函数.

(2) 设 $f(x)$ 在 $[0,1]$ 上连续，且 $f(x)<1$，证明 $F(x)=2x-1-\displaystyle\int_0^x f(t)\mathrm{d}t$ 在 $(0,1)$ 内只有一个零点.

(3) 设 $f(x)$ 在 $[0,1]$ 上连续且单调减少，证明当 $0<\lambda<1$ 时，有 $\displaystyle\int_0^\lambda f(x)\mathrm{d}x\geqslant\lambda\int_0^1 f(x)\mathrm{d}x$.

(4) 设 $f(x)$ 在 $[a,b]$ 上连续，且严格单增，证明：$(a+b)\displaystyle\int_a^b f(x)\mathrm{d}x<2\int_a^b xf(x)\mathrm{d}x$.

(5) 已知 $f(x)$ 在 $[a,b]$ 上连续且单增，$F(x)=\begin{cases}\dfrac{1}{2(x-a)}\displaystyle\int_a^x f(t)\mathrm{d}t, & a<x\leqslant b,\\[3mm]\dfrac{f(a)}{2}, & x=a,\end{cases}$ 求证：

$F(x)$ 在 $[a,b]$ 上连续且单调递增.

 **课外阅读**

微积分的发明权之争

牛顿与莱布尼茨，究竟是谁先发明了微积分？这是科学史上最著名、最激烈、最长久的一场发明权之争.

莱布尼茨于 1684 年发表了第一篇微分学论文，定义了微分概念，采用了微分符号 $\mathrm{d}x$，$\mathrm{d}y$；1686 年发表了积分学论文，讨论了微分与积分，即切线问题与求积问题的互逆关系，使用了积分符号 $\int$.

欧洲大陆的学者阅读了莱布尼茨公开发表的论文，用他的方法顺利地解决了许多过去解决不了的难题. 人们都对莱布尼茨刮目相看，理所当然地将他视为微积分的发明人.

微积分的发明权之争

英国的学者们及牛顿本人得知这一情况以后,决心捍卫牛顿的优先发明权,以夺回英国学者的荣誉.于是,拉开了旷日持久的微积分发明权之争.

从研究微积分的时间看,牛顿比莱布尼茨约早 9 年,始于 1664 年,1665 年发明流数术,即微分学,1666 年建立反流数术,即积分学.然而牛顿关于微分学的公布,出现在 1687 年出版的《自然哲学的数学原理》中,晚于莱布尼茨 3 年,其《曲线图形求积法》迟至 1704 年才发表.

牛顿和莱布尼茨本来是相互尊重、相互赞誉的.牛顿曾确信莱布尼茨也发现了与他相同的微积分方法,他在《自然哲学的数学原理》第 1 版和第 2 版中都有这样一段叙述:"10 年前,在我与最杰出的几何学家 G·W·莱布尼茨的往来信件中,当我要告诉他我已掌握了一种求极大值和极小值,以及作切线等的方法时,我将这句话的字母顺序做了调整以保密,这位最不同寻常的人竟回信说他也发明了一种同样的方法,并陈述了他的方法,与我的方法几乎没有什么区别,只是用词和符号不同而已."然而在第 3 版中这段话被删去了.而即使在发明权的论战开始之后,莱布尼茨对牛顿的才能和成就也有极高的评价.1701 年,在柏林宫廷的一次宴会上,普鲁士王询问莱布尼茨对牛顿的看法,莱布尼茨回答说:"纵观有史以来的全部数学,牛顿做了一多半的工作."

1695 年英国学者宣称:微积分的发明权属于牛顿.1699 年又说:牛顿是微积分的"第一发明人",莱布尼茨是"第二发明人",莱布尼茨从牛顿那里有所借鉴,甚至可能剽窃.莱布尼茨之所以受怀疑,是因为他曾于 1673 年 1 月和 1676 年 10 月两度访问英国皇家学会,与英国的数学家们有所接触和交流,并与牛顿有过两次通信联系.

欧洲大陆的数学家们则竭力为莱布尼茨辩护,而对牛顿和英国数学家们群起而攻之.争论日趋激烈,渐渐越出学术争论的氛围,成为带有民族主义色彩的派别之争.

1712 年,英国皇家学会专门成立了一个调查此案的委员会(当时牛顿身为会长),1713 年初发布公告:确认牛顿是微积分的"第一发明人".

莱布尼茨非常气愤,向英国皇家学会提出申诉,并于 1714 年撰写了"微积分的历史和起源"一文,叙述他研究微积分的详细经过,分析他与英国学者们的来往情况.经数学史家们研究,认为这是一份可信度很高的历史文献,于 19 世纪公开发表.

莱布尼茨和牛顿分别于 1716 和 1727 年逝世以后,争论仍然在双方的后继者和崇拜者们中间延续着.经过长时间的历史调查,特别是对莱布尼茨的研究手稿、莱布尼茨与牛顿的两次来往书信,以及莱布尼茨与其他英国学者的通信手稿和交谈记录的分析,终于消除了所谓莱布尼茨可能剽窃的疑点,根据历史事实平息了这场时间长度跨越了两个多世纪的争论,得出了公正的结论:牛顿和莱布尼茨相互独立地创建了微积分,用于表述微分和积分是互逆运算关系的"微积分基本定理",也称为"牛顿-莱布尼茨公式".

受英国皇家学会所发布的不公正的结论的影响,莱布尼茨在他生前直至他去世以后的一些年都受到了不应有的冷遇.然而莱布尼茨所开创的微积分的思想、方法及其优越的符号,却由欧洲大陆的数学家们继承了下来,他们使微积分在应用和理论两方面都不断获得新的发展,逐步建立起微积分的基础理论——极限论,并一步步使之严密化,还开辟出许多新的数学分支.

而在英国,牛顿之后很少出现卓越的数学家及卓越的数学成就.由于对牛顿的盲目崇拜,学者们长期固守于牛顿的流数术,甚至爱屋及乌,只袭用牛顿的流数符号,不屑采用莱布尼茨那些明显优越的符号.他们故步自封,无视欧洲大陆突飞猛进的数学成就,以致英国的数学脱离了数学发展的时代潮流.直到 19 世纪初,英国的数学教程内容都没有超出牛顿时代的数学.

面对这种落后的局面,英国剑桥大学以 C·巴贝奇(1792—1871 年)为首的一群大学生们,为把欧洲大陆的先进数学介绍到英国而大声疾呼:结束"点时代(dot-age)",接受"d 主义(d-ism)!"(点是牛顿的符号,意即牛顿的流数术,d 是莱布尼茨的符号,意指欧洲大陆的先进数学.)1816 年,他们翻译了法国数学家拉库阿(1765—1843 年)所写的《微积分》教科书,使英国学者大开眼界,逐步采用莱布尼茨的符号体系.经过这一段曲折的经历,英伦三岛的学者们终于心悦诚服地承认莱布尼茨在微积分方面的卓越工作.

一位数学史家指出:"很多事情仿佛都有那么一个时期,届时它们就在很多地方同时被人们发现了,正如在春季看到紫罗兰处处开放一样."这话道出了一个科学发展的规律,只要条件具备,时机成熟,一些事情就会同时被人们发现或创造出来.微积分是由牛顿和莱布尼茨分别创建出来的.在科学史上这类的例子还可举出很多,如笛卡尔和费马创建解析几何,达尔文和华莱士提出进化论,高斯、波约和罗巴切夫斯基建立非欧几何等.

参考答案

习题 6.1

1. (1) 错. 定积分的值与积分区间以及被积函数有关,而与积分变量无关;(2) 错. 已知 $y=f(x)$ 在区间 $[a,b]$ 上连续,定积分 $\int_a^b f(x)\mathrm{d}x$ 在几何上表示由曲线 $y=f(x)$,x 轴及两条直线 $x=a$,$x=b$ 所围成的曲边梯形的面积的代数和,x 轴上方的面积取正,x 轴下方的面积取负;(3) 正确. $n\to\infty$ 不能保证 $\lambda\to 0$.

2. (1) $C(b-a)$; (2) 6.

3. (1) 1; (2) 0.

4. (1) $\int_0^1 \sqrt{1+x}\mathrm{d}x$; (2) $\int_0^1 \dfrac{1}{1+4x^2}\mathrm{d}x$.

5. $\dfrac{1}{2}gT^2$.

6. $m=\int_0^l \rho(x)\mathrm{d}x$.

7. (1) 2; (2) $\dfrac{1}{2}$; (3) $\dfrac{\pi}{4}$.

8. 证明略.

9. 证明略.

10. 位移:$x=\int_0^5 (t^2-4t+3)\mathrm{d}t$.

路程:$s=\int_0^1 (^2-4t+3)\mathrm{d}t-\int_1^3 (t^2-4t+3)\mathrm{d}t+\int_3^5 (t^2-4t+3)\mathrm{d}t$ 或 $s=\int_0^5 |t^2-4t+3|\mathrm{d}t$.

习题 6.2

1. (1) 错,若 $\int_a^b [f(x)-g(x)]\mathrm{d}x\geqslant 0\Rightarrow \int_a^b f(x)\mathrm{d}x\geqslant \int_a^b g(x)\mathrm{d}x$,不能得出 $f(x)$ 处处大于等于 $g(x)$;

(2) 错,例如两个函数的函数值均小于 0 的情况结论不成立.

2~3. 证明略.

4. (1)大于；(2) 小于；(3) 大于.

5. $x-1$.

提示：$\int_0^1 f(t)\mathrm{d}t$ 是确定常数.

6. (1)$[6,51]$；　　(2)$[\pi,2\pi]$；　　(3) $[-2\mathrm{e}^2,-2\mathrm{e}^{-\frac{1}{4}}]$.

7. 证明略.

8. 提示：利用定积分中值定理.

9. 提示：利用性质 6.2.4 及定积分中值定理.

10. $\dfrac{\pi}{4}$

11. 38.

习题 6.3

1. 错. 去绝对值时未考虑积分区间内的 $\cos x$ 表达式不统一的情况. 正确解法：

$$\int_0^\pi \sqrt{\frac{1+\cos 2x}{2}}\mathrm{d}x = \int_0^\pi \sqrt{\cos^2 x}\,\mathrm{d}x = \int_0^\pi |\cos x|\,\mathrm{d}x = \int_0^{\frac{\pi}{2}} \cos x\,\mathrm{d}x + \int_{\frac{\pi}{2}}^\pi (-\cos x)\mathrm{d}x = 2.$$

2. $0,\dfrac{\sqrt{2}}{2}$.

3. (1)$2x\sqrt{1+x^4}$；　　(2) $\dfrac{-2x}{\sqrt{1+x^4}}$；　　(3) $(\sin x-\cos x)\cos(\pi\sin^2 x)$.

(4) $f'(x)\displaystyle\int_a^{\sin x} t\,\mathrm{d}t + \dfrac{1}{2}\sin 2x \cdot f(x)$,

提示：$\dfrac{\mathrm{d}}{\mathrm{d}x}\displaystyle\int_a^{\sin x} tf(x)\mathrm{d}t = \dfrac{\mathrm{d}}{\mathrm{d}x}\Big[f(x)\cdot\displaystyle\int_a^{\sin x} t\,\mathrm{d}t\Big]$.

4. $\cot t$.

5. (1)$\dfrac{1}{2}$；　　(2)e.

6. (1)$\dfrac{5}{2}$；　(2) $2-3\sin 1$；　(3) $\dfrac{\pi}{3a}$；　(4) $1-\dfrac{\pi}{4}$；

(5)-1；　(6) $\dfrac{\pi}{6}$；　　　(7) 4；　(8) $-\dfrac{1}{6}$.

7. 证明略.

8. $\Phi(x)=\begin{cases}0,x<0,\\[1mm]\dfrac{1}{2}(1-\cos x),0\leqslant x\leqslant\pi,\\[1mm]1,x>\pi.\end{cases}$

9. 提示：作辅助函数 $F(t)=2\displaystyle\int_0^t xf(x)\mathrm{d}x - t\displaystyle\int_0^t f(x)\mathrm{d}x, F(0)=0$. 由积分中值定理,存在 $\xi\in[0,t]\subset[0,b]$,使得$\displaystyle\int_0^t f(x)\mathrm{d}x = f(\xi)t$,所以 $F'(t)=tf(t)-tf(\xi)\geqslant 0$,即 $F(t)$ 是增函数,又 $F(0)=0$,原题得证.

10. $\dfrac{2}{3}$,提示：原式 $=\displaystyle\int_0^1 \sqrt{x}\,\mathrm{d}x$.

11. $y = \dfrac{2}{\pi}(x - \dfrac{\pi}{2})$.

12. $4 + 3\ln 2$.

13. 提示：(1) $F'(x) = f(x) + \dfrac{1}{f(x)} \geqslant 2$；

(2) $F(a) = \displaystyle\int_b^a \dfrac{1}{f(t)} \mathrm{d}t < 0, F(b) = \displaystyle\int_a^b f(t) \mathrm{d}t > 0$,

又因为 $F(x)$ 在 $[a,b]$ 连续，由介值定理知 $F(x) = 0$ 在 (a,b) 内至少有一根，故 $F(x) = 0$ 在 (a,b) 内有且仅有一个根.

习题 6.4

1. (1) 错. 换元过程未换限.

(2) 对. 奇函数在对称区间上的积分为 0.

2. (1) 0；　　　　　(2) $\dfrac{51}{512}$；　　　　(3) $\dfrac{1}{4}$；

(4) 0，提示：利用被积函数奇偶性在对称区间上积分的性质；

(5) $\sqrt{2} - \dfrac{2\sqrt{3}}{3}$；　　(6) $2(\sqrt{3}-1)$；　　(7) $\dfrac{4}{5}$；　　(8) $\dfrac{\pi}{6}$；

(9) $\dfrac{1}{2}\ln\dfrac{6}{5}$；　　(10) $\dfrac{\pi}{24} + \dfrac{1}{4} - \dfrac{\sqrt{2}}{8}$.

3. $\tan\dfrac{1}{2} - \dfrac{1}{2}\mathrm{e}^{-4} + \dfrac{1}{2}$.

4~6. 证明略.

7. 提示：$\displaystyle\int_a^{a+l} f(x)\mathrm{d}x = \int_a^0 f(x)\mathrm{d}x + \int_0^l f(x)\mathrm{d}x + \int_l^{a+l} f(x)\mathrm{d}x = \int_0^l f(x)\mathrm{d}x$.

8. (1) $\dfrac{1}{3}(1 - \ln 3)$；　　(2) $\dfrac{1}{4}(\mathrm{e}^2 + 1)$；　　(3) -2π；　　(4) $(\dfrac{1}{4} - \dfrac{\sqrt{3}}{9})\pi + \dfrac{1}{2}\ln\dfrac{3}{2}$；

(5) $\dfrac{\pi}{4} - \dfrac{1}{2}$；　　(6) $\dfrac{1}{5}(\mathrm{e}^{\pi} - 2)$；　　(7) $\dfrac{1}{2}(\mathrm{e}\sin 1 - \mathrm{e}\cos 1 + 1)$；　　(8) $2(1 - \dfrac{1}{\mathrm{e}})$；

(9) $\dfrac{\pi}{2} - 1$；　(10) $\mathrm{e} - 2$.

9. 2.

10. $f(x) = x + 2$.

习题 6.5

1. (1) 错，$[a,b)$ 可能存在瑕点；(2)对.

2. B.　　　　3. $p < -2$.　　　　4. π.

5. (1)发散；　(2)发散；　(3)收敛；　　(4)发散.

6. (1)收敛；　(2)发散；　(3)收敛；　　(4)收敛.

7. (1)发散；　(2)发散；　(3)$\dfrac{\omega}{p^2 + \omega^2}$；　(4)$\pi$；　(5)$-\dfrac{1}{2}$；　(6)0.

8. (1)$\dfrac{1}{2}$；　　(2)发散；　　(3)$\dfrac{8}{3}$；　　(4)$\dfrac{\pi}{2}$.

9. (1)当 $k > 1$ 时，收敛于 $\dfrac{1}{(k-1)(\ln 2)^{k-1}}$；(2)当 $k \leqslant 1$ 时，发散；(3)当 $k = 1 - \dfrac{1}{\ln(\ln 2)}$ 时，

取得最小值.

习题 6.6

1. $\dfrac{9}{2}$.

2. (1) $\dfrac{1}{6}$;　　(2) 1;　　(3) $\dfrac{32}{3}$;　　(4) $\dfrac{32}{3}$.

3. $\dfrac{32}{3}$.　　　4. $\dfrac{9}{4}$.　　　5. $\dfrac{1}{3}(b^3-a^3)+a-b$.　　　6. 7π.　　　7. $\dfrac{\pi r^2 h}{3}$.

8. $\dfrac{\pi}{5}$; $\dfrac{\pi}{2}$.　　　9. $\dfrac{\pi R^2 h}{2}$.　　　10. $\dfrac{4\sqrt{3}}{3}R^3$.　　　11. $\dfrac{1}{2}\left(\ln 2+\dfrac{3}{2}\right)$.

12. $2\pi^2 a$.　　　13. 3 462 kJ.　　　14. $\dfrac{1}{2}$ J.　　　15. (1) $\dfrac{2}{3}ra^3$;　　(2) $\dfrac{4a}{3\pi}$.

16. $F_x=-\dfrac{2Gm\rho l}{a}\cdot\dfrac{1}{\sqrt{4a^2+l^2}}$, $F_y=0$ (供参考,跟坐标系的建立有关系).

17. 18mg J

第6章　复习题

1. (1)对;(2)对;(3)错;(4)错;(5)错;(6)对.

2. (1)B;　(2)C;　(3) C;　(4)D;　(5)D;　(6)B;　(7)D;　(8)A.

3. (1) 0; $-\cos t^2$; $\cos t^2$;　　(2) 0;0;　　(3) 1;　　(4) $2xe^{-x^2}$;　　(5) 0;

(6) $-\dfrac{78}{7}$;　　　(7) $\dfrac{\pi}{3}$;　　(8) $\dfrac{1}{16}$;　　(9) $\ln\dfrac{1+e}{2}$;

(10) $\dfrac{3}{2}$;　　　(11) $-\dfrac{1}{2}\pi a^3$;

(12) $3x^2\cos(1-x^3)$;　　(13) $8-4\sqrt{3}$;　　　(14) $a-\dfrac{e}{2}+1$.

(15) π;　　(16) $p<-1$.

4. (1) $\dfrac{1}{2}$;　　　　(2) $\dfrac{1}{2}\ln 2+\dfrac{1}{2}\left(\dfrac{\pi}{4}\right)^2-\ln|\sin 1+\cos 1|$;

(3) $\dfrac{1}{2}+\dfrac{e^2}{4}-\dfrac{3e^{-2}}{4}$;　　　(4) $\ln 2$;　　(5) $4\sqrt{2}$　　(6) $2-5e^{-1}$

(7) $\dfrac{3}{2}\left(\sqrt{10}-1\right)$;　　(8) $\dfrac{\pi}{4}-2e^3-1$;　　(9) $y=0$;

(10) $F(x)=\begin{cases}-\ln|x|-\dfrac{1}{3},x<-1,\\[2mm]\dfrac{1}{3}x^3,-1\leqslant x\leqslant 1,\\[2mm]\dfrac{1}{3}+\ln x,x>1;\end{cases}$;　　(11) $\dfrac{dy}{dx}=-\dfrac{\cos x}{e^y}$;　　(12) $\dfrac{\pi}{3}$;

(13) 当 $q<1$ 时,该广义积分收敛,其值为 $\dfrac{(b-a)^{1-q}}{1-q}$;当 $q\geqslant 1$ 时,该广义积分发散.

5. (1) ①2; ② $\dfrac{\pi^2}{2}$　$2\pi^2$;　　(2) $a=3$;　　　　(3) $a=2,b=-3,c=3$;

(4) $S=1,V_x=\dfrac{\pi}{2}$;　　(5) $\sqrt{3}-\dfrac{1}{3}$;　　(6) $t=\dfrac{1}{2}$;

(7) $\dfrac{\pi}{7}$; $\dfrac{2}{5}\pi$;　　　　　(8) $\dfrac{8}{5}\pi$;　　(9) $1+\dfrac{1}{2}\ln\dfrac{3}{2}$;　　(10) $\dfrac{46}{15}\pi$;

(11) $MgX-\dfrac{gX^2}{2}$;　　　　　(12) $1.65N$;　　　　　(13) $\dfrac{2kmp}{R}\cos\dfrac{\varphi}{2}$.

6. (1),(2),(5)略.

(3) 提示:左－右 $=\displaystyle\int_0^\lambda f(x)\mathrm{d}x-\lambda\int_0^1 f(x)\mathrm{d}x=\int_0^\lambda f(x)\mathrm{d}x-\lambda\left[\int_0^\lambda f(x)\mathrm{d}x+\int_\lambda^1 f(x)\mathrm{d}x\right].$

$=(1-\lambda)\displaystyle\int_0^\lambda f(x)\mathrm{d}x-\lambda\int_\lambda^1 f(x)\mathrm{d}x\geqslant(1-\lambda)\lambda f(\lambda)-(1-\lambda)\lambda f(\lambda)=0.$

(4) 提示:作辅助函数 $F(x)=(a+x)\displaystyle\int_a^x f(t)\mathrm{d}t-2\int_a^x tf(t)\mathrm{d}t,F(a)=0,$

$$F'(x)=\left[(x+a)f(x)+\int_a^x f(t)\mathrm{d}t\right]-2xf(x)$$

$$=\int_a^x f(t)\mathrm{d}t-(x-a)f(x)=\int_a^x[f(t)-f(x)]\mathrm{d}t<0.$$

附录一　常用初等数学公式

（一）初等代数

1. 乘法公式与因式分解

（1）和差平方公式：$(a\pm b)^2=a^2\pm 2ab+b^2$.

（2）三项和平方公式：$(a+b+c)^2=a^2+b^2+c^2+2ab+2ac+2bc$.

（3）和差立方公式：$(a\pm b)^3=a^3\pm 3a^2b+3ab^2\pm b^3$.

（4）平方差公式：$a^2-b^2=(a-b)(a+b)$.

（5）立方和差公式：$a^3\pm b^3=(a\pm b)(a^2\mp ab+b^2)$.

（6）n 次方差公式：

$$a^n-b^n=(a-b)(a^{n-1}+a^{n-2}b+a^{n-3}b^2+\cdots+ab^{n-2}+b^{n-1}).$$

（7）n 次方和公式：

$$a^n+b^n=(a+b)(a^{n-1}-a^{n-2}b+a^{n-3}b^2-\cdots-ab^{n-2}+b^{n-1})(n\text{ 为奇数}).$$

（8）二项式公式：

$$(a+b)^n=a^n+na^{n-1}b+\frac{n(n-1)}{2!}a^{n-2}b^2+\cdots+\frac{n(n-1)\cdots[n-(k-1)]}{k!}a^{n-k}b^k+\cdots+b^n;$$

$$(1+x)^n=1+nx+\frac{n(n-1)}{2!}x^2+\cdots+\frac{n(n-1)\cdots[n-(k-1)]}{k!}x^k+\cdots+x^n.$$

2. 比例 $(\frac{a}{b}=\frac{c}{d})$ 公式

（1）合比定理：$\dfrac{a+b}{b}=\dfrac{c+d}{d}$.

（2）分比定理：$\dfrac{a-b}{b}=\dfrac{c-d}{d}$.

（3）合分比定理：$\dfrac{a+b}{a-b}=\dfrac{c+d}{c-d}$.

（4）若 $\dfrac{a}{b}=\dfrac{c}{d}=\dfrac{e}{f}$，则令 $\dfrac{a}{b}=\dfrac{c}{d}=\dfrac{e}{f}=t$. 于是 $\dfrac{a}{b}=\dfrac{c}{d}=\dfrac{e}{f}=\dfrac{a+c+e}{b+d+f}$.

（5）若 y 与 x 成正比，则 $y=kx$（k 为比例系数）.

（6）若 y 与 x 成反比，则 $y=\dfrac{k}{x}$（k 为比例系数）.

3. 不等式

（1）设 $a>b>0,n>0$，则 $a^n>b^n$.

（2）设 $a>b>0,n$ 为正整数，则 $\sqrt[n]{a}>\sqrt[n]{b}$.

（3）设 $\dfrac{a}{b}<\dfrac{c}{d}$，则 $\dfrac{a}{b}<\dfrac{a+c}{b+d}<\dfrac{c}{d}$.

（4）非负数的算术平均值不小于其几何平均值，即

$$\frac{a+b}{2} \geqslant \sqrt{ab}, \frac{a+b+c}{3} \geqslant \sqrt[3]{abc},$$

$$\frac{a_1+a_2+a_3+\cdots+a_n}{n} \geqslant \sqrt[n]{a_1 a_2 \cdots a_n}.$$

（5）绝对值不等式

① $|a+b| \leqslant |a|+|b|$；　　　　　② $|a-b| \leqslant |a|+|b|$；

③ $|a-b| \geqslant |a|-|b|$；　　　　　④ $-|a| \leqslant a \leqslant |a|$；

⑤ $|a| \leqslant b \Leftrightarrow -b \leqslant a \leqslant b$.

（6）伯努利不等式

$$(1+x)^n > 1+nx \ (x > -1, x \neq 0, n \in \mathbf{N}).$$

（7）柯西不等式

$(a_1 b_1 + a_2 b_2)^2 \leqslant (a_1+a_2)^2 (b_1+b_2)^2$，当且仅当 $\dfrac{a_1}{b_1} = \dfrac{a_2}{b_2}$ 取等号；

$|a_1 b_1 + a_2 b_2 + \cdots + a_n b_n| \leqslant \sqrt{a_1^2 + a_2^2 + \cdots + a_n^2} \sqrt{b_1^2 + b_2^2 + \cdots + b_n^2}$，当且仅当 $\dfrac{a_1}{b_1} = \dfrac{a_2}{b_2} = \cdots = \dfrac{a_n}{b_n}$ 取等号.

4．一元二次方程 $ax^2 + bx + c = 0$

根：
$$x_1 = \frac{-b+\sqrt{b^2-4ac}}{2a}, x_2 = \frac{-b-\sqrt{b^2-4ac}}{2a}.$$

韦达定理：
$$x_1 + x_2 = -\frac{b}{a}, x_1 x_2 = \frac{c}{a}.$$

判别式：
$$\Delta = b^2 - 4ac \begin{cases} >0, \text{方程有两不等实根,} \\ =0, \text{方程有两相等实根,} \\ <0, \text{方程有两共轭虚根.} \end{cases}$$

5．一元三次方程的韦达定理

若 $x^3 + px^2 + qx + r = 0$ 的三个根分别为 x_1, x_2, x_3，则

$$x_1 + x_2 + x_3 = -p, x_1 \cdot x_2 + x_2 \cdot x_3 + x_3 \cdot x_1 = q, x_1 \cdot x_2 \cdot x_3 = -r.$$

6．常用数列公式

（1）等差数列

设 a_1 为首项，a_n 为通项，d 为公差，S_n 为前 n 项和，则

通项公式为
$$a_n = a_1 + (n-1)d,$$

前 n 项和公式为
$$S_n = \frac{a_1 + a_n}{2} n = na_1 + \frac{n(n-1)}{2} d.$$

（2）等比数列

设 a_1 为首项，a_n 为通项，q 为公比，则

通项公式为
$$a_n = a_1 q^{n-1},$$

前 n 项和公式为
$$S_n = \begin{cases} \dfrac{a_1(1-q^n)}{1-q} = \dfrac{a_1 - a_n q}{1-q}, q \neq 1, \\ nq, q = 1. \end{cases}$$

（3）常用的几种数列前 n 项和公式

$$1+2+3+\cdots+n=\frac{1}{2}n(n+1);$$

$$1^2+2^2+3^2+\cdots+n^2=\frac{1}{6}n(n+1)(2n+1);$$

$$1^3+2^3+3^3+\cdots+n^3=\left[\frac{1}{2}n(n+1)\right]^2;$$

$$1\cdot2+2\cdot3+\cdots+n(n+1)=\frac{1}{3}n(n+1)(n+2);$$

$$1\cdot2\cdot3+2\cdot3\cdot4+\cdots+n(n+1)(n+2)=\frac{1}{4}n(n+1)(n+2)(n+3);$$

$$\frac{1}{1\cdot2}+\frac{1}{2\cdot3}+\cdots+\frac{1}{n(n+1)}=1-\frac{1}{n+1}.$$

7. 排列与组合

（1）排列

$$当\ m<n\ 时,\mathrm{P}_n^m=n(n-1)(n-2)\cdots[n-(m-1)].$$

（2）全排列

$$\mathrm{P}_n^n=n(n-1)\cdots3\cdot2\cdot1=n!\quad 规定\ 0!\ =1.$$

（3）组合

$$\mathrm{C}_n^m=\frac{n(n-1)\cdots(n-m+1)}{m!}=\frac{n!}{m!\ (n-m)!}\quad 规定\ \mathrm{C}_n^0=1.$$

组合的性质：

① $\mathrm{C}_n^m=\mathrm{C}_n^{n-m}$；　　　　　　② $\mathrm{C}_n^m=\mathrm{C}_{n-1}^m+\mathrm{C}_{n-1}^{m-1}$.

（二）平面几何

1. 常见图形面积

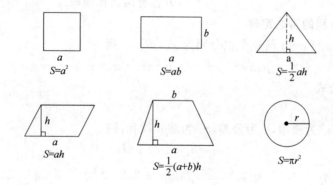

2. 任意三角形面积

$$S=\sqrt{s(s-a)(s-b)(s-c)},其中\ a,b,c\ 为三角形三边长,s=\frac{1}{2}(a+b+c).$$

3. 边角关系

（1）正弦定理

$$\frac{a}{\sin A}=\frac{b}{\sin B}=\frac{c}{\sin C}=2R\quad（R\ 为外接圆半径）.$$

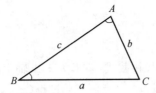

（2）余弦定理

$$a^2 = b^2 + c^2 - 2bc\cos A;$$
$$b^2 = c^2 + a^2 - 2ca\cos B;$$
$$c^2 = a^2 + b^2 - 2ab\cos C.$$

4．圆

周长：$l = 2\pi r$，r 为圆的半径.

弧长：$l = r\theta$，θ 为扇形的圆心角（以弧度计）.

扇形面积：$S = \dfrac{1}{2}rl = \dfrac{1}{2}r^2\theta$，$\theta$ 为扇形的圆心角（以弧度计）.

5．椭圆

面积：$S = \pi ab$，a,b 分别为椭圆的长、短轴半径.

6．旋转体

设 R 为底圆（球）半径，H 为高，则

（1）圆柱

侧面积：$S = 2\pi RH.$

全面积：$S = 2\pi R(H + R).$

体积：$V = \pi R^2 H.$

（2）圆锥（$l = \sqrt{R^2 + H^2}$ 为母线）

侧面积：$S = \pi Rl.$

全面积：$S = \pi R(l + R).$

体积：$V = \dfrac{1}{3}\pi R^2 H.$

（3）球

设 R 为球半径，则

全面积：$S = 4\pi R^2.$

体积：$V = \dfrac{4}{3}\pi R^3.$

7．球缺（球被一个平面所截而得到的部分）

面积：$S = 2\pi Rh$（不包括底面）.

体积：$V = \pi h^2\left(R - \dfrac{h}{3}\right).$

8．椭球

体积：$V = \dfrac{4}{3}\pi abc$，a,b,c 分别为椭球在 x,y,z 轴上的半径.

（三）平面解析几何

1. 直线方程

$$y=kx+b \quad （斜截式：斜率为 k，y 轴上截距为 b）；$$

$$y-y_0=k(x-x_0) \quad （点斜式：过点 (x_0,y_0)，斜率为 k）；$$

$$\frac{x}{a}+\frac{y}{b}=1 \quad （截距式：x 与 y 轴上截距分别为 a 与 b）；$$

$$ax+by+c=0 \quad （一般式）.$$

2. 两直线垂直⇔斜率互为负倒数关系

$$k_1=-\frac{1}{k_2}(k_1\neq0,k_2\neq0).$$

3. 圆

$$x^2+y^2=R^2 \quad （圆心为 (0,0)，半径为 R）；$$

$$(x-x_0)^2+(y-y_0)^2=R^2 \quad （圆心为 (x_0,y_0)，半径为 R）.$$

半圆

$$y=\sqrt{a^2-x^2}（上半圆，圆心为 (0,0)，半径为 a）；$$

$$y=\sqrt{2ax-x^2}（上半圆，圆心为 (a,0)，半径为 a）.$$

4. 椭圆

$\dfrac{x^2}{a^2}+\dfrac{y^2}{b^2}=1$，与 x 轴的交点是 $(-a,0)$ 和 $(a,0)$，与 y 轴的交点是 $(0,-b)$ 和 $(0,b)$.

5. 抛物线

$y=x^2$（开口向上）；$y=-x^2$（开口向下）；$y^2=x$（开口向右）；$y^2=-x$（开口向左）；$y=\sqrt{x}$（开口向右，仅取上半支）；$y=-\sqrt{x}$（开口向右，仅取下半支）.

附录二　希腊字母表

　　希腊字母是希腊语所使用的字母,也广泛使用于数学、物理、生物、化学、天文等学科. 希腊字母跟英文字母、俄文字母类似,只是符号不同,标音的性质是一样的. 希腊字母是世界上最早有元音的字母. 俄语、乌克兰语等使用的西里尔字母和格鲁吉亚语字母都是由希腊字母发展而来,学过俄文的人使用希腊字母会觉得似曾相识. 希腊字母进入了许多语言的词汇中,如 Delta(三角洲)这个国际语汇就来自希腊字母 Δ,因为 Δ 是三角形.

序号	大写	小写	英文	国际音标	中文读音	常用指代意义
1	A	α	alpha	/ˈælfə/	阿尔法	角度、系数、角加速度、第一个、电离度、转化率
2	B	β	beta	/ˈbiːtə/或 /ˈbeɪtə/	贝塔	磁通系数、角度、系数
3	Γ	γ	gamma	/ˈgæmə/	伽马	电导系数、角度、比热容比
4	Δ	δ	delta	/ˈdeltə/	得尔塔	变化量、焓变、熵变、屈光度、一元二次方程中的判别式、化学位移
5	E	ε	epsilon	/ˈepsɪlɒn/	艾普西隆	对数之基数、介电常数、电容率
6	Z	ζ	zeta	/ˈziːtə/	泽塔	系数、方位角、阻抗、相对黏度
7	H	η	eta	/ˈiːtə/	伊塔	迟滞系数、机械效率
8	Θ	θ	theta	/ˈθiːtə/	西塔	温度、角度
9	I	ι	iota	/aɪˈəʊtə/	约(yāo)塔	微小、一点
10	K	κ	kappa	/ˈkæpə/	卡帕	介质常数、绝热指数
11	Λ	λ	lambda	/ˈlæmdə/	拉姆达	波长、体积、导热系数 普朗克常数
12	M	μ	mu	/mjuː/	谬	磁导率、微、动摩擦系(因)数、流体动力黏度、货币单位,莫比乌斯函数
13	N	ν	nu	/njuː/	纽	磁阻系数、流体运动粘度、光波频率、化学计量数
14	Ξ	ξ	xi	/ˈzaɪ/或 /ˈsaɪ/	克西	随机变量、(小)区间内的一个未知特定值
15	O	o	omicron	/əʊˈmaɪkrən/或 /ˈamɪkran/	奥米克戎	高阶无穷小函数
16	Π	π	pi	/paɪ/	派	圆周率、π(n)表示不大于 n 的质数个数、连乘
17	P	ρ	rho	/rəʊ/	柔	电阻率、柱坐标和极坐标中的极径、密度、曲率半径
18	Σ	σ, s	sigma	/ˈsɪgmə/	西格马	总和、表面密度、跨导、正应力、电导率
19	T	τ	tau	/tɔː/或 /taʊ/	陶	时间常数、切应力、2π(两倍圆周率)
20	Υ	υ	upsilon	/ˈipsɪlɒn/或 /ˈʌpsɪlɒn/	宇普西龙	位移
21	Φ	φ	phi	/faɪ/	斐	磁通量、电通量、角、透镜焦度、热流量、电势、直径、空集,欧拉函数
22	X	χ	chi	/kaɪ/	希	统计学中有卡方(χ^2)分布
23	Ψ	ψ	psi	/psaɪ/	普西	角速、介质电通量、ψ 函数、磁链
24	Ω	ω	omega	/ˈəʊmɪgə/或 /oʊˈmegə/	奥米伽	欧姆、角速度、角频率、交流电的电角度、化学中的质量分数、不饱和度